T0092454

Springer-Verlag Berlin Heidelberg GmbH

D. Möller

Rechnerstrukturen

Grundlagen der Technischen Informatik

Mit 194 Abbildungen und 37 Tabellen

Springer

Prof. Dr.-Ing. Dietmar P. F. Möller

Universität Hamburg
Fachbereich Informatik
Arbeitsbereich Technische Informatiksysteme
Vogt-Kölln-Str. 30
22527 Hamburg

E-mail: dietmar.moeller@informatik.uni.hamburg.de

ISBN 978-3-540-67638-6

Die Deutsche Bibliothek - CIP-Einheitsaufnahme
Möller, Dietmar: Grundlagen der Technischen Informatik / Dietmar Müller. - Berlin ; Heidelberg ; New York ; Barcelona ; Hongkong ; London ; Mailand ; Paris ; Tokio : Springer, 2003
(Springer-Lehrbuch)
ISBN 978-3-540-67638-6 ISBN 978-3-642-55898-6 (eBook)
DOI 10.1007/978-3-642-55898-6

http://www.springer.de

Satz: Daten vom Autor
Einbandgestaltung: design & production, Heidelberg
Gedruckt auf säurefreiem Papier SPIN: 10761307 7/3020hu - 5 4 3 2 1 0

Vorwort

Das vorliegende Buch ist als Einführung in das Gebiet der Rechnerstrukturen gedacht und wendet sich an Studierende der Informatik und Elektrotechnik am Anfang ihres Studiums, da es sich im Wesentlichen an den Lehrinhalten der Vorlesungen zur Technischen Informatik, im Rahmen des Grundstudiums der Informatik, orientiert. Darüber hinaus ist das Buch auch an Studierende gerichtet, die sich im Rahmen ihres Nebenfachstudiums mit diesem Themenkomplex auseinandersetzen müssen. Aber auch für Informatiker und Ingenieure in der beruflichen Praxis bietet das Buch wertvolle Hilfen zum Aufbau und der Wirkungsweise der lokalen und globalen Konzepte von Rechnerstrukturen. Das Buch ist ferner eine Hilfe für diejenigen Studierenden, die sich auf eine Informatik-Prüfung, im Kerngebiet der Technischen Informatik, vorbereiten müssen, weshalb in jedes Kapitel einschlägige Beispielaufgaben eingebettet sind.

Rechnerstrukturen weisen eine beachtliche Spannweite auf, ausgehend von der Realisierung mikroelektronischer Komponenten bis hin zu vollständigen Rechnern. Sie haben sich jedoch nicht zweckfrei entwickelt, sondern wurden als ein Produkt ihrer technischen und produktbezogenen Umgebung induziert. Produkte, und damit auch Rechner, entwickeln sich immer an den Notwendigkeiten ihres potenziellen Einsatzes und im Rahmen der aktuell verfügbaren Technologie. Diese Tatsache gilt heute mehr denn je, da für die Vielzahl technischer Produkte, die in der Regel auf mikroprozessorbasierten Komponenten aufbauen und damit eine Spezialität der allgemeinen Rechnerstrukturen darstellen, spezialisierte Schaltkreise benötigt werden, die entweder zu entwickeln, zu implementieren oder aber zu bewerten sind. In diesem Sinne ist das Buch auch eine Einführung für die Studierenden, um den Zusammenhang zwischen der methodisch begründeten Systematik der lokalen und globalen Konzepte von Rechnerstrukturen und den dafür erforderlichen Entwurfsmethoden herzustellen, damit diese richtig beurteilt und angewandt werden können. Rechnerstrukturen im Sinne dieses Buches sind damit nicht nur die vielfältigen Komponenten (Funktionseinheiten) und gegenseitigen Verbindungen, sondern auch die Technologie, die es erlaubt, Strukturen mit mehr als einer Million Transistoren als elementaren Kern auf einem Halbleiterkristallplättchen zu realisieren. Derartige Strukturen lassen sich von den Studierenden aber nur dann beherrschen, wenn sie die unterschiedlichen Detaillierungsgrade konsequent auf die Ebenen des Schichtenmodells abbilden und diese mit Hilfe rechnergestützter Entwurfsverfahren umsetzen können. Die Ebenen reichen von der allgemeinen Ebene der Informationsdarstellung über die Blockstrukturebene der Funktionseinheiten hin zur Schaltwerkebene und enden schließlich auf der Ebene der elektrischen Schaltungen. Das Verständnis für dieses Zusammenhänge ist unerlässlich, um einerseits die technische Realisierung in erlässlich, um einerseits die technische Realisierung in Hardware zu verstehen und andererseits, bei harten Echtzeitanforderungen, um hardwarenah programmieren zu können. Insbesondere die heute vorhandene Verfügbarkeit programmierbarer Logikhardware, mit Zehntausenden von Makrostrukturen auf einem einzigen Chip, erfordert dezidierte Kenntnisse zu den vorangehend genannten Gebieten, um optimale Anpassungen an die vielfältigen Anwendungen zu gewährleisten. Schon jetzt sind frei strukturierbare FPGA-Bausteine (FPGA: Field Programmable Gate Array) verfügbar, auf denen bis zu 100 Mikrokontroller Platz haben. Um diese zukünftige Entwicklung unabhängig von der hier dargelegten Sichtweise zu verdeutlichen, sei nachfolgend aus der Ankündigung zur FPL 2002 Conference zitiert: „Already now a hundred controller soft IP cores fit on a single FPGA. With the new intel transistor the billion gate Giga FPGA could become feasible. ... What about new FPGA architectures suitable to support, that configware industry can repeat the success story of software industry? Will new FPGA architectures threaten the microprocessor,...“ Diese Bausteine sind als Halbprodukte im Markt erhältlich, ihre endgültige Funktionalität erhalten sie erst durch Zuweisungen in Form einer Programmierung. Hierfür werden Hardwarebeschreibungssprachen - grafische wie textuelle - eingesetzt, auf die im Rahmen des vorliegenden Buches eingegangen wird. Darüber hinaus zeichnet es sich heute schon ab, dass insbesondere der Nebenläufigkeit im Entwurf, d.h. der Gleichzeitigkeit, in Zukunft eine immer stärkere Bedeutung zukommen wird. Dieser Ansatz ist in der Methodik des sogenannten Hardware-Software-Co-Design begründet.

Für Rechnerstrukturen sind darüber hinaus Bewertungskriterien unerlässlich, auf deren Grundlage die Leistungsfähigkeit der Rechner bewertet werden können, was konsequenterweise auf die Leistungs- und Zuverlässigkeitsbewertung von Rechnerstrukturen sowie auf Maßnahmen zur Steigerung der Leistung und Verlässlichkeit sowie zur Klassifizierung von Rechnerstrukturen führt, wobei auch die entsprechenden methodisch-systematischen Grundlagen dargestellt werden. Die Architekturklassen für Parallelrechnerstrukturen werden ebenfalls im Rahmen dieses Buches behandelt. Auf diesen Grundlagen aufbauend wird abschließend exemplarisch die Spezifikation und der Entwurf eines SISD-Prozessorkerns beschrieben.

Das Buch ist entstanden aus Vorlesungen zur Technischen Informatik und zur Rechnerarchitektur, die ich in den vergangenen Jahren an der Technischen Universität Clausthal, im Fachbereich Mathematik und Informatik und an der Universität Hamburg, im Fachbereich Informatik, gehalten habe. Ich danke daher insbesondere allen Menschen an diesen und auch an anderen Orten, die durch konstruktive Beiträge oder durch organisatorische und technische Unterstützung zur Entstehung dieses Buches mit beigetragen haben. In diesem Zusammenhang danke ich Herrn Prof. Dr. Christian Siemers für viele konstruktive Gespräche und seine Bereitschaft an der Technischen Universität Clausthal gemeinsame Veranstaltungen zu programmierbarer Logikhardware und VHDL durchzuführen. Herrn Dipl.-Inf. Stefan Bergstedt, Herrn Dipl.-Inf. Markus Bach und Herrn cand. pol. Michael Monnerjahn, alle Universität Hamburg, gilt mein besonderer Dank für die Unterstützung bei der Umsetzung sowohl des Textes als auch der Abbildungen in ein Manuskript nach den Richtlinien des Springer Verlages. Auch möchte ich mich bei allen im Literaturverzeichnis aufgeführten Autoren bedanken, durch deren Veröffentlichungen ich viele Anregungen für das hier vorliegende Buch erhalten habe. Ich hoffe sie alle aufgeführt und niemanden vergessen zu haben.

Ebenfalls bedanke ich mich bei Herrn Thomas Lehnert und Frau Eva Hestermann-Beyerle vom Springer Verlag für die begleitende Unterstützung und die große Geduld, die sie aufbringen mussten, bis das Werk endlich vollendet war.

Mein besonders herzlicher Dank gilt meiner Frau Angelika, für das mir entgegengebrachte Verständnis, wenn ich wieder einmal mit dem Schreiben dieses Buches befasst war. Das Buch ist meinen Eltern in großer Dankbarkeit gewidmet.

Hamburg, im Sommer 2002

Dietmar P. F. Möller

Einleitung

Kapitel 1 gibt eine mathematisch begründete Einführung in die Grundlagen der modernen Informationsverarbeitung, wie sie zum Verständnis informationstechnischer Systeme und Verfahren heute unumgänglich geworden ist. Dabei kann es ggf. hilfreich sein, auf das eine oder andere mathematische Lehrbuch zurückzugreifen. Im Kapitel 1 wird einleitend der Informationsbegriff anschaulich begründet eingeführt und seine Bedeutung für moderne Rechnerstrukturen aufgezeigt. Daran anschließend werden, mathematisch begründet, Repräsentationsformen für Informationen im Kontext von Signal und Daten dargestellt und auf die für die Informationsverarbeitung wichtigen Zahlensysteme sowie die Operationen mit Zahlen, die sogenannte Rechnerarithmetik, eingegangen. Im Anschluss daran wird die Codierung von Information behandelt wobei insbesondere auf fehlererkennende und fehlerkorrigierende Codes eingegangen wird.

Kapitel 2 führt in die für Rechnerstrukturen notwendigen Schaltfunktionen und ihre technische Realisierung auf der Grundlage von Transistoren und integrierten Schaltkreisen ein. Nach einer kurzen Einführung in die physikalisch-technischen Grundlagen des Transistors und sein Einsatz in analogen und digitalen Schaltungen werden die für Register wichtigen Kippschaltungen behandelt. Neben den Kippschaltungen, sie repräsentieren den Transistor in seiner Funktion als digitalelektronischen Schalter, werden die Grundlagen des Operationsverstärkers dargestellt, der als analoger Linearverstärker beispielsweise für die Signalanpassung in mikroelektronischen Schaltungen von Rechnerstrukturen eingesetzt wird. Abschließend wird der Analog-Digital-Wandler behandelt, mit denen analoge Signale in digitale Signale überführt werden können um sie beispielweise auf prozessorbasierten Systemen verarbeiten zu können, sowie der Digital-Analog-Wandler, der die Ankopplung prozessorbasierter Systeme an analoge Systeme ermöglicht.

Kapitel 3 führt, aufbauend auf den in Kapitel 2 eingeführten Schaltfunktionen auf Grundlage des Transistors, in die für Rechnerstrukturen wichtigen lokalen Grundkonzepte für Schaltnetze und Schaltwerke ein, aufbauend auf den Gesetzmäßigkeiten der Booleschen Algebra und der Automatentheorie. In diesem Zusammenhang werden auch komplexe Schaltwerke, wie sie in den Konzepten synchroner Schaltwerke begründet sind, methodisch-systematisch behandelt. Auf dieser Grundlage werden Zustandsautomaten eingeführt, auf deren Grundlage letztlich kooperierende Schaltwerke, wie sie durch Operationswerk und Steuerwerk gegeben sind, methodisch zu begründen. Daran anschließend werden die vielfältigen speziellen Schaltnetze und Schaltwerke für Rechnerstrukturen beschrieben. Hierzu zählen neben Datenpfaden und Datentoren Register und Zähler sowie Speichersysteme mit ihren speziellen Realisierungen als Caches, Schreib-Lese-Speicher, Festwertspeicher und Registerfiles.

Kapitel 4 stellt den Prozessor als eine reale Funktionseinheit vor, bestehend aus Zentraleinheit, Systemsteuerung, Taktgeber und Bussystem. Nach einem kurzen historischen Abriss der Entwicklung von Prozessoren wird auf die Bedeutung des Bussystems für den synchronisierten Datentransfer in prozessorbasierten Systemen eingegangen. Im Anschluss daran wird auf die Registertransferebene mit den daraus resultierenden Mikrostrukturen von Prozessoren eingegangen und eine Einführung in elementare Maschinenbefehle und ihre Verarbeitung auf der Registertransferebene gegeben. Darauf aufbauend werden die Grundlagen für die Verhaltens- und Strukturbeschreibung der Operationswerke Rechenwerk und Steuerwerk vorgestellt und erste Ansätze für eine textuelle Verhaltensbeschreibung durch Hardwarebeschreibungssprachen eingeführt, auf deren Grundlage die Entwürfe für die Operationswerke moderner Rechnerstrukturen aufsetzen. Auf der Ebene des Steuerwerks werden Steuerwerke mit festverdrahteten logischen Schaltungen und mit Mikroprogrammspeicher eingeführt und das Rechnerstrukturkonzept der Mikroprogrammierung nach Wilkes dargestellt.

Kapitel 5 behandelt das von-Neumann-Modell des Rechners als globales Grundkonzept für Rechnerstrukturen. Darauf aufbauend werden die Möglichkeiten zur Klassifikation von Rechnerstrukturen eingeführt, ausgehend von der Klassifikation nach Flynn, über das Erlanger Klassifikationsschema bis hin zur Taxonomie nach Giloi. Im Anschluss daran werden die für den Rechnerentwurf wichtigen Grundlagen des Entwurfstraums behandelt, wie Befehlssatz, funktionelle Organisation oder Implementierung. Das Vorhandensein realer Rechner führt schließlich dazu, Bewertungen zu Vergleichszwecken durchzuführen, beispielsweise die Leistungs- und Zuverlässigkeitsbewertung von Rechnersystemen, sowie darauf aufbauend Maßnahmen zur Steigerung der Leistung und der Verlässlichkeit von Rechnerstrukturen abzuleiten, auch unter Einbezug modelltheoretischer Verfahren. Auf dieser Grundlage werden auch die Non-von-Neumann-Klassen für Rechnerstrukturen vorgestellt sowie, daraus resultierend, die erforderlichen Strukturen der Verbindungsnetzwerke.

Kapitel 6 geht auf die vielfältigen Strukturkonzepte programmierbarer Logikhardwarekomponenten ein, die bereits heute in Rechnerstrukturen eine große Einsatzvielfalt gefunden haben und zunehmend noch an Bedeutung gewinnen werden. Ausgehend von der Entwicklung der unterschiedlichen Bausteinfamilien und der Kriterien zur Bausteinauswahl wird auf die wesentlichen Elemente in den programmierbaren Logikbausteinen eingegangen. Darauf aufbauend werden Logikbausteine mit programmierbarer UND/ODER-Matrix, sowie Logikbausteine mit komplexen Verbindungsstrukturen, behandelt und ihr Einsatz in Rechnerstrukturen dargestellt. Als Zusammenfassung des Vorangehenden wird abschließend, als exemplarisches Beispiel, schrittweise ein konzeptueller Entwurf eines Prozessorkerns durchgeführt und dessen prototypische Implementierung in einem FPGA Baustein dargestellt. Darüber hinaus werden die heute gebräuchlichen Verbindungstechnologien in programmierbaren Logikhardwarekomponenten vorgestellt.

Kapitel 7 stellt VHDL als Beispiel einer als internationaler Standard anerkannten Hardware-Beschreibungssprache vor. Aufbauend darauf werden die wichtigsten Entwurfskonzepte von VHDL vorgestellt, die auf der textuellen Verhaltens- und Strukturbeschreibung basieren. Dabei werden, auf den unterschiedlichen Teilbereichen des Entwurfs mit VHDL, Entwurfsbeispiele auf unterschiedlichen Ausprägungsstufen durchgeführt, um die VHDL innewohnende Komplexität in konkreten Anwendungen exemplarisch umgesetzt nachvollziehbar zu gestallten.

Kapitel 8 führt in die Methode des Hardware-Software-Co-Design digitaler Hard- und Software-Systeme ein, die für den Entwurf von Rechnerstrukturen, beispielsweise im Bereich eingebetteter Systeme (Embedded Systems/Embedded Control), für die modernen Rechnerstrukturen immer stärker an Bedeutung gewinnt. Neben der Ableitung von Kriterien für eine optimale Hardware-Software-Partitionierung des Entwurfs werden Architekturkonzepte eingebetteter Systeme und die Vielfalt der sogenannten Co-Verfahren, wie Co-Spezifikation, Co-Synthese, Co-Verifikation und Co-Simulation behandelt.

Die einzelnen Kapitel werden exemplarisch durch eingebettete fallorientierte Beispiele abgerundet, wobei besonderer Wert auf den Bezug zur Praxis gelegt wurde. Damit trägt das Buch sowohl dem methodisch-systematischen Lernen, als auch dem fallorientierten Lernen, Rechnung.

Inhaltsverzeichnis

1 Grundlagen der Informationsdarstellung und Informationsverarbeitung

Der Begriff Information kennzeichnet, in abstrakter Form, die Darstellung von Wissen. Information wird als digital vorausgesetzt und auf die Computerlesbaren Zahlen 0 und 1 bezogen. Dazu gehört die Möglichkeit der Darstellung und Verarbeitung von Informationen durch Zeichen und Zeichenabfolgen über ein zweistelliges Alphabet und damit der Aspekt der binären Codierung.

Vor diesem Hintergrund werden im Abschn. 1.1 zunächst die Begriffe Information und Signal eingeführt und darauf aufbauend, im Abschn. 1.2, der nachrichtentechnische Informationsbegriff eingeführt. Abschn. 1.3 führt, in Erweiterung von Abschn. 1.2 den Informationsbegriff nach Shannon ein, der durch die Begriffswelt Informationsgehalt, Entropie und Redundanz gekennzeichnet ist. Darauf aufbauend wird, in Abschn. 1.4, auf die Rechnerarithmetik mit ihren unterschiedlichen Ausprägungsmerkmalen eingegangen, während Abschn. 1.5 in die Grundlage der Codierung einführt.

1.1 Information und Signal

Information wird nachfolgend als beseitigte Unsicherheit eingeführt und dem Wissbaren gegenübergestellt. Damit ist Information etwas, was man wissen kann z.B. das Wissen über einen Sachverhalt, weshalb auf den Unterschied zwischen Wissen (Knowledge) und Gewissheit (Expectation) hingewiesen werden soll. Wissen ist an der Vergangenheit orientiert, basierend auf Fakten, Gewissheit an der Zukunft, basierend auf Möglichkeiten. Wissen bezieht sich damit auf Erfahrung, Gewissheit ist die Überzeugung, zutreffende Vorhersagen machen zu können.

Wissen hat im Laufe der Zeit eine starke Veränderung erfahren. Im Mittelalter wurde Wissen persönlich durch Erfahrung oder Schulung erworben. Wissen war angeeignetes persönliches Wissen und unlösbar mit Fähigkeiten verbunden; es war erlebtes und/oder erfahrenes Wissen und hatte eine moralische Qualität. Mit dem Buchdruck veränderte sich die Qualität des Wissens, es begann eine Inflationierung des Wissens. Seit der Erfindung des Lexikons, in der Epoche der Aufklärung, kann jeder, der das Alphabet beherrscht, sich Grundwissen beschaffen. Wer darüber hinaus die Technik der Bibliotheksbenutzung kennt, gelangt an ausführliches Wissen zu fast jeder Thematik.

Mittels moderner Rechner und Datennetze werden heute detailliertestes Wissen, bzw. Informationen, weltweit und unabhängig von Ort (Raum) und Zeit, verfügbar. Wissen als Information löst sich dabei vom Menschen ab. Es wird zum Gegenstand der Bibliotheken in gedruckter und/oder elektronischer Form. Alles Wissbare wurde gedruckt bzw. auf elektronischen Datenträgern abgelegt und damit zum allgemein zugänglichen Wissen. Wissen verliert so seinen ursprünglichen persönlichen Charakter. Das in Datenbanken gespeicherte Wissen ist damit ein anonymes Wissen, es ist jedermanns und niemandes Wissen. Zugleich ist es gegenständlich geworden, denn gespeichertes Wissen ist Ware und Diebesgut zugleich.

Wissen in Form von Information kann gespeichert, transportiert, verarbeitet, ausgewertet, manipuliert etc. werden.

Mit Information verbunden sind Verfahrensweisen, Zugangswege, Herstellungstechniken und die Unsumme atomisierter Einzeldaten, die gespeichert sind. Auf deren Basis losgelöst von der realen Welt Planspiele betrieben werden, um Aussagen über das pro et contra zu einer Problemstellung zu erhalten. Die so gewonnene Information ist unverbindlich, sie ist mathematisch betrachtet im Grunde genommen lediglich ein Erwartungswert.

Auch die Prozesse, die zum Wissens- bzw. Informationserwerb führen, wurden in unserem Jahrhundert entpersönlicht: Forschung wird kollektiv in Großforschungseinrichtungen, in Forschergruppen, in Forschungszentren etc. betrieben, wobei immer mehr Wissen bzw. Information durch Apparate vermittelt wird, d.h. die Wahrnehmung des Menschen ist zunehmend an den Apparat gebunden. Auch im täglichen Leben wird Wissen im Sinne von Information immer mehr durch Apparate und damit entpersönlicht aufgenommen, was sofort evident wird, betrachtet man einen fernsehenden Menschen, d.h. die Wahrnehmungsvielfalt wird reduziert durch den Apparat.

Information ist im Sinne der Wahrscheinlichkeitstheorie Messgröße für die Ungewissheit des Eintretens von Ereignissen. In diesem Sinne charakterisiert Information den Umgang mit Wissen, in der Form den Erwartungswert für Ereignisse herauszufiltern.

Information wird als digital vorausgesetzt und auf die computerlesbaren Zahlen 0 und 1 bezogen. Digital ist darüber hinaus ein egalitäres Phänomen der sogenannten Informationsgesellschaft. Voraussetzung für deren Weiterentwicklung ist die Schaffung adäquater Kommunikationsnetze, die Übertragungsgeschwindigkeiten im Gigabit Bereich erreichen. Damit wird durch die digitale Informationstechnik ein Paradigmenwechsel eingeleitet, weg von der Wissensgesellschaft, hin zur Informationsgesellschaft. Menschen und Maschinen werden vernetzt, womit neue Kommunikationsmöglichkeiten entstehen; gleichzeitig werden Menschen durch die Computernetze weltweit leichter und schneller erreichbar.

Information, beispielsweise in materiell-energetischen Mustern symbolisiert, kann durch Signale repräsentiert werden, wobei technisch zwischen analogen und digitalen Signalen unterschieden wird, d.h. physikalischen oder logischen Größen zur Darstellung von Information. Signal ist in diesem Zusammenhang die mathematische Form des Prozesses in Raum und Zeit in der Form:

$$S = \begin{bmatrix} S_1(x, y, t) \\ S_2(x, y, t) \\ \ldots\ldots \\ S_m(x, y, t) \end{bmatrix} \tag{1.1}$$

Ein Signal hat in der Regel einen eingeschränkten Argumentationsbereich, d.h. die Funktionen $S_j(x, y, t)$ müssen nicht für jeden Raum- und Zeitpunkt definiert sein. Jeder Funktionswert S_j repräsentiert damit einen Wert aus einem eindimensionalen Eigenschaftskontinuum oder ein Element einer diskreten Menge, die durch eine Intervallpartition eines Eigenschaftskontinuums gewonnen wurde.

Häufig werden Signale betrachtet, die durch Einschränkungen als Sonderfälle aus der allgemeinen Signalpartition hervorgehen. Ein skalares Signal ist ein derartiger Sonderfall, da es ein Signal mit nur einer Komponente repräsentiert, in der Form:

$$S = S(x, y, t) \tag{1.2}$$

Darüber hinaus hat ein vom Raum unabhängiges skalares Signal nur noch die Zeit im Argument, was auf die Gleichung

$$S = S(t) \tag{1.3}$$

führt. Auch das Muster stellt einen Sonderfall der allgemeinen Signalpartition dar, da ein Muster ein von der Zeit unabhängiges skalares Signal repräsentiert, wobei zwischen ein-, zwei- und dreidimensionalen Mustern unterschieden werden kann, was auf die nachfolgende Notation führt:

$$\begin{aligned} S &= S(x) \\ S &= S(x, y) \\ S &= S(x, y, z) \end{aligned} \tag{1.4}$$

Durch Aufnehmen und Wiedergeben von Signalen können bestimmte Signalparameter ineinander transformiert werden. Durch Aufnahme wird aus $S(t)$ die Komponente $S(x)$, durch Wiedergabe von $S(x)$ entsteht wieder $S(t)$.

Beispiel 1.1.
Ein zweidimensionales Grauwertbild *G(x, y)* kann durch zeilenweise Videoabtastung wiedergegeben (abgespielt) werden, wobei ein Spannungssignal *U(t)* entsteht, das zur Intensitätssteuerung des Elektronenstrahls einer Monitorbildröhre eingesetzt werden kann. Somit kann durch Abspielen der Aufzeichnung *U(t)* wieder das Muster *G(X, y)* erzeugt werden.■

Signale treten im allgemeinen zeitkontinuierlich oder zeitdiskret auf, wobei zeitkontinuierliche Signale mathematisch durch die Fourier- bzw. die Laplace-Transformation abgebildet werden können, während zeitdiskrete Signale durch Spektral-Transformationen wie z.B. die Fourier-Transformation für Abtastsignale oder z-Transformation) darstellbar sind..

Signale lassen sich von Systemen verarbeiten (s. Abschn. 1.6), die je nach Grad ihrer Komplexität als hierarchische Struktur, als Gitterstruktur, als Netzstruktur oder als lineare Struktur vorliegen können. So bildet beispielsweise ein lineares System ein Eingangssignal *u(t)* linear auf ein Ausgangssignal *y(t)* ab. Derartige Systeme werden als lineare zeitinvariante Systeme (LZIS) bezeichnet. Bei linearen Systemen gilt das Superpositionsgesetz, welches die Berechnung der Reaktion *y(t)* eines Systems auf ein Eingangssignal u(t) stark vereinfacht, indem man *u(t)* in seine Summanden zerlegt:

$$u(t) = \sum_k u\ (t) \Rightarrow y(t))\sum_k y_k(t) \tag{1.5}$$

Im Zusammenhang mit linearen zeitinvarianten Systemen ist es vorteilhaft, komplizierte Signale durch eine Summe einfacher Signale darzustellen. Dieses Verfahren entspricht mathematisch einer Reihenentwicklung, wovon es zeitliche Varianten gibt, wie z.B. die Potenzreihen, die Fourier-Reihen, etc.. Zur Beschreibung periodischer Signale wird in der Regel die Fourier-Reihe eingesetzt. Fourier hat gezeigt, dass eine Funktion *f(t)* innerhalb eines Bereiches in eine trigonometrische Reihe der Form

$$\begin{aligned} f(t) &= \sum_{n=0}^{\infty}(a_n \cdot \cos nt + b_n \cdot \sin nt) \\ &= a_0 + a_1 \cdot \cos t + a_2 \cdot \cos 2t + \ldots + a_n \cdot \cos nt + \ldots \\ &\quad + b_1 \cdot \sin t + b_2 \cdot \sin 2t + \ldots + b_n \cdot \sin nt + \ldots \end{aligned} \tag{1.6}$$

entwickelt werden kann, wenn die Funktion *f(t)* innerhalb dieses Bereiches endlich ist und nicht unendlich viele Sprungstellen auftreten. Im Falle periodischer Funktionen ist die Reihenentwicklung auch außerhalb des Bereiches möglich. Dies gilt auch wenn, an den Endpunkten des Bereichs Unstetigkeitsstellen auftreten. Für die in obiger Gleichung dargestellte periodische Reihe mit der Periode 2π ist evident, dass durch diese Reihe nur Vorgänge beschrieben werden können, die ebenfalls periodisch sind, d.h. mit der Periodizität 2π. Liegt keine Periodizität vor, kann eine Wiedergabe durch Reihenentwicklung nur innerhalb des Bereiches 2π erfolgen. Das konstante Glied a_0, in Gleichung (1.6), beeinflusst die Periodizität nicht, es bewirkt vielmehr ein Verschieben der durch die Sinus- und Cosinusglieder erzeugten Kurve auf der Ordinate. Demzufolge kann ein Schwingungsvorgang als aus einzelnen Sinusschwingungen unterschiedlicher Periode und Amplitude und einem Gleichanteil zusammengesetzt angenommen werden, wobei die Cosinusglieder gemäß den Gesetzen trigonometrischer Funktionen als Sinusfunktion dargestellt werden können. Mit

$$a_n = A_n \cdot \sin \varphi \tag{1.7}$$

und

$$b_n = A_n \cdot \cos \varphi \tag{1.8}$$

erhält man nach Quadrieren und anschließender Addition der beiden Gleichungen

$$\sqrt{a_n^2 + b_n^2} = A_n \tag{1.9}$$

Die Division beider Gleichungen führt auf

$$\tan \varphi_n - \frac{a_n}{b_n} = \frac{\sin \varphi}{\cos \varphi} \tag{1.10}$$

Durch Einführen der Größen A_n und φ_n ergibt sich für die Fourier-Reihe:

$$f(t) = \sum_{n=0}^{\infty} (a_n \cdot \cos nt + b_n \cdot \sin nt) = \sum_{n=0}^{\infty} A_n \cdot \sin(nt \cdot \varphi_n) \tag{1.11}$$

Wie aus Gl. 1.11 ersichtlich, wurden Sinus- und Cosinusglieder gleicher Frequenz zu einem Glied zusammengefasst. Explizit lautet damit die Summenformel der Gl. 1.11:

$$\begin{aligned} f(t) = {} & A_0 \cdot \sin \varphi_0 + A_1 \cdot \sin(t + \varphi_1) + A_2 \cdot \sin(2t + \varphi_2) + \ldots \\ & + A_n \cdot \sin(nt + \varphi_n) + \ldots \end{aligned} \tag{1.12}$$

Das Sinusglied mit der größten Periode in dieser Gleichung ist die Grundschwingung bzw. die 1. Harmonische. Die weiteren Sinusglieder werden als Oberwellen bzw. 2., 3., ... Harmonische bezeichnet. Die 1. Oberwelle, sie entspricht der 2. Harmonischen, wird durch den Term $A_2 \cdot sin(2t+\varphi_2)$, repräsentiert. Damit beschreibt die Fourier-Reihe eine harmonische Schwingungsreihe, wobei Frequenzen höherer Harmonischer ganzzahlige Vielfache der Frequenz der 1. Harmonischen sind. Die Entwicklung einer Funktion in eine Fourier-Reihe wird demzufolge als harmonische Analyse bzw. Fourier Analyse bezeichnet. Um eine Funktion $y = f(t)$ in eine Fourier-Reihe entwickeln zu können, müssen deren Konstanten a_0, a_n, b_n, A_n und φ_n ermittelt werden. Dazu wird zunächst a_0 bestimmt, d.h. es wird innerhalb der Periode 2φ integriert, wobei es gleichgültig ist, ob das Integrationsintervall von 0 bis 2π, von $-\pi$ bis $+\pi$, oder über ein anderes Intervall reicht. Die Integration liefert

$$\begin{aligned}\int_{-\pi}^{+\pi} f(t)\cdot dt &= a_0 \int_{-\pi}^{+\pi} dt + a_1 \int_{-\pi}^{+\pi} \cos t\cdot dt + a_2 \int_{-\pi}^{+\pi} \cos 2t\cdot dt + \ldots \\ &+ a \int_{-\pi}^{+\pi} \cos nt\cdot dt + \ldots + b_1 \int_{-\pi}^{+\pi} \sin t\cdot dt + b_2 \int_{-\pi}^{+\pi} \sin 2t\cdot dt + \ldots \\ &+ b_n \int_{-\pi}^{+\pi} \sin nt\cdot dt + \ldots\end{aligned} \tag{1.13}$$

Gemäß den Gesetzen trigonometrischer Funktionen kann man für $t \neq 0$ schreiben:

$$\int_{-\pi}^{+\pi} \cos(n\cdot t)\cdot dt = \int_{-\pi}^{+\pi} \sin(n+t)\cdot dt = 0 \tag{1.14}$$

Damit erhält man:

$$\int_{-\pi}^{+\pi} f(t)\cdot dt = a_0 \int_{-\pi}^{+\pi} dt = a[t]^{\pi}{}_{-\pi} = 2\cdot\pi\cdot a_0 \tag{1.15}$$

was letztendlich zu a_0 führt:

$$a_0 = \frac{1}{2\cdot\pi} \int_{-\pi}^{+\pi} f(t) dt \tag{1.16}$$

Um a_n berechnen zu können, wird Gleichung (1.17)

$$\begin{aligned} f(t) &= \sum_{n=0}^{\infty} (a_n\cdot\cos nt + b_n\cdot\sin nt) \\ &= a_0 + a_1\cdot\cos t + a_2\cdot\cos 2t + \ldots + a_n\cdot\cos nt + \ldots \\ &+ b_1\cdot\sin t + b_2\cdot\sin 2t + \ldots + b_n\cdot\sin nt + \ldots \end{aligned} \tag{1.17}$$

auf beiden Seiten mit cos(nt) multipliziert

$$f(t)\cdot\cos(nt) = a_0\cdot\cos(nt) + a_1\cdot\cos t\cdot\cos(nt) + a_2\cdot\cos(2t)\cdot\cos(nt) + ...$$
$$+ a_n\cdot\cos^2(nt) + ... + b_2\cdot\sin(2t)\cdot\cos(nt) + ...$$
$$+ b_n\cdot\sin(nt)\cdot\cos(nt) \qquad (1.18)$$

Gleichungssystem (1.18) wird nunmehr integriert:

$$\int_{-\pi\pi}^{+\pi} f(t)\cdot\cos(nt)\cdot dt = a_0\int_{-\pi}^{+\pi}\cos(nt)\cdot dt + a_1\int_{-\pi}^{+\pi}\cos t\cdot\cos(nt)\cdot dt +$$
$$+ a_2\int_{-\pi}^{+\pi}\cos(2t)\cdot\cos(nt) + ... + a_n\int_{-\pi}^{+\pi}\cos^2(nt)\cdot dt + ... \qquad (1.19)$$
$$+ b_1\int_{-\pi}^{+\pi}\sin t\cdot\cos(nt)\cdot dt + ... + b_n\int_{-\pi}^{+\pi}\sin(nt)\cdot\cos(nt)\cdot dt$$

Die auf der rechten Seite auftretenden Integrale werden gleich Null gesetzt, außer

$$a_n\int_{-\pi}^{+\pi}\cos^2(nt)\cdot dt = a_n\cdot\frac{1}{2\cdot n}\cdot(n\cdot\pi + n\cdot\pi) = a_n\cdot\pi \qquad (1.20)$$

so dass folgt:

$$a_n = \frac{1}{\pi}\int_{-\pi}^{+\pi} f(t)\cdot\cos(nt)\cdot dt \qquad (1.21)$$

Um b_n zu ermitteln, wird Gleichung (1.22)

$$f(t) = \sum_{n=0}^{\infty}(a_n\cdot\cos nt + b_n\cdot\sin nt)$$
$$= a_0 + a_1\cdot\cos t + a_2\cdot\cos 2t + ... + a_n\cdot\cos nt + ... \qquad (1.22.)$$
$$+ b_1\cdot\sin t + b_2\cdot\sin 2t + ... + b_n\cdot\sin nt + ...$$

auf beiden Seiten mit sin(n·t) multipliziert und anschließend integriert. Da alle Integrale auf der rechten Seite, bis auf das Intergral mit dem Faktor b_n gleich Null werden, erhält man:

$$\int_{-\pi}^{+\pi} f(t) \cdot \sin(nt) \cdot dt = b_n \int_{-\pi}^{+\pi} \sin^2(nt)' dt = b_n \cdot \pi \tag{1.23}$$

so dass folgt:

$$b_n = \frac{1}{\pi} \int_{-\pi}^{+\pi} f(t) \cdot \sin(nt) \cdot dt \tag{1.24}$$

Ist die Funktion f(t) analytisch gegeben, können die Fourier-Koeffizienten a_0, a_n, b_n durch Einsetzen in die obigen Gleichungen berechnet werden. Wurde die Funktion f(t) empirisch ermittelt, werden die Fourier-Koeffizienten graphisch oder numerisch bestimmt.

Beispiel 1.2.
Eine sägezahnförmige Schwingung f(x) soll durch Fourier-Reihenentwicklung für die ersten fünf Harmonischen angenähert werden.

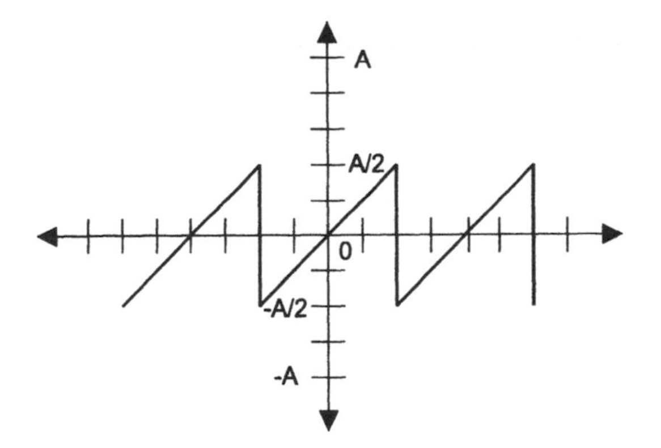

Abb. 1.1. Sägezahnförmige Schwingung

Da f(x) analytisch nicht gegeben ist, muss f(x) aus dem Graphen ermittelt werden. Der Graph stellt eine periodische Funktion mit der Periode 2π dar, mit der Gleichung im Bereich $-\pi < x < +\pi$

$$f(x) = \frac{A}{2 \cdot \pi} \cdot x \tag{1.25}$$

Da an den Stellen $x = -\pi$ und $x = +\pi$ der linksseitige und der rechtsseitige Grenzwert nicht übereinstimmen, ist mit dem arithmetischen Mittel der beiden Grenzwerte fortzufahren. Damit gilt für die Fourier-Koeffizienten:

$$a_0 = \frac{1}{2\cdot\pi}\int_{-\pi}^{+\pi} f(x)\cdot dx = \frac{1}{2\cdot\pi}\cdot\frac{A}{2\cdot\pi}\cdot\int_{-\pi}^{+\pi} x\cdot dx = \frac{A}{4\cdot\pi^2}\left[\frac{x^2}{2}\right]_{-\pi}^{\pi} = 0 \tag{1.26}$$

$$\begin{aligned} a_n &= \frac{1}{\pi}\int_{-\pi}^{+\pi} f(x)\cdot\cos(nx)\cdot dx = \frac{1}{\pi}\cdot\int_{-\pi}^{+\pi}\frac{A}{2\cdot\pi}\cdot x\cdot\cos(nx)\cdot dx \\ &= \frac{A}{2\cdot\pi^2}\int_{-\pi}^{+\pi} x\cdot\cos(nx)\cdot dx = \frac{A}{2\cdot\pi^2}\left[\frac{x}{n}\cdot\sin(nx) + \frac{1}{n^2}\cdot\cos(nx)\right]_{-\pi}^{\pi} = 0 \end{aligned} \tag{1.27}$$

Wird der Reihe nach n = 1, 2, 3 eingesetzt, erhält man:

$$b_1 = \frac{A}{\pi}, \qquad b_2 = -\frac{A}{2\cdot\pi}, \qquad b_3 = \frac{A}{3\cdot\pi} \tag{1.28}$$

d.h. ist n gerade, gilt $b_n = -\frac{A}{n\cdot\pi}$ und ist n ungerade, gilt $b_n = \frac{A}{n\cdot\pi}$

Werden die so ermittelten Fourier-Koeffizienten eingesetzt, erhält man für die Fourier-Reihe:

$$f(x) = \frac{A}{\pi}\cdot\sin x - \frac{A}{2\cdot\pi}\cdot\sin(2x) + \frac{A}{3\cdot\pi}\cdot\sin(3x) - +\ldots \tag{1.29}$$

Setzt man A = π, d.h der Geradenanstieg der Sägezahnschwingung ist gleich ½, ergibt sich:

$$f(x) = \frac{A}{\pi}(\sin x - \frac{1}{2}\cdot\sin(2x) + \frac{1}{3}\cdot\sin(3x) - \frac{1}{4}\cdot\sin(4x) + -\ldots. \tag{1.30}$$

$$f(x) = \frac{A}{\pi}\cdot\sum_{n=1}^{\infty}(-1)^{n+1}\cdot\left(\frac{1}{n}\cdot\sin(nx)\right) \tag{1.31}$$

Wegen der drei Harmonischen kann diese Funktion durch die Näherungsfunktion beschrieben werden

$$f(x)=\sum_{n=1}^{\infty}(-1)^{n+1}\cdot\left(\frac{1}{n}\cdot\sin(nx)\right)=\sin x-\frac{1}{2}\cdot\sin(2x)+\frac{1}{3}\cdot\sin(3x)-+... \quad (1.32)$$

Allgemein gilt, je mehr Harmonische berücksichtigt werden, um so besser wird die Annäherung an die vorgegebene Funktion. ■

Werden zeitdiskrete Signale $x_a(t)$ betrachtet, können diese aus kontinuierlichen Signalen x(t) durch Abtastung, d.h. Multiplikation mit einer Dirac-Stoßfolge δ(t-nT), erzeugt werden:

$$xa(t) = x(t)\cdot\sum_{n-\lambda}\delta(t-nT) = \sum_{n-\lambda}x(t)\delta(t-nT) \quad (1.33)$$

Wird die Ausblendeigenschaft des Dirac-Stoßes ausgenutzt ergibt sich:

$$x_a(t) = \sum_{n-\lambda}x\ (nT)\delta(t-nT) \cong x(nT) = x[n] \quad (1.34)$$

mit T als Abtastintervall, $1/T = f_A$ als Abtastfrequenz, x[n] als Folge von Gewichten von Dirac-Stößen. Die Gewichte werden Abtastwerte genannt und entsprechen gerade den Signalwerten von x(t) an den Stellen t = nT.

Digitale Signale sind zusätzlich zur Zeitquantisierung auch wertquantisiert. Als Folge davon resultiert ein sog. Quantisierungsrauschen, das zum zeitdiskreten Signal hinzuaddiert wird. In linearen zeitinvarianten Systemen beeinflusst diese Addition die spektralen Eigenschaften nicht, weshalb das Quantisierungsrauschen unberücksichtigt bleibt. Das Spektrum von $x_a(t)$ wird berechnet, indem die Gleichung für $x_a(t)$ Fourier transformiert wird:

$$X_a(j\omega) = \int_{-k}^{k}\sum_{n-k}x(nT)\delta(t-nT)e^{-j\omega t}dt \quad (1.35)$$

$$X_a(j\omega) = \int_{-k}^{k}\sum_{n-k}x(nT)\delta(t-nT)e^{-j\omega t}dt \quad (1.36)$$

Wird die Reihenfolge von Integration und Summation vertauscht, hängt x(nT) nur noch von t ab und kann vor das Integral gezogen werden, womit es für die Fourier-Transformierte wie eine Konstante wirkt. Zur Lösung des verbleibenden Integrals wird die Definitionsgleichung des Dirac-Stoßes und die Ausblendeigenschaft benutzt:

$$x_a(t) = \sum_{n=-k} \int_{-k}^{k} x(nT)\delta(t-nT)e^{-j\omega t}dt$$
$$= \sum_{n=-k} x(nT)e^{-j\omega t} \int_{-k}^{k} \delta(t-nT)dt \qquad (1.37)$$

Zur Unterscheidung gegenüber der allgemeinen Fourier-Transformation wird in der Regel die Schreibweise geändert. Da die Frequenzvariable $j\omega$ in der Form $e^{j\omega T}$ vorkommt, schreibt man $X(e^{j\Omega})$ statt $X(j\omega)$, wobei Ω die auf die Abtastfrequenz normierte Kreisfrequenz ist, was auf die Fourier-Transformation für Abtastsignale führt:

$$X(e^{j\Omega}) = \sum_{n=-\lambda} x[n]e^{-jn\Omega};\ \Omega = \omega T = \frac{\omega}{f_A} \qquad (1.38)$$

Daten repräsentieren damit Signale, die aufgrund bekannter oder unterstellter Konventionen vorrangig dem Zweck der (maschinellen) Verarbeitung von Information dienen. Im Kontext der Signalzustände 0 und 1 bilden sie Zeichenfolgen, welche die Interpretierbarkeit der sie repräsentierenden Information zu jedem gewünschten Zeitpunkt ermöglichen. Betrachtet man demgegenüber den Prozess der Signalübertragung, wo ein Sender beliebige Signale erzeugt die von einem Empfänger empfangen und interpretiert werden, kann von Informationsübertragung gesprochen werden. Mit dem Empfang der Information kann aus eben der verfügbaren Information, durch Informationsverarbeitung, zusätzliche Information erzeugt werden. Allerdings entsteht hier ein Bruch: Während im Materiellen das Rohmaterial verbraucht wird, indem durch Verarbeitung ein neues materielles Konstrukt entsteht, bleibt die originäre Information erhalten, wenn daraus durch Verarbeitung neue oder zusätzliche Information abgeleitet wird, da durch die Informationsverarbeitung kein Informationsverbrauch eintritt.

Die unterschiedlichen Prozesse, die im Umgang mit Information Bedeutung haben, sind Wahrnehmung, Interpretation, Verarbeitung und Vergessen, wie nachfolgend dargestellt:

Wahrnehmen → wahrgenommene Information → empfangene Information
Interpretieren → mitgeteilte Information → empfangene Information
Verarbeiten → abgeleitete/hergeleitete Information → zusätzliche Information
Vergessen → verlorene Information → ursprüngliche Information

Bei der technisch-wissenschaftlichen Informationsverarbeitung durch den Menschen tritt zwar kein Informationsverbrauch ein, trotzdem haben wir die Erfahrung, dass ursprünglich vorhandene Information aus unserem Gedächtnis verloren gehen kann. Auch hier ist wieder ein Bruch in der Analogie zwischen Materie und Information existent: Materie kann, z.B. durch eine Leckage oder durch Verdunsten aus einem Behälter, entweichen - dann ist die Materie nicht einfach verschwunden, sondern hat nur den Ort gewechselt bzw. den Aggregatzustand von flüssig/fest zu gasförmig -. Wenn Information aus dem Gedächtnis verschwindet, dann hat sie nicht den Ort gewechselt, sondern ist real verschwunden.

Während Materie, berücksichtigt man auch deren Wandelbarkeit in Energie, scheinbar nicht entsteht und nicht verschwindet, sondern die Erscheinungsform und den Ort wechselt, scheint Information entstehen und verschwinden zu können, wobei zwischen Wissen und Wissbarem zu unterscheiden ist, da sich Erfahrung nur auf Wissen und nicht auf alles Wissbare bezieht. Unser Wissen ist somit Information und damit Wissbares, wobei es allerdings Wissbares gibt, das wir nicht wissen, da es vom jeweiligen Bewusstseinsgrad abhängt.

1.2 Der nachrichtentechnische Informationsbegriff

Information wird von der Informationsquelle über ein Übertragungsmedium zu einer Informationssenke übermittelt. Quelle und Senke sind synonyme Begriffe zu Sender und Empfänger. Statt Übertragungsmedium wird auch der Ausdruck Nachrichtenkanal gebraucht. Darauf aufbauend kann das in Abb. 1.2 angegebene Modell eingeführt werden.

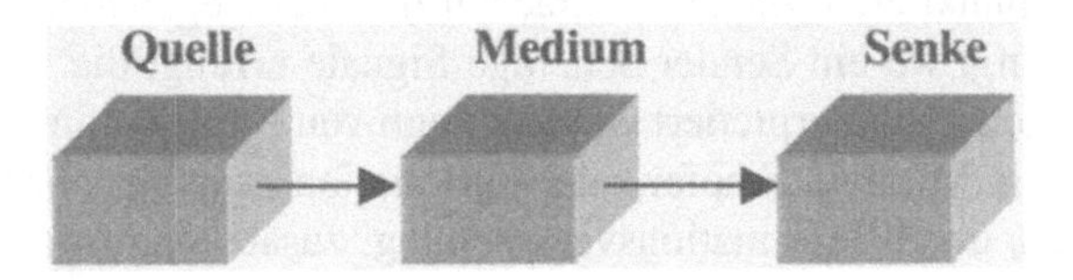

Abb. 1.2.. Informationsübertragung

Beispiel 1.3.
Sender und Empfänger sind Menschen: Der Sender spricht mit dem Empfänger, wobei als Übertragungsmedium Schallwellen auftreten. Geht man davon aus, dass Körpersprache eine zusätzliche Rolle bei der Informationsübertragung spielt, müssen Lichtwellen als Übertragungsmedium zwischen Quelle und Senke einbezogen werden, Sender und Empfänger damit eine entsprechende Sensorik aufweisen. Wenn während des Gespräches beide Teilnehmer abwechselnd sprechen und zuhören, wechseln sie die Rollen von Sender und Empfänger entsprechend. In diesem Zusammenhang weist ein Taubstummer bzw. ein Blinder einen gestörten Nachrichtenkanal auf. ■

Beispiel 1.4.
In der Genetik übermittelt die DNS (Desoxyribonukleinsäure) als Sender über eine mRNS (messenger Ribonukleinsäure), die als Übertragungsmedium wirkt, Information über herzustellende Enzyme an die Ribosomen. Entsprechend arbeitet das Immunsystem bei der Abwehr von Fremdkörpern im Organismus. AIDS bzw. ein Karzinom sind in diesem Sinne gestörte Nachrichtenkanäle. ■

Beispiel 1.5.
Ein Rundfunksender sendet Information mittels elektromagnetischer Wellen zu Empfängern (Rundfunkempfänger). ■

Information ist in diesem Sinne die durch eine Nachricht übermittelte Bedeutung; dies ist gleichbedeutend mit dem Inhalt des durch das Übertragungsmedium übertragenen Signals. Dabei kann zwischen analogen und digitalen bzw. diskreten Signalen unterschieden werden, wie in Abb. 1.3 dargestellt, womit eo ipso evident ist, dass es eine Analogsignalverarbeitung und eine Digitalsignalverarbeitung gibt. Analog bedeutet dabei ähnlich, vergleichbar, entsprechend. Es liegt das Prinzip der Darstellung einer physikalischen Größe durch eine andere vor; z.B. wird der Wert einer elektrischen Spannung durch den Weg eines Zeigers auf einem Messinstrument dargestellt. Bei einem analogen Signal (Daten) können dessen kennzeichnende Größen z.B. Spannung, Frequenz, Amplitude etc. in bestimmten - im Regelfall technisch bedingten Grenzen wie z.B. dem Auflösungsvermögen - beliebige Zwischenwerte einnehmen. Einige analoge Signalarten sind in Abb. 1.3 angegeben. Das analoge Informationssystem verarbeitet damit im allgemeinen kontinuierliche, zeitabhängige physikalische Größen $f(t)$ und erzeugt ähnliche Größen $g(t)$. Diese Größen sind typischerweise Spannungen, Strömen, Wegstrecken, Winkeln, etc. zugeordnet.

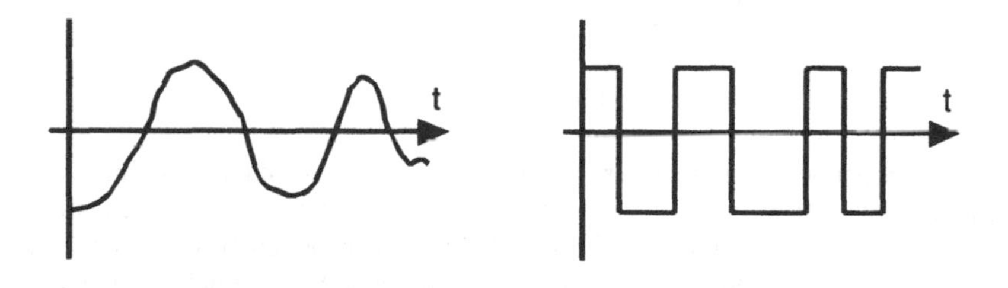

Abb. 1.3. Analoges und digitales/diskretes Signal

Digital bedeutet damit Darstellung von Informationen durch eine definierte Folge vereinbarter Zeichen oder Zustände. Das Wort digital hat dabei im deutschen zwei Bedeutungen: digitus = Finger bedeutet "mit Hilfe der Finger" zählen, bzw. digit = Ziffer oder Stelle, wobei es die Bedeutung "in Ziffernform" erhält. Unter Digitaltechnik versteht man somit diejenige Technik, die sich mit der ziffernmäßigen Darstellung beliebiger Größen, d.h. der Abstraktion bzw. der Verdichtung auf endlich viele verschiedene Werte, auf der Grundlage elektronischer Bauelemente bzw. Komponenten, befasst. In Abb. 1.4 ist von Interesse, dass digitale bzw. diskrete Signale nur eine bestimmte Anzahl von Zuständen annehmen können. Damit ist Ziffer die Bezeichnung (Name, Symbol) einer Zahl, während Zahl ein mengentheoretischer Begriff ist - jede Zahl ist eine Abstraktionsklasse (Abstraktion) gleichmächtiger Mengen -, damit ist Ziffer lediglich ihre Benennung. Unter semiotischen Gesichtspunkten ist eine Ziffer ein sprachliches Zeichen, welchem eine Menge von Zeichen angehört. Die Kardinalzahl dieser Menge unterschiedlicher Zeichen ist die sog. Basis der mit diesen Ziffern durchzuführenden Zahlendarstellung (Semiotik). Enthält die Menge nur zwei unterschiedliche Ziffern *(0,1)* liegt das Dualsystem vor. Bei 10 unterschiedlichen Ziffern (0,1,2,3, 4,5,6,7,8,9) liegt das Dezimalsystem vor.

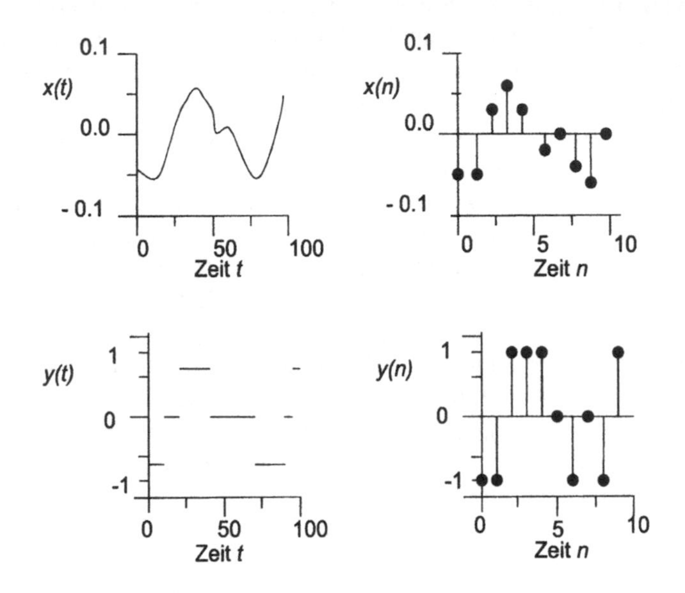

Abb. 1.4. Signalarten

Informationsübertragung basiert auf Informationskonstrukten, die im Zusammenhang ihres Aufbaus als mit einer Sprache vergleichbar angesehen werden können, d.h. sie verfügt über bestimmte Regeln, nach denen Information aufgebaut sein muss. Diese Regeln werden mit Grammatik bzw. gleichbedeutend mit Syntax bezeichnet. Für das Verständnis der übermittelten Information ist es daher notwendig die Syntax zu kennen, womit der rekursive Charakter von Information evident wird: Man benötigt Information über die Regeln, nach denen eine Nachricht aufgebaut ist, bevor man die gewünschte Information aus dem Signal extrahieren kann.

Eine in einer Sprache abgefasste Information (Nachricht) ist damit, wie dargestellt, aus Zeichen zusammengesetzt. Die Menge aller unterschiedlichen Zeichen einer Sprache wird dabei als Alphabet bezeichnet. So besteht z.B. das Alphabet der deutschen Sprachen aus allen Groß- und Kleinbuchstaben *A, B, ... , Z, a, b, ... , z* einschließlich den Umlauten und ß, aber auch aus den Interpunktionszeichen . , ; ! ? - , dem Zwischenraum etc. Besteht ein Alphabet nur aus zwei Zeichen, dann wird vom binärwerten Alphabet gesprochen.

Versucht man eine Sprache mit einer anderen Sprache zu erklären, hat man eine übergeordnete, eine beschreibende Sprache geschaffen, die Metasprache. Die Einführung des Begriffes Metasprache wurde dabei soeben unter Verwendung der deutschen Sprache als Meta-Metasprache vorgenommen.

Neben den bislang dargestellten natürlichen Sprachen gibt es eine Vielzahl künstlich geschaffener Sprachen, wie z.B. die mathematische Zeichensprache:

$(4+6) = 10$	syntaktisch und semantisch (inhaltlich) richtig
$4+6) < 20$	syntaktisch falsch, aber semantisch richtig
$(4+6) < 5$	syntaktisch richtig, aber semantisch falsch.

Weitere Beispiele für künstliche Sprachen sind z.B. die Notenschrift, die chemische Formelsprache, der genetische Code, Programmiersprachen, etc..

1.3 Der Informationsbegriff nach Shannon

Die von Shannon 1948 entwickelt Informationstheorie versucht, ein Maß für den Informationsgehalt zu finden, d.h. ein Maß dafür, wie viel Information eine Nachricht enthält, die von einem Sender an einen Empfänger übermittelt wird. Die Information besteht dabei aus einer Zeichenfolge (Name = Information = Zeichenfolge), in der die Zeichen mit bestimmten Wahrscheinlichkeiten auftreten. Der Informationsgehalt soll folgende Eigenschaften aufweisen:

Der Informationsgehalt soll nur von der Wahrscheinlichkeit abhängen, mit der das Zeichen gesendet wird, und nicht von der Art der Codierung. Häufig gesendete Zeichen haben damit einen niedrigen Informationsgehalt, selten gesendete demgegenüber einen hohen. Diese Eigenschaft kann befriedigt werden, indem man für den Informationsgehalt eine monoton wachsende Funktion des Reziprokwertes der Wahrscheinlichkeit des Zeichens wählt, d.h. eine Funktion

$$f = \frac{1}{p} \tag{1.39}$$

wobei p für die Wahrscheinlichkeit steht mit der das Zeichen auftritt, und f eine monoton wachsende Funktion repräsentiert.

Beispiel 1.6.
Eine Quelle liefere Zeichen aus dem Alphabet (Quellalphabet)

$$A = \{a_j; j = 1,2,...,n\} \tag{1.40}$$

wobei für die einzelnen Buchstaben a_j des Alphabetes eine Wahrscheinlichkeit p_j angegeben werden kann. Die Wahrscheinlichkeit p_j gibt Auskunft darüber, mit welcher Häufigkeit ein Buchstabe a_j in einer sehr langen Zeichenfolge auftritt, oder zu erwarten ist. Zur Abschätzung der Wahrscheinlichkeiten $p_1, p_2, \dots, p_n$ können Erfahrungswerte, oder gemessene Werte, herangezogen werden in der Annahme, dass sich die nähere Zukunft nicht we-

sentlich von der Vergangenheit unterscheiden wird. Bei Unkenntnis über das statistische Verhalten wird zunächst eine Gleichverteilung angenommen.
Eine Quelle kann formal beschreiben werden durch

$$(A,p)=\begin{Bmatrix} a_1,a_2,...,a_n \\ p_1,p_2,...,p_n \end{Bmatrix} \tag{1.41}$$

mit dem Alphabet

$$A=\{a_1,a_2,..,a_n\} \tag{1.42}$$

und den Wahrscheinlichkeiten

$$p=\{p_1,p_2,..,p_n\} \tag{1.43}$$

für das Auftreten der Zeichen. Dabei ist das Auftreten eines Zeichens das sichere Ereignis, weshalb die Summe aller Wahrscheinlichkeiten p_j gleich 1 sein muss,

$$\sum_{j=1}^{n} p_j = 1 \tag{1.44}$$

Damit ist von Bedeutung, wie groß die Information ist, die wir erhalten, wenn im Quellenalphabet a_j die Buchstaben mit der Wahrscheinlichkeit p_j auftreten. Es sei gesetzt $p_1 = 1$ und damit alle anderen $p_j = 0$ *für* $j = 2, \ldots$, n. Nunmehr gibt es keine Information im eigentlichen Sinne, da bekannt ist, was das Symbol bedeutet. Treten demgegenüber die Symbole mit unterschiedlichen Wahrscheinlichkeiten auf erhält man umso mehr Information, je geringer die Auftretenswahrscheinlichkeit für ein Symbol ist. Information und die Wahrscheinlichkeit des Auftretens für ein Symbol stehen damit in einem reziproken Verhältnis■

Das Maß für die Informationsmenge (Informationsmaß) $I(a_j)$, welches beim Auftreten eines Ereignisses mit der Wahrscheinlichkeit p_j gemessen werden kann, wird aus den Überlegungen für voneinander unabhängige Ereignisse, für welche die Einführung eines logarithmischen Maßes naheliegend ist, als Informationsgehalt $I(a_j)$ bezeichnet:

$$I(a_i)=\log\left(\frac{1}{p_i}\right)=-\log(p_i) \tag{1.45}$$

$$I(a_i)=\log\left(\frac{1}{p_i}\right)=-\log(p_i) \tag{1.46}$$

Da p_j die Wahrscheinlichkeit für den Empfang des Zeichens a_j mit dem Informationsgehalt $I(a_j)$ für das Signal a_j ist, gilt für den Erwartungswert des Informationsgehaltes eines Zeichens:

$$p_j \cdot I(a_j) = p_j \cdot \log\left(\frac{1}{p_j}\right) = -p_j \cdot \log p_j \qquad (1.47)$$

Für den Erwartungswert des Informationsgehaltes ergibt sich damit über n Symbole des Alphabetes im Mittel die Summe über alle Werte gemäss obiger Beziehung. Diese Summe wird, in Anlehnung an die Begriffe der statistischen Thermodynamik, Entropie H des Alphabetes A genannt, mit den Buchstaben a_j und deren Auftretenswahrscheinlichkeit p_j. Somit gilt:

$$EntropieH = \sum_{j=1}^{n} p_j \cdot \log(\frac{1}{p_j}) \qquad (1.48)$$

$$H = -\sum_{j=1}^{n} p_j \cdot \log p_j \qquad (1.49)$$

Dieses auf Shannon zurückgehende Informationsmaß wird Shannon Theorem genannt. Die Entropie selbst ist ein Maß für die Ungewissheit hinsichtlich des Verhaltens der Quelle und damit ein Maß für die Ungewissheit vor Eintreffen der Information, als auch ein Maß für die Bedeutung der Information. Je größer die Entropie, umso größer ist der Informationswert eines erwarteten Zeichens. Beim Shannon Theorem kann im Prinzip ein beliebiger Logarithmus angenommen werden, die Entropie ist demgegenüber, im physikalischen Sinne, dimensionslos. Im Hinblick auf die kleinste Informationseinheit, die Ja-Nein Entscheidung, hat sich der Zweier-Logarithmus eingebürgert und damit als eine (Pseudo-)Maßeinheit das Bit (binary digit), womit das Shannon Theorem in der folgenden Form angegeben werden kann:

$$H = -\sum_{j=1}^{n} p_j \cdot ldp_j \qquad (1.50)$$

Treten alle Zeichen mit gleicher Wahrscheinlichkeit auf, gilt $p_j = 1/n$, weshalb die Entropie den Maximalwert annimmt:

$$H_{max} = H_0 = ld(n) \qquad (1.51)$$

Beispiel 1.7.

Gegeben seien A = (0,...,7) und $p_j = 1/8$; j = 1,...,8. Damit kann die Quelle dargestellt werden wie folgt:

$$(A,p)=\begin{Bmatrix} 0 & 1 & 2 & \dots & 7 \\ 0{,}125 & 0{,}125 & 0{,}125 & \dots & 0{,}125 \end{Bmatrix} \tag{1.52}$$

Da alle Zeichen der Quelle die gleiche Wahrscheinlichkeit haben folgt $H_0 = \text{ld } 8 = 3$ Bit. ■

Der Informationsgehalt einer aus mehreren voneinander unabhängigen Zeichen bestehenden Nachricht (Information) sei gleich der Summe der Informationsgehalte der einzelnen Zeichen. Aus der Unabhängigkeit der Zeichen folgt, dass die Wahrscheinlichkeit des Auftretens dieser Information (Nachricht) gleich dem Produkt der Einzelwahrscheinlichkeiten der die Information (Nachricht) bildenden Zeichen ist, d.h. tritt ein Zeichen *a* mit der Wahrscheinlichkeit $p=0.3$ und ein Zeichen *h* mit der Wahrscheinlichkeit $p=0.1$ auf, dann ist die Wahrscheinlichkeit des Auftretens von Aha gleich $0.3x0.1x0.3=0.009$. Der Informationsgehalt muss somit eine Funktion sein, die

$$f(x)+f(y)=f(xy) \tag{1.53}$$

erfüllt, was durch die bereits oben angegebene logarithmische Funktion gegeben ist.

Sendet eine Quelle *n* unterschiedliche Zeichen mit gleicher Wahrscheinlichkeit, ist der Informationsgehalt eines dieser Zeichen *ld n*. Ist *n* eine Potenz von 2, z.B. $n = 2n$, dann ist der Informationsgehalt ganzzahlig, in diesem Falle gleich n. Die Einheit des Informationsgehaltes wird Bit genannt und hier Bit/Element.

Beispiel 1.8.
Der Informationsgehalt einer n-stelligen Dezimalzahl beträgt $ld\ 10 = 3.32$ Bit/Element. Die n-stellige Dezimalzahl hat daher den Informationsgehalt $H = n \cdot ld10 = n \cdot 3.32$ Bit. ■

Beispiel 1.9.
Sei A ein Alphabet welches aus den Zeichen x, y und z besteht, deren Auftrittswahrscheinlichkeiten gegeben seien durch

	P
X	0,5
Y	0,25
Z	0,25

Der Informationsgehalt der einzelnen Zeichen kann gemäß I = ld (1/p) berechnet werden. Es ergibt sich:

	P	h
X	0,5	1
Y	0,25	2
Z	0,25	2

Der mittlere Informationsgehalt ist damit $H = 0.5 \cdot 1 + 0.25 \cdot 2 + 0.25 \cdot 2 = 1.5$ Bit. ■

Beispiel 1.10.
Für das lateinische Alphabet mit 26 Buchstaben ergibt sich $H = ld\,26 = 4,7$ Bit■

Der mittlere Informationsgehalt kann als ein Maß für die Ungewissheit hinsichtlich des Verhaltens der Quelle beschrieben werden. Für Gleichverteilung (p = 1/n), mit p als Wahrscheinlichkeit und n als Umfang des Zeichenvorrates X, erreicht der mittlere Informationsgehalt seinen größten Wert, den Entscheidungsgehalt:

$$H_{\max} = H_0 = ld(n). \tag{1.54}$$

Jede Abweichung von der Gleichverteilung verringert den Informationsgehalt, die Quelle nützt die Möglichkeiten des Zeichenvorrats nicht voll aus. Der nicht ausgenutzte Aufwand heißt Redundanz oder Weitschweifigkeit. Als Maß für die Redundanz R wird die Differenz zwischen dem maximal möglichen Informationsgehalt H_o und dem tatsächlichen Informationsgehalt H definiert:

$$R = H_0 - \left(- \sum_{j=1}^{n} p_j \cdot ldp_j\right) = H_0 + \sum_{j=1}^{n} p_j \cdot ldp_j \tag{1.55}$$

$$= ldn + \sum_{j=1}^{n} p_j \cdot ldp_j$$

Gelegentlich wird auch der Begriff relative Redundanz benutzt:

$$r = \frac{R}{H_0} = \frac{R}{ldn} = 1 + \frac{1}{ldn} \sum_{j=1}^{n} p_j ldp_j \tag{1.56}$$

Die Redundanz wird in Bit angegeben. Dies ist aber nicht die einzige Art und Weise um die Redundanz anzugeben. Man erkennt, dass die mittlere Wortlänge eines Codes immer größer, oder gleich dem mittleren Informationsgehalt der Zeichen des Codes ist. Die Differenz zwischen der mittleren Wortlänge und dem mittleren Informationsgehalt wird als Redundanz bezeichnet:

$$R = L - H \tag{1.57}$$

mit L als mittlerer Wortlänge eines Codes. Hierunter versteht man die mit den Auftrittswahrscheinlichkeiten gewichtete Summe der Längen der den einzelnen Zeichen entsprechenden Codewörter, d.h.

$$L = \sum p_i \cdot l_i \tag{1.58}$$

wobei l_i für die Länge des dem i-ten Zeichen entsprechenden Codewortes steht. Im Gegensatz zum Informationsgehalt, der durch die Auftrittswahrscheinlichkeiten der einzelnen Zeichen bestimmt ist, hängt die mittlere Wortlänge von der gewählten Codierung ab.

Beispiel 1.11.
Für das Alphabet:

Tabelle 1.1.

	p	h	p*h	l	p*l
X	0.7	0.515	0.36	1	0.7
Y	0.2	2.322	0.464	2	0.4
Z	0.1	3.322	0.332	2	0.2

ist der mittlere Informationsgehalt H = 1,156 Bit, die mittlere Wortlänge l = 1,3 Bit und die Redundanz R = 0,144 Bit. ■

Beispiel 1.12.
Die Anzahl der Worte mit den häufigsten Buchstaben (a, b, d, e, i, m, n, o, p, r, s, t) sei 10.000. Wie viele Buchstaben müssen die Worte mindestens haben, wenn auch sinnlose Kombinationen zugelassen sind?
Sei A der Zeichenvorrat, $card\,(A)$die Anzahl der Zeichen in A und n die Stellenzahl, dann sind maximal $n = [card\,(A)]^n$ Darstellungen möglich für:

$$A = \{a, b, d, e, i, m, n, o, p, r, s, t\}$$

$$card(A) = 12$$

$$n = 10.000$$

$$10.000 = 10^n$$

$$\ln 10.000 = n * \ln 12$$

$$n = \frac{\ln 10.000}{\ln 12} = 3{,}71$$

Die Worte müssen mindestens 4 Buchstaben haben. ■

1.4 Rechnerarithmetik

1.4.1. Zahlendarstellungen

Wie in Absch. 1.2 dargestellt, ist Ziffer die Bezeichnung einer Zahl, während Zahl selbst ein mengentheoretischer Begriff ist. Damit ist jede Zahl eine Abstraktionsklasse gleichmächtiger Mengen während Ziffer lediglich ihre Benennung ist. Die Art und Weise Zahlen darzustellen, ist eng gekoppelt damit, wie Zahlen operationalisiert werden, d.h. wie mit Zahlen gerechnet wird. Dazu bedarf es geeigneter Darstellungssysteme. Das dezimale Zahlensystem, ein sog. Stellenwertsystem (polyadisches System), auf der Basis *10*, ist die gebräuchliche Abkürzung einer komplizierten Summenschreibweise natürlicher Zahlen. Natürliche Zahlen können als Wörter über dem Alphabet $\Sigma\ 10 = \{0,1,...,9\}$ dargestellt werden. Daraus ist ersichtlich, dass eine Zahl einen Wert besitzt, der vom verwendeten Zahlensystem abhängt. Ausgehend von der ausführlichen Notation der Summenschreibweise werden in einer abgekürzten Schreibweise lediglich die Koeffizienten notiert, links beginnend mit dem Koeffizienten der höchsten Zehnerpotenz und daran anschließend nach rechts die Koeffizienten in absteigender Ordnung der Potenz. Durch diese Art der Darstellung hat jede Stelle eine feste Wertigkeit. In der praktischen Anwendung ist allerdings die verkürzte Summenschreibweise der polyadischen Zahlensysteme gebräuchlich. Als Basis B kann jede beliebige Zahl $B \geq 2$ dienen. Eine Zahl Z als Folge natürlicher Zahlen ergibt in der allgemeingültigen Notation

$$Z = a_{n-1}B^{n-1} + a_{n-2}B^{n-2} + ... + a_1B^1 + a_0B^0 + a_{-1}B^{-1} + a_{-2}B^{-2} + ... + a_mB^m \tag{1.59}$$

bzw. in abgekürzter Summenschreibweise

$$Z = \sum_{V=-m}^{n-1} a_V B^V \tag{1.60}$$

mit n als Stellenzahl links des Komma, m als Stellenzahl rechts des Komma, B als Basis des Zahlensystems, dem Koeffizienten a_v sowie der Ordnungszahl v. Für die Koeffizienten gilt $0 \leq a_v \leq B - 1$.

Rechner, gemeint sind im folgenden ausschließlich Digitalrechner, arbeiten mit dem dualen Zahlensystem zur Basis 2, mit den Mengenelementen *(0,1)*. Hierfür sprechen folgende Gründe:

- Dualstellen sind technisch leicht durch binäre Elemente realisierbar,
- Ziffernaufwand *AZ* (Summe aller erforderlichen Ziffern) zum Darstellen von Zahlen in einem vorgegebenen Bereich ist beim dualen Zahlensystem wesentlich kleiner,
- Schaltungen zum Verarbeiten von Dualzahlen lassen sich mit Hilfe der Schaltalgebra leicht entwerfen.

Mit dem Ziffernaufwand zur Zahlendarstellung eng gekoppelt ist die Auswahl der zweckmäßigsten Basis. Im polyadischen Zahlensystem können mit n Stellen und bezogen auf eine Basis B insgesamt $N = B^n$ unterschiedliche Zahlen dargestellt werden. Der Ziffernaufwand AZ beträgt damit $AZ = B^n$.

Für jede Stelle werden B Ziffern angesetzt. Zwar kann in der höchsten Stelle eine Ziffer, die *0*, eingespart werden, da man Zahlen ohne führende Nullen schreibt, technisch ergibt das aber keinen nennenswerten Vorteil, da sich der Ziffernaufwand lediglich um eine Konstante verringert. Löst man die Gleichung $N = B^n$ nach n auf erhält man

$$n = \log_B N = \frac{\log_A N}{\log_A B} \tag{1.61}$$

Mit A = e ergibt sich als Ziffernaufwand

$$AZ = B\frac{\ln N}{\ln B} \tag{1.62}$$

d. h. ein funktioneller Zusammenhang des Ziffernaufwands *AZ* als Funktion der Basis B. Das Minimum des Ziffernaufwands erhält man, indem *AZ* nach *B* differenziert und das Ergebnis *0* gesetzt wird.

$$\frac{dZ}{dB} = \ln N\frac{(\ln B) - 1}{(\ln B)^2} = 0 \tag{1.63}$$

Die Lösung der Gl. 1.63 liefert $B = e$. Im Hinblick auf den Ziffernaufwand wäre damit das Zahlensystem zur Basis *e* das Beste. Da die Basis jedoch ganzzahlig sein muss scheidet *e* aus. Als nächstbester Wert bietet sich *3* an, der jedoch wegen der schlechten technischen Realisierbarkeit gegenüber *2* keine Anwendung findet, weshalb Rechner ein *Zahlensystem* zur Basis *B* mit $B = 2$ besitzen. Für jede Dualzahl *Z* gilt

$$Z = \sum_{i=0}^{n} B_i 2^i \tag{1.64}$$

Als Ziffern schreibt man für die *2* verschiedenen Werte $B_i \in \{0, 1\}$. Damit hat eine Dualzahl dieselbe Notation wie eine Dezimalzahl

$$Z = B_n 2^n + B_{n-1} 2^{n-1} + ... + B_2 2^2 + B_1 2^1 + B_0 2^0 \tag{1.65}$$

Es ist evident, dass der Aufwand an Ziffern zur Darstellung von Dualzahlen erheblich größer ist als beim Dezimalsystem. Die Anzahl der zur Darstellung einer gegebenen Zahl erforderlichen binären Stellen wird Länge der Dualzahl, die vom Rechner zur Verfügung gestellte Anzahl der Binärstellen zur Darstellung von Zahlen Wortlänge genannt.

Ein Zahlensystem mit der Basis *B*, wobei gilt $B \geq 1$, verfügt über eine Ziffernmenge $\Sigma_B \{a_0, a_1, ... ,a_{B-1}\}$. Jeder Ziffer wird durch eine injektive Abbildung

$$wert :\rightarrow \sum_B (0,1,...,B-1) \qquad (1.66)$$

ein Wert zugewiesen, wobei *wert* definiert ist durch

$$wert(a_i) = i;\ 0 \leq i \leq B-1 \qquad (1.67)$$

Mit vier Binärstellen können beispielsweise die ganzen Dezimalzahlen 0 bis 15 (ohne Vorzeichen) dargestellt werden, wie in Tabelle 1.2 angegeben.

Tabelle 1.2. Vergleichende Gegenüberstellung von Dualzahlen und Dezimalzahlen

Dualzahl				Dezimalzahl
2^3	2^2	2^1	2^0	
0	0	0	0	0
0	0	0	1	1
0	0	1	0	2
0	0	1	1	3
0	1	0	0	4
0	1	0	1	5
0	1	1	0	6
0	1	1	1	7
1	0	0	0	8
1	0	0	1	9
1	0	1	0	10
1	0	1	1	11
1	1	0	0	12
1	1	0	1	13
1	1	1	0	14
1	1	1	1	15

Beispiel 1.13.
Darstellung der Dezimalzahl *3253* im Dualsystem ist Z = $(1100\,|\,1011\,|\,0101)_2$ mit

$$\begin{aligned} wert(Z) = {} & 1\cdot 2^{11} + 1\cdot 2^{10} + 0\cdot 2^{9} + 0\cdot 2^{8} + 1\cdot 2^{7} + 0\cdot 2^{6} + 1\cdot 2^{5} + 1\cdot 2^{4} \\ & + 0\cdot 2^{3} + 1\cdot 2^{2} + 0\cdot 2^{1} + 1\cdot 2^{0} = 3523 \end{aligned}$$

■

Bislang wurden ausschließlich positive Zahlen Z dargestellt. negative Zahlen Z werden so geschrieben, dass man ihren Betrag oder Absolutwert $|Z|$ angibt und ein Minuszeichen hinzufügt. Damit handelt es sich beispielsweise bei *-2002* um eine negative Zahl vom Betrag *2002*. Auch in Rechnern ist diese Darstellung gebräuchlich. Das Vorzeichen ist hier eine binäre Variable, weshalb zur Darstellung eine Dualziffer genügt, wobei folgende Festlegung getroffen wird: $0 \to +$, $1 \to -$.

Beispiel 1.14.

V	Z		
0	1 1 0 0	$\rightarrow$ + 1 1 0 0	$= +12_{10}$
1	1 1 0 0	$\rightarrow$ - 1 1 0 0	$= -12_{10}$ ■

Diese einfache Art der Festlegung hat allerdings den Nachteil, dass die Zahl 0 sowohl durch +0 als auch durch –0 dargestellt wird

Beispiel 1.15.

V	Z	
0	0 0 0 0	$\rightarrow$ + 0
1	0 0 0 0	$\rightarrow$ - 0 ■

Zur Darstellung des Vorzeichens wird damit Σ_B *auf* $\Sigma_{BB} = \Sigma_B \cup \{+,-\}$ erweitert. Für $B = 2$ wird bei Wörtern $Z = (Z_{n-1} Z_{n-2} \dots Z_0)_2$ der Länge n über $\Sigma_2 = \{0,1\}$ das am weitesten links stehende Bit Z_{n-1} als Vorzeichen interpretiert. Dabei steht *0* für + und *1* für -. Die Funktion

$$wert : \Sigma_2^n \rightarrow Z \qquad (1.68)$$

ist damit definiert durch

$$wert[(Z_{n-1}, Z_{n-2}, \dots, Z_0)_2] = \begin{cases} wert[(Z_{n-2}, \dots, Z_0)_2]; Z_{n-1} = 0 \\ wert[(Z_{n-2}, \dots, Z_0)_2]; Z_{n-1} = 1 \end{cases} \qquad (1.69)$$

Beispiel 1.16.
Der in einem *8* Bit Register in einem Rechner darstellbare Zahlenbereich umfasst die Zahlen von *127* bis *-127* . Für $n = 8$ gilt

$$wert[(011111111)_2] = +127$$

$$wert[(111111111)_2] = -127$$

■

Mit *n-Stellen* kann die Menge $\{-(2^{n-1}-1), \dots, 0, \dots, +(2^{n-1}-1)\} \subset Z$ dargestellt werden, d.h. 2^{n-1} Zahlen. Das ist eine Zahl weniger als bei der Dualdarstellung natürlicher Zahlen, da bei der Vorzeichendarstellung die *0* zwei Darstellungen hat, was z. B. für *8* Bit Register zu folgenden Inhalten führt

$$+0 = (00000000)_2$$

$$-0 = (10000000)_2.$$

Wenngleich beide Darstellungen intuitiv als gleich angesehen werden können, ist die Gleichheit für einen Rechner, der Bitpositionen einzeln vergleicht, schwierig feststellbar. Dies erfordert für die rechnerinterne Arithmetik einen aufwendigen Vergleich zur Vorzeichendarstellung, um festzustellen ob $0 = 0$ ist. So sind für die Addition zweier Operanden x und y per se vier Fälle unterscheidbar:

1. Fall: $x = y = 0$
x und y werden binär, d.h. modulo 2^{n-1} addiert, das Vorzeichen der Summe ist positiv, also $x + y = 0$.
Ergebnis: Addition als auszuführende Operation.

2. Fall: $x = y = 1$
x und y werden binär, d.h. modulo 2^{n-1} addiert, das Vorzeichen der Summe ist negativ, also $-(x + y) = 1$.
Ergebnis: Addition als auszuführende Operation.

3. Fall: $x = 0$ *und* $y = 1$ mit $wert(x) > wert(y)$, oder $x = 1$ und $y = 0$ mit $wert(y) > wert(x)$
x wird von y bzw. y wird von x binär subtrahiert, das Vorzeichen ist in beiden Fällen positiv, also $x - y = 0$ bzw. $y - x = 0$.
Ergebnis: Subtraktion als auszuführende Operation.

4. Fall: $x = 0$ und $y = 1$ mit $wert(x) < wert(y)$, oder $x = 1$ und $y = 0$ mit $wert(y) < wert(x)$
x wird von y bzw. y wird von x binär subtrahiert, das Vorzeichen ist in beiden Fällen negativ, also $-(x - y) = 1$ bzw. $-(y - x) = 1$.
Ergebnis: Subtraktion als auszuführende Operation. ■

1.4.2 Komplementdarstellungen

Wie aus dem vorausgegangenen Abschnitt ersichtlich, ist die vorzeichenrichtige Zahlendarstellung bereits bei der Addition ganzer Zahlen relativ aufwendig. Dies bedeutet für die Rechnerarithmetik, dass neben der Unterscheidung der vier Fälle für die Addition auch eine Subtraktion erforderlich ist. Bei der technischen Umsetzung der Rechnerarithmetik in einem Addierwerk, welches als arithmetisch logischer Einheit (ALU) konzipiert ist (s. Abschn. 4.4), wird die notwendige Subtraktion auf eine Addition zurückgeführt. Hierzu wird die Komplementdarstellung ganzer Zahlen angewandt, bei der für ein Zahlensystem zur Basis B die Subtraktion $y - x$, entspricht dem 3. Fall in Abschn. 1.4.1, für $0 < x < y$ mittels Addition berechnet wird. Hierzu wird ein x^* derart gesucht, dass $y - x = y + x^*$ erfüllt ist. Setzt man $x^* = B^n - x$, die Berechnung erfolgt modulo B^n , wegen

$$y - x = [(y - x) + B^n] \bmod B^n = [y + (B^n - x)] \bmod B^n \tag{1.70}$$

mit n als fester Länge der Zahlen, dann gilt:

$$y - x = y - x \cdot (\bmod B^n) \tag{1.71}$$

Sei $wert(x) = (x_{n-1}, x_{n-2}, \ldots, x_1, x_0)_2 \in B^n$ eine n-stellige Dualzahl, dann heißt

$$K_B^n(x) = B^n - x \tag{1.72}$$

das B-Komplement von x. Hierbei ist $K_B^n(x)$ die Darstellung von $-x$. Die B-Komplementdarstellung erfüllt damit die Eigenschaft $x + (-x) = 0$, da gilt:

$$x + (-x) = x + K_B^n(x) = x + (B^n - x) = B^n \tag{1.73}$$

und

$$B^n \bmod B^n = 0 \tag{1.74}$$

womit folgt:

$$[x + (-x)] \bmod B^n = 0 \tag{1.75}$$

Damit ist

$$K_1(x) := [1\{+\}x_{n-1}, \ldots, 1\{+\}x_0]_2 \tag{1.76}$$

das Einerkomplement von x und

$$K_2(x) := [1\{+\}x_{n-1}, \ldots, 1\{+\}x_0]_2 + 1 = K_1(x) + 1 \tag{1.77}$$

das Zweierkomplement von x bzw. allgemeingültig

$$K_B^n(x) = K_{B-1}(x) + 1 \tag{1.78}$$

das B-Komplement.

Das Einerkomplement einer Zahl x erhält man durch stellenweises Invertieren von x, das Zweierkomplement durch Invertieren aller Bits und anschließende Addition einer Eins.

Beispiel 1.17.
Für ein 16 Bit Register eines Rechners werden die Darstellungen der Zahlen *+92* und *–92* im Einer- bzw. Zweierkomplement betrachtet. Für das Einerkomplement gilt mit $B = 2$ und $n = 16$

$$K_1\{[0000000001\ 011100]_2\} \in \sum_2^{16} = +92$$

$$K_2\{[1111111110\ 100011]_2\} \in \sum_2^{16} = -92$$

Das Zweierkomplement ergibt sich durch Addition einer 1:

$$\begin{aligned} K_1\{[0000000001011101]_2\} &= [0000000001011101]_2 + [0000000000000001]_2 \\ &= [0000000001011110]_2 = +92 \end{aligned}$$

$$\begin{aligned} K_2\{[11111110100100]_2\} &= [1111111110100100]_2 + [0000000000000001]_2 \\ &= [1111111110100101]_2 = -92 \end{aligned}$$

■

Die Subtraktion zweier n-stelliger Dualzahlen x - y (3. Fall) mit $x > y$, in B-Komplementdarstellung, mit $B = 1$, lässt sich durch Addition $x + K_B^n(y)$ lösen. Dazu stellt man die zu subtrahierende Zahl y durch $K_1(y)$ dar und addiert $K_1(y)$ zu x. Tritt dabei an der höchstwertigen Stelle ein Übertrag auf, wird dieser zur niedrigsten Stelle hinzuaddiert.

Beispiel 1.18.
Sei x=179 und y=109, dann wird für

```
 x:  1011|0011  =  179
-y: -0110|1101  =  109   ⇒     -0110|1101
 x:  1011|0011                 +1001|0010

K1(x):    + 1001|0010   ↵
```

mit dem Zwischenresultat 1 0100|0101.
Der Übertrag wird zur niedrigsten Stelle hinzuaddiert

```
0100|0101
        1.
```

Daraus folgt 0100 | 0110 d.h. dezimal +70. ■

Beispiel 1.19.
Für $n = 5$ Bit sind im B-Komplement, mit $B = 2$, die Zahlen von -15 bis $+15$ darstellbar. Für die Addition der Zahlen $5 + 14 = 19$ erhält man

5: 0 0101
+14: 0 1110

und als Resultat 1 0011. Das Ergebnis lautet -3 und nicht +19. Der Grund für den Unterschied liegt begründet in dem Umstand, dass +19 mit n = 5 Bit nicht darstellbar ist. Angemerkt werden soll, dass dieses Beispiel nur akademischen Charakter hat, da Rechner, welche z.B. das Zweierkomplement zur Durchführung arithmetischer Operationen nutzen, ein Overflow-Flag setzen. ■

1.4.3 Darstellung ganzer Zahlen

In den gängigen Programmiersprachen werden ganze Zahlen als vom Datentyp integer, und gebrochene rationale Zahlen als vom Datentyp real notiert. Realzahlen werden als Gleitpunktzahlen oder Gleitkommazahlen bezeichnet. Befindet sich das Komma, oder der Punkt, an einer beliebigen aber festen Stelle, spricht man von Festpunkt- oder Festkommadarstellung. Die Längenangabe (n, m) gibt dabei die Länge n des ganzzahligen und die Länge m des gebrochenen Anteils an.

1.4.3.1 Festkommazahlen

Die Festkommadarstellung legt das Komma auf eine bestimmte Stelle fest. Bei der rechnerinternen Verarbeitung von Zahlen (Daten) bevorzugte Kommastellen liegen rechts der niedrigsten Stelle, dann sind alle Zahlen ganzrationale Zahlen, oder rechts der höchsten Stelle, dann sind alle Zahlen gebrochen rationale Zahlen.

Ist beispielsweise bei Rechnern für das Banken- und Sparkassenwesen die kleinste zu verarbeitende Einheit 0,01Euro und die größte 99999999,99 Euro sind die Register 10-stellig nach folgendem Schema auszulegen.

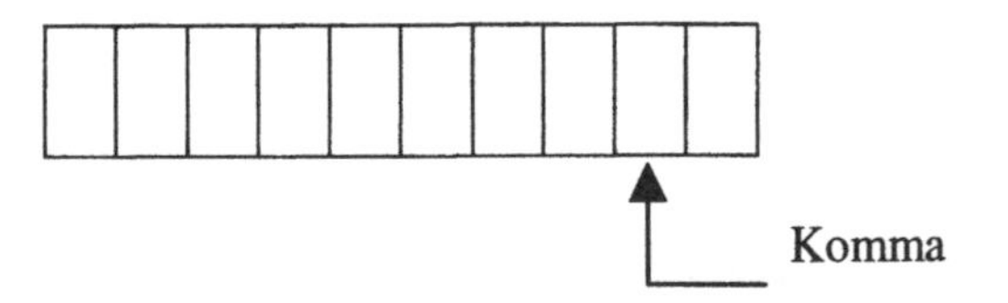

Das Komma steht immer auf einem festen Platz. Werden alle Operanden stellenrichtig eingegeben, brauchen im Rechner keine weiteren Vorkehrungen zur Kommaverarbeitung getroffen werden.

Beispiel 1.20.
371,05 Euro + 18,10 Euro = 389,15 Euro

A-Register	0	0	0	0	0	3	7	1 ,	0	5
B-Register	0	0	0	0	0	0	0	8 ,	1	0
C-Register	0	0	0	0	0	3	8	9 ,	1	5

■

Je nach der in einem x-stelligen Rechner festgelegten Kommastellung lassen sich Berechnungen in den entsprechenden Wertebereichen durchführen wie folgt:

Kommastellung im Register Wertebereich

,										10^{-1}	...	10^{-10}
					,					10^{4}	...	10^{-5}
										10^{-9}	...	10^{-0}

Eine Festkommadarstellung einer Zahl der Länge (n, m) zur Basis B hat damit die allgemeine Form

$$Z = [Z_{n-1}, \ldots, Z_0, Z_{-1}, Z_{-m}]_B \tag{1.79}$$

Ihr Wert ergibt sich demnach zu

$$wert(Z) = \sum_{i=-m}^{n-1} Z_i B^i \tag{1.80}$$

Beispiel 1.21.
Sei B = 2 und die Länge sei (2,4). Dann ist $(10,0100)_2$ die Festkommadarstellung der Zahl 2,25 mit der Länge (2,4) zur Basis 2 mit

$$wert(Z) = 1 \cdot 2^1 + 1 \cdot 2^{-2} = 2 + \frac{1}{4} = 2{,}25 \; ■$$

Beispiel 1.22.
Sei B = 2 und die Länge sei (4,8). Dann ist $[1010 \mid 0100 \mid 1110]_2$ die Festkommadarstellung der Zahl 10,3046875 mit der Länge (4,8) zur Basis 2. Es gilt

$$\begin{aligned} wert(Z) &= 1 \cdot 2^3 + 1 \cdot 2^1 + 1 \cdot 2^{-2} + 1 \cdot 2^{-5} + 1 \cdot 2^{-6} + 1 \cdot 2^{-7} \\ &= 10 + \frac{1}{4} + \frac{1}{32} + \frac{1}{64} + \frac{1}{128} = 10 + \frac{39}{128} = 10{,}3046875 \end{aligned}$$ ■

Wird das Komma rechts der Stelle mit dem niedrigsten Wert angenommen, dann gilt für das Wort der Länge $n = (z_{n-1}, \ldots z_0)_2$ die Festkommadarstellung

$$wert(Z) = \sum_{i=-m}^{n-1} Z_i B^i$$

Nimmt man demgegenüber das Komma links der Stelle mit dem höchsten Wert an, dann gilt für das Wort der Länge $n = (z_1,...,z_n)_2$ die Festkommadarstellung

$$wert(Z) = \sum_{i=0}^{n} Z_i B^{-i} \tag{1.81}$$

Für ein Wort Z der Länge n = 8 lautet die Festkommadarstellung für

$$\begin{aligned} Z &= 10110010 = 1\cdot 2^{-1} + 1\cdot 2^{-3} + 1\cdot 2^{-4} + 1\cdot 2^{-7} \\ &= \frac{1}{2} + \frac{1}{8} + \frac{1}{16} + \frac{1}{128} = \frac{89}{128} = 0{,}6953125 \end{aligned} \tag{1.82}$$

1.4.3.2 Gleitkommazahlen

Bei der Gleitkommadarstellung, auch halblogarithmische Darstellung genannt, wird jede Zahl Z in der Form

$$Z = \pm M * B_E^{\pm E} \tag{1.83}$$

dargestellt mit der Mantisse M, der Basis B_E für den Exponenten und E als Exponent der Darstellung. B_E muss nicht notwendig mit der Basis des Zahlensystems für M und E übereinstimmen. Zahlen in Gleitkommadarstellung werden durch eine Mantisse und einen Exponenten dargestellt wie folgt:

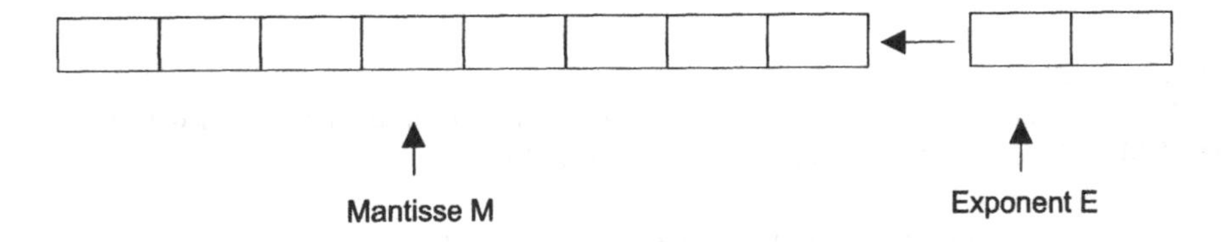

d. h. bei der Gleitkommadarstellung wird ein Teil der bitwerten Registerstellen für die Darstellung der führenden Ziffern (Mantisse) und ein anderer Teil für die Darstellung des Stellenwertes (Dezimalkomma) verwendet; das Dezimalkomma wird in der Mantisse immer an der gleichen Stelle geschrieben, bezeichnet aber wegen des variablen Exponenten einen gleitenden Wert.

Beispiel 1.23.
Die Zahl 2,5 E4 ist darstellbar als $2{,}5 \cdot 10^4$ bzw. 2500.
Die Zahl –2,5 E-2 ist darstellbar als –0,025■

Das Komma steht bei der Gleitkommadarstellung vor der höchsten Mantissenstelle und der Exponent nach der Mantisse. Diese Darstellungsform entspricht der bereits eingeführten halblogarithmischen Darstellung, wenngleich die Mantisse lediglich aus den Ziffernstellen der Zahl und nicht aus ihrem Logarithmus besteht. Sind für den Exponenten nur zwei Stellen reserviert, lassen sich, bei dezimalem Exponenten mit Vorzeichen, nur 19 verschiedene Exponenten darstellen, +9, +8, ..., +0, -1, -2, ..., -9.

In Rechnern sind in der Regel die Basis B, die Mantisse M und der Exponent E sowie die Basis B_E der Darstellung festgelegt, weshalb eine Gleitkommazahl rechnerintern durch das Paar (± M, ± E) dargestellt werden kann.

Die Gleitkommadarstellung einer Zahl ist nicht eindeutig, da beispielsweise die Zahl 4711,4712 wie folgt dargestellt werden kann

$$4711{,}4712 = 47{,}114712 \cdot 10^2 = 0{,}47114712 \cdot 10^4 = 47114712 \cdot 10^{-4}$$

weshalb für Operationen mit Operanden mit verschiedenen Exponenten eine Anpassung erforderlich wird.

Beispiel 1.24.
Für die Addition der beiden Zahlen $4{,}711 \cdot 10^3$ und $0{,}0004712 \cdot 10^7$ ist eine Anpassung erforderlich die folgendermaßen aussehen könnte $(4{,}711+4{,}712) \cdot 10^3$■

Erfüllt eine Gleitkommazahl $Z = \pm M \cdot B_E^{\pm E}$ die Voraussetzung $\frac{1}{B_E} < M < 1$, wird sie normalisierte Gleitkommazahl genannt. Hierbei steht das Komma links von der Mantisse, d.h. der ganzzahlige Anteil ist gleich 0 und die erste Ziffer (des Dezimalanteils) der Mantisse ist ungleich 0.

Beispiel 1.25.
Sei $B_E = B = 2$, dann ist $(0{,}11101)_2 \cdot 2^{-4}$ bzw. (+0,11101-4) die normalisierte Darstellung von $(0{,}000011101)_2$. ■

Rechnerintern wird bei Gleitkommadarstellung das Vorzeichen des Exponenten eingespart indem der Exponent um eine bestimmte Zahl, die sog. Charakteristik verändert wird, d. h. anstelle des Exponenten E wird eine Zahl C + E (C = Charakteristik) gespeichert, wobei die Charakteristik so gewählt ist, dass stets $C + E \geq 0$ erfüllt ist. Bei einer Charakteristik von 50 wird der wahre Exponent E = 0 durch 50 ersetzt (C + E = 50). Damit kann, durch Einführen der Charakteristik, der Zahlenbereich, der darstellbar ist, wesentlich vergrößert werden. Sind z. B. zwei Stellen für den Exponenten reserviert, lassen sich ohne Charakteristik nur 19 verschiedene Exponenten, darstellen, mit einer Charakteristik von 50 dagegen 100 verschiedene Exponenten von 99, 98, ..., 01, bis 00 und dementsprechend +49, +48, ..., +00, -01, ..., -50.

Charakteristik 00 50 99

Exponent -50 00 +49

Mit Hilfe von nur zwei Exponentenstellen können nunmehr Wertebereiche von 10^{-50} bis 10^{49} überstrichen werden. In der Praxis hat sich als Standard das IEEE Format zur Darstellung von Gleitkommazahlen durchgesetzt (IEEE = Institute of Electrical and Electronics Engineers). VZ entspricht dem Vorzeichenbit; es ist 0, wenn die dargestellte Zahl positiv ist und 1, wenn die dargestellte Zahl negativ ist. Die Darstellung der Exponenten erfolgt durch Addition eines geeigneten Exzesses.

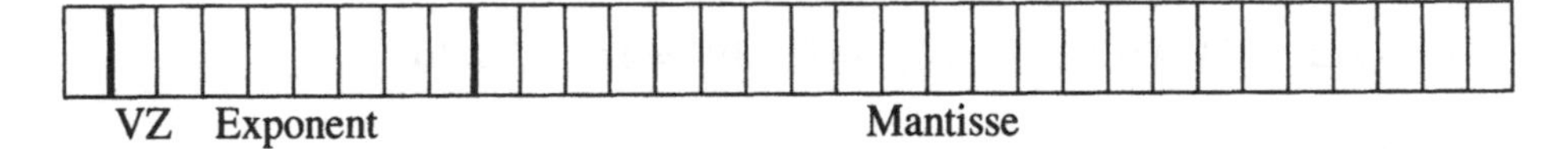

Die Darstellung der Mantisse erfolgt in normalisierter Form[1], mit folgendem Unterscheidungsmerkmal: eine Zahl wird als normalisiert betrachtet, wenn sie die Darstellung (1. xxxxxx) besitzt. Die in dieser Notation verwendeten x stehen hier 0 oder 1. Da die Darstellung jeder normalisierten Zahl (außer 0) mit 1 beginnt, ist es nicht nötig, diese 1 abzuspeichern. Man speichert nur die auf die 1 folgenden Bit ab. Die Normierung für eine Gesamtlänge von 16, 32 und 64 Bit hat die in Tabelle 1.3 dargestellte Zuordnung der Bitwerten Stellen.

Tabelle 1.3. Darstellung Bitstellen gemäß IEEE Format

Wortlänge	VZ	EXPONENT	MANTISSE
32	1	8	23
64	1	12	51

Rechnerintern kann die Darstellung normalisierter Gleitkommazahlen damit allgemeingültig angegeben werden. Sei

$$B_E = B = 2 \text{ und die Länge der darstellbaren Zahl } n=32,$$

[1] Eine Gleitkommazahl, bei der die erste Stelle hinter dem Komma keine Null ist, heißt normalisiert.

liegt folgende Aufteilung der 32 Stellen für Gleitkommazahlen vor: Die ersten 24 Stellen bilden die Mantisse der Vorzeichendarstellung, d.h. die erste Stelle repräsentiert das Vorzeichen und die restlichen 8 Stellen den Exponenten im Zweierkomplement.

Beispiel 1.26.
Für die Bitfolge

$$0 \; \underbrace{11001111000010011000000}_{\text{Mantisse}} \; \underbrace{00001100}_{\text{Exponent}}$$

lautet die normalisierte Gleitkommazahl $[0{,}11001111000010001 1]_2 \cdot 2^{12}$. Damit kann die rechnerinterne Darstellung der kleinsten positiven Zahl abgeleitet werden:

$$0 \; 1 \; \underline{0000000000000000000000} \; 10000000$$

Ihre normalisierte Gleitkommadarstellung ist (+1, -128), ihr Wert ist $0{,}5 \cdot 2^{-128}$. Demzufolge lautet die rechnerinterne Gleitkommadarstellung der größten positiven Zahl

$$0 \; 1 \; \underline{1111111111111111111111} \; 01111111.$$

Ihre normalisierte Gleitkommadarstellung ist

$$[+11111111111111111111111,+127]$$

und ihr Wert

$$(1-2^{-23}) \cdot 2^{-127}$$

denn es gilt:

$$\text{wert}\,[0{,}11111111111111111111111] = \sum_{i=1}^{23} \left(\tfrac{1}{2}\right)^i = \tfrac{1}{2} \cdot \frac{1-\left(\tfrac{1}{2}\right)^{23}}{1-\tfrac{1}{2}} = 1-2^{-23}$$

Bei einer *Länge* $n = 32$ sowie $B_E = B = 2$ können mit der dargestellten Aufteilung positive Zahlen Z mit

$$0{,}5 \cdot 2^{-128} < Z < (1-2^{-23}) \cdot 2^{-127}$$

normalisiert dargestellt werden. Analog ergibt sich für die negativen Zahlen Z der Darstellungsbereich

$$-(1-2^{-23}) \cdot 2^{-127} < Z < -0{,}5 \cdot 2^{-128}.$$

■

Aus dem Beispiel 1.26. ist ersichtlich, dass Zahlen Z mit

$$-0{,}5 \cdot 2^{-128} < Z < 0{,}5 \cdot 2^{-128}$$

nicht darstellbar sind, d.h. das insbesondere die 0 so nicht darstellbar ist. Zur Darstellung der 0 wird eine rechnerinterne Hilfsdarstellung eingeführt:

0 xxxxxxxxxxxxxxxxxxxxxxx 0000 0000
Mantisse

wobei der Inhalt der Mantisse x... ...x zunächst irrelevant ist. Da bei normalisierter Gleitkommadarstellung mit $B_E = B = 2$ die erste Stelle der Mantisse immer 1 ist, braucht sie nicht gespeichert werden, es liegt hier das sogenannte hidden bit vor. Die Bitfolge

0 00000000000000000000000 00000000
Mantisse Exponent

entspricht damit nicht der rechnerinternen Darstellung von 0, 0 sondern stellt die normalisierte Gleitkommazahl (+1,0) mit dem Wert $\frac{1}{2} \cdot 2^2 = \frac{1}{2} = 0{,}5$ dar.

1.5 Grundlagen der Codierung

Unter Codierung wird die Abbildung von einer Sprache auf eine andere verstanden, indem einzelne Zeichen des Quellalphabetes auf Zeichenfolgen des Zielalphabetes abgebildet werden, z.B. ß und Beta etc. Die so erhaltene Zeichenfolge wird Wort genannt. Die Menge aller Wörter der Zielsprache, die durch diese Abbildung getroffen werden, wird Code genannt. Ein Code ist damit eine Vorschrift für die eindeutige Zuordnung der Zeichen eines Zeichenvorrates zu denjenigen eines anderen Zeichenvorrates.

Abhängig davon, ob die Wortlänge des Codes für alle Wörter gleich ist oder nicht, spricht man von Codes mit fester oder variabler Wortlänge. Codes mit variabler Wortlänge haben den Vorteil, dass Zeichen, die öfter vorkommen, auf kürzere Wörter abgebildet werden können als solche, die weniger oft vorkommen, wodurch die übertragene Datenmenge reduziert werden kann.

Ein Code variabler Wortlänge ist der Morse-Code. Das Alphabet des Morse-Codes umfasst die drei Zeichen „.", „-" und „Pause". Das Pausenzeichen wird verwendet, um verschlüsselten Text eindeutig decodieren zu können, wie es der in Abb. 1.5 angegebene Codebaum zeigt.

Im Codebaum lässt sich jedes codierte Wort finden, indem man, von der Wurzel beginnend bis hin zum codierenden Buchstaben fortschreitet, und die auf diesem Wege liegenden Punkte und Striche notiert. Die Verschlüsselung der Buchstabenfolge SOS lautet beispielsweise: ... --- ..

Ziel des Morse-Codes ist es, häufig auftretende Buchstaben durch möglichst kurze Punkt-Strich-Folgen zu verschlüsseln. Dabei ist zu beachten, dass die Übertragung eines Striches etwa dreimal so lange dauert, wie die Übertragung eines Punktes. Im Morse-Code sind die Zeichen des einen Zeichenvorrates, die Buchstaben des Alphabetes, und die Zeichen des anderen Zeichenvorrates, die entsprechenden Punkt-Strich Kombinationen. Diese Form der Codierung ist direkt umkehrbar.

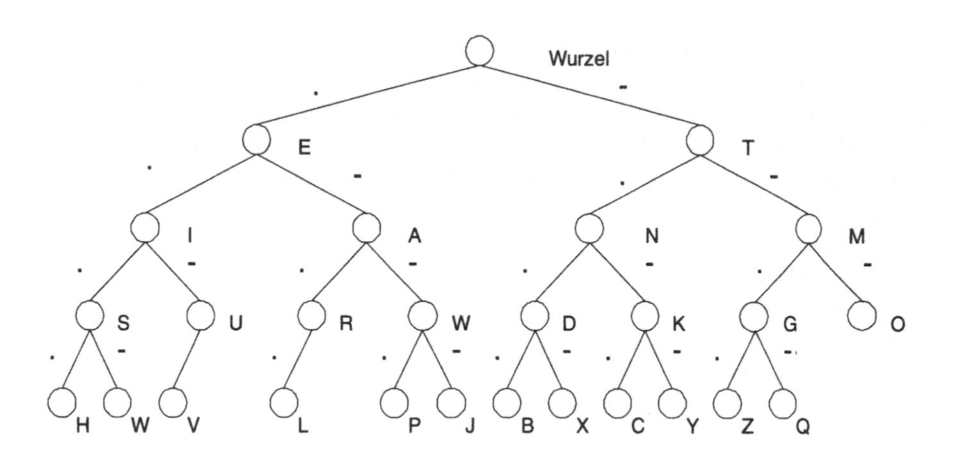

Abb.1.5. Codebaum des Morsealphabetes

Beispiel 1.27.
Direkt umkehrbare Codierungen:
a ↔ .- ; b ↔ -... ; c ↔ -.-. ; d ↔ -..
0 ↔ 00 ; 1 ↔ 01 ; 2 ↔ 10 ; 3 ↔ 11■

Neben den direkt umkehrbaren Codierungen existieren nicht direkt umkehrbare Codierungen, wie z.B. bei der Zuordnung der Buchstabenkombinationen ei, ai, ey, ay, zu der Lautschriftkombination, oder die Codierung von Buchstaben, Ziffern und Sonderzeichen, zu den Kombinationen des Fernschreibcodes.

Beispiel 1.28.
Nicht direkt umkehrbare Codierungen:
ei ↔ εi ; ai ↔ εi ; ey ↔ εi ; ay ↔ εi
e ↔ 00001; 3 ↔ 00001; t ↔ 10000 ; 5 ↔ 10000■

Zur Codierung werden Zeichen eingesetzt. Ein Zeichen ist ein Element aus einer vereinbarten endlichen Menge von Elementen, die Menge wird Zeichenvorrat bzw. Alphabet genannt. Im Kontext der Informatik repräsentiert ein Alphabet nicht nur die Menge der in der jeweiligen Schriftart verwendeten Buchstaben, sondern jeden geordneten, zur Informationsdarstellung geeigneten Zeichenvorrat, weshalb zusammenfassend gilt:

- Zur Informationsübertragung bedient man sich einer Sprache,
- Sprache hat bestimmte Regeln, nach denen eine Information aufgebaut sein muss,
- Regeln werden Grammatik = Syntax genannt,
- in Sprache vorliegende Information ist in der Regel aus Zeichen zusammengesetzt,
- die Menge aller unterschiedlichen Zeichen einer Sprache heißt Alphabet.

Beispiele für Zeichen, aus denen sich die Menge aller unterschiedlichen Zeichen einer Sprache bilden lassen, sind Buchstaben, Interpunktionszeichen, mathematische Zeichen, Ziffern, etc.. Ziffer ist die Bezeichnung (Name, Symbol) einer Zahl, während Zahl selbst ein mengentheoretischer Begriff ist. Jede Zahl ist eine Abstraktion (Abstraktionsklasse) gleich mächtiger Mengen; demgegenüber ist Ziffer lediglich ihre Benennung. Unter semiotischen Gesichtspunkten ist eine Ziffer ein sprachliches Zeichen, das einer Menge von Zeichen angehört. Die Kardinalzahl dieser Menge unterschiedlicher Zeichen ist die sog. Basis der mit diesen Ziffern durchzuführenden Zahlendarstellung (Semiotik).

Enthält die Menge lediglich zwei unterschiedliche Ziffern, 0 und 1, liegt das duale Zahlensystem bzw. das binäre Alphabet (binär = zweiwertig) vor, mit den Zeichen 0,1. Bei 10 unterschiedlichen Ziffern (0,1,2,3,4,5,6,7,8,9) liegt das denäre Alphabet (denär = zehnwertig) vor, mit den Zeichen 0,1,...,8,9. Weitere Alphabete sind das alphabetische Alphabet mit den Zeichen A,B,...Y,Z, Ä,Ö,Ü, a,b,...,y,z,ä,ö,ü und das alphanumerische Alphabet mit den Zeichen A,B,...,Y,Z und 0,1,...,8,9.

Ist N der Umfang des Zeichenvorrates X und damit die Menge der Informationselemente N=2n, dann ist die entsprechende binäre Informationsmenge BI

$$BI = n \text{ (Bit)}.$$

Beispiel 1.29.
Das alphabetische Alphabet enthält 26 verschiedene Informationselemente: N=26. Die binäre Informationsmenge BI ist damit BI = ld N = ld 26 = 4,7 Bit ≈ 5 Bit. ■

Ein fünfstelliges binäres Codewort gestattet die Darstellung von $2^5 = 32$ Informationselementen, wovon aber nur 26 für das lateinische Alphabet ausgenutzt werden. Der Überschuss von 6 nicht benötigten Binärzeichenkombinationen ist die Redundanz, hier als unvermeidliche Redundanz bezeichnet, da 4 Bit = 16 Informationselemente nicht ausreichend sind, 5 Bit aber zu viele Zeichenkombinationen ergeben. Die Redundanz des lateinischen Alphabetes beträgt R = 5 Bit - ld 26 = 5 - 4,7 = 0,3 Bit.

Die mit Zeichen aufgebauten Zeichenverbände sind nach bestimmten Regeln (Grammatik = Syntax) aufgebaut. Die Zeichenverbände selbst werden als Wörter bezeichnet. Wort bedeutet eine Folge von Zeichen, die einen bestimmten Zusammenhang (Syntax), eine Einheit, bilden. Damit entspricht das Wort 001001 der Zahl 9 im Binärcode. Den Teil eines Wortes, der einen Unterverband darstellt, nennt man Silbe.

Beispiel 1.30.
BAHNHOF
1.Silbe 2.Silbe

10 00100 = Ziffer 2 im Biquinärcode
1. Silbe (Binärteil)
2. Silbe (Quinärteil)■

Ein Binärcode ist die umkehrbar eindeutige Zuordnung der Menge M_1 der darzustellenden Informationselemente zur Menge M_2 von Binärzeichenkombinationen, den sog. Codeworten. Haben alle binären Codeworte die mittlere Wortlänge L, liegt ein gleichmäßiger Code vor und die Menge der möglichen Binärzeichenkombinationen (Umfang des Zeichenvorrates) wird $N = 2^n$. Werden alle 2^n Codeworte verwendet, d.h. ist $M_1 = M_2$, spricht man von einem vollständigen Code oder einem Code ohne Redundanz.

1.5.1 Lineare Codes

Ein Codewort CW eines Codes cod besteht aus einer Anzahl von n Elementen cod_i eines festgelegten Zahlenkörpers, dem sog. Galoisfeld GF(q). Die n Elemente setzen sich aus einer Anzahl von m Informationszeichen und einer Anzahl von k Prüfelementen zusammen, womit gilt: $n = m + k$. Betrachtet man zwei verschiedene Codeworte CW_1 und CW_2 eines gleichmäßigen Codes cod_g, unterscheiden sich diese an einigen Stellen. Der Abstand (Hamming-Distanz, Hamming-Gewicht, Mindestdistanz) zwischen den beiden Codeworten CW_1 und CW_2 repräsentiert dabei die Anzahl jener Stellen, in denen sich die beiden Codeworte unterscheiden -unterschiedliche Binärstellen- , $D(CW_1, CW_2)$. Das Gewicht eines Codewortes ist sein Abstand vom Nullwert. Damit ist das Hamming-Gewicht w(cod) eines Vektors c definiert als die Anzahl der Elemente von cod_i, die nicht Null sind.

Definition
Das Gewicht $w\ (cod)$ eines Vektors $c = (CW_0, CW_1, \ldots, CW_{n-1})$ mit n Elementen aus $GF(2)$ wird definiert durch: $w(cod) = \sum_{i=0}^{n-1} cod_i$. Das Mindestgewicht w^* eines Codes ist das kleinste Gewicht eines beliebigen Codevektors des Codes $w^* = min\ w(\ cod_i\ )\ ;\ \ cod_i\ \varepsilon\ C;\ cod_i \neq 0$ ■

Beispiel 1.31.
Es sei das Gewicht von $CW_1 = (1,1,1,1,1) \rightarrow w^* = 5$
Es sei das Gewicht von $CW_2 = (0,0,1,1,1) \rightarrow w^* = 3$ ■

Der minimale Abstand d in einem Code entscheidet über die Möglichkeit, Übertragungsfehler zu erkennen.

Beispiel 1.32.
Es seien die Quibinärcodeworte CW_1 = 0001001 und CW_2 = 1000010. Die Codeworte unterscheiden sich dabei an 4 Stellen, d.h. $D(CW_1, CW_2) = 4$. ■

Die Mindestdistanz oder kurz Distanz d eines Codes ist die kleinste Hamming-Distanz, die zwischen zwei beliebigen Codeworten auftreten kann. Bei vollständigem Code ist d = 1. Nur Codes mit Redundanz ermöglichen eine Minimaldistanz von d > 1, die zur Fehlererkennung bzw. Fehlerkorrektur unbedingt notwendig ist.

Beispiel 1.33.
8-4-2-1-Code

D	d
6 0110	1
7 0111	1
8 1000	4

Je größer d, desto größer die Möglichkeit der Fehlererkennung bzw. Fehlerkorrektur. ■

Bezüglich der Codearten wird unterschieden zwischen

- Blockcode der Länge n
  - Codeworte haben die Länge n
  - Bei der Übertragung sind keine Trennzeichen erforderlich
- Codes variabler Länge
  - Codeworte haben eine variable Länge
  - Bei der Übertragung sind Trennzeichen erforderlich
  - Möglichkeit der Minimierung der mittleren Codewortlänge.

Für den für Rechnerstrukturen wichtigen Binärcode BC sind folgende Eigenschaften von Bedeutung:

- BC ist ein Minimalcode in dem alle $N = 2^n$ Codeworte verwendet werden,
- BC ist ein einschrittiger Code, wenn aufeinanderfolgende Codeworte sich nur in einer Stelle unterscheiden, wie beispielsweise beim Gray-Code,
- BC repräsentiert einen komplementären Code, wenn zu jedem Codewort c ein Codewort /c existiert, dass ebenfalls Bestandteil des Codes ist.

Codes können dabei auf unterschiedliche Art und Weise dargestellt werden:

- Werttabellen
- Codebäume
- KV-Diagramme.

1.5.2 Zyklische Codes

Zyklische Codes können technisch durch Schieberegister realisiert werden. Wird ein Codewort als n-Tupel $\boldsymbol{a} = (a_0, a_1, ..., a_{n-2}, a_{n-1})$ betrachtet wird der zyklisch verschobene n-Tupel $\mathbf{a}^{(1)}$ durch eine Verschiebung aller Komponenten von **a** um eine Stelle nach rechts gebildet:

$$\mathbf{a} = (a_0, a_1, \ldots, a_{n-2}, a_{n-1}) \Leftrightarrow \mathbf{a}^{(1)} = (a_{n-1}, a_0, a_1, \ldots, a_{n-2})$$

Entsprechend lautet ein i-fach zyklisch verschobenes n-Tupel $\boldsymbol{a} = (a_{n-i}, a_{n-i+1}, \ldots, a_{n-1}, a_0, a_1, \ldots, a_{n-i-1},)$. In Polynomschreibweise gilt:

$$a(x) = a_0 + a_1 \cdot x + \ldots + a_{n-1} \cdot x^{n-1}$$

Definition
Ein linearer (n,m) Code cod wird zyklisch genannt, wenn jede Verschiebung (Shift) eines Codewortes CW ∈ cod: zyklisch

$$x^j \cdot CW(x) = \underline{CW}(x) \bmod (x^n - 1)$$

mit $\underline{CW} \in$ cod wieder ein Codewort in CW ist. ■

2 Lokale Grundkonzepte elementarer Schaltungen mit Transistoren und integrierten Schaltkreisen

Auf der Ebene der lokalen Grundkonzepte elementarer Schaltungen kommt dem Transistor eine Schlüsselrolle zu, da mit ihm die hardwaretechnische Umsetzung von Rechnerstrukturen ermöglicht wird. Die lokalen Grundkonzepte elementarer Schaltungen basieren auf Transistorschaltungen, in denen Transistoren die Grundfunktion eines elektronischen Schalters übernehmen, der über die Zustandsmenge $S = \{0, 1\}$ verfügt, oder aber die Funktion eines linearen Verstärkungsglieds repräsentieren, welches in der Regel dem Superpositionsprinzip genügt (s. Abschn. 1.6.2.3). Vor diesem Hintergrund werden in Abschn. 2.1 zunächst die physikalischen Grundlagen des Transistors dargestellt und darauf aufbauend Grundkonzepte für die Realisierung analoger und digitaler Schaltungen eingeführt. Hierzu gehören die aus elementaren Transistorschaltungen aufgebauten Kippschaltungen (Abschn. 2.2), die Grundkonzepte des Operationsverstärkers (Abschn. 2.3), der als integrierter Schaltkreis realisiert ist. Mit Operationsverstärkern können damit, auf einfache Art und Weise, analoge Signalpegel beliebig verstärkt und vorverarbeitet werden. Die Wandlung analoger Signale mittels Analog-Digitalwandler (Abschn. 2.4), bzw. die Rückwandlung digitaler Signale in analoge Werte mittels Digital-Analogwandler (Abschn. 2.5), ist für den universellen Einsatz von Rechnerstrukturen, insbesondere im Umfeld der rechnergestützten Messwerterfassung und Messwertverarbeitung von zentraler Bedeutung.

2.1 Transistor Grundlagen

2.1.1 Bipolare Transistoren als digitalelektronische Schalter

Bipolare Transistoren sind Halbleiter-Bauelemente deren Leitfähigkeit durch die Zonenfolge zweier PN-Übergänge bestimmt wird. Je nach Zonenfolge liegt der bipolare Transistor als NPN- oder PNP-Transistor vor, wie in Abb. 2.1 dargestellt. Die Zonen haben die Bezeichnung Emitter (E), Basis (B) und Kollektor (C). Die Leitfähigkeit des bipolaren Transistors ist einerseits durch die in der jeweiligen Zone durch Dotierung eingebrachten Majoritätsladungsträger und andererseits durch die Minoritätsladungsträger gekennzeichnet, wodurch die Bezeichnung bipolar evident wird. Dabei ist die Dotierung mit Majoritätsladungsträgern des Emitters, im Vergleich zum Kollektor, sehr hoch. Je nach Beschaltung, d.h. Anlegen einer externen Spannung, an den Anschlüssen Emitter, Basis und Kollektor wird, in Anlehnung an das Ebers-Moll´sche Ersatzschaltbild mit einander entgegesetzt in Reihe liegende Diodenstrecken, einer der beiden PN-Übergänge des Transistors in Sperrrichtung betrieben, der andere in Durchlassrichtung. Der Transistoreffekt entsteht dadurch, dass bei dem in Sperrrichtung betriebenen PN-Übergang ein Sperrstrom fließt. Sorgt man dafür, dass die Zahl der Minoritätsträger von außen beeinflussbar wird, ist der Sperrstrom in weiten Grenzen steuerbar. Infolge des zweiten, in Durchlassrichtung betriebenen, PN-Übergangs, kommt es, in Verbindung mit der extrem dünnen Basisschicht, sowie relativ schwachen Dotierung der Basiszone, zu einer ausreichenden Ladungsträgerdiffusion vom Emitter zum Kollektor und als Folge davon zu einem gesteuerten Sperrstrom. Der bipolare Transistor kann als stromgesteuerter Widerstand betrachtet werden, mit den beiden extremen Widerstandswerten Null und Unendlich, ein Modell, welches dem Transistor, in seiner Funktion als elektronischer Schalter, entgegenkommt. Der dargestellte funktionale Zusammenhang der Transistorfunktion ist dabei nichtlinear, was seinen Ausdruck in den charakteristischen Kennlinien des Transistors findet.

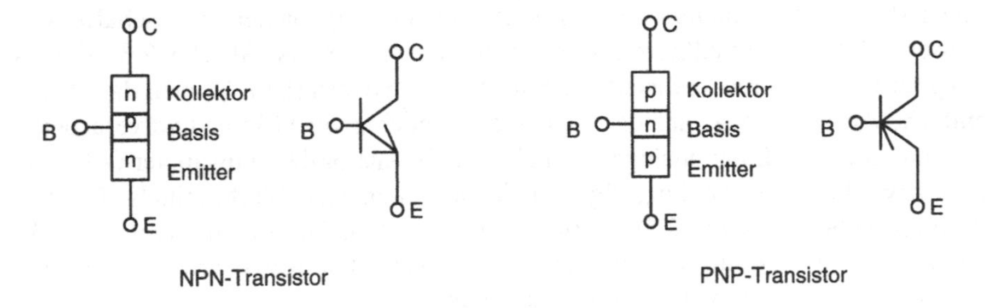

Abb. 2.1. Zonenfolge und Schaltzeichen bipolarer Transistoren

In Abbildung 2.1. sind die Zählpfeile für Ströme und Spannungen an einem NPN-Transistor dargestellt, hier in der sogenannten Emitterschaltung, wie sie in den Schaltungen der analogen und der digitalen Elektronik überwiegend zur Anwendung kommt. Die Emitterschaltung hat den Emitter als gemeinsamen Bezugspunkt wählt. Hierin bedeuten: U_{CB}: Kollektor-Basis Spannung, U_{BE}: Basis-Emitter Spannung - diese Spannung entspricht der Schwellspannung bei welcher der Transistor zu leiten beginnt -, U_{CE}: Kollektor-Emitter Spannung, I_C: Kollektorstrom, I_B: Basisstrom und I_E: Emitterstrom.

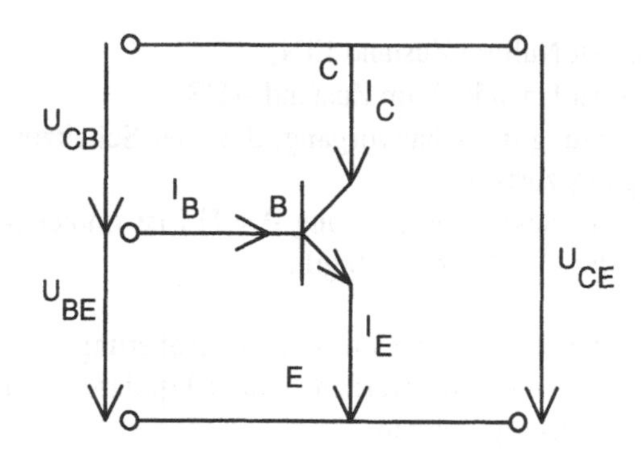

Abb. 2.2. Strom- und Spannungsbezeichnungen am bipolaren Transistor

Auf Grundlage der in Abb. 2.2 dargestellten Strom- und Spannungszuordnungen können, nach Anschluss externer variabler Spannungsquellen, die Kennlinien aufgenommen und in einer vier Quadrantendarstellung aufgetragen werden. Die Quadranten bilden das jeweils spezifische Kennlinienfeld ab. So beinhaltet z.B. der 1. Quadrant das Ausgangskennlinienfeld und damit die funktionale Zuordnung $I_C = f\ (U_{CE})$ mit I_B als Parameter, während der 3. Quadrant das Eingangskennlinienfeld und mithin die funktionale Zuordnung $I_B = f(U_{BE})$ beschreibt.

In den Schaltungen der analogen Elektronik wird der Transistor als lineares Verstärkerelement eingesetzt, in den Schaltungen der digitalen Elektronik dagegen ausschließlich als Schalter. Abb. 2.3 zeigt den bipolaren Transistor, in der Anwendung als Schalter mit der zugehörigen Widerstandsgeraden im Ausgangskennlinienfeld, sowie den Arbeitspunkten E und A, die den Aussteuerungsbereich des Transistors beschreiben. Bezogen auf seine Funktion als Schalter ist der Transistor im Arbeitspunkt E leitend, d.h. durchgesteuert und im Arbeitspunkt A nichtleitend, d.h. gesperrt. Die Zustandübergänge zwischen dem Zustand leitend (Ein) bzw. dem Zustand nicht-leitend (Aus) liegen auf der Widerstandsgeraden, charakterisiert durch die Arbeitspunkte E und A. Bezogen auf die anliegenden Ströme und Spannungen bedeutet dies, dass bei $I_B = 0$, die Kollektor-Emitter-Strecke gesperrt ist (Schalterzustand A); es kann lediglich der Sperrstrom I_{CS} fließen. Die Kollektor-Emitterspannung U_{CE} entspricht in diesem Zustand nahezu der Betriebsspannung U_B, da der Widerstand des Transistors sehr viel größer ist als der des Arbeitswiderstands R. Bei Anliegen einer genügend großen Eingangsspannung U ($U > U_{BE}$) und damit eines Eingangsstrom I_B, beginnt der Transistor zu leiten. Hierzu wird R_B so gewählt, dass der Widerstand des Transistors klein wird gegenüber R, so dass die Kollektor-Emitterspannung U_{CE} nahezu auf Null absinkt, auf U_{CER}. U_{CER} entspricht der Kollektor-Emitter-Restspannung, da die gesamte Betriebsspannung über dem Arbeitswiderstand R abfällt, was dem Schalterzustand E entspricht. Die Wahl von R und R_B ist vom Transistortyp, der maximalen Verlustleistung und den gewünschten Eingangs- und Ausgangsspannungen abhängig. Der ideale Transistorschalter lässt sich, vor dem Hintergrund des realen bipolaren Transistor nur angenähert realisieren, denn es gilt: die Eigenschaften eines idealen Schalters, durch den

- Innenwiderstand ist Null im Zustand EIN,
- Innenwiderstand ist Unendlich im Zustand AUS,
- keine Zeitverzögerung im Schaltvorgang, d.h., der Schaltzustand folgt unmittelbar dem Eingangszustand,
- die aufgenommene elektrische Leistung $P = U \cdot I$ ist immer Null, da zu jedem Zeitpunkt entweder $U = 0$ oder $I = 0$ gilt.

Alle realen Transistorschalter können in erster Näherung als an diesen idealen Bedingungen angepasst betrachtet werden, wobei bipolare Transistorschalter im wesentlichen die Schaltzeit optimieren.

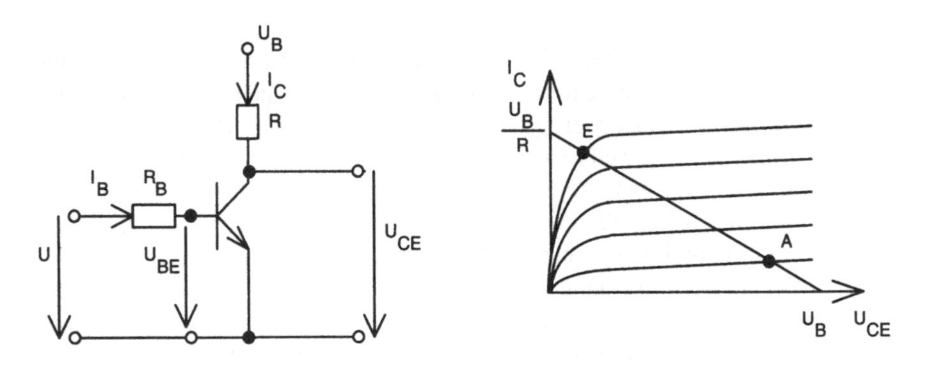

Abb. 2.3. Transistor als digitaler Schalter

2.1.2 Realisierung von Logikfunktionen in bipolarer Technik

Der in Abb. 2.3 dargestellte Transistorschalter entspricht von seiner Funktion her einem Inverter. Ist das Eingangssignal $U > U_{BE}$ liegt das Ausgangssignal U_{CE} bei annähernd Null, wohingegen bei $U < U_{BE}$ das Ausgangssignal U_{CE} auf dem Niveau von U_B liegt. Setzt man den Transistorschalter zum Aufbau eines digitalelektronischen Logikelements ein, sind zur Realisierung beliebiger Funktionen mit mehr als einer Eingangsgröße, mehrere Eingangssignale zu verarbeiten, was schaltungstechnisch bei den integrierten Schaltkreisen durch Multiemittertransistoren realisiert werden kann, bei denen der Emitter dann als Multi-Transistorschalter eingesetzt wird, wie in Abb. 2.4 für die Basis-Schaltung dargestellt.

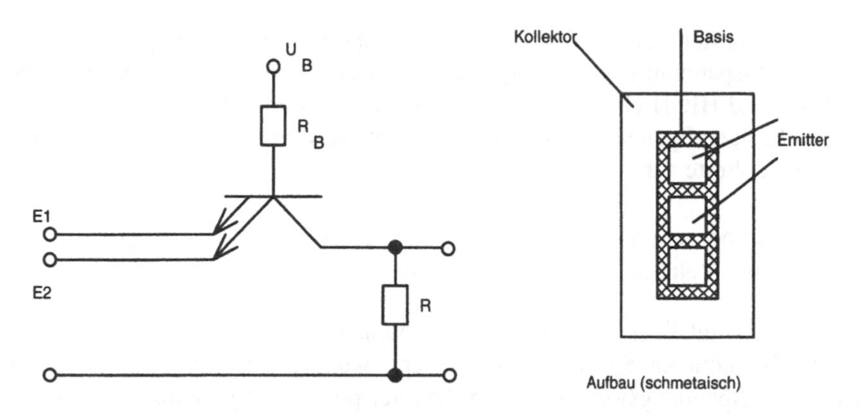

Abb. 2.4. Multiemittertransistor in Basisschaltung

Der Multiemittertransistor in Abb. 2.4 wirkt dabei als sogenanntes Nicht-UND-Gatter (NAND-Gatter). Führt nur einer der Emitter Low-Potential wird der Transistor leitend und der Ausgang nimmt - bei entsprechender Dimensionierung der Widerstände - gegenüber der Masseleitung den Potentialwert High an. Aufbauend auf der NAND-Funktion dieses Transistors lassen sich - theoretisch - alle logischen Grundfunktionen realisieren. Technisch gesehen wäre die Darstellung einer ODER-Funktion durch eine Invertierung der Eingangssignale und anschließende NAND-Verknüpfung problematisch, da sich sowohl die Signallaufzeiten wie auch die Verlustleistung addieren. Realisierungen elementarer Gatterfunktionen in bipolarer Technik werden als Componentware bezeichnet und in den sogenannten TTL-Schaltkreisen eingesetzt (TTL = Transistor-Transistor-Logik), da bipolare Transistoren gegenüber unipolaren Transistoren Vorteile aufweisen wie z.B. kurze Schaltzeiten.

2.1.3 Signalpegel des digitalelektronischen Schalters

Die Schaltfunktion des Transistors beruht auf dem Prinzip eines stromgesteuerten Widerstands, bestehend aus einem Spannungsteiler, dem Transistor und dem externen Widerstand R. Die Schalterzustände EIN und AUS können damit entweder auf den Widerstand des Transistors bezogen werden, oder auf den Spannungsabfall über dem Transistor. Diese Zuordnung ist für Verknüpfungsglieder, basierend auf Booleschen Variablen, besonders geeignet, da den Spannungswerten damit die logischen Werte LOW = 0 und HIGH = 1 zugeordnet werden können. Allerdings muss hierbei berücksichtigt werden, dass bei realen Schaltfunktionen, wie z. B. bei einem UND- oder einem ODER-Gatter, jeder Eingang eine Belastung des vorherigen Ausgangs darstellt, was in einer Änderung des Spannungsteilerverhältnisses resultiert, da hier das Problem eines belasteten bzw. eines unbelasteten Spannungsteilers vorliegt. Diese durch Verbindung von Eingängen an Ausgänge und vice versa resultierende Belastung wird, bezogen auf die Gatterfunktion, als deren Fan Out bzw. Fan In bezeichnet. Weitere Einflüsse auf den Spannungspegel resultieren aus Veränderungen der Umgebungstemperatur, aus Exemplarstreuungen, aus Betriebsspannungsschwankungen etc., so dass für die Darstellung der Werte LOW (0) und HIGH (1) anstelle exakter Spannungswerte eine Bandbreite der jeweils zulässigen Spannungsbereiche angegeben wird. Für den Fall der TTL-Logik wurden die Werte auf

> +2.0 Volt (Eingang)	bzw. > +2.4 Volt (Ausgang)	für HIGH (1)
< +0.8 Volt (Eingang)	bzw. < +0.4 Volt (Ausgang)	für LOW (0)

festgelegt. Damit liegt eine positive Zuordnung vor, so dass der Wert logisch 1 (HIGH) bei höheren Spannungswerten liegt, wohingegen logisch 0 (LOW) die niedrigeren Spannungswerte erfüllt. Neben der positiven Spannungszuordnung ist auch eine negative Zuordnung denkbar, wie es beispielsweise bei der Realisierung der Spannungspegel der RS-232 Schnittstelle der Fall ist. Aus dem dargestellten Spannungsbereich ist darüber hinaus ersichtlich, dass ein Übergangsbereich existiert, in dem einer Schaltvariablen 0 oder 1 kein Spannungswert zugeordnet wird. Dieser Übergangsbereich ist festgelegt worden, um sichere Schaltfunktionen zu ermöglichen. Auf diese Weise kann bei Kopplung mehrerer Verknüpfungsglieder die Übermittlung auftretender Störspannungen verhindert werden. Man bezeichnet den Wert der Störspannung, der eingenommen werden darf, ohne dass es zu einer Fehlfunktion kommt, als statische Störsicherheit. Sie wird innerhalb einer digitalen Schaltung als Differenz aus Ausgangssignal und minimalem bzw. maximalem Eingangssignal der nächsten Stufe, für das die korrekte Funktion noch garantiert wird, angegeben. Demgegenüber wird die Störsicherheit gegenüber Störimpulsen kleiner Dauer, aber durchaus höherer Spannung, als dynamische Störsicherheit bezeichnet. Sie steht in Relation zu den Signallaufzeiten innerhalb des Verknüpfungsglieds.

Mit der Signallaufzeit (delay time) wird die Zeit charakterisiert, die verstreicht, bis sich infolge der Änderung des Eingangssignals eine Änderung des Ausgangssignals ergibt. Die Zeit ist abhängig von der Art des Zustandsübergangs, d.h. Zustandsübergang Low (0) → High (1), oder Zustandsübergang High (1) → Low (0). Der Zustandsübergang selbst ist nicht unmittelbar, er erfolgt mit einer Signalübergangszeit (transistion time). Abbildung 2.5 zeigt den Zusammenhang der beschriebenen Zeiten in Relation zum Anliegen eines idealen Rechteckimpulses:

Mit Signallaufzeit, Delay Time, wird die Zeit charakterisiert, die verstreicht, bis sich infolge der Änderung des Eingangssignals, eine Änderung des Ausgangssignals ergibt. Die Zeit ist abhängig von der Art des Zustandsübergangs, d.h. Zustandsübergang Low (0) → High (1), oder High (1) → Low (0). Der Zustandsübergang selbst ist nicht unmittelbar, er erfolgt mit einer Signalübergangszeit, Transistion Time, Abb. 2.5 zeigt den Zusammenhang der beschriebenen Zeiten in Relation zum Anliegen eines idealen Rechteckimpulses:

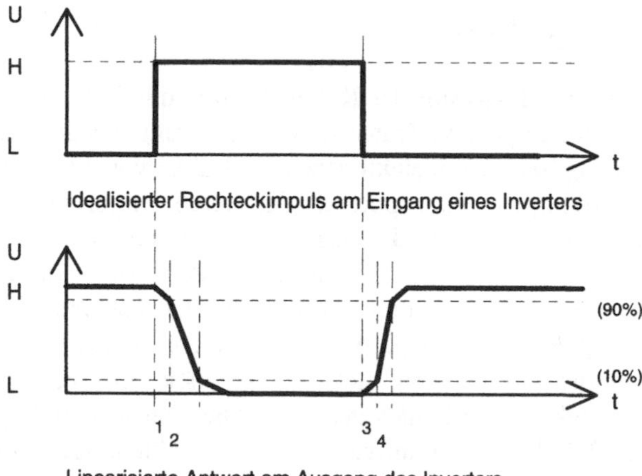

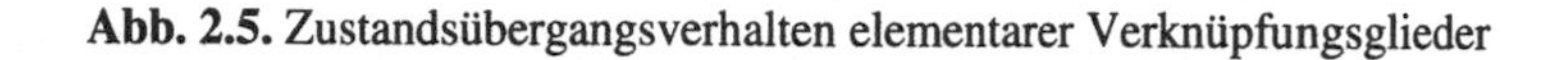

Abb. 2.5. Zustandsübergangsverhalten elementarer Verknüpfungsglieder

Die angegebenen Zeiten bedeuten dabei im einzelnen:

1 = t_d, Verzögerungszeit (delay Time) für das Ausgangssignal High
2 = t_f, Abfallzeit (fall time) für den Zustandübergang High → Low
3 = t_d, Verzögerungszeit (delay Time) für Ausgangssignal Low
4 = t_r, Anstiegszeit (rise time) für den Zustandübergang Low → High

Die Signalübergangszeiten werden zwischen dem 10% und dem 90%-Niveau der maximalen Amplitude gemessen. Die mittlere Signallaufzeit wird zwischen den mittleren Werten der Übergangsflanken von Ein- und Ausgangssignal gemessen, wie es in Abb. 2.6. dargestellt ist.

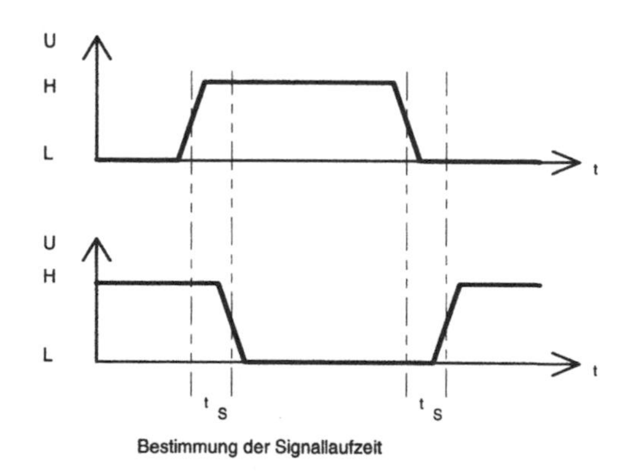

Abb. 2.6. Signallaufzeiten elementarer Verknüpfungsglieder

2.1.4 Unipolare Transistoren

Während beim bipolaren Transistor der Kollektorstrom durch den Basisstrom gesteuert wird, liegt beim unipolaren Transistor die Steuerung des Stromes durch eine angelegte Spannung bzw. deren elektrischen Feldstärke vor (FET = Field Effect Transistor). Der Ladungsträgertransport erfolgt durch Majoritätsladungsträger, entsprechend der Dotierung. Durch das angelegte elektrische Feld wird der Aufbau einer Sperrschicht (selbstleitende Transistoren) oder einer Ladungsträgerkonzentration (selbstsperrende Transistoren) bewirkt. In den hochintegrierten Schaltungen werden in der Regel selbstsperrende Transistoren eingesetzt. Bei diesem Transistortyp wird die Leitfähigkeit nicht durch einen PN-Übergang, sondern durch Influenz des elektrischen Feldes gesteuert. Die Transistorzelle des FET ist dabei, wie in Abb. 2.7. dargestellt, aufgebaut. Die Schichtenfolge beim Gate, bestehend aus einer Metallelektrode, einer extrem dünnen, d.h. 10 - 100 nm dicken Oxidschicht als Isolator und dem Substrat, was im Namen MOS-FET (MOS: Metal-Oxide-Semiconductor) resultiert. Beim n-Kanal-MOS-FET sind in das p-Substrat die hochdotierten n-Zonen Source und Drain eingebettet, die jeweils mit dem Source- bzw. Drain-Anschluß verbunden sind. Der Abstand zwischen den n-dotierten Zonen verhindert den bipolaren Transistoreffekt, so dass kein Strom fließen kann. Zwischen den n-Zonen ist eine isolierende Oxidschicht mit einer Metallschicht, z.B. Aluminium, aufgebracht. An dieses metallische Gate wird eine Spannung angelegt, wobei das Gate mit dem gegenüberliegenden Substrat als Kondensator wirkt, mit dem Oxid als Dielektrikum. Wird an das Gate eine positive Spannung angelegt, bewirkt diese eine Abstoßung der positiven Majoritätsladungsträger im p-Substrat, bis die sich ausbildende Akzeptorenschicht, die eine negative Ladung aufweist, das elektrische Feld kompensiert hat.

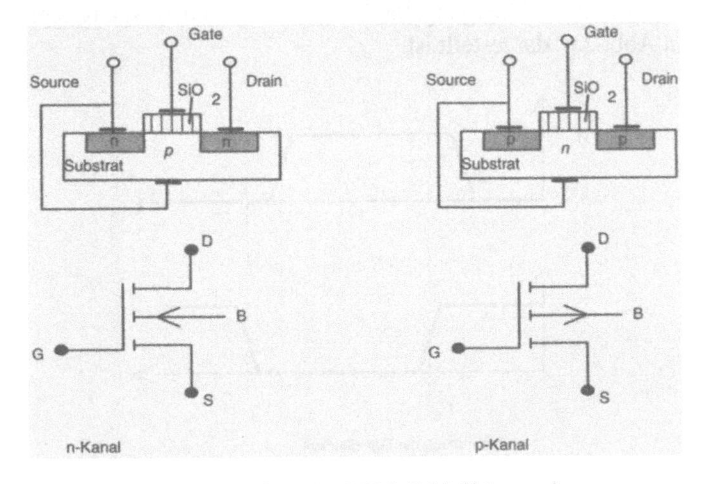

Abb. 2.7. Aufbau des MOS-Feldeffekttransistors

Wird die Raumladungszone so groß, dass die thermisch freien Elektronen nicht mehr in die Substratschicht diffundieren können, entsteht an der Oxidschicht im p-Substrat ein leitender Kanal mit freien Elektronen als Ladungsträgern. Die Spannung, ab der sich dieser Kanal ausbildet, wird Schwellwertspannung genannt. Der sich von Drain in Richtung Source ($U_{DS} > 0$) ausbreitende Strom wird durch die Gate-Spannung U_{GS} gesteuert. Ebenso wie bipolare Transistoren eignen sich MOS-Feldeffekttransistoren auch für den Einsatz als reale Schalter, wie in Abbildung 2.8. dargestellt. Ein positiver Pegel am Eingang (U_{GS}) erzeugt bei einem MOS-FET einen Low-Pegel am Ausgang (U_{DS}).

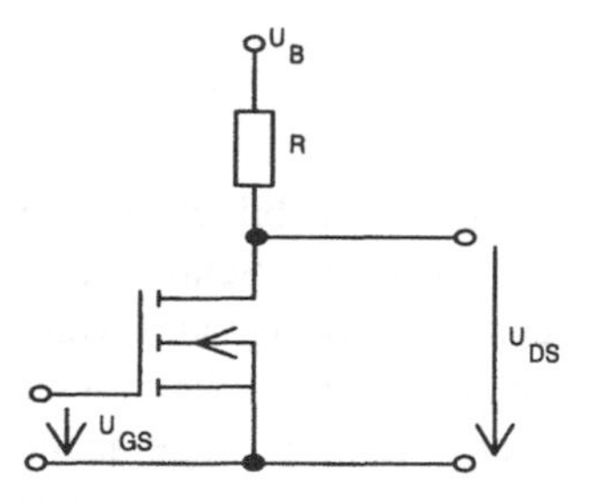

Abb. 2.8. MOS-Feldeffekttransistor (n-Kanal) als Schalter

2.2 Kippschaltungen

Eine Kippstufe repräsentiert eine Schaltung, deren Ausgangssignal sich entweder sprunghaft, oder nach einer vorgegebenen Zeitfunktion, zwischen zwei Werten, ggf. periodisch, ändert. Der jeweilige Zustand der Schaltung wird dabei entweder von dieser selbst, oder von einem von außen zugeführten Steuersignal bestimmt. Eine Kippstufe entspricht damit einem Netzwerk, bestehend aus zwei Verstärkerstufen, die durch ein entsprechendes Rückkopplungsnetzwerk verbunden sind, welches die Rückkopplungsbedingung R_K während des Kippvorganges erfüllt, für die gilt:

$$R_K = V_V \cdot V_R = 1 \tag{2.1}$$

mit V_V als Verstärkung der Verstärkerstufe und V_R als Rückkoppplungsfaktor. Für die Verstärkung der Verstärkerstufe gilt:

$$V_V = \frac{U_a}{U_e} \to \infty \tag{2.2}$$

mit U_e als Eingangsspannung der Stufe und U_a als Ausgangsspannung des Netzwerks. Für den Rückkopplungsfaktor gilt:

$$V_R = \frac{U_R}{U_a} \tag{2.3}$$

mit U_R als anteilig rückgekoppelte Spannung am Eingang der jeweiligen Verstärkerstufe. Die Art der Rückkopplung legt dabei fest, ob eine

- astabile,
- monostabile,
- bistabile

Kippstufe vorliegt. Eine Besonderheit bildet in diesem Zusammenhang die impulsformende Kippstufe, der sogenannte Schmitt-Trigger.

Die astabile Kippstufe, auch freischwingender Multivibrator genannt, hat keinen stabilen Zustand. Die Schaltung entsteht durch Kreuzkopplung zweier kapazitiv gekoppelter Verstärkerstufen. Sie kippt ohne äußere Einwirkungen zwischen zwei metastabilen Zuständen hin und her, deren Dauer von den Werten der verwendeten passiven Komponenten der Kippstufe bestimmt wird. Die Schaltung erzeugt an ihren beiden Ausgängen periodische, zeitabhängige Signale, die in der Regel rechteckförmigen Schwingungen entsprechen, die auch in andere Signalformen umgewandelt werden können. Die Form und die Impulsdauer der Signale wird ausschließlich durch die Eigenschaften der Schaltung bestimmt, die Kreuzkopplung zweier kapazitiv gekoppelter Verstärkerstufe und die Dimensionierung der RC-Glieder sowie der Widerstandsverhältnisse der Schaltung.

Die monostabile Kippstufe, auch Monoflop genannt, hat einen stabilen und einen metastabilen Zustand. Durch Anlegen eines äußeren Signals schaltet die Kippstufe vom stabilen in den metastabilen Zustand um. Nach Ablauf einer bestimmten Zeitdauer, diese hängt von den Werten der verwendeten passiven Komponenten des RC-Gliedes ab, kippt die Kippstufe wieder in ihre stabile Lage zurück.

Die bistabile Kippstufe, auch Flipflop genannt, hat zwei stabile Zustände. Das Umschalten erfolgt durch ein von außen zugeführtes Signal welches eine Gleichspannung oder ein impulsförmiges Signal sein kann. Nach jedem zweiten Umschalten wird wieder derselbe Ausgangszustand erreicht. Bistabile Kippstufen bilden die Grundlage für Zähler, Schieberegister und Speicher für Binärinformationen. In Abb. 2.9 ist die Grundschaltung einer bistabilen Kippstufe, als statisches Flipflop realisiert.

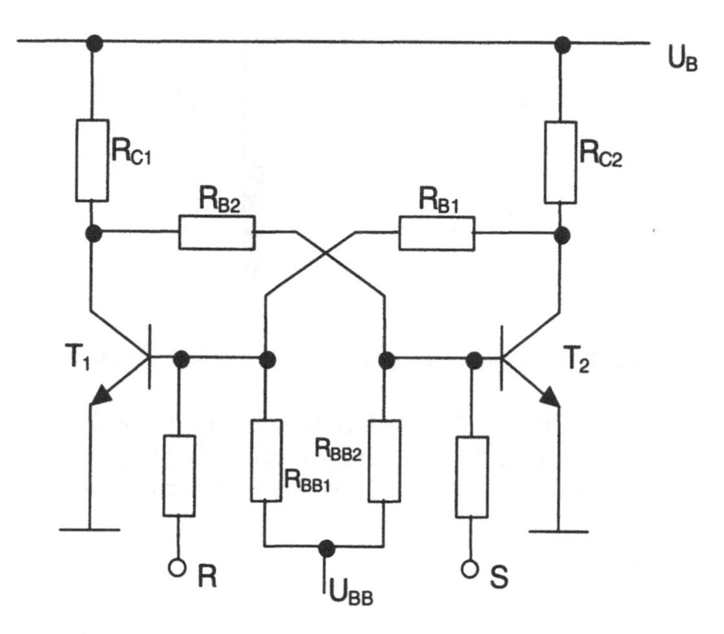

Abb. 2.9. Bistabile Kippstufe aufgebaut mit bipolaren Transistoren

Die Schaltung ist, wie aus Abb. 2.9 ersichtlich, symmetrisch aufgebaut. Sie enthält außer der Versorgungsspannung U_B noch eine negative Basisvorspannung U_{BB}. Es sei angenommen das der Transistor T_1 leitend und der Transistor T_2 gesperrt ist. Am Kollektor von T_2, dieser entspricht dem Ausgang A_2, liegt damit logisch 1 Signal, womit über die Widerstände R_{B1} und R_{C2} ein genügend großer Basisstrom fließen kann, der Transistor T_1 übersteuert. Der Kollektor von T_1 liegt damit auf logisch 0, so dass die Basis von Transistor T_2 über den Spannungsteiler R_{B2} und R_{BB2} eine negative Vorspannung erhält, weshalb Transistor T_2 gesperrt bleibt. Für das Umschalten der bistabilen Kippstufe in die entgegengesetzte stabile Lage, d.h. Transistor T_1 ist gesperrt und Transistor T_2 ist leitend, gibt es zwei Möglichkeiten:

- Sperren von Transistor T_1 durch anlegen einer negativen Signalspannung über den Eingang R an die Basis von Transistor T_1,
- Einschalten von Transistor T_2 durch anlegen einer positiven Signalspannung über den Eingang S an die Basis von Transistor T_2.

Die bistabile Kippstufe behält nach dem Umschalten, ihren neuen Schaltzustand selbst dann bei, wenn die Signalspannung nicht mehr anliegt. Das schaltungstechnische Symbol für die bistabile Kippstufe ist folgendes:

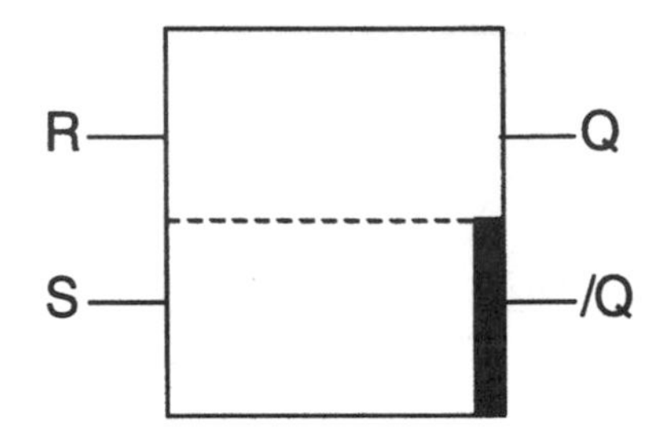

Abb. 2.10. Schaltungstechnisches Symbol einer bistabilen Kippstufe

Das schwarze Rechteck auf der rechten Seite des Kästchens in Abbildung 2.10 bedeutet, dass der Ausgang A_2 in der Grundschaltung auf logisch 1 liegt, während der Ausgang A_1 dann auf logisch auf 0. Dabei kann gesetzt werden:

- Zustand 0 = 0 V
- Zustand 1 = U_B

An den Eingängen S (setzen) und R (rückstellen) lässt sich das Flipflop umschalten. Eine positive Spannung am Eingang S bedeutet dass Transistor T_2 leitend und Transistor T_1 gesperrt ist, womit die Ausgänge die Signalpegel A_1 = logisch 1 und A_2 = logisch 0 aufweisen. Dieser Zustand bleibt durch die Rückkopplung erhalten, auch wenn das Signal an Eingang S wieder auf logisch 0 übergeht. Das Flipflop kehrt in seine Ausgangslage zurück, wenn der Eingang R positiv bzw. negativ wird.

Die Wahrheitstabelle für das Flipflop ist die Folgende:

R^n	S^n	Q^{n+1}	
0	0	Q^n	→ keine Änderung, Speicherstellung
0	1	1	→ Setzen
1	0	0	→ Löschen
1	1	1	→ verboten, da undefinierter Zustand

Neben den statischen Flipflops gibt es einen weiteren Typus der bistabilen Kippstufe, das dynamischer Flipflop. Von einem dynamischen Flipflop wird immer dann gesprochen, wenn die Kippfunktion von einer Taktsteuerung abhängig ist, was erreicht werden kann, indem ein Flipflop immer dann gesetzt bzw. gelöscht wird, wenn an den Takteingängen ein entsprechender Signalwechsel vom logischen Zustand 1 zum logischen Zustand 0 oder umgekehrt stattfindet. Ob das Flipflop auf die fallende Flanke des Taktimpulses anspricht, d.h. Wechsel von 1 nach 0, oder auf die ansteigende Flanke, d.h. Wechsel von 0 nach 1, geht aus dem schaltungstechnischen Symbol des Flipflop hervor, wie es in Abb. 2.12 skizziert ist.

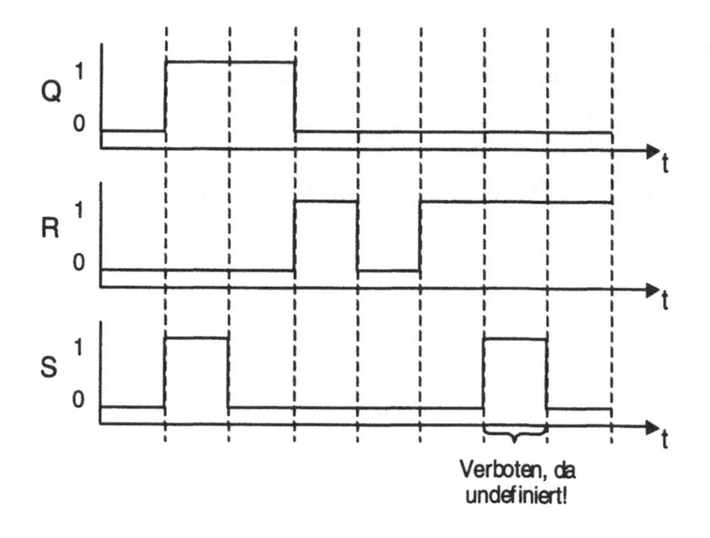

Abb. 2.11. Zustandsdiagramm des RS-Flipflops

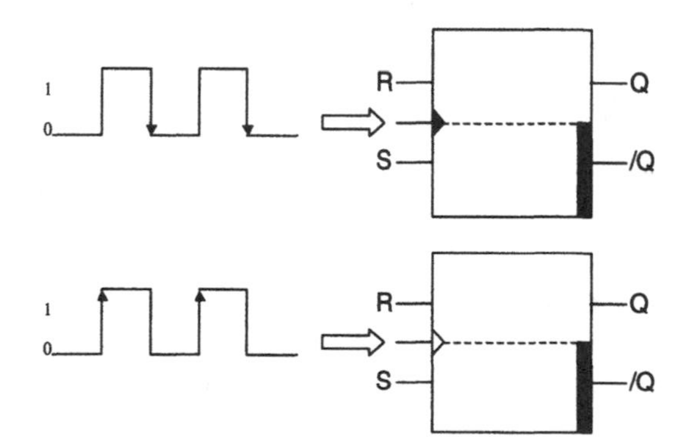

Abb. 2.12. Taktflankenabhängige Steuerung des Flipflop und zugehöriges schaltungstechnisches Symbol

Der Vorgang der Taktsteuerung wird als Triggerung des Flipflop bezeichnet. Zum Triggern wird an die Basis der Transistoren des Flipflop jeweils ein Impulsglied angeschlossen. Das Impulsglied besteht aus einem passiven Differenzierglied und einer Diode. Durch die Differenziation des rechteckförmigen Triggerimpulses entsteht an dessen Rückflanke der gewünschte Umschaltimpuls. Die Diode ist für den negativen Umschaltimpuls nur dann leitend, wenn das Impulsglied vorbereitet ist, d.h. wenn der Vorbereitungseingang auf logisch 0 liegt. Der bislang leitende Transistor wird damit, durch den negativen Umschaltimpuls, gesperrt. Liegt demgegenüber der Vorbereitungseingang auf logisch 0, ist das Impulsglied für die Umschaltimpulse gesperrt.

Beispiel 2.1.
Die in Abb. 2.9 dargestellte bistabile Kippstufe ist für den statischen Fall zu dimensionieren, bezogen auf $U_B = 15V$, $U_H = -5V$, $B > 10$, $R_C = 2k\Omega$, $I_B = 0{,}75mA$ und $U_{BE} = 0{,}7V$. Die Basis-Emitter-Spannung des jeweils gesperrten Transistors soll $U_{BE} = -2V$ betragen.

Unter Anwendung des Ohmschen Gesetzes erhält man für die Ströme I_1 und I_2:

$$I_1 = \frac{U_B - U_{BE}}{R_C + R_1} = \frac{15V - 0{,}7V}{2k\Omega + R_1}$$

$$I2 = \frac{U_{BE} - U_H}{R_2} = \frac{0{,}7V + 5V}{R_2}$$

Daraus resultiert die Frage, wie groß R_1 schon nicht mehr sein darf, wenn $I_2 = 0$ ist? Für $I_B = I_1 = 0{,}75mA$ gilt:

$$\frac{14{,}3V}{2k\Omega + R_1} \Rightarrow 1{,}5[k\Omega \cdot mA] + 0{,}75R_1 = 14{,}3V \Rightarrow 0{,}75R_1 = 12{,}8V$$

$$\Rightarrow R_1 = \frac{12{,}8V}{0{,}75mA} = 17k\Omega$$

Damit liegt der Wertebereich für R_1 fest mit $R_1 < 17k\Omega$, d.h. $R_1 = 12k\Omega$, $R_1 = 10k\Omega$, $R_1 = 8k\Omega$, $R_1 = 5k\Omega$.

Für den Fall dass T_2 gesperrt ist erhält man mit $U_{BE} = -2V$:

$$\frac{R_2}{R_1} = \frac{3}{2} \Rightarrow R_2 = 1{,}5 \cdot R_1$$

Damit kann folgende Dimensionierung zugrunde gelegt werden: $R_1 = 10k\Omega$; $R_2 = 15k\Omega$.■

Der Schmitt-Trigger repräsentiert eine weitere impulsformende Kippstufe, mit zwei stabilen Zuständen, wobei jeweils ein Transistor leitend und der andere gesperrt ist. Bemerkenswert ist, dass der Schmitt-Trigger außer dem Rückkopplungsnetzwerk, in Gestalt des Spannungsteilers R_B und R_{BB}, noch einen für beide Transistoren gemeinsamen Emitterwiderstand R_E besitzt, der ebenfalls eine Rückkopplung bewirkt. Überschreitet die Eingangsspannung U_e den festgelegten Schwellwert, kippt der Schmitt-Trigger von einem stabilen Zustand in den anderen und verharrt dort solange bis die Eingangsspannung U_e einen weiteren festgelegten Schwellwert unterschreitet. Das Verhalten der Schaltung entspricht damit derjenigen eines Schwellwertdiskriminators. Der Schmitt-Trigger weist vielfältige Anwendungen auf, beispielsweise zur Umformung analoger Signale beliebiger

Kurvenform in rechteckförmige Signale (Impulse), zur Regeneration von Impulsen mit verschliffenen Flanken, als Gleichspannungs-Schwellwertschalter, etc. Die Grundschaltung des Schmitt-Triggers ist in Abb. 2.13 angegeben.

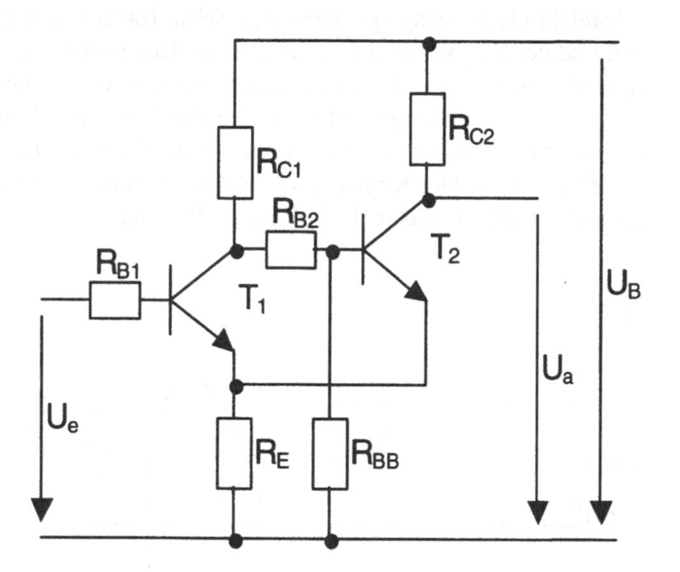

Abb. 2.13. Grundschaltung des Schmitt-Trigger

Aus dem in Abb. 2.14 angegebenen Impulsdiagramm ist ersichtlich, in welcher Weise das Eingangs- und das Ausgangssignal des Schmitt-Triggers miteinander verknüpft sind. Wie aus Abb. 2.14 ersichtlich, schaltet der Schmitt-Trigger mit ansteigender Eingangsspannung, beim Schwellwert U_{ee}, in den Zustand Ein und mit abfallender Eingangsspannung, beim Schwellwert U_{ea}, in den Zustand Aus. Die Differenz zwischen der Einschaltspannung und der Abfallspannung wird als Hysterese ΔU_H bezeichnet. Infolge des Spannungsabfalls, an dem für beide Transistoren gemeinsamen Emitterwiderstand R_E, hat die Ausgangsspannung im Ruhezustand den Wert U_{a0}, was dem logischen Zustand 0 entspricht. Inwieweit sich die Ausgangsspannung U_{a1}, diese entspricht dem logischen Zustand 1, der Versorgungsspannung U_B nähert, hängt von der Belastung des Schmitt-Triggers ab. Es sei angenommen, dass sich sowohl die ansteigende als auch die abfallende Eingangsspannung nach einer linearen Funktion ändert. Bei einer Eingangsspannung $U_e = 0$ ist der Transistor T_1 gesperrt. Der aus dem Spannungsteiler R_{C1}, R_{B2}, R_{BB} resultierende Basisstrom I_{B2} übersteuert den Transistor T_2. Der Emitterstrom des leitenden Transistors T_2 erzeugt am Emitterwiderstand R_E den Spannungsabfall U_{E0}, womit der Emitter von Transistor T_1 gegenüber der Basis positiv vorgespannt und damit gesperrt ist. Beginnt die Eingangsspannung U_e anzusteigen, nimmt die Emitter-Basis-Spannung zunehmend ab. Wird die Eingangsspannung größer als die Spannung U_{E0}, beginnt T_1 allmählich zu leiten. Der langsam zunehmende Kollektorstrom I_{C1} belastet jetzt den Spannungsteiler R_{C1}, R_{B2}, R_{BB}, so dass der Basisstrom I_{B2} abnimmt. Der Kollektorstrom I_{C2} bleibt zunächst noch konstant, da der Transistor T_2 übersteuert war. Durch den gemeinsamen Emitterwiderstand R_E fließt die Summe aus dem Kollektorstrom I_{C2E} und dem zunehmenden Strom I_{C1}. Die Spannung U_E steigt damit an und verursacht eine Gegenkopplung für den Transistor T_1. Erreicht die Eingangsspannung den Schwellwert U_{ee}, wird die Anordnung instabil und der Kippvorgang setzt abrupt ein. Der Basisstrom von Transistor T_2 ist durch das Anwachsen des Kollektorstromes von Transistor T_1 auf $I_{C1} = I_{C1e}$ zwischenzeitlich sehr klein geworden, so dass der Transistor T_2 nicht mehr übersteuert ist und sein Kollektorstrom abnimmt. Beide Kollektorströme ändern sich im gegenläufigen Sinne. Der Kippvorgang ist dann beendet, wenn der Basis- und der Kollektorstrom von Transistor T_2 Null geworden sind.

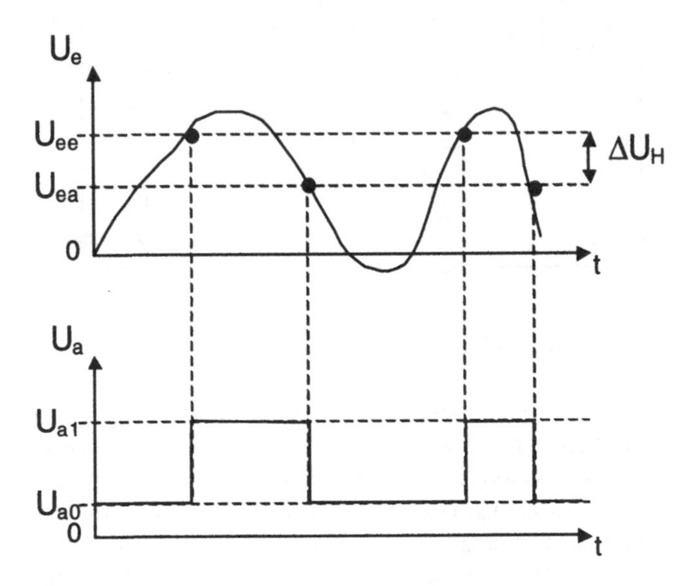

Abb. 2.14. Zustandsübergänge beim Schmitt-Trigger

Steigt die Eingangsspannung über den Schwellwert hinaus an, nehmen die Ströme I_E und I_C solange zu, bis der Transistor T_1 bei $U_e = U_{eü}$ den Übersteuerungszustand erreicht hat, d.h. $I_E = I_{C1} = I_{C1E}$. Der logische Zustand der Ausgangsspannung wird dabei nicht geändert.

Ein weiteres Ansteigen der Emitterspannung hat zur Folge, dass der Emitterstrom, und damit auch die Emitterspannung, nach Maßgabe des eingeprägten Basisstromes von T_1 erhöht wird, weshalb der Kollektorstrom von T_1 entsprechend der Kurvenform des Eingangssignals abnimmt..

Bei fallender Flanke der Eingangsspannung spielen sich die beschriebenen Vorgänge in umgekehrter Reihenfolge ab. Beim Unterschreiten der Eingangsspannung $U_e = U_{eü}$ verlässt Transistor T_1 den Übersteuerungsbereich, und die Ströme I_{C1} und I_E nehmen bis zu dem Wert $I_E = I_{C1} = I_{C1a}$ ab. Währenddessen bleibt der Transistor T_2 noch im gesperrten Zustand. Wird die an der Basis von

Transistor T_2 anliegende Spannung größer als die Spannung U_E, erhält man die Ausschaltspannung $U_e = U_{ea}$, und der Basisstrom I_{B2} - und damit auch der Kollektorstrom I_{C2} - beginnt wieder zu fließen. Hat der Kollektorstrom seinen größtmöglichen Wert $I_{C2} = I_{C2E}$ erreicht, ist der Kippvorgang abgeschlossen.

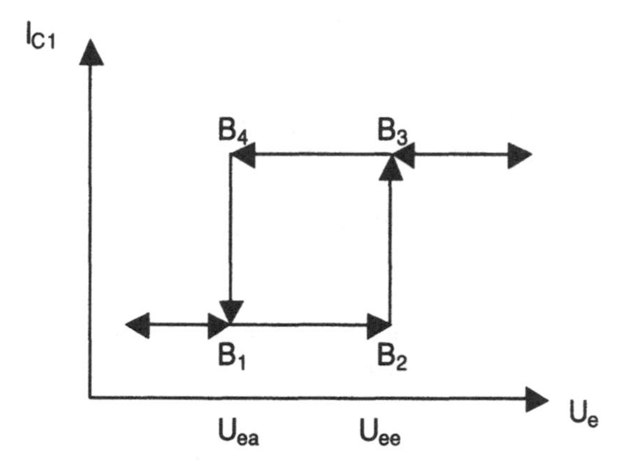

Abb. 2.15. Betriebszustände des Schmitt-Triggers

Aus Abb. 2.15 sind die folgenden vier Bereiche evident:

Bereich 1: T1 gesperrt, T2 übersteuert ($I_{C1} = 0$; $I_{C2} = I_{C2E}$)
Bereich 2: T1 leitend , T2 übersteuert ($I_{C1} = f(u_e)$; $I_{C2} = I_{C2E}$)
Bereich 3: T1 leitend, T2 gesperrt ($I_{C1} = f(u_e)$; $I_{C2} = 0$)
Bereich 4: T1 übersteuert, T2 gesperrt ($I_{C1} = I_{C1E}$; $I_{C2} = 0$)

Durch die Hysterese wird die Abgrenzung der Betriebszustände von der Änderungsrichtung der Eingangsspannung abhängig.

Beispiel 2.2.
Für den in Abb. 2.13 dargestellten Schmitt-Trigger sei angenommen, das R_{B2} nicht vorhanden ist, dafür aber zwischen den Emittern von T_1 und T_2 ein Widerstand R_k eingefügt wurde. Für die damit sich ergebende Schaltung sind die Einschalt- und die Ausschaltschwelle für $R_k = 0$ zu berechnen, bezogen auf $U_B = 6V$, $U_{BE} = 0{,}7$ V, $R_{C1} = 18k\Omega$, $R_{C2} = 5{,}6k\Omega$ und $R_E = 2{,}2k\Omega$ und die frage zu klären, wie ein Widerstand $R_k = 2{,}2k\Omega$ das Verhältnis der Schaltung beeinflusst.

Mit der Annahme $R_k = 0$ erhält man, unter Anwendung des Ohmschen Gesetzes, für die Einschalt- und Ausschaltschwelle die Spannungswerte U_{Ein} bzw. U_{Aus}:

$$I_{C2} = \frac{U_B}{R_{C2} + R_E} = \frac{6V}{7{,}8k\Omega} = 0{,}77mA$$

$$U_{Ein} = I_{C2} \cdot R_E + U_{BE} = 2{,}4V$$

bzw.

$$U_{Ein} = \frac{R_E}{R_E + R_{C2}} = 2{,}4V$$

$$I_{C1} = \frac{U_B}{R_{C1} + R_E} = \frac{6V}{20{,}2k\Omega} = 0{,}3mA$$

$$U_{Aus} = I_{C1} \cdot R_E + U_{BE} = 1{,}35V$$

Mit der Annahme $R_k \neq 0$ erhält man, unter Anwendung des Ohmschen Gesetzes, für die Einschalt- und Ausschaltschwelle die Spannungswerte U_{Ein} bzw. U_{Aus}:

$$I_{C2} = \frac{U_B}{R_{C2} + R_E + R_k} = \frac{6V}{10k\Omega} = 0{,}6mA$$

$$U_{Ein} = I_{C2} \cdot R_E + U_{BE} = 0{,}6mA \cdot 2{,}2k\Omega = 2{,}0V$$

bzw.

$$U_{Ein} = \frac{R_E}{R_E + R_{C2} + R_k} = 2{,}0V$$

$$I_{C1} = \frac{U_B}{R_{C1} + R_E} = \frac{6V}{20{,}2k\Omega} = 0{,}3mA$$

$$U_{Aus} = I_{C1} \cdot R_E + U_{BE} = 1{,}35V$$

d.h. R_k hat lediglich Einfluss auf die Einschaltschwelle, nicht jedoch auf die Ausschaltschwelle.■

2.3 Operationsverstärker

2.3.1 Grundlagen

Die zu erfassenden Größen informationsverarbeitender Systeme stammen häufig von einem Messgerät oder von einem Sensor (Messwertaufnehmer). Sie werden, im Falle nichtelektrischer Größen in elektrische Größen gewandelt. Als Ausgangsgrößen erhält man demzufolge elektrische Spannungen oder Ströme, die auf einfachere Art und Weise weiterverarbeitet werden können, als die Originalgrößen. Werden die Größen als Funktionen, der Zeit aufgetragen, erhält man in der Mehrzahl der Fälle eine kontinuierliche Darstellung der gemessenen Größen (s. Abschn. 1.6.2.2), wie beispielhaft in Abb. 2.16 dargestellt. Hierbei ist anzumerken, dass bei der analogen Aufzeichnung eine Darstellung vorliegt, die dem eigentlichen Wert der physikalischen Größe genügt. So entspricht z.B. der Ausschlag eines Zeigerinstruments der Größe der momentan an einem Messgerät anliegenden Spannung.

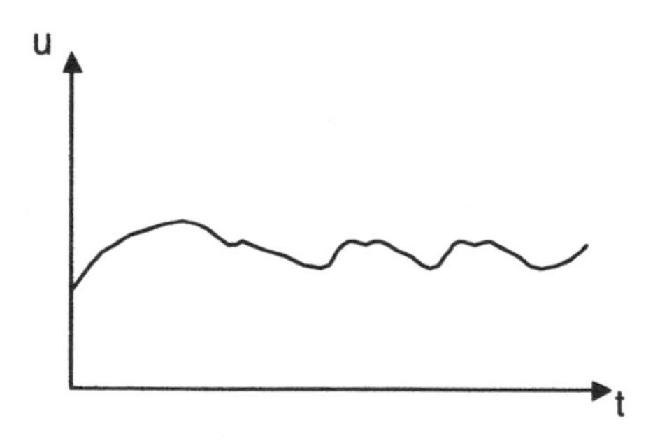

Abb. 2.16. Analoger Verlauf u(t) einer physikalischen Größe

Bei der analogen Signalverarbeitung repräsentiert die jeweilige Größe die Nachbildung der entsprechenden physikalischen Realität. Demgegenüber basiert die digitale Signalverarbeitung auf Zahlen eines beliebigen Zahlensystems (s. Abschn. 1.4.1), wobei jede Größe als Zahl des entsprechenden Zahlensystems, aufgebaut aus einer Ziffernfolge, wiedergegeben wird. Hierbei interessiert die Anzahl der Stellen um die kleinste bzw. größte Einheit der Größe darstellen zu können (s. Abschn. 1.4.3.2). Das zentrale Bauteil der analogen Signalverarbeitung ist der lineare Verstärker. Im einfachsten Fall versteht man darunter aktive Bauelemente mit verstärkenden Eigenschaften, wie beispielweise Transistoren (siehe Abschn.2.1.1). Aufgabe der Verstärker ist es, das von einer Signalquelle stammende Signal (siehe Abschn. 1.1) soweit zu verstärken, dass es einem geforderten Ausgangspegel entspricht, um damit beispielsweise einen Aktuator steuern zu können. Da die Eingangssignale, die dem Verstärker zugeführt werden, in der Regel verschiedenartig sind, kann eine Typisierung der Verstärker auf Grundlage von Spannungs-, Strom- oder Leistungskriterien vorgenommen werden:

- Spannungsverstärker $U_a = V \cdot U_e$
- Stromverstärker $I_a = K \cdot I_e$
- Leistungsverstärker. $P_a = \Pi \cdot P_e; P_e = U_e \cdot I_e = \frac{U_a}{V} \cdot \frac{I_a}{K}$

Gruppiert man die Signalverstärkung nach Frequenzmerkmalen, ergibt sich folgende Unterscheidungsmöglichkeit:

- Hochfrequenzverstärker,
- Zwischenfrequenzverstärker,
- Niederfrequenzverstärker,
- Gleichspannungsverstärker,
- Breitbandverstärker,
- Operationsverstärker.

Steht der Operator, der Eingangs- und Ausgangsgrößen miteinander verknüpft, im Vordergrund, erhält man die Zuordnung:

- Proportionalverstärker: lineare Verknüpfung zwischen Ein- und Ausgangsgrößen
- Nichtlinearer Verstärker wie z.B. Logarithmierer, Multiplizierer, etc.

Eine weitere Unterscheidungsmöglichkeit besteht hinsichtlich des Aufbaus von Verstärkern, wie folgt:

- Unsymmetrische Verstärker oder Eintaktverstärker (Bezugspotential für das Signal ist in der Regel Masse)
- Symmetrische Verstärker (Gegentaktverstärker und Differenzverstärker.)

2.3.2 Kenngrößen des Operationsverstärkers

Der Operationsverstärker ist ein Gleichspannungsverstärker mit hoher Verstärkung, bei dem prinzipiell kein Unterschied zum Spannungs- oder Stromverstärker herkömmlicher Art besteht. Während bei den herkömmlichen Verstärkern in diskreter Bauweise die Eigenschaften des Verstärkers von den Daten der aktiven Bauelemente bestimmt werden, sind diese beim Operationsverstärker nur von den äußeren Elementen bestimmt, was zu einer einfachen Betrachtungsweise führt. Der Name Operationsverstärker stammt aus der ursprünglichen Verwendung dieser Schaltungen, der Realisierung mathematischer Operationen, in der Analogrechentechnik. Mittlerweile sind sie in viele Anwendungsgebiete der technischen Informatik migriert, wozu nicht zuletzt die technologische Entwicklung integrierter Schaltungen wesentlich beigetragen hat. Schaltungstechnisch ist der Operationsverstärker ein Differenzverstärker, d.h. ein Gleichspannungsverstärker mit Differenzeingang, was in seinem Schaltsymbol durch einen nichtinvertierenden Eingang, mit + bezeichnet, und einen invertierenden Eingang, mit - bezeichnet, zum Ausdruck kommt, wie aus Abb. 2.17 ersichtlich. Die Ausgangsspannung weist bei Ansteuerung des nichtinvertierenden Eingang dieselbe, bei Ansteuerung des invertierenden Eingangs die entgegengesetzte Polarität wie das Eingangssignal auf.

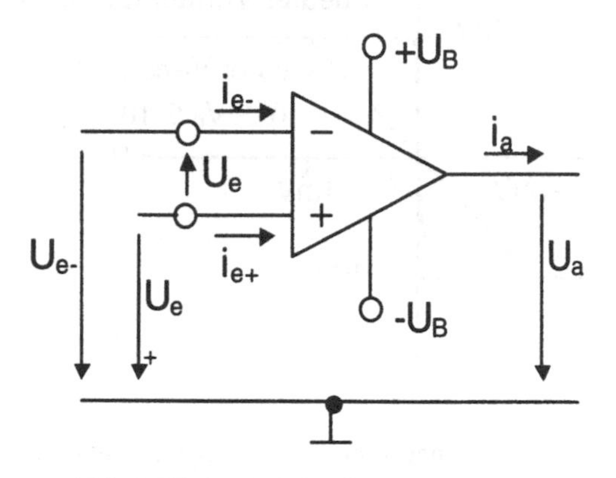

Abb. 2.17. Symbol des Operationsverstärkers

Die Leerlaufspannungsverstärkung (open loop gain) V_0 des idealen Operationsverstärkers ist, je nach Polarität von U_e, definiert zu

$$V_0 = \frac{-U_a}{U_e}\bigg|_{U_{e+}>U_{e-}} \rightarrow \infty \tag{2.4}$$

$$V_0 = \frac{U_a}{U_e}\bigg|_{U_{e+}<U_{e-}} \rightarrow \infty \tag{2.5}$$

Theoretisch ist die Leerlaufverstärkung des Operationsverstärkers unendlich groß, praktisch ist sie jedoch endlich und weist typischerweise Werte zwischen 10^3 und 10^6 auf. Die Aussteuerkennlinie $U_a = f\,(U_e)$ für Gleichung (2.5), sie entspricht dem Inverter, hat den in Abbildung 2.17. gestrichelt skizzierten Verlauf, d.h., bei sehr kleinen Werten von U_e geht U_a wegen

$$U_a = V_0 \cdot U_e \tag{2.6}$$

gegen unendlich. Bei endlichen Werten von V_0 hat die Aussteuerungskennlinie den in Abb. 2.18 ausgezogen dargestellten Verlauf mit einem Sättigungsknick, da die Ausgangsspannung bei realen Komponenten betragsmäßig nur bis zur Aussteuerungsgrenze (output voltage swing) $U_{a.max}$ ansteigen kann, wobei gilt $U_a < U_{a.max} < U_B$.

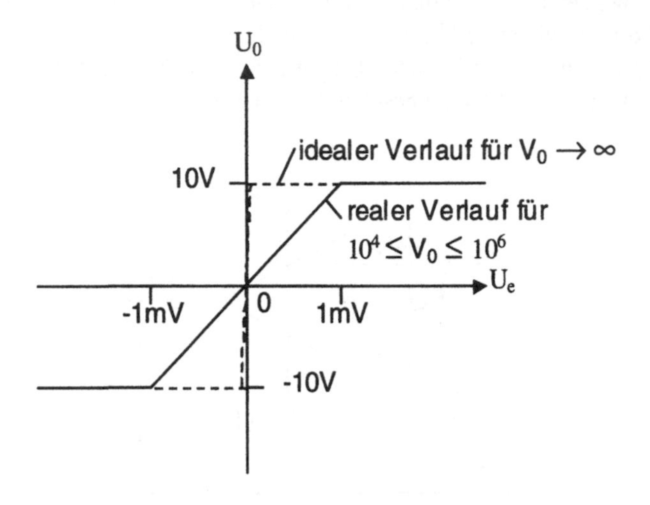

Abb. 2.18. Aussteuerungskennlinien des Operationsverstärkers

Aufgrund des Differenzeinganges können für den Operationsverstärker drei Eingangsspannungen angegeben werden:

- die auf Masse bezogene Eingangsspannung U_{e+} des + -Eingangs,
- die auf Masse bezogene Eingangsspannung U_{e-} des – -Eingangs,
- die Eingangsspannung U_e zwischen '+' und '-' Eingängen.

womit gilt

$$U_e = U_{e+} - U_{e-} \tag{2.7}$$

Für die Eingangsströme gilt dementsprechend:

$$I_e = I_{e+} - I_{e-} \tag{2.8}$$

Beim idealen Operationsverstärker folgt aus Gleichung (2.6), weil U_a endlich bleiben muss:

$$U_e \rightarrow 0\,\text{mV} \tag{2.9}$$

$$I_e \rightarrow 0\,\mu A \tag{2.10}$$

und für die Eingangsimpedanzen Z_{e+}, Z_{e-} und Z_e:

$$Z_{e+} = Z_{e-} = Z_e \rightarrow \infty \tag{2.11}$$

Die Eingangsimpedanz Z_e

$$Z_e = \frac{U_e}{I_e} \tag{2.12}$$

hat beim realen Operationsverstärker einen endlichen Wert, der von der Art der verwendeten Bauelemente in der Eingangsstufe bestimmt wird und in der Größenordnung zwischen $10^6\,\Omega$ und $10^{14}\,\Omega$ liegt. Entsprechend ist der Eingangssignalstrom I_e ebenfalls von Null verschieden.

Weitere wichtige Kenngrößen des Operationsverstärkers sind die Gleichtaktverstärkung G ($G \rightarrow \infty$) und die Gleichtaktunterdrückung CMR, mit

$$CMR[dB] = 20 \cdot \log[G] \tag{2.13}$$

Bei realen Operationsverstärkern ist die Gleichtaktunterdrückung CMR (CMR = common mode ratio) von unendlich verschieden, sie liegt zwischen 60 ... 110 dB. Die Gleichtaktverstärkung ist bedingt durch die Tatsache dass technologisch keine vollständige Symmetrie der Eingangsschaltung erreicht werden kann. Es entsteht darum auch dann ein Ausgangssignal U_a, wenn beide Eingänge mit dem gleichen Eingangssignal angesteuert werden, d.h. wenn das Differenzsignal Null ist. Dies führt zur realen Gleichtaktverstärkung

$$G = \frac{U_a}{U_{e+}} \tag{2.14}$$

Die Gleichtaktunterdrückung gibt damit das Verhältnis der Verstärkung ohne Gegenkopplung zur Gleichtaktverstärkung an

$$CMR = \frac{V_0}{G} \tag{2.15}$$

Aufgrund der bislang behandelten Eigenschaften des Operationsverstärkers kann das Ersatzschaltbild des idealen Operationsverstärkers angeben werden wie in Abb. 2.19 gezeigt.

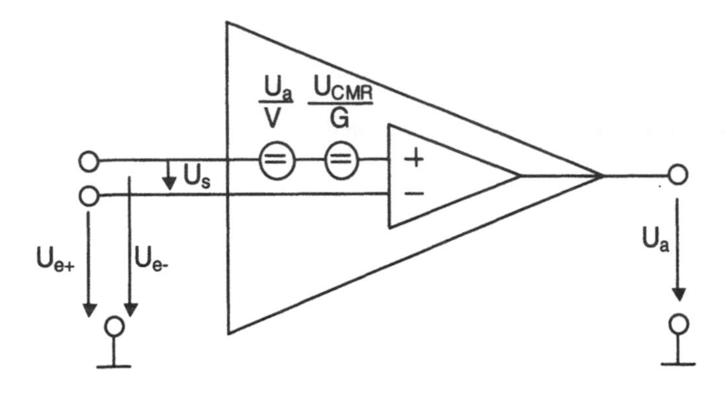

Abb. 2.19. Ersatzschaltbild des idealen Operationsverstärkers

Von Bedeutung für den Operationsverstärker sind darüber hinaus die sogenannten Offset-Kenngrößen. Hierzu zählen die Eingangs Offsetspannung U_{IOS}, welche diejenige Spannung repräsentiert, die zwischen den beiden Eingängen + und - angelegt werden muss, um die Ausgangsspannung $U_{a0} = 0$ zu erhalten. Damit gilt:

$$U_{IOS} = U_{e+} - U_{e-} \tag{2.16}$$

Die Eingangs-Offsetspannung kann innerhalb einer Schaltung entweder intern oder extern kompensiert werden, sie hat einen Temperaturkoeffizienten, der in der Größenordnung 0,1 ... 50 µV/K liegt. U_{IOS} hat für reale Operationsverstärker Werte < 1mV. Darüber hinaus ist U_{IOS} von der Versorgungsspannung abhängig, wobei typische Werte bei <100 µV/V liegen. Von Bedeutung bei der schaltungstechnischen Umsetzung ist ferner die Langzeitkonstanz von U_{IOS}; sie wird von den Herstellern mit 5 ... 100 µV/Tag angegeben.

Der Eingangs-Offsetstrom I_{IOS} ist die Differenz zwischen den beiden Ruheströmen I_{e+} und I_{e-}, die in die Eingänge hineinfließen, wenn die Ausgangsspannung $U_{a0} = 0$ ist, also

$$I_{IOS} = I_{e+} - I_{e-} \tag{2.17}$$

Die typischen Werte für Offset Ströme liegen im Bereich einiger 100 pA.

Als Eingangsspannungsdrift α_{Uios} wird der Temperaturkoeffizient der Eingangs Offsetspannung U_{IOS} bezeichnet, der in mV/°K angegeben wird. Die Eingangsstromdrift α_{Iios} stellt den Temperaturkoeffizienten des Eingangs Offsetstromes dar, in nA/°K angegeben. Sie ist am kleinsten, wenn die folgende Bedingung eingehalten wird:

$$R_3 = \frac{R_1 \cdot R_2}{R_1 + R_2}$$

Die zugehörige Operationsverstärkerschaltung zeigt Abb. 2.20

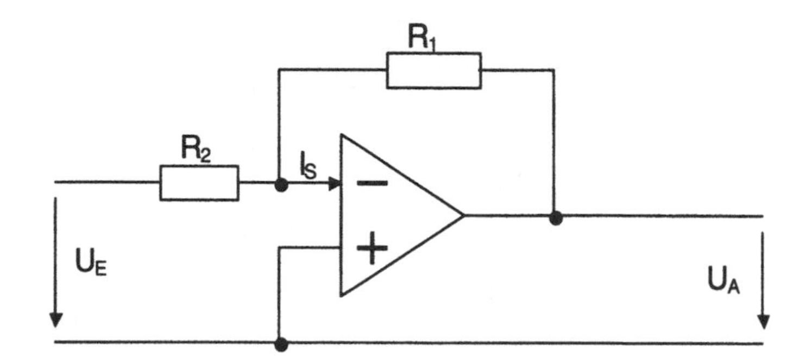

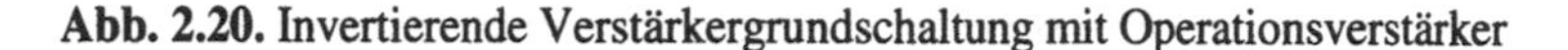

Abb. 2.20. Invertierende Verstärkergrundschaltung mit Operationsverstärker

Beispiel 2.3.
Für die in Abb. 2.20 dargestellte Verstärkerschaltung ist der Verstärkungsfaktor zu bestimmen. Ausgehend vom ersten Kirchhoff'schen Satz, der besagt, dass bei Knotenpunkten, die auf den Knotenpunkt zufließenden Ströme als positiv (bzw. negativ) und die vom Knotenpunkt wegfließenden Ströme als negativ (bzw. positiv) bezeichnet werden, gilt für die in Abb. 2.20 dargestellte invertierende Operationsverstärkerschaltung:

$$I_1 + I_2 = 0 \tag{2.18}$$

Aus Gl. 2.18 folgt, dass die Summe aller auf einen Knotenpunkt zufließenden Ströme Null ist oder anders ausgedrückt, die Summe aller auf einen Knotenpunkt hinfließenden Ströme ist gleich der Summe aller wegfließen. Wendet man den ersten Kirchhoff'schen Satz weiter an, erhält man für Gl. 2.18

$$\frac{U_E}{R_1} + \frac{U_A}{R_2} = 0 \tag{2.19}$$

bzw. nach Umformung

$$V = \frac{U_A}{U_E} = -\frac{R_2}{R_1} \tag{2.20}$$

d.h die Verstärkung der invertierenden Verstärkergrundschaltung wird gebildet durch das Widerstandsverhältnis R_2 zu R_1.■

Beispiel 2.4.
Für den in Abb. 2.21. dargestellten Elektrometerverstärker ist der Verstärkungsfaktor zu bestimmen.

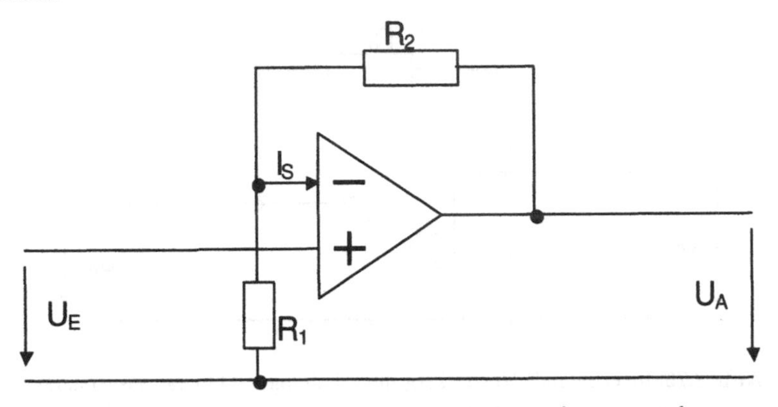

Abb. 2.21 Elektrometerschaltung mit Operationsverstärker

Analog zur Berechnung für die invertierende Verstärkerschaltung nach Abb. 2.20 wird wieder der erste Kirchhoff'sche Satz zugrunde gelegt. Damit erhält man

$$I_2 = \frac{U_A}{R_1 + R_2} \tag{2.21}$$

Aus Gl. 2.21 erhält man, mit

$$\begin{aligned} U_D &= U_E - U_{R_1} \\ &= U_E + I_2 \cdot R_2 - U_A \\ &= U_E + \frac{U_A}{R_1 + R_2} \cdot R_2 - U_A = U_E + \frac{R_2}{R_1 + R_2} U_A - U_A \\ &= U_E + \frac{R_2 - (R_1 + R_2)}{R_1 + R_2} \cdot U_A = U_E - \frac{R_1}{R_1 + R_2} U_A \end{aligned} \tag{2.22}$$

Setzt man $U_D \approx 0$ erhält man

$$0 \approx U_D = U_E - U_{R_1} = U_E - \frac{R_1}{R_1 + R_2} \cdot U_A = 0 \tag{2.23}$$

bzw. nach Umformung

$$V = \frac{U_A}{U_E} = \frac{R_1 + R_2}{R_1} = 1 + \frac{R_2}{R_1} \qquad (2.24)$$

d.h die Verstärkung der Elektrometerschaltung wird gebildet durch das Widerstandsverhältnis 1 + R_2 zu R_1.■

Wie jeder reale Verstärker hat auch der Operationsverstärker eine obere Grenzfrequenz f_o, oberhalb derer die Leerlaufverstärkung V_0 abfällt. Der Operationsverstärker zeigt damit ein Tiefpassverhalten.

2.4 Analog-Digital-Wandler

Überall dort, wo analoge Größen digital erfasst oder verarbeitet werden sollen, sind Analog-Digital-Wandler im Einsatz. Aufgabe des Analog-Digital-Wandlers ist es, eine analoge Größe X in eine dazu proportionale Zahl umzuwandeln. Häufig werden zeitabhängige Signale digitalisiert. Dazu wird der umzusetzende bzw. zu wandelnde Spannungswert zu einem bestimmten Zeitpunkt abgetastet und gehalten. Diese Aufgabe übernehmen Abtast- und Halte-Glieder (Sample and Hold). Häufig werden auch nichtelektrische Signale einer digitalen Weiterverarbeitung zugeführt. Dann ist, vor der eigentlichen Analog-Digital-Wandlung, die nichtelektrische Größe in eine elektrische Spannung umzuwandeln. Häufig bilden Sensoren, die zur Erfassung nichtelektrischer Größen verwendet werden, eine elektrische Spannung als Ausgangsgröße auf die nichtelektrische Eingangsgröße ab. Beispiel hierfür sind Dehnungsmessstreifen, elektrochemische Sensoren etc. In Abb. 2.22 ist die Blockstruktur eines einfachen Analogeingabesystems dargestellt, wie es in Form eines integrierten Schaltkreises verfügbar ist. Die Steuerung der Analog-Digital-Wandlung läuft dabei folgendermaßen ab:

- bei mehreren Eingangskanälen wird vermittels eines Analog-Multiplexer (s. Abschn. 3.4.1) auf einen Kanal durchgeschaltet,
- nach der Einschwingzeit wird der auf die Eingangsstufe nachfolgende Sample-and-Hold Schaltkreis auf Halten geschaltet, damit für die Wandlung ein stabiles Analogsignal vorhanden ist - dies betrifft nicht die integrierenden Wandler -
- der Analog-Digital-Wandler wird gestartet (SOC-Modus = start of conversion),
- hat der Analog-Digital-Wandler die Wandlung beendet und meldet er dies an die Steuerung zurück (EOC-Modus = end of conversion),
- durch die Steuerung wird der gewandelte (digitalisierte) Messwert an den Rechner übergeben.

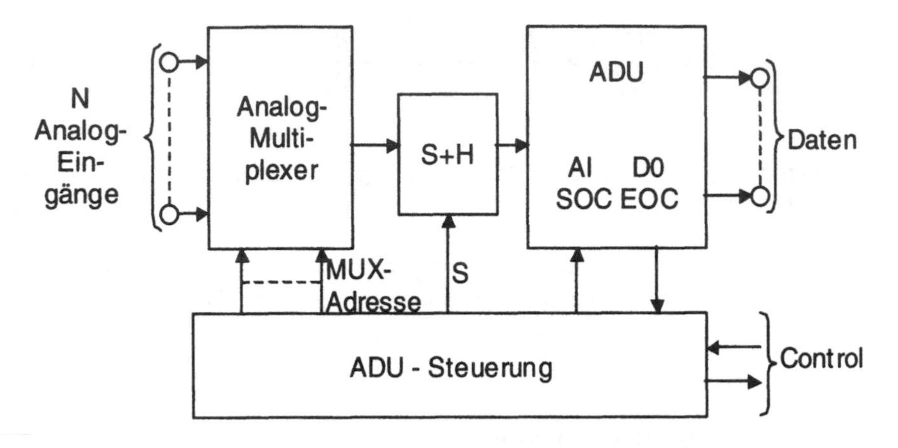

Abb. 2.22. Analog-Eingabe-System mit seinen Komponenten

Analog-Digital-Wandlern gemeinsam ist die charakteristische Übertragungskennlinie, wie sie in Abb. 2.23 dargestellt ist, hinsichtlich des

- kontinuierlichen Abszissenvorrats y,
- diskreten Ordinatenvorrats a,

wodurch die Intervalle der Größe Y auf eine zugehörige Dualzahl a abgebildet werden können. Bei einer n-stelligen Dualzahl werden $N = 2^n$ Intervalle unterschieden, die symmetrisch um die Werte O, Y, 2Y, . . . , iY, . . . , (N-1)Y der Abszisse angeordnet sind. Damit stimmen im Mittel die Werte der Eingangsspannung mit der gewandelten Dualzahl überein.

Bei der technischen Realisierung von Analog-Digital-Wandlern werden folgende Verfahren unterschieden:

- Parallelverfahren: Hier wird eine ganze Zahl in einem Taktschritt gewandelt, das Verfahren ist sehr schnell, benötigt aber, entsprechend der Wortbreite der Dualzahl, einen sehr hohen Schaltungsaufwand der Ordnung 0(N).
- Wägeverfahren: Hier wird eine Ziffer in einem Taktschritt gewandelt.
- Verfahren der sukzessiven Approximation: Hier werden n =ld N Taktschritte für die Wandlung eines Eingangswertes benötigt, der Schaltungsaufwand liegt bei der Ordnung 0 (ld N).
- Zählverfahren: Hier wird die zu wandelnde Zahl in einem Taktschritt nur um einen Wert weitergezählt, so dass im Mittel N/2 Taktschritte zur Wandlung benötigt werden.

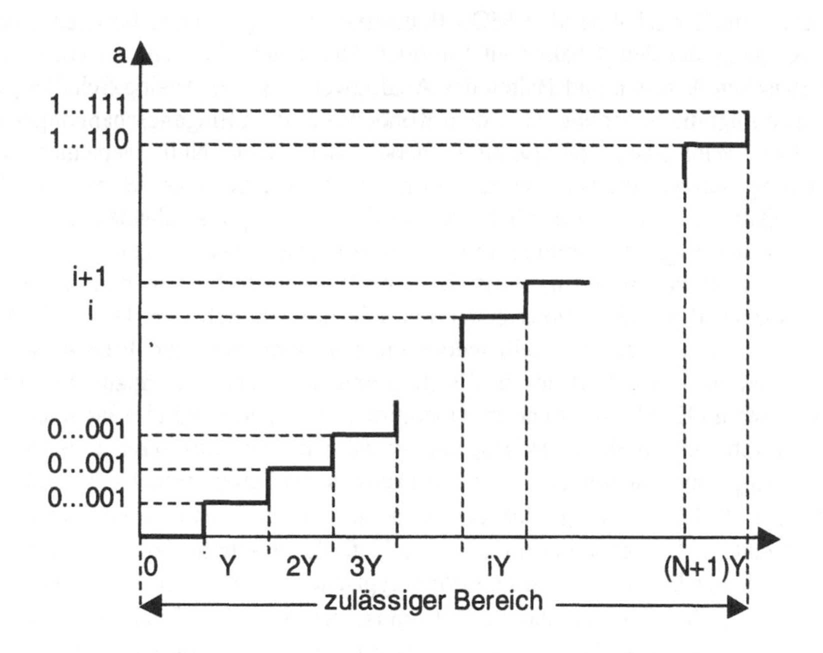

Abb. 2.23. Übertragungskennlinie des Analog-Digital-Wandlers

Da bei den meisten Wandlungsverfahren die Wandlung länger als einen Taktschritt dauert, muss dafür gesorgt werden, dass die Eingangsspannung U_e während der gesamten Wandlungszeitdauer konstant bleibt, was durch ein, dem Analog-Digital-Wandler vorgeschaltetes Abtast- und Halteglied, erreicht wird. Zu diesem Zweck wird in der Steuerung des Wandlers ein logisches Signal *halten* erzeugt, wodurch es möglich wird festzulegen, ob U_e gehalten, oder aber dem realen Verlauf der analogen Spannung gefolgt werden soll. Das Abtast- und Halteglied besteht schaltungstechnisch aus einem als Spannungsfolger geschalteten Operationsverstärker und einem Kondensator mit minimalem Leckstrom, wie in Abb. 2.24 dargestellt.

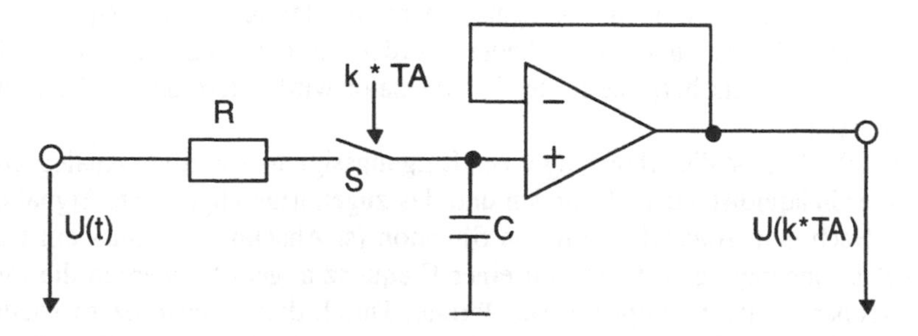

Abb. 2.24. Abtast- und Halteglied für einen Analog-Digital-Wandler

Der in Abb. 2.24 abgebildete Schalter S ist schaltungstechnisch in Form eines sog. Analog-Schalter-Bausteins (s. Abschn. 3.4.1) auf Basis eines JFET realisiert, da diese schneller schalten als CMOS Bausteine. Analog-Schalter besitzen einen Steuereingang, der den Schalter auf Ein oder Aus steuert. Er dient zur Umschaltung zwischen Abtasten und Halten des Analogwerts. Ist der Analog-Schalter geschlossen folgt die Spannung über dem Kondensator dem Eingangsspannungssignal. Der Widerstand repräsentiert dabei den von Null verschiedenen Durchgangswiderstand des Schalttransistors des Analog Schalters. Sobald der Analog-Schalter geöffnet wird, bleibt der zu diesem Zeitpunkt abgetastete Spannungswert der Eingangsspannung im Kondensator gespeichert. Um eine möglichst lange Haltezeit zu erreichen, muss der Kondensator verlustarm und der Eingangswiderstand des Operationsverstärkers nahezu unendlich sein. Die Wahl des Wertes für den Kondensator stellt jedoch einen Kompromiss dar: Einerseits soll der Kondensator vom Wert her groß sein, damit die abgetastete Spannung, trotz der Verluste im Kondensator und im Operationsverstärker, möglichst lange gehalten wird, d.h. der Abfall der Haltespannung während der Umsetzzeit muss möglichst gering sein, andererseits ist die Einschwingzeit proportional zur Zeitkonstante $\tau = R*C$, d.h. je größer der Kondensator ist, desto größer wird die Zeitkonstante τ. Da der Widerstand R durch die Eigenschaften des eingesetzten Analog-Schalter-Bausteins bestimmt wird, typische Werte liegen dabei zwischen 50 und 100 Ω für den Durchlassbereich, muss der Wert des Kondensators klein werden, um eine kurze Einschwingzeit zu erreichen. Die Zeitkonstante τ bestimmt die Anstiegszeit (slew rate), die sich aus der zeitlichen Ableitung der Kondensatorspannung bei einer sprunghaften Veränderung der Eingangsspannung ergibt, wie folgt:

$$\frac{dU_C(t)}{dt}\bigg|_{t_0} = \frac{d}{dt}\left(U_C(t_0) + U_C(t_0)\left[1 - e^{\frac{1}{R \cdot C}}\right]\right) = \frac{U_C(t_0)}{R \cdot C} \qquad (2.25)$$

Typische Werte für den Abtast- und Haltekondensator liegen zwischen 10 und 100 nF. Damit erhält man die notwendigen Anstiegszeiten von 1 bis 500 V/µs. Der temperaturabhängige Haltespannungsabfall liegt bei 2 bis 1000 µV/ms. Da der Operationsverstärker als Spannungsfolger geschaltet ist, hat die Verstärkung V den Wert Eins, womit die Ausgangsspannung der Kondensatorspannung entsprich. Die Abtast- und Halteglieder werden in der Regel in monolithisch-integrierter Technik hergestellt, der Kondensator wird extern an den Baustein angeschlossen.

In Abb. 2.25 ist die Abtastung eines Eingangssignals für einen Analog-Digital-Wandler in äquidistanten Abständen und das zugehörige abgetastete Signal dargestellt. Nach dem Abtasttheorem von Shannon (s. Abschn. 1.3) muss ein bandbegrenztes Eingangssignal U_e (t) mit einer Frequenz abgetastet werden die mindestens größer ist als die doppelte Bandbreite. Durch den Abtastprozess wiederholt sich das Signalspektrum im Frequenzbereich periodisch mit der Abtastfrequenz. Wird nicht mit der doppelten Signalbandbreite abgetastet, kommt es im Frequenzbereich zu Überlappungen und eine eindeutige Rekonstruktion des Eingangssignals aus den Abtastwerten ist nicht mehr möglich, man spricht in diesem Zusammenhang vom sogenannten Aliasing, was gleichbedeutend ist mit dem Umstand, dass ein anderes Eingangssignal $U_e(t)$ die gleichen Abtastwerte liefert. Bei Einhaltung des Abtasttheorems von Shannon geht keine Information verloren, d.h. die Abtastwerte reichen aus um das Signal $U_e(t)$ eindeutig rekonstruieren zu können.

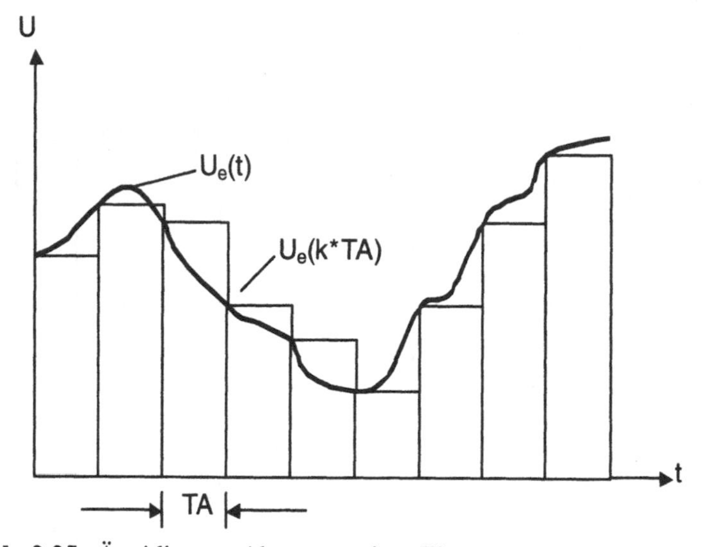

Abb. 2.25. Äquidistante Abtastung eines Eingangsspannungswertes

2.4.1 Parallel-Wandler-Verfahren

Beim Parallel-Wandler-Verfahren wird die Eingangsspannung U_e mit N-1 Referenzspannungen verglichen. In der in Abb. 2.26 dargestellten Prinzipschaltung des Parallelwandlers werden die Referenzspannungen aus U_{Ref} und einem nachgeschalteten Spannungsteiler erzeugt. Damit unterteilt man den Eingangsspannungsbereich in die N benötigten Quantisierungsintervalle der Größe Y. Liegt die Eingangsspannung im Intervall i, erscheint an den Ausgängen, der als Komparator geschalteten Operationsverstärker K_1 bis K_i der Zustand logisch 1, während die Komparatoren K_{i+1} bis K_{N-1} den Zustand logisch 0 erzeugen. Die Komparatorausgänge sind mit einem Register-Baustein verbunden (s. Abschn. 3.4.2) und werden in dieses geladen, wobei das Register mit einem Prioritätsdecoder verknüpft ist, der eine, dem Bereich des Komparators entsprechende Dualzahl erzeugt.

Von Vorteil beim Parallelwandler ist dessen kurze Wandlungszeit, sie dauert nur einen Taktschritt. Nachteilig ist der hohe Hardwareaufwand; so werden für eine Auflösung von 10 Bit bereits 1024 Stufen benötigt.

Neben den Parallelwandler, der über eine sehr kurze Wandlungszeit verfügt, jedoch einen sehr hohen Schaltungsaufwand aufweist, stellen die Wandler, die auf dem Prinzip des Zählverfahrens aufsetzen, die bedeutendste Gruppe der rückgekoppelten Wandler dar. Zu Ihnen gehören

- Wandler mit Zählstrategie,
- Wandler mit Folgestrategie
- Wandler mit der Strategie der sukzessiven Approximation

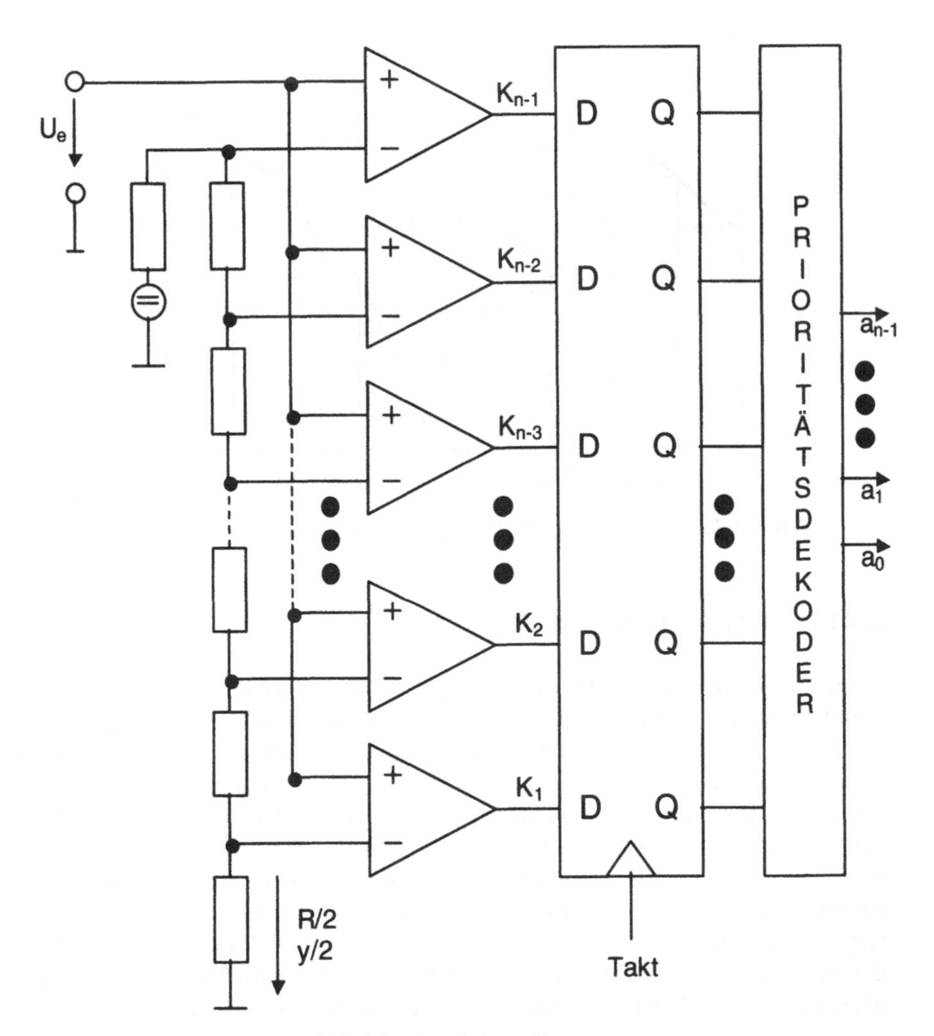

Abb.2.26. Parallelwandler

Das Prinzip der rückgekoppelten Wandler basiert auf dem analogen Vergleich der Eingangsspannung U_e mit einer analoggewandelten Dualzahl. Von einer Steuerung, wie sie für das in Abb. 2.27 angegebene Beispiel skizziert ist, wird in erster Näherung eine Dualzahl D ausgegeben, die eine Spannung U_d erzeugt, die durch die Summe aus der direkt gewandelten Spannung U_{DAC} und einer konstanten Verschiebung von 0,5*Y gebildet wird. Die Spannung U_d liegt auf der Grenze zwischen zwei Intervallen, mit denen die Eingangsspannung U_e unterteilt wurde. Die verschiedenen rückgekoppelten Wandler, wie sie oben aufgelistet sind, unterscheiden sich im wesentlichen nur dadurch, wie das Ergebnis des Vergleichs ausgewertet wird, wie in den Abb. 2.27 bis 2.29 dargestellt.

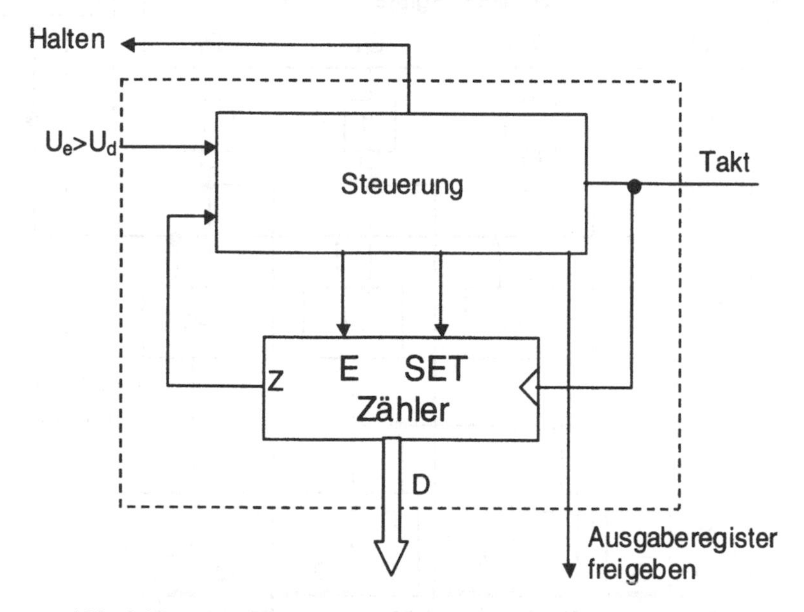

Abb. 2.27. Steuerung eines rückgekoppelten Wandlers mit Zählstrategie.

Die sukzessive Approximation unterscheidet sich von den übrigen Zählverfahren dadurch, dass der Digitalwert immer nach einer festen Anzahl von Taktschritten erzeugt wird. Dazu benutzt das Verfahren einen Algorithmus mit schrittweiser Verfeinerung, weshalb statt des Zählers ein durch einen Komparator gesteuertes Schaltwerk benötigt wird. Die Zahl der Schritte ist gleich der Bitanzahl des Analog-Digital-Umsetzers. Im ersten Schritt wird eine Schätzung des Digitalwertes durchgeführt. Durch Setzen des höchstwertigen Bit, des MSB, (MSB = most significant bit) wird geprüft, ob die unbekannte Eingangsspannung U_e in der oberen oder unteren Hälfte des Eingangsspannungsbereichs U liegt. Ist der Komparatorausgang Null, bleibt das MSB gesetzt, ansonsten wird es zurückgesetzt. Auf diese Weise wird in jedem nachfolgenden Schritt der verbleibende Eingangsspannungsbereich halbiert und ein weiteres Bit bestimmt. Der Wert der unbekannten Eingangsspannung U_e wird auf diese Weise immer weiter eingegrenzt und liegt, nachdem das niedrigstwertige Bit, das LSB, (LSB = least significant bit) erreicht worden ist, im Ausgaberegister. Die typischerweise erreichten Umsetzungszeiten, die mit der Methode der sukzessiven Approximation erreicht werden können, liegen bei 12 Bit-Auflösung zwischen 2 bis 50 μs.

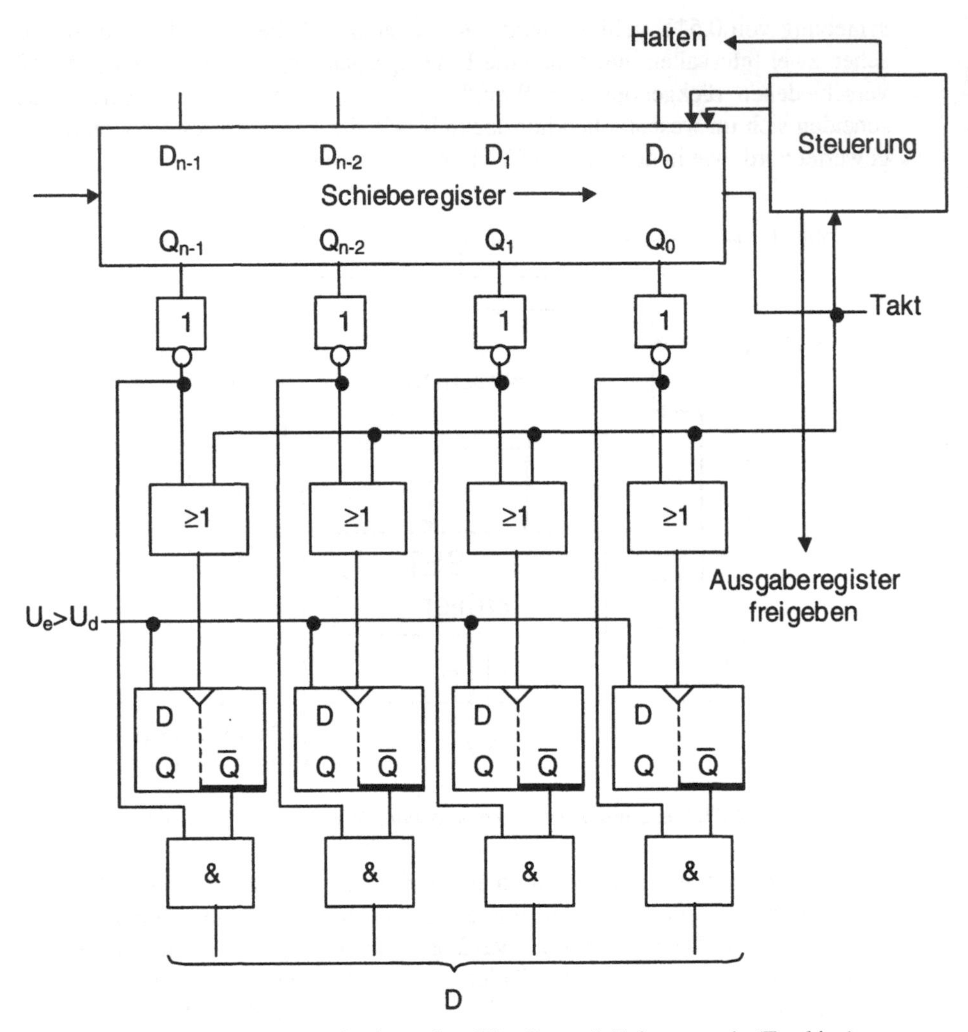

Abb. 2.28. Steuerung eines rückgekoppelten Wandlers mit Folgestrategie (Tracking)

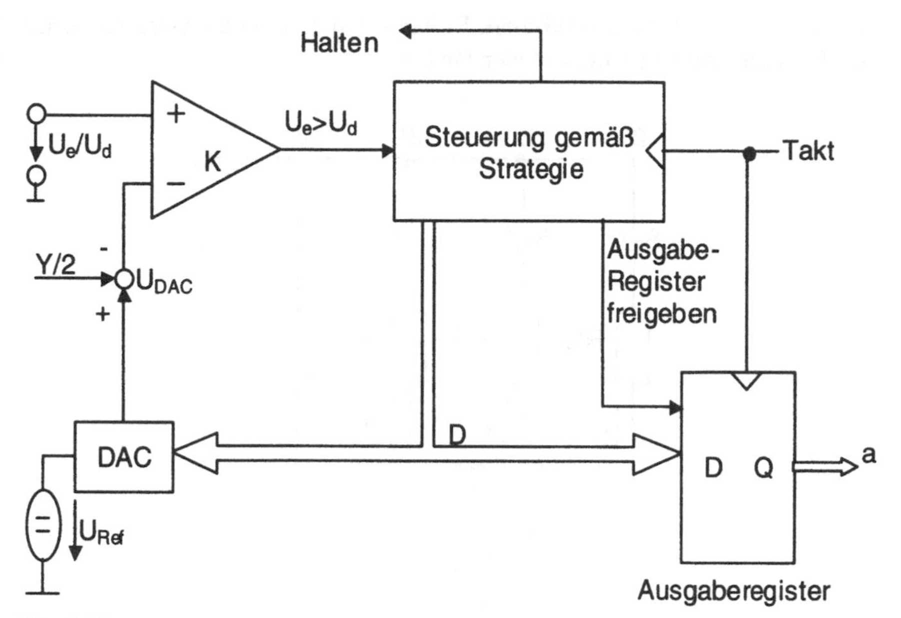

Abb. 2.29. Steuerung des Wandlers mittels Strategie der sukzessiven Approximation

2.5 Digital-Analog-Wandler

Häufig ist in technischen Systemen neben der Analog-Digital-Wandlung auch eine Digital-Analog-Wandlung erforderlich. Die zu durchlaufende Schleife der Messkette umfasst dabei:

- Messsignalaufnahme (analog, diskret)
- Messsignalwandlung (analog-digital)
- Messsignalverarbeitung (digital)
- Messsignalausgabe (digital-analog)

Mittels Digital-Analog-Wandler können Integer-Werte in elektrische Spannungen oder Ströme umgewandelt und entsprechend, über Ausgabegeräte, angezeigt werden, bzw. über Aktuatoren in das Prozessgeschehen eingreifen. Bei den Digital-Analog-Wandlern werden zwei Verfahren unterschieden, die direkte und die indirekte Umsetzung. Bei der direkten Umsetzung wird der in einem gewichteten Code vorliegende Datenwert entweder parallel oder seriell in eine entsprechende Spannung umgesetzt. Bei der indirekten Umsetzung wird zunächst eine digital leicht erzeugbare Zwischengröße gebildet, die dem Codewort proportional ist. Beispiele hierfür sind die Frequenz oder die Tastzeiten eines Rechteckimpulses. Die Zwischengröße kann beispielsweise mit einem programmierbaren Zeitgeber erzeugt und anschließend mit einer Analogschaltung, beispielsweise einem Tiefpass, in eine Spannung umgesetzt werden. Das Prinzip eines Digital-Analog-

Umsetzers ist in Abb. 2.30 skizziert. Es handelt sich dabei um einen einfachen 4-Bit Umsetzer mit abgestuften Widerständen.

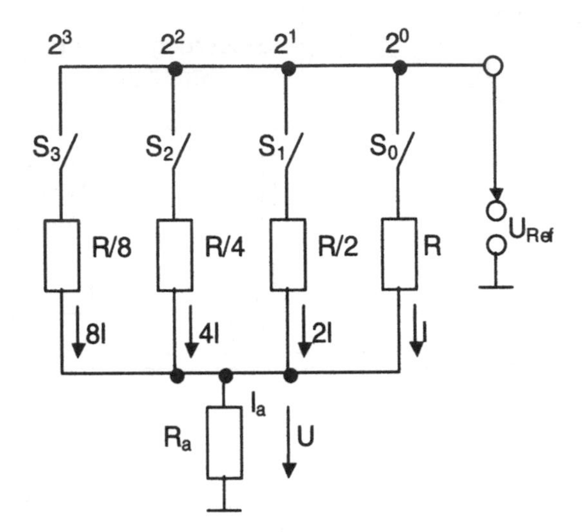

Abb. 2.30. Prinzip des Digital-Analog-Wandlers

Ist die Ausgangsspannung U_a klein gegenüber der Referenzspannung U_{Ref}, sind die Ströme, die über die einzelnen Widerstände der Bit-Stellen in den gemeinsamen Widerstand R_a eingespeist werden, proportional zum jeweiligen Stellengewicht. Wie bereits beim Analog-Digital-Wandler dargestellt, werden die Schalter elektronisch realisiert und sind von einem Prozessor über einen parallelen Ein-/Ausgabe-Baustein ansteuerbar. Der Ausgangswiderstand R_a summiert, gemäß dem Ohmschen Gesetz, die Stromanteile aus den einzelnen Stellen auf und liefert als Spannungsabfall die Ausgangsspannung U_a, für die gilt:

$$U_a = R_a \cdot \frac{U_{Ref}}{R_a + \frac{R}{S}} \tag{2.26}$$

mit

$$S = S_3 \cdot 2^3 + S_2 \cdot 2^2 + S_1 \cdot 2^1 + S_o \tag{2.27}$$

Mit

$$R_a \ll \frac{R}{S} \tag{2.28}$$

folgt

$$U_a \approx S \cdot \frac{R_a}{R} \cdot U_{\mathrm{Re}f} \tag{2.29}$$

Wie aus den Beziehungen ersichtlich, ist die Ausgangsspannung U_a proportional zu dem binär codierten 4-Bit Wert S.

Die Linearität eines Digital-Analog-Wandlers beschreibt dessen maximale Abweichung zwischen der tatsächlichen und der als ideal angenommenen Kennlinie. Allgemein gilt, dass ein n-Bit-Digital-Analog-Wandler 2^n verschiedene Spannungen ausgeben kann. Der Kehrwert 2^{-n} ist die relative Auflösung innerhalb des jeweiligen Ausgangsspannungsbereiches. Durch Einsatz entsprechend rückgekoppelter Operationsverstärker kann ein hinreichend großer Ausgangsspannungsbereich hoher Linearität erreicht werden. Für den in Abb. 2.29 angegebenen Aufbau eines 4-Bit Digital-Analog-Wandlers mit abgestuften Widerstandswerten gilt, mit

$$U_a = -D \cdot \frac{R_a}{R\,U_{\mathrm{Re}f}} \tag{2.30}$$

d.h. das Verhältnis $\frac{R_a}{4}$ kann beliebig gewählt werden. Durch Gegenkopplung des Operationsverstärkers wird ein sog. virtueller Nullpunkt S erzeugt, in dem die Ströme der einzelnen Stellen, entsprechend dem ersten Kirchhoff'schen Gesetz, summiert werden. Wegen des hochohmigen Eingangswiderstandes des Operationsverstärkers fließt der Summenstrom über R_a ab und erzeugt die zugehörige (negative) Ausgangsspannung U_a. Die eingezeichneten elektronischen Analog-Schalter - hier als Umschalter ausgeführt - sind auf Masse bezogen. Sie sorgen dafür, dass die Referenzspannungsquelle immer mit dem gleichen Widerstand belastet wird, wodurch sich eine hohe Spannungsstabilität der Schaltung ergibt. Die Linearität der Schaltung hängt im wesentlichen von der Genauigkeit der Widerstandswerte der einzelnen Stellen ab.

3 Lokale und globale Grundkonzepte für Schaltnetze und Schaltwerke

Auf der Ebene der lokalen Grundkonzepte digitaler Systeme, wie sie durch Schaltnetze und Schaltwerke gegeben sind, werden die digitalen Informationen in einzelne Binärwerte aufgeschlüsselt, die Elemente der Menge M={0, 1} sind. Die hardwaretechnische Umsetzung der lokalen Grundkonzepte erfolgt durch Verknüpfungsglieder, welche die sogenannte Componentware repräsentieren. Die Verknüpfungsglieder selbst basieren auf den in Abschn. 2.1 eingeführten Transistorschaltungen, in denen Transistoren die Grundfunktion eines elektronischen Schalters übernehmen. Ein auf Transistorbasis realisierter elektronischer Schalter verfügt dabei über die Zustandsmenge S = {0, 1}. Da die Wirkungsweise moderner Rechnerstrukturen nicht mehr auf dem Prinzip des Zählens beruht, sondern auf dem des logischen Schließens, werden in Abschn. 3.1 die Grundlagen der Booleschen Algebra behandelt und darauf aufbauend die logischen Grundkonzepte für Schaltnetze (Abschn. 3.2) und Schaltwerke (Abschn. 3.3) sowie spezielle Schaltnetze und Schaltwerke (Abschn. 3.4).

3.1 Boolesche Algebra

3.1.1 Die Grundgesetze der Booleschen Algebra

Schaltnetze und Schaltwerke repräsentieren digitale Konstrukte, die aus systemwissenschaftlicher Sicht die zentralen Bausteine der lokalen Grundkonzepte für Rechnerstrukturen darstellen. Zur funktionalen Beschreibung dieser Bausteine sind Methoden erforderlich, die eine effiziente Darstellung ermöglichen. Mit der Booleschen Algebra ist ein Kalkül zur Behandlung von Aussagen im Rahmen der zweiwertigen Logik vorhanden. Die Anwendung der Booleschen Algebra, zur Beschreibung der binärwertigen Schaltungen der Digitaltechnik, hat zur Einführung des Terms Schaltalgebra geführt. Die wichtigsten Begriffe der Schaltalgebra sind Zustandsgröße, Zustandsvariable und Zustandsfunktion. Die Zustandsgröße dient dazu, die Elemente einer binären Schaltung zu beschreiben. Damit wird jedem Element einer binären Schaltung zur Beschreibung eine Zustandgröße zugeordnet. Sie gibt an, in welchem Zustand sich das zugeordnete Element der binärwertigen

Schaltung befindet. Da binärwertige Elemente nur zwei Schaltzustände aufweisen, kann ihre Zustandsgröße auch nur zwei Werte annehmen, logisch 0 oder logisch 1. Zustandsvariable und Zustandsfunktion sind ebenfalls Zustandsgrößen, aber von der Art, dass Zustandsvariable unabhängige Größen beschreiben, während Zustandsfunktionen abhängige Größen darstellen.

Die elementaren Verknüpfungen der Schaltalgebra werden durch die Konjunktion, die sogenannte UND-Verknüpfung von Zustandsgrößen, die Disjunktion, die sogenannte ODER-Verknüpfung von Zustandsgrößen, und die Negation, die entgegengesetzte Zustandsgröße, beschrieben. Diese Verknüpfungen lassen sich formal als auf Zustandsgrößen anwendbare Operatoren definieren. Betrachtet man die Boolesche Algebra als Sprache können die Symbole * , +, /, (,), =, ;, 0, 1, a, b, c, ..., x, y, als das Alphabet dieser Sprache angesehen werden. Somit lassen sich die drei elementaren Verknüpfungen UND, ODER und NICHT, im Alphabet der Sprache der Schaltalgebra, wie folgt darstellen, wobei das Symbol * die UND-Verknüpfung darstellt, das Symbol + die ODER-Verknüpfung beschreibt, und das Symbol / die Negation repräsentiert.

Man nennt die in den Verknüpfungen enthaltene algebraische Struktur einen komplementären distributiven oder Booleschen Verband, wenn für alle Elemente einer nicht leeren Menge der Verknüpfungen die nachfolgenden elementaren Gesetze Gültigkeit besitzen, wobei der kleinste, nicht triviale, Boolesche Verband, mit den Elementen {0,1}, zugleich auch derjenige mit der größten Bedeutung ist, da er die Grundlage der Schaltalgebra bildet.

Kommutativgesetz:

$$a*b*c=c*b*a=\ldots$$
$$a+b+c=c+b+a=\ldots$$

Das Kommutativgesetz gilt sowohl für die für UND-, als auch für die ODER-Ver-knüpfung. Es besagt, dass innerhalb einer Verknüpfungsart die Reihenfolge der Variablen beliebig vertauscht werden kann.■

Assoziativgesetz:

$$(a*b)*c=a*(b*c)=a*b*c$$
$$(a+b)+c=a+(b+c)=a+b+c$$

Das Assoziativgesetz gilt ebenfalls für UND- und ODER-Verknüpfungen. Es besagt, dass innerhalb einer Verknüpfungsart Klammern beliebig gesetzt und entfernt werden können.

Das Assoziativgesetz gilt auch für die Äquivalenz (/a * /b) + (a * b) und für die Antivalenz (/a + /b) * (a + b), gleichbedeutend der Exklusiv-ODER Funktion mit der Notation a ⊕ b , sofern man die Klammern setzt wie folgt:

$$(a \leftarrow\!\!|\!\!\rightarrow b) \leftarrow\!\!|\!\!\rightarrow c = a \leftarrow\!\!|\!\!\rightarrow (b \leftarrow\!\!|\!\!\rightarrow c) = b \leftarrow\!\!|\!\!\rightarrow (a \leftarrow\!\!|\!\!\rightarrow c)$$

Die Klammern können weggelassen werden, wenn man z.B. einen Ausdruck der Form a←|→b←|→c so interpretiert, dass die beiden antivalenten Verknüpfungen gemäß der voranstehenden Beziehung zu bilden sind. ■

Distributivgesetz:

$$a * (b + c) = (a * b) + (a * c)$$
$$a + (b * c) = (a + b) * (a + c)$$

Das Distributivgesetz besagt, dass in Ausdrücken mit UND- und ODER-Verknüpfungen gleiche Variable ausgeklammert werden können, sofern sie in der gleichen Art und Weise verknüpft sind und wenn für jede der Verknüpfungen ein

Neutrales Element (Einselement, Nullelement)

$$a * e = a$$
$$a + n = a$$

bzw. für jede der Verknüpfungen ein

Komplementäres Element

$$a * /a = n$$
$$a + /a = e$$

existiert. ■

Aus den bislang angegebenen Gesetzen ist die formale Gleichwertigkeit der UND und ODER Verknüpfungen zu erkennen. Für die Vereinfachung schaltalgebraischer Ausdrücke sind darüber hinaus weitere Beziehungen erforderlich, wie die nachfolgenden Identitäten:
Absorptionsgesetz:

$$a * (a + b) = a$$
$$a + (a * b) = a$$

$$a + a = a$$
$$a + 0 = a$$
$$a + 1 = a$$
$$a * a = a$$
$$a * 0 = a$$
$$a * 1 = a$$

■

De Morgansche Gesetze:

$$\overline{a * b} = /\bar{a} + /\bar{b}$$

$$\overline{a + b} = /\bar{a} * /\bar{b}$$

$$\overline{a * b} = /a + /b$$
$$\overline{a + b} = /a * /b$$

■

3.1.2 Beschreibung elementarer Verknüpfungsglieder auf Grundlage der Booleschen Algebra

Eine Boolesche Funktion über der Menge $\{0,1\}$ von n Variablen $f(x_1,x_2,..,x_n)$ mit $x, ..., x \in \{0,1\}$ repräsentiert eine Abb. in $\{0,1\}$. Damit können, mit Hilfe der Booleschen Algebra die binären Schaltungen der Digitaltechnik beschrieben werden, die n Eingangsvariable besitzen, und die Zustände 0 bzw. 1 annehmen. In den binärwerten Schaltungen, die auf den elementaren Gatterfunktionen aufsetzen, findet eine Abb. der Verknüpfungsrelationen von den Eingangsvariablen auf die Ausgangszustände statt, wobei das am Ausgang anliegende Ergebnis als Abbildung in $\{0,1\}$erscheint. Als Gatterfunktion kann damit die Funktionalität eines Verknüpfungsgliedes mit mindestens zwei binärwerten Eingängen und einem Ausgang bezeichnet werden. Diese Setzung ist auf eine beliebige Anzahl von Eingangsvariablen erweiterbar.

Eine UND-Verknüpfung zweier Eingangsvariablen ist eine Funktion dieser Variablen, wobei der Funktionswert A genau dann den Wert 1 annimmt, wenn beide Eingangsvariablen den Wert 1 aufweisen, d.h. $A = E_1 * E_2$. Das Symbol der UND-Verknüpfung lautet *. Als technische Komponente wird die UND-Verknüpfung als UND-Gatter bezeichnet mit dem Schaltzeichen

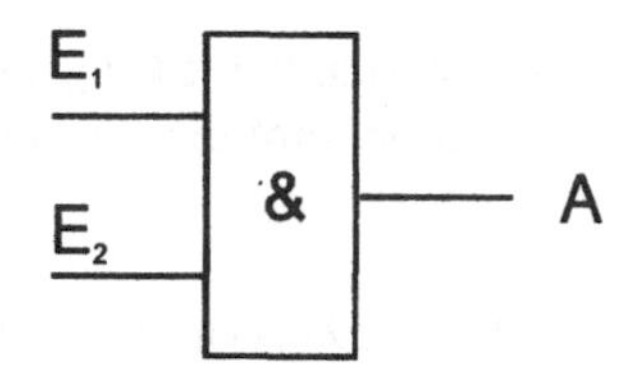

In Anlehnung an die Gesetze der Mengenlehre wird die UND-Verknüpfung, bzw. das UND-Gatter, Konjunktion genannt. Einer Konjunktion $E_1 * E_2$ entspricht der Durchschnitt zweier Mengen E_1 und E_2, dies ist die gemeinsame Fläche.

Eine ODER-Verknüpfung zweier Eingangsvariablen ist eine Funktion dieser Variablen, wobei der Funktionswert A genau dann den Wert 1 annimmt, wenn mindestens eine der Eingangsvariablen den Wert 1 aufweist, d.h. $A = E_1 + E_2$. Das Symbol der ODER-Verknüpfung lautet +. Als technische Komponente bezeichnet man die ODER-Verknüpfung als ODER-Gatter mit dem Schaltzeichen

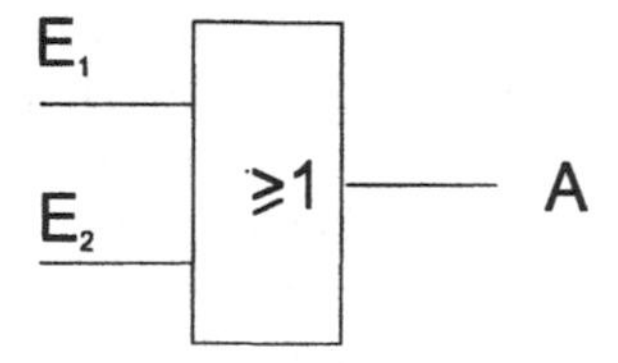

In Anlehnung an die Gesetze der Mengenlehre wird die ODER-Verknüpfung als Disjunktion bezeichnet. Einer Disjunktion $E_1 + E_2$ entspricht die Vereinigung zweier Mengen E_1 und E_2, dies ist die von beiden überdeckte Fläche.

Eine NICHT-Verknüpfung einer Eingangsvariablen ist eine Funktion dieser Variablen, wobei der Funktionswert A genau dann den Wert 1 annimmt, wenn die Eingangsvariable den Wert 0 zeigt, d.h. $A = /E$. Das Symbol der NICHT-Verknüpfung lautet /. Als technische Komponente bezeichnet man die NICHT-Verknüpfung als NEGATION mit dem Schaltzeichen

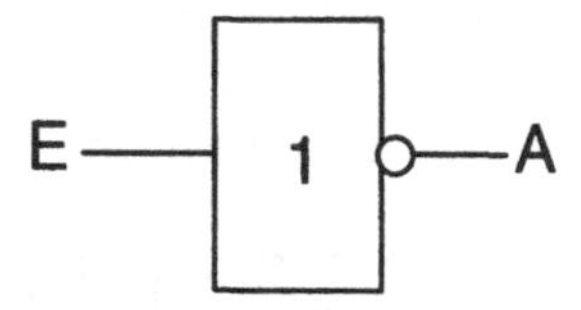

In Anlehnung an die Gesetze der Mengenlehre wird die NICHT-Verknüpfung Negation genannt. Einer Negation von E entspricht das Komplement einer Menge A, dies ist die umhüllende Fläche.

Die elementaren Verknüpfungen, sowie beliebige Funktionen mehrerer Eingangsvariablen, werden durch eine Wertetabelle beschrieben. Einer Wertetabelle entspricht, wie in Tabelle 3.1 für die drei elementaren Verknüpfungen angegeben, die zweidimensionale Darstellung einer Funktion von Eingangsvariablen, wobei auf der linken Seite die Eingangsvariablen stehen. Die Spalten unterhalb der Eingangsvariablen nehmen alle Wertekombinationen der Menge {0, 1} für die einzelnen Eingangsvariablen ein, so dass sich bei k Eingangsvariablen 2^k Zeilen ergeben. Jeder Eingangswertekombination wird der zugehörige Funktionswert auf der rechten Seite zugeordnet.

Tabelle 3.1. Wertetabellen für die drei elementaren Verknüpfungen

A	B	A*B	A+B	A
0	0	0	0	1
0	1	0	1	1
1	0	0	1	0
1	1	1	0	0

Standardmäßig ausgeführte Logikhardwareschaltungen der elementaren binärwerten Verknüpfungsglieder basieren auf den TTL- (Transistor-Transistor-Logik) bzw. CMOS- (Complementary-Metal-Oxyd-Semiconductor) Schaltkreisfamilien. Die Transistor-Transistor-Logik repräsentiert dabei die bekannteste Standard Schaltkreisfamilie. Die integrierten Strukturen bestehen aus bipolaren Transistoren (s. Abschn. 2.1.1), Dioden und Widerständen. Bei den Standard-Schaltkreisen werden logische Grundfunktionen, wie sie durch UND, ODER und NICHT vorgegeben sind, in der Regel in mehrfacher Anzahl in einem Baustein integriert, wie in den Abb. 3.1 und 3.2 dargestellt, oder es werden logische Funktionen, aufbauend auf logischen Verknüpfungen, wie sie durch UND, ODER und NICHT, Kodierungs- und Dekodierungsschaltungen, etc. vorgegeben sind, in ein- bis mehrfacher Anzahl in einem Baustein integriert, wie es Abb. 3.3 zeigt. Die in den Abb. 3.1 bis 3.3 exemplarisch angegebenen Standard-Schaltkreise werden vom Hersteller entwickelt und vollständig konfektioniert. Der Anwender kann die Schaltkreiskonzeption nicht beeinflussen. Die eigentliche digitale Logikschaltung wird vom Anwender, im jeweils vorgegebenen Zusammenhang, durch Verbinden der dafür erforderlichen digitalen Schaltkreise realisiert.

Die beispielhaft angegebenen digitalen Logikbausteine lassen sich immer auf elementare Verknüpfungen zurückführen. Die interne Realisierung digitaler Schaltkreise ist je nach eingesetzter Technologie unterschiedlich ausgeführt und weist vielfältige Charakteristika auf, wie in Tabelle 3.2 dargestellt. Daraus resultieren mehrere Schaltkreisfamilien und Baureihen.

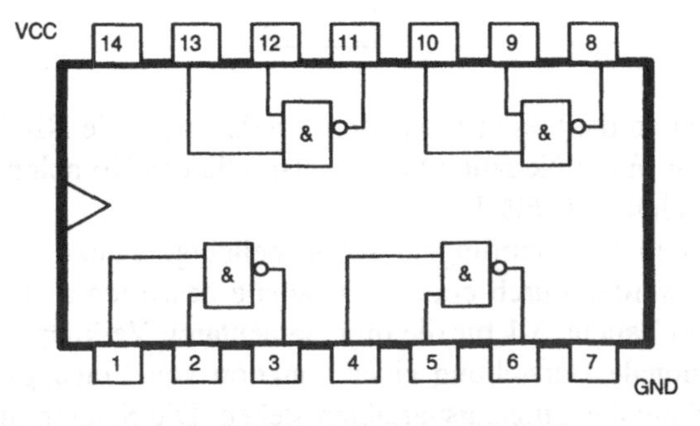

Abb. 3.1. : SN7400 (4 NAND-Gatter mit 2 Eingängen)

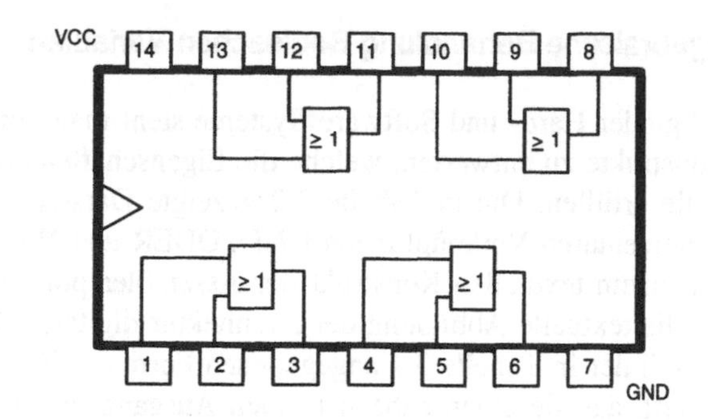

Abb. 3.2.: SN7432 (4 ODER-Gatter mit 2 Eingängen

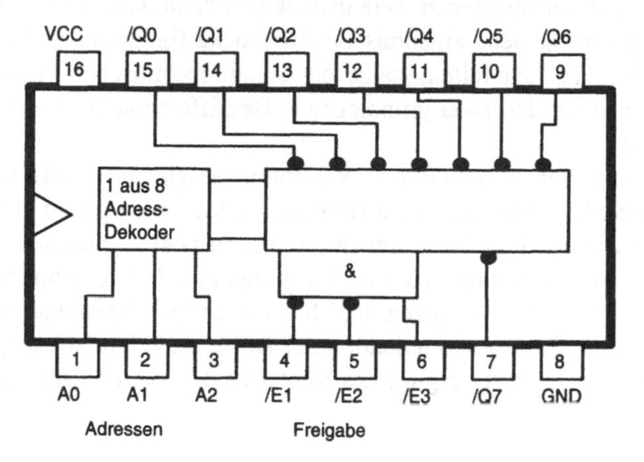

Abb. 3.3. SN74138 (3-Bit-Binärdecoder/Demultiplexer)

Tabelle 3.2. Daten verschiedener TTL- und CMOS -Schaltkreise

TTL-Schaltkreisfamilie	Bezeichnung	Leistungsaufnahme je Gatter	Mittlere Schaltzeit	Störabstand	Schaltfrequenz
		mW	ns	V	MHz
Standard-TTL	74xx	10	10	1	50
Low-Power-TTL	74Lxx	1	33	1	3
Schottky TTL	74Sxx	20	3	0,6	130
Low-Power Schottky TTL	74lsxx	2	9,5	0,6	50
HC bzw. HCT	74HCxx 74HCTxx	5-50[1]	20	2	40

[1] frequenzabhängig

3.1.3 Schaltalgebraische Behandlung Booleschen Variablen

Beim Entwurf digitaler Hard- und Software Systeme steht man vor der Aufgabe, binärwertige Konstrukte zu entwerfen, welche die Eigenschaften einer gegebenen Zuordnungstabelle erfüllen. Die in Tabelle 3.2 gezeigte Darstellung der Korrespondenzen der elementaren Verknüpfungen UND, ODER und NICHT, entspricht vom Prinzip her einem textuellen Konstrukt der Assemblersprachen. Assemblersprachen stellen die textuelle Abbildung der Architektur digitaler Hardwaresysteme dar. Der Vorteil der in Tabelle 3.1 angegebenen Form der Zuordnungstabelle ist ihre Eigenschaft, das sie einen nahezu idealen Ausgangspunkt für die Schaltungssynthese darstellt, d.h. die Darstellungssätze der Schaltalgebra liefert. Gleichzeitig wird damit ein Verfahren zur Ermittlung Boolescher Ausdrücke für Zuordnungstabellen angegeben. Wie man zeigen kann, lassen sich für jede Zuordnungstabelle verschiedene algebraische Ausdrücke finden, in jedem Fall mindestens zwei. Für die Darstellungssätze der schaltalgebraischen Ausdrücke Boolescher Variablen werden zwei grundlegende Begriffe eingeführt, der Minterm und der Maxterm.

Ein Minterm von n Booleschen Variablen besteht aus UND-Verknüpfungen (Konjunktionen), wobei jede der n Booleschen Variablen genau einmal als Glied in der Folge von Konjunktionen auftritt, und zwar negiert oder nicht negiert. Minterme haben die Eigenschaft, dass sie für genau eine 0 1 Kombination in der Zustandstabelle den Wert 1 besitzen, und für alle übrigen Kombinationen den Wert 0. Die bestimmte Zustandskombination der Booleschen Variablen ergibt sich daraus, dass jedes Verknüpfungsglied des Minterms den Wert 1 haben muss.

Beispiel 3.1.
Der Minterm /A*B*/C*D für vier Variable hat den Wert 1 für die folgenden Zustände der Variablen: A = 0, B = 1, C = 0 und D = 1. Die nachfolgende Wertetabelle enthält für die vier Minterme der Variablen A, B, C und D die Zuordnungstabelle.

Tabelle 3.3. Zuordnungstabelle der Minterme

A	B	C	D	/A*B*/C*D	A*/B*/C*/D	/A*/B*/C*/D	A*B*/C*/D
0	0	0	0	0	0	1	0
0	0	0	1	0	0	0	0
0	0	1	0	0	0	0	0
0	0	1	1	0	0	0	0
0	0	0	0	0	0	0	0
0	1	0	1	1	0	0	0
0	0	1	0	0	0	0	0
0	0	1	1	0	0	0	0
1	0	0	0	0	0	0	0
1	0	0	1	0	0	0	0
1	0	1	0	0	0	0	0
1	0	1	1	0	1	0	0
1	0	0	0	0	0	0	1
1	0	0	1	0	0	0	0

1	0	1	0	0	0	0	0
1	0	1	1	0	0	0	0

Damit kann jedem Minterm eine bestimmte Kombination der Zustände seiner Variablen zugeordnet werden. Umgekehrt kann jeder Kombination von Zuständen der Booleschen Variablen ein Minterm zugeordnet werden, der genau dann, wenn diese Kombination auftritt, den Wert 1 hat.■

Betrachtet man alle Minterme (bei k Variablen existieren genau 2^k Minterme), die in der Zuordnungstabelle den Wert 1 haben, kann der vollständige algebraische Ausdruck der Zustände durch eine ODER-Verknüpfung der Minterme beschrieben werden. Die Darstellung einer beliebigen Funktion ist somit auf einfache Art und Weise möglich, da alle Minterme mit dem Ergebnis 1 ermittelt und anschließend, disjunkt miteinander verknüpft werden. Den daraus resultierenden algebraischen Ausdruck bezeichnet man als kanonisch disjunktive Normalform (KDNF). Sie besteht in der ODER-Verknüpfung aller Minterme über der Menge der Eingangsvariablen, deren Wert 1 ergibt. Die disjunktive Normalform wird im angelsächsischen Sprachraum auch als Sum-Of-Products-(SOP-) Struktur bezeichnet.

Die kanonisch disjunktive Normalform kann mit verschiedenen Methoden minimiert werden, wie z.B. dem Karnaugh-Veit-Verfahren (s. Abschn. 3.1.4), oder der Methode nach Quine-McCluskey (s. Abschn. 3.1.5). Sie stellt vom Prinzip her ein automatisch synthetisierbares Optimum dar: Eine beliebige Logikfunktion kann als dreistufiges Netzwerk dargestellt werden: Negation, parallel durchzuführende Konjunktion und anschließende Disjunktion. Die Beliebigkeit der Funktion findet in der technischen Realisierung ihre Grenzen, einerseits in der endlichen Anzahl von Eingängen bei den entsprechenden Verknüpfungsgliedern, andererseits ist die Laufzeit durch die Dreistufigkeit auf die dreifache Gatterlaufzeit begrenzt, unabhängig von der Komplexität der Funktion des Schaltnetzes. Die Aussage der begrenzten Netzebenen gilt allerdings nicht für die NAND-Gatter-Netzwerke, wie sie häufig in ASICs (ASIC = application specific integrated circuit) anzutreffen sind.

Da die Synthese einer beliebigen Funktion innerhalb der UND-ODER-NICHT-Struktur Architektur (bis auf die endliche Beschränkung) immer gelingt, hat sich dieses Strukturkonzept auch als grundlegend für programmierbare Logikbausteine wie z.B. GAL-Bausteine (GAL = generic array logic) herausgestellt (s. Abschn. 6.2.1.3), deren Basisblockstruktur auch in anderen modernen programmierbaren Logikkomponenten vorhanden sind. Da die Assemblersprachen in etwa zeitgleich mit den GAL-Bausteinen entwickelt wurden, orientiert sich deren Struktur stark an der disjunktiven Normalform (s. Abschn. 6.2).

Ein Maxterm von n Booleschen Variablen besteht aus ODER-Verknüpfungen (Disjunktionen), wobei jede der n Booleschen Variablen genau einmal als Glied in der Folge von Disjunktionen auftritt und zwar negiert oder nicht negiert. Maxterme haben die Eigenschaft, dass sie für genau eine 0, 1-Kombination in der Zustandstabelle den Wert 0 besitzen und für alle übrigen den Wert 1. Diese bestimmte Zustandskombination der Booleschen Variablen ergibt sich daraus, dass jedes Verknüpfungsglied des Maxterms den Wert 0 haben muss.

Beispiel: 3.2.
Der Maxterm A+/B+C+/D für vier Variable hat den Wert 0 für die folgenden Variablenzustände: A = 0, B = 1, C = 0 und D = 1. Die nachfolgende Wertetabelle enthält für vier Maxterme der Variablen A, B, C und D die Zuordnungstabelle.

Tabelle 3.4. Zuordnungstabelle der Maxterme

A	B	C	D	/A+B+C+/D	A+/B+C+D	/A+/B+C+D	A+B+/C+/D
0	0	0	0	1	1	1	1
0	0	0	1	1	1	1	1
0	0	1	0	1	1	1	1
0	0	1	1	1	1	1	1
0	1	0	0	1	0	1	1
0	1	0	1	1	1	1	1
0	1	1	0	1	1	1	1
0	1	1	1	1	1	1	1
1	0	0	0	1	1	1	1
1	0	0	1	0	1	1	1
1	0	1	0	1	1	1	1
1	0	1	1	1	1	1	0
1	1	0	0	1	1	0	1
1	1	0	1	1	1	1	1
1	1	1	0	1	1	1	1
1	1	1	1	1	1	1	1

Damit kann jedem Maxterm eine bestimmte Kombination der Zustände seiner Variablen zugeordnet werden. Umgekehrt kann jeder Kombination von Zuständen der Booleschen Variablen ein Maxterm zugeordnet werden, der genau dann, wenn diese Kombination auftritt, den Wert 0 hat.■

Betrachtet man alle Maxterme (bei k Variablen existieren genau 2^k Maxterme), die in der Zuordnungstabelle den Wert 0 haben, dann kann der vollständige algebraische Ausdruck der Zustände durch die UND-Verknüpfung der Minterme beschrieben werden. Die Darstellung einer beliebigen Funktion ist auf einfache Art und Weise möglich, da alle Maxterme mit dem Ergebnis 0 ermittelt und daran anschließend konjunktiv miteinander verknüpft werden. Den daraus resultierenden algebraischen Ausdruck bezeichnet man als kanonisch konjunktive Normalform (KKNF). Sie resultiert in der UND-Verknüpfung aller Maxterme über der Menge der Eingangsvariablen, deren Wert 0 ergibt.

Beispiel 3.3.
Es sei eine Fahrstuhlsteuerung betrachtet. Der Fahrstuhl soll, der Einfachheit halber, drei Etagen bedienen. Auf jeder Etage befindet sich ein Rufknopf R zum Holen der Fahrstuhlkabine sowie ein Etagenmelder E; letzterer gibt an auf welcher Etage sich der Fahrstuhl aktuell befindet. Aus diesen 6 Eingangsvariablen soll die Fahrstuhlsteuerung ermitteln, in welche Richtung der Antriebsmotor des Fahrstuhls anlaufen muss, um bezogen auf die aktuelle Situation, die richtige Fahrtrichtung auszuführen. R_1 , R_2 und R_3 repräsentieren dabei die Rufsignale mit der binären Zuordnung: 0 = kein Ruf, 1 = Ruf. E_1, E_2 und E_3 sind die

Stellungsmeldesignale mit der Setzung $E_i = 1$, was gleichbedeutend ist, das sich der Fahrstuhl auf der i-ten Etage befindet. Die Symbole M ↑ bzw. M ↓ geben die Laufrichtung des Motors an, wobei logisch 1 dem Drehen des Motors in der angegebenen Fahrtrichtung zugeordnet ist. Mit den vorhandenen 6 Eingangsvariablen wären theoretisch $2^6 = 64$ logische Zustandskombinationen möglich. Da der Fahrstuhlkorb zu einem bestimmten Zeitpunkt jedoch nur auf einer Etage sein kann, entfallen 40 logische Zustandskombinationen. Es gibt damit maximal 8 Rufkombinationen, wobei die Kabine in einer von 3 Etagen stehen kann, so dass 24 Konstellationen für die Eingangsveränderungen gegeben sind, wie in der Tabelle 3.5. angegeben.

Die Ausgangssignale M ↑ und M ↓ für den Antriebsmotor seien wie folgt festgelegt: liegt kein Ruf R vor steht der Motor M still. Erfolgt ein Ruf R aus der Etage E wo sich die Fahrstuhlkabine bereits befindet, dann läuft der Motor nicht an. Für alle anderen Ausgangssituationen folgt der Motor den Rufbefehlen, d.h. Aufwärtsfahrt bei einem Ruf aus den oberen Stockwerken und Abwärtsfahrt bei einem Ruf aus dem unteren Stockwerk. Exemplarisch sei eine mögliche Situation näher betrachtet: Steht die Fahrstuhlkabine in der 2. Etage (E_2) und werden gleichzeitig die Rufsignale R_1 und R_3 ausgelöst, dann wird zunächst der Rufer in E_1 versorgt und die Kabine fährt abwärts. In der Wahrheitstabelle 3.5. sind alle diesbezüglichen Situationen festgehalten.

Tabelle 3.5. Zuordnung der Eingangs- und Ausgangsvariablen der Fahrstuhlsteuerung

Eingangsvariable						Ausgangsvariable	
Ruf			Etagenstellung			Motordrehrichtung	
R_1	R_2	R_3	E_1	E2	E_3	M↑	M↓
0	0	0	1	0	0	0	0
1	0	0	1	0	0	0	0
0	1	0	1	0	0	1	0
1	1	0	1	0	0	0	0
0	0	1	1	0	0	1	0
1	0	1	1	0	0	0	0
0	1	1	1	0	0	1	0
1	1	1	1	0	0	0	0
0	0	0	0	1	0	0	0
1	0	0	0	1	0	0	1
0	1	0	0	1	0	0	0
1	1	0	0	1	0	0	0
0	0	1	0	1	0	1	0
1	0	1	0	1	0	0	1
0	1	1	0	1	0	0	0
1	1	1	0	1	0	0	0
0	0	0	0	0	1	0	0
1	0	0	0	0	1	0	1
0	1	0	0	0	1	0	1
1	1	0	0	0	1	0	1
0	0	1	0	0	1	0	0
1	0	1	0	0	1	0	0
0	1	1	0	0	1	0	0
1	1	1	0	0	1	0	0

Die Wahrheitstabelle dient zum Aufstellen der Gleichungen für M ↑ und M ↓ in disjunktiver Normalform. Es ist:

$$M \uparrow = (/R_1 * R_2 * /R_3 * E_1 * /E_2 * /E_3) + (/R_1 * /R_2 * \\ * R_3 * E_1 * /E_2 * /E_3) + (/R_1 * R_2 * R_3 * E_1 * /E_2 * /E_3) + \\ + (/R_1 * /R_2 * R_3 * /E_1 * E_2 * /E_3)$$

und

$$M \downarrow = (R_1 * /R_2 * /R_3 * /E_1 * E_2 * /E_3) + (R_1 * /R_2 * R_3 * /E_1 * \\ * E_2 * /E_3) + (R_1 * R_2 * /R_3 * /E_1 * /E_2 * E_3) + (R_1 * R_2 * /R_3 * \\ * /E_1 * /E_2 * E_3) + (R_1 * R_2 * /R_3 * /E_1 * E_2 * E_3)$$

Als weiterer Schritt erfolgt die Vereinfachung der beiden Gleichungen unter Anwendung der Kürzungsregel mit den Eingangsvariablen e_1 und e_2:

$$(e_1 * e_2) + (e_1 * /e_2) = e_1$$

Damit können die beiden mittleren Minterme zusammengefasst werden, da sie sich nur in den Variablen R_2 unterscheiden, woraus folgt:

$$M \uparrow = (/R_1 * R_2 * /R * /E_1 * E_2 * /E_3) + (/R_1 * R_3 * E_1 * /E_2 * /E_3) \\ + (/R_1 * /R_2 * R_3 * /E_1 * E_2 * /E_3)$$

Ebenso lassen sich für M↓ die ersten Minterme sowie der dritte und fünfte Minterm zusammenfassen:

$$M \downarrow = (R_1 * /R_2 * /E_1 * /E_2 * /E_3) + (/R_1 * /R_3 * /E_1 * /E_2 * E_3) \\ + (R_1 * /R_2 * /R_3 * /E_1 * /E_2 * E_3)$$

Eine weitere Vereinfachung ist nicht mehr möglich. Die Gleichungen für M ↑ und M ↓ dienen dazu, das Schaltbild für die technische Realisierung der Fahrstuhlsteuerung zu entwerfen. Der schaltungstechnische Aufwand umfasst dabei 6 NICHT-, 6 UND- und 2 ODER-Verknüpfungsglieder.■

3.1.4 Minimierung Boolescher Funktionen

Beim Entwurf binärwerter digitaler Systeme ist man bestrebt, die Schaltung mit dem geringsten Aufwand an Komponenten zu finden. Die Schaltalgebra ermöglicht die Schaltungssynthese auf der Grundlage der Booleschen Variablen. Ziel der Minimierung ist damit eine Darstellung der Booleschen Funktion mit möglichst wenigen Variablen zu finden, was auf der Ebene der technischen Realisierung gleichbedeutend ist einem Schaltungsentwurf mit einer möglichst geringen Anzahl an Verknüpfungsgliedern. Die Minimierungsaufgabe kann darauf reduziert werden, dass aus der Menge der konjunktiven bzw. disjunktiven Normalformen, welche die gegebenen Zustandsfunktionen darstellen, diejenige mit den wenigsten Fundamentalausdrücken ausgesucht wird. Ein Fundamentalausdruck wird technisch durch ein Verknüpfungsglied mit einer beliebigen Anzahl von Eingangsvariablen realisiert. Bezogen auf das konjunktive bzw. disjunktive Verknüpfungsglied mit mehreren Eingangsvariablen kann auch vom konjunktiven bzw. disjunktiven Fundamentalausdruck gesprochen werden. Die minimalen Normalformen einer beliebigen Zustandsfunktion führen letztendlich auf die einfachste zweistufige Realisierung der gewünschten Schaltung, wobei für das Auffinden der minimalen zweistufigen Lösung sowohl die minimalen konjunktiven als auch die disjunktiven Normalformen der Zustandsfunktion betrachtet werden müssen, was im Grunde genommen einer Erweiterung der sich durch die minimale Normalform ergebenden Realisierung entspricht. Die Optimierung von Schaltfunktionen (Minimierung) führt jedoch häufig zu umfangreichen schaltalgebraischen Berechnungen, wobei viel Erfahrung erforderlich ist, um die Möglichkeiten für Vereinfachungen zu erkennen. Häufig hängt es davon ab, welchen Weg der Vereinfachung man eingeschlagen hat und ob man auf diese Art und Weise überhaupt die optimale Form der Schaltfunktion erhält. Diese Schwierigkeiten treten im Regelfall nicht auf, wenn man sich geometrischer Entwurfsverfahren bedient, wie sie durch die Methode nach Karnaugh-Veit gegeben sind. Die Methode nach Karnaugh und Veit, das sogenannte Karnaugh-Veit-Diagramm (KV-Diagramm) ist zur Ermittlung der tatsächlich minimalen Normalform für Schaltungsentwürfe mit bis zu vier Variablen relativ leicht handhabbar.

3.1.5 Das Minimierungsverfahren nach Karnaugh-Veit

Für k Boolesche Variable erhält man 2^k Minterme. Gleichzeitig gibt 2^k die Anzahl der Ecken eines k-dimensionalen Würfels an, womit jeder Ecke des k-dimensionalen Würfels ein Minterm der k Booleschen Variablen zugeordnet werden kann und vice versa. Die Zuordnung erfolgt dergestalt, dass Mintermen, die sich nur in einem Konjunktionsglied unterscheiden, Ecken zugeordnet werden, die durch eine Kante des Würfels miteinander verbunden sind. Zwei Minterme, die sich nur in einem einzigen Konjunktionsglied voneinander unterscheiden, werden benachbart genannt, so sind z.B. /A*B*/C*D und /A*/B+/C*D zwei benachbarte Minterme. Darüber hinaus gehen von jeder Ecke des k-dimensionalen Würfels k Kanten aus. Die Nachbarschaftsverhältnisse der Minterme werden durch die Struktur des Würfels wiedergegeben wobei sich benachbarte Minterme vereinfachen lassen:

$$(A*B)+(/\overline{A}*B)=(A*/B)*B=B$$

Die Karnaugh-Tafel beruht damit auf den Nachbarschaftsbeziehungen der Minterme untereinander, die anstatt im k-dimensionalen Würfel entsprechend in einer zweidimensionalen Tafel eingetragen werden. Jedem Quadrat der Tafel entspricht ein Minterm, der durch den ihm zugeordneten Zustand der Variablen angegeben ist. Die Felder der Tafel werden daher so bezeichnet, dass sämtliche Quadrate mit gemeinsamer Kante benachbarten Mintermen zugeordnet sind.

Das Minimierungsverfahren nach Karnaugh und Veit, kurz KV-Tafel genannt, kann auch aus der Mengenlehre heraus begründet werden, wie in Abb. 3.4 dargestellt. Danach lässt sich z. B. die Menge A durch eine Fläche, die Menge B durch eine zweite Fläche kennzeichnen. Der Durchschnitt zweier Mengen A und B ist die durch Überlappung erhaltene Menge P, sie stellt die Elemente der Mengen A und B dar, die durch die Aussage P = A und B gekennzeichnet sind, d.h. die Konjunktion.

Demgegenüber ist die Vereinigung zweier Mengen A und B die durch Überdeckung erhaltene Menge P. Sie stellt die Elemente der Mengen A und B dar die durch die Aussage P = A oder B gekennzeichnet sind, d.h. die Disjunktion.

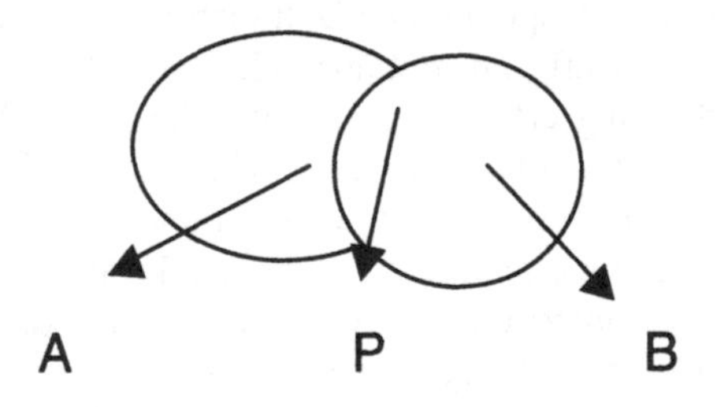

Abb. 3.4. Mengendarstellung der Konjunktion der Mengen A und B

Wie dargestellt sind in der KV-Tafel den Flächen die Variablen von Schaltfunktionen zugeordnet. Für eine Schaltfunktion, die nur aus einer Variablen besteht, z. B. der Eingangsvariablen e, lautet die zugehörige Verknüpfung, wegen des binären Charakters dieser Variablen, a = e bzw. a = /e. Die KV-Tafel für eine Variable besteht damit aus zwei Feldern, wie in Abb. 3.5 dargestellt. Wobei durch Eintragen des Zustandes logisch 1 in einem der Felder die zugehörige Schaltfunktion abgebildet wird, links a = e, und rechts a = /e:

Abb.3.5. KV-Tafel für eine Variable

Bei zwei Variablen hat die KV-Tafel vier Felder, wie aus Abb. 3.6 ersichtlich.

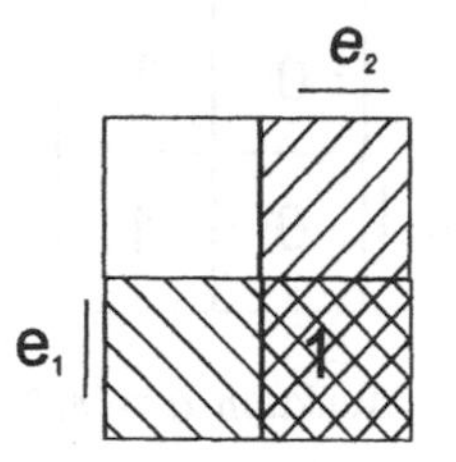

Abb. 3.6. KV-Tafel für zwei Variable

Die Felder im Bereich der Variablen e_1 sind schraffiert, im Bereich der Variablen e_2 entgegengesetzt schraffiert. Das doppelt schraffierte Feld ist durch die Relation gekennzeichnet

$$a = e_1 \quad UND \quad e_2 \quad bzw.$$
$$a = e_1 * e_2$$

In der Relation sind die Elemente enthalten, die zur Menge e_1 UND zur Menge e_2 gehören. In der Abb. 3.7. angegebenen Darstellung gehört das doppelt schraffierte Feld dann zur Menge a = /e_1 *e_2

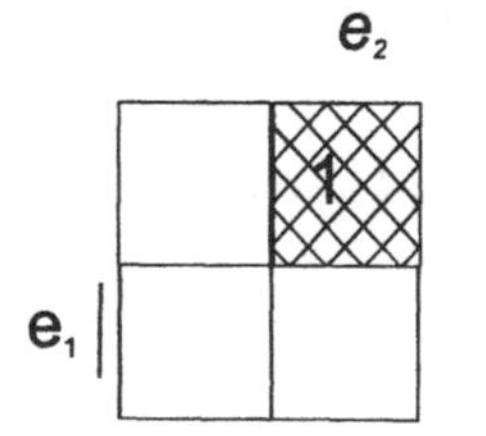

Abb. 3.7. KV-Tafel der Schaltfunktion $a = e_1 * e_2$

Werden die in den Abb. 3.6 und 3.7 angegebenen Beispiele zusammengefasst, erkennt man an der KV-Tafel in Abb. 3.8,

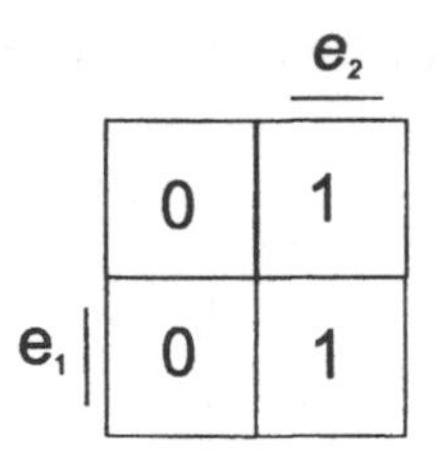

Abb. 3.8. KV-Tafel der Schaltfunktion $a = (e_1 * e_2) + (/ e_1 * e_2)$

dass die schaltalgebraischen Aussagen zusammengefasst werden können zu

$$a = (e_1 * e_2) + (/ e_1 * e_2)$$

Aus der grafischen Darstellung ist ersichtlich, dass die beiden mit logisch 1 charakterisierten Felder durch die Angabe a = e_2 eindeutig gekennzeichnet sind. Die Regeln der Schaltalgebra führen ebenfalls auf dieses Ergebnis

$$a = (e_1 * e_2) + (/ e_1 * e_2) = e_2 * (e_1 + / e_1) = e_2$$

womit eingeführte Bedeutung der KV-Tafel eo ipso evident wird: Die Variablen müssen so angeordnet werden, dass sich zwei benachbarte Felder nur durch eine Variable unterscheiden, wobei das eine Feld die Variable, das Nachbarfeld deren Umkehrung enthält. Damit sind zwei benachbarte Felder durch eine einfache schaltalgebraische Aussage als ein Einzelfeld gekennzeichnet. Die Variablen, in denen sich Nachbarfelder unterscheiden, lassen sich ausklammern, z. B.

$$(e_1 + / e_1) = (e_2 + / e_2)$$

Nun ist

$$(e_1 + / el) = 1, bzw.$$
$$(e_2 \vee / e_2) = 1$$

womit sich die Schaltfunktion vereinfacht, weil Nachbarfelder zusammengefasst werden können, wobei sich benachbarte Felder in der KV-Tafel nur durch eine Variable unterscheiden.

Der Zusammenhang zwischen einer Wahrheitstabelle und einer KV-Tafel soll für eine Schaltfunktion mit zwei unabhängigen Variablen aufgezeigt werden, die aus der disjunkten Verknüpfung zweier Minterme besteht, d.h.

$$a = (/ e_1 * / e_2) = (e_1 * e_2)$$

Tabelle 3.6. Minterme

e_1 e_2	Minterm	A
0 0	$/e_1 * /e_2$	1
0 1	$/e_1 * e_2$	0
1 0	$e_1 */e_2$	0
1 1	$e_1 * e_2$	1

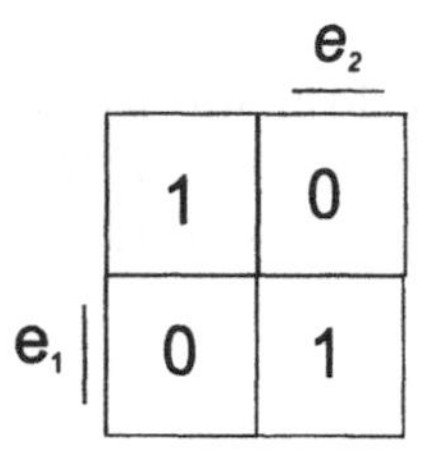

Abb.3.9. KV-Tafel der Wertetabelle in Tabelle 3.6.

Zur Darstellung von drei unabhängigen Variablen kann der nachfolgend angegebene Aufbau einer KV-Tafel verwendet werden, wobei sich $k = 2^3$ Möglichkeiten ergeben.

Nr.	e_1	e_2	e_3	Teilfunktion
0	0	0	0	$/e_1 * /e_2 * /e_3$
1	0	0	1	$/e_1 * /e_2 * e_3$
2	0	1	0	$/e_1 * e_2 * /e_3$
3	0	1	1	$/e_1 * e_2 * e_3$
4	1	0	0	$e_1 * /e_2 * /e_3$
5	1	0	1	$e_1 * /e_2 * e_3$
6	1	1	0	$e_1 * e_2 * /e_3$
7	1	1	1	$e_1 * e_2 * e_3$

Die Nummerierung und die Teilfunktionen werden der Reihe nach in einen Kasten mit acht Feldern übertragen, aufgeteilt in zwei Reihen mit je vier Feldern.

0	1	2	3	
$/e_1 * /e_2 * /e_3$	$/e_1 * /e_2 * e_3$	$/e_1 * e_2 * /e_3$	$/e_1 * e_2 * e_3$	$e_1 = 0$
4	5	6	7	
$e_1 * /e_2 * /e_3$	$e_1 * /e_2 * e_3$	$e_1 * e_2 * /e_3$	$e_1 * e_2 * e_3$	$e_1 = 1$

Die Teilfunktionen sind dabei so geordnet, dass in der oberen Reihe alle Kombi-nationen mit $e_1 = 0$ stehen, in der unteren Reihe alle mit $e_1 = 1$. Ein Feld der unteren Reihe unterscheidet sich vom darüber liegenden Feld nur durch die veränderte Variable e_1.

Zwei nebeneinanderliegende Felder dürfen sich ebenfalls nur in einer Variablen unterscheiden. Da diese Bedingung noch nicht erfüllt ist, werden Felder vertauscht: Feld 2 mit Feld 3 und Feld 6 mit Feld 7. Damit ergibt sich folgende Reihenfolge

$e_3 = 1$

$e_3 = 0$			$e_3 = 0$	
0 $/e_1 * /e_2 * /e_3$	1 $/e_1 * /e_2 * e_3$	3 $/e_1 * e_2 * e_3$	2 $/e_1 * e_2 * /e_3$	$e_1 = 0$
4 $e_1 * /e_2 * /e_3$	5 $e_1 * /e_2 * e_3$	7 $e_1 * e_2 * e_3$	6 $e_1 * e_2 * /e_3$	$e_1 = 0$

$e_2 = 0$ $e_2 = 1$

Nunmehr ändert sich beim Übergang zwischen zwei benachbarten Feldern lediglich eine Variable. Für je vier nebeneinanderliegende Felder ist jetzt $e_1 = 1$, $e_2 = 1$. $e_3 = 1$. Die gemeinsame Variable wird an die entsprechenden Felder geschrieben, womit die Darstellung dreier Variabler in der KV-Tafel gegeben ist.

Denkt man sich die KV-Tafel ausgeschnitten und als Mantel um einen Zylinder gelegt erkennt man, dass die vier Felder mit $/e_3 = 1$ $(e_3 = 0)$ ebenfalls nebeneinander liegen (gestrichelte Linie).

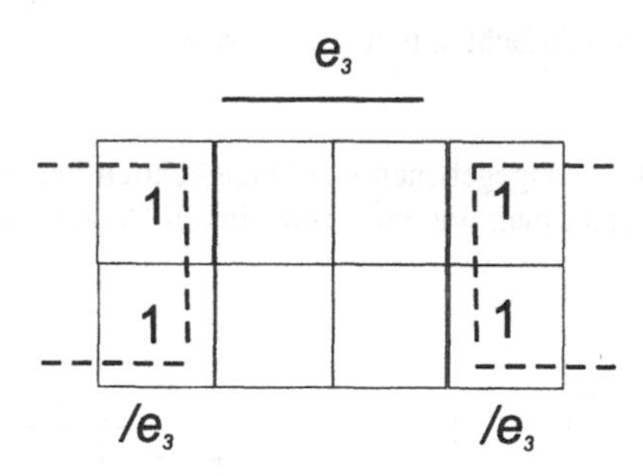

Abb. 3.10. Bereichsübergreifende Zusammenfassung in einer KV-Tafel

Von Bedeutung für das Arbeiten mit der KV-Tafel ist beispielsweise die Zusammenfassung von Feldern. In die Felder, deren Kombination 1 ergeben soll, trägt man eine 1 ein. Durch Zusammenfassen geeigneter Felder kann die optimale Schaltfunktion anhand des Diagramms aufgestellt werden, was anhand einiger Beispiele gezeigt wird.

Beispiel 3.4.
Vier in Reihe liegende Felder haben den Wert 1. Die Schaltfunktion lautet $a = e_1$, denn allen Feldern mit der Variablen e_1 ist das Signal 1 zugeordnet.

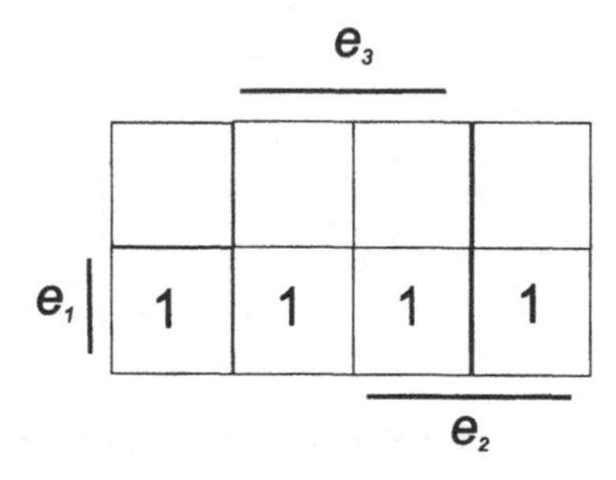

Abb.3.11. KV-Tafel zu Beispiel 3.4

Dieses Ergebnis lässt sich mit Hilfe der Schaltalgebra leicht überprüfen. Die vier Felder mit logisch 1 haben folgende Kombinationen (von links nach rechts:)

$/e_1 * e_2 * /e_3$;

$e_1 * /e_2 * e_3$;

$e_1 * e_2 * e_3$;

$e_1 * e_2 * /e_3$

woraus die Schaltfunktion resultiert:

$$a = e_1 * /e_2 * /e_3 + (/e_3 + e_3) + e_1 * e_2 (e_3 + /e_3)$$

Da sich in der KV-Tafel beim Übergang zum Nachbarfeld nur eine Variable ändern darf lässt sich in diesem Beispiel der Ausdruck $/e_3 + e_3 = 1$ ausklammern, was auf die vereinfachte Form:

$$a = e_1 * e_2 * /e_3 + e_1 * e_2 = e_1 * (e_2 + /e_2)$$

führt, die, noch weiter vereinfacht, auf $a = e_1$ führt.■

Beispiel 3.5.
Fasst man die in Beispiel 3.4. angegebenen vier benachbarten Felder zusammen, sie enthalten alle die Variable e_3, erhält man die unter dem linken Diagramm stehende eingerahmte Schaltfunktion.

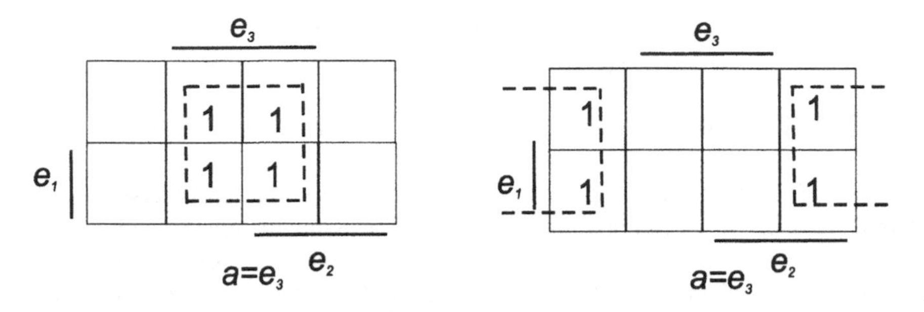

Abb.3.12. KV-Tafel zu Beispiel 3.5 ■

Beispiel 3.6.
Zusammenfassen zweier benachbarter Felder

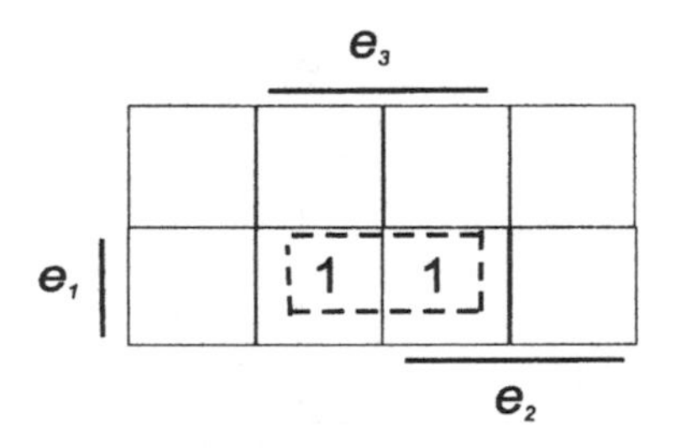

Abb. 3.13. KV-Tafel 1 zu Beispiel 3.6

Diese benachbarten Felder sind durch die Bedingung „e_1 UND e_3" gekennzeichnet, denn nur diese enthalten die Variablen e_1 und e_3. Hat nur ein Feld den Wert logisch 1 erhält die Schaltfunktion alle Variablen, da nichts vereinfacht werden kann:

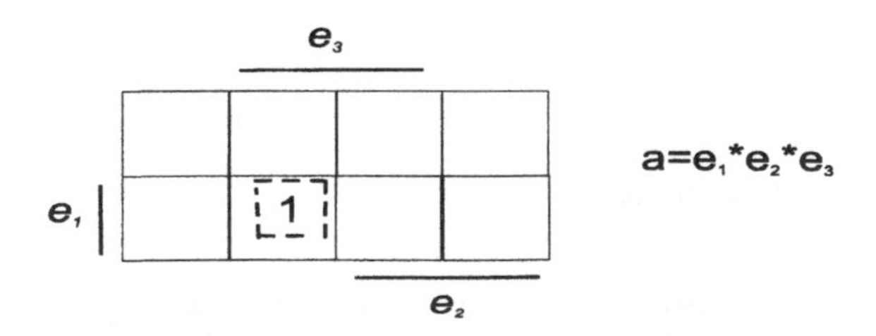

Abb.3.14. KV-Tafel 2 zu Beispiel 3.6

Zwei nicht benachbarte Felder können nur als ODER-Funktion der beiden einzelnen Kombinationen zusammengefasst werden:

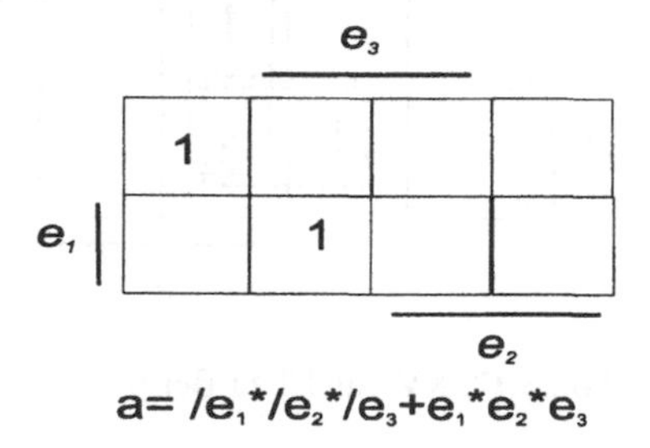

Abb.3.15. KV-Tafel 3 zu Beispiel 3.6

Beispiel 3.7.
Haben drei benachbarte Felder den Wert logisch 1, fasst man je zwei Felder zusammen, wobei das einzelne Feld jeweils zweimal erfasst wird. Beide Zusammenfassungen sind durch das ODER-Zeichen miteinander verknüpft. Die Variable e_1 lässt sich noch ausklammern, weil alle 1-Felder im Bereich $e_1 = 1$ liegen.

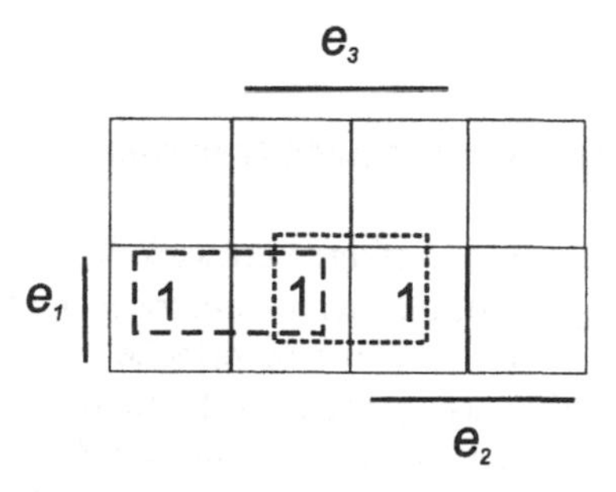

Abb.3.16. KV Tafel 1 zu Beispiel 3.7

Damit ergibt sich gestrichelt die

1. Zusammenfassung und gepunktet die 2. Zusammenfassung und damit

$a = e_1 * / e_2 + e_1 * e_3 = e_1 * (/ e_2 + e_3)$

Da alle 1-Felder im Bereich e_3 liegen, lässt sich die Variable e_3 ausklammern:

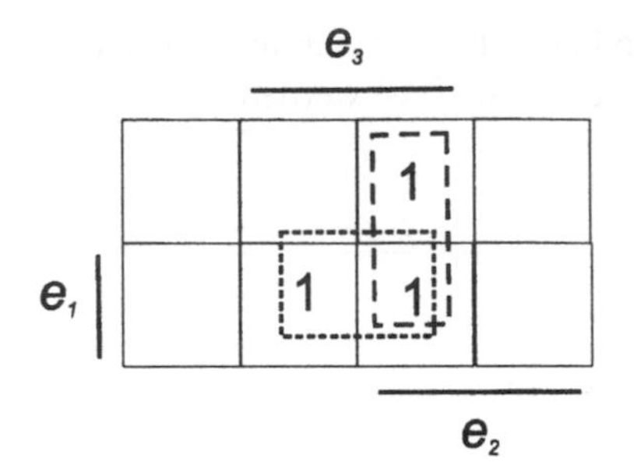

Abb.3.17. KV Tafel 2 zu Beispiel 3.7

Damit folgt:

$$a = e_1 * e_3 + e_2 + e_3 = e_3(e_1 + e_2)$$

Man erkennt, dass die Schaltfunktion umso einfacher wird, je mehr Felder sich zusammenfassen lassen. ■

3.1.6 Das Minimierungsverfahren nach Quine-Mc-Clusky

Von Quine wurde ein iteratives Verfahren entwickelt, welches im Gegensatz zum Verfahren nach Karnaugh-Veit, auf der geometrischen Anordnung benachbarter Minterme bzw. Maxterme beruht, durch mehrfache Anwendung eines Iterationsschrittes zum Ziel führt. McCluskey hat diese Methode für die praktische Anwendung insofern weiterentwickelt, indem er die von Quine formulierte Methode durch Ersetzen der Min- bzw. Maxterme durch äquivalente Dualzahlen der Berechnung besser zugänglich gemacht hat. McCluskey konnte darüber hinaus zeigen, dass durch Einteilung der Minterme der logischen Funktion in Gruppen mit konstanter Anzahl negierter Variabler, die Anzahl der Iterationsschritte reduziert werden kann.

Das Verfahren nach Quine basiert auf der, kanonisch konjunktiven bzw. disjunktiven Normalform. Ausgehend von der disjunktiven Normalform werden die Minterme der logischen Zustandsfunktion F als Liste in einer Tabelle notiert. Da zwei konjunktive Fundamentalausdrücke zu einem vereinfacht werden können, sofern sie die Voraussetzungen der nachfolgenden Gleichung erfüllen,

$$(A * B) + (/A * B) = (A * /B) * B = B$$

unterscheiden sie sich nur noch in einem Konjunktionsglied, so dass dieses Konjunktionsglied gerade die Negation des anderen ist. Demzufolge wird die Ausgangsliste dahingehend überprüft, ob sich zwei Fundamentalausdrücke nach obiger Beziehung zu einem vereinfachen lassen, wobei wie folgt vorgegangen wird:

Der erste Fundamentalausdruck wird mit allen in der Liste unter ihm stehenden Ausdrücken verglichen. Für den Fall, dass die Voraussetzung der oben angegebenen Gleichung gegeben ist, wird der durch Vereinfachung entstandene Fundamentalausdruck in eine zweite Liste eingetragen. Danach wird der zweite Fundamentalausdruck in der ersten Liste ebenfalls mit allen in der Liste unter ihm stehenden Ausdrücken verglichen. Für den Fall, dass die Voraussetzung der oben angegebenen Gleichung gegeben ist, wird der durch Vereinfachung entstandene Fundamentalausdruck in die zweite Liste eingetragen. Auf diese Weise entsteht eine neue Liste von Fundamentalausdrücken, die wiederum daraufhin geprüft wird, ob sich in ihr ein zweiter Fundamentalausdruck befindet, der sich vom ersten Fundamentalausdruck dadurch unterscheidet, dass er weniger (oder gleich viele) konjunktive Verknüpfungsglieder gegenüber dem anderen besitzt, in den übrigen Konjunktionsgliedern aber übereinstimmt. In diesem Fall wird der eine Fundamentalausdruck von dem anderen umfasst, d.h. er ist überflüssig und kann deshalb gestrichen werden. Hierdurch wird eine neue Liste gewonnen, die sogenannte zweite Liste, mit der man die gleiche Prozedur erneut ausführt, wiederum mit dem Ergebnis einer neuen Liste, der sogenannten dritten Liste. Mit dieser und mit den weiteren Listen wird in gleicher Weise solange verfahren, bis sich die Ergebnisliste von ihrer vorangegangenen Liste nicht mehr unterscheidet. Die Fundamentalausdrücke der Ergebnisliste werden beim Verfahren nach Quine als Primimplikation der Funktion F bezeichnet. Sie haben die Eigenschaft, dass sie sich nicht mehr vereinfachen lassen, ohne die gegebene Logikzustandsfunktion F zu verfälschen.

Die Darstellung der Logikzustandsfunktion F erhält man durch disjunkte Verknüpfung aller konjunktiven Primimplikanten.

Beispiel 3.8.
Minimierung nach dem Verfahren von Quine.

Tabelle 3.7. Minimierung nach dem Verfahren von Quine

Ausgangsliste (erste Liste	Zweite Liste	Dritte Liste	Vierte Liste
/A*/B*/C*/D	/A*/B*/C	/A*/B	/A*/B
/A*/B*/C*D	/A*B*/D	/B*/C	/A*/D
/A*/B*C*/D	/A*/C*/D	~~/A*/B~~	/A*/B
/A*B*/C*/D	/B*/&C*/D	/A∧*/	/B*/D
A*/B*/C*/D	/A*/B*D	~~A*/D~~	/A*/C
/A*/B*C*D	/B*/C*D	/B*/C	C*D
/A*B*C*/D	/A*/B*C	/B*D	
A*/B*/C*D	/A*C*/D	~~/B*/D~~	
/A*/B*C*D	/A*B*/D	/A*C	
A*/B*C*D	A*/B*/C	~~/A*C~~	
A*/B*C*D	/A*C*D	~~A*B*/D~~	
	/B*C*D	~~/A*/B*/C~~	
	/A*B*C	C*D	
	A*/B*D	~~C*D~~	

	B*C*D	~~/A+B*C~~	
	A*C*D	~~A*/B+D~~	
	~~A*B*C*D~~	~~B*C*D~~	
		~~A*C*D~~	

■

Die Darstellung der Logikzustandsfunktion F erhält man durch disjunkte Verknüpfung aller konjunktiven Primimplikanten. Die disjunktive Normalform aller Primimplikanten ist im allgemeinen nicht die einfachste Normalform von F, weshalb diese zu finden ist. Aus dem oben angegebenen Beispiel ist ersichtlich, dass die Funktionstabelle jedes Primimplikanten P mindestens die eines Minterms M umfasst, d.h. dass die Beziehung /M + P = 1 erfüllt ist, so dass der Primimplikant P den Minterm M impliziert. Impliziert ein Primpimplikant einen Minterm wird das dem Minterm zugehörige Intervall durch den betreffenden Primimplikanten überdeckt. Die kleinste Anzahl von Primimplikanten zur Darstellung der Funktion F ist damit gleichbedeutend der kleinsten Überdeckung des Gesamtintervalls aller Minterme M_i, die gesucht ist. Damit gilt **Abb. 1.**

$$I_G(F) = M_1 * M_2 * M_3 * M_4 * M_5 * M_6 * M_7 * M_8 * M_9 * M_{10} * M_{11}$$

Zur Überdeckung des Teilintervalls M_i können entsprechende Primimplikanten eingesetzt werden was auf den nachfolgenden Booleschen Ausdruck führt:

$$\begin{aligned} I_G(F) = &(P_1 + P_2 + P_3) * (P_1 + P_3 + P_4) * (P_1 + P_2 + P_5) * P_2 + P_3 \\ &* (P_1 + P_4 + P_5 + P_6) * (P_2 + P_5) * (P_3 + P_4) * (P_5 + P_6) * (P_4 + P_6) * P_6. \end{aligned}$$

Werden die P_i wie folgt festgelegt,

$$P_i = \begin{cases} 0 \\ 1 \end{cases}$$

wobei $P_i = 0$ nicht zur Überdeckung verwendet wird, dann ist $I_G(F)$ der zur kanonischen Normalform F adjungierte Boolesche Ausdruck.

Aufbauend auf dem Verfahren von Quine, konnte McCluskey zeigen, wie durch geeignete Gruppierung der Fundamentalausdrücke der Ausgangsliste vermieden werden kann, jeden Fundamentalausdruck mit jedem anderen zu vergleichen, wodurch die oben beschriebene Prozedur der Listenerzeugung erheblich verkürzt werden kann. Trotzdem hat das Verfahren von Quine-McCluskey einen gewissen Nachteil, da es prinzipiell von der kanonischen Normalform ausgeht, was bei einer Funktion F mit einer geringen Variablenzahl an sich nicht störend ist, wohl aber bei Funktionen mit großer Variablenzahl. Um diesen Nachteil zu beheben, wurde eine Verallgemeinerung des Verfahrens nach Quine-McCluskey eingeführt. Gegenüber den bisherigen Minimierungsverfahren wird hier der Begriff der benachbarten Fundamentalausdrücke verwendet, der eine Verallgemeinerung des Begriffs der benachbarten Minterme bzw. Maxterme darstellt. Ein konjunktiver Fundamentalausdruck besteht dabei aus Konjunktionen negierter und nicht negierter Variablen, wobei jede Variable genau nur einmal vorkommt, was keine Einschränkung der Allgemeinheit bedeutet, da ein Ausdruck aus Konjunktionen negierter und nicht negierter Variablen, wobei gleiche Variablen mehrfach auftreten können, mit Hilfe der Gesetze der Booleschen Algebra so weit reduziert wird, dass jede Variable höchsten nur einmal auftritt. Man spricht in diesem Zusammenhang auch vom sogenannten Konsensus-Verfahren.

3.2 Binäre Schaltnetze

Binäre Schaltnetze basieren auf dem dualen Zahlensystem (S. Abschn. 1.4.1), mit dem binäre Funktionen in Hardware realisiert werden können, wobei die Zuweisungen für die binäre Logik durch Schaltvariable erfolgt. Schaltvariablen sind Variablen der binären Logik, deren Eingangs- und Ausgangsvariablen einen Zeichenvorrat von zwei Zeichen aufweisen, den Binärzeichen 0 und 1, die den Informationsgehalt repräsentieren (siehe Abschn. 1.3.3.). Damit entspricht ein binäres Schaltnetz einer Schaltung mit k Eingangs- und m Ausgangsvariablen, die eine eindeutige Zuordnung der binären Eingangszustände zu den binären Ausgangzuständen leistet ($k \geq 1$, $m \geq 1$). Ein binäres Schaltnetz bewerkstelligt damit die Zuordnung der Zeichen eines binären k-Codes zu den Zeichen eines binären m-Codes, d.h. die Transformation. Damit das binäre Schaltnetz zuverlässig arbeitet, muss das Werteintervall der Schaltvariablen, welches den Wert $S_1 = 0$ beschreibt, d.h. ${}^0S_{10} < S_1 < {}^0S_{10}$, vom Werteintervall, das den Wert $S_1 = 1$ darstellt, d.h. ${}^0S_{11} < S_1 < {}^0S_{11}$, durch ein hinreichend breites Werteintervall ${}^0S_{10} < S_1 < {}^0S_{11}$ getrennt sein. Im zuletzt dargestellten Werteintervall ist ein Wert der binären Schaltvariablen S_1 nicht definiert.

Setzt man Schaltnetze als kausal deterministisch voraus, bestimmen die Werte der Eingangsvariablen, in ihrem zeitlichen Verlauf, die Werte der Ausgangsvariablen. Damit hängen die Werte der Ausgangsvariablen $A_1, A_2, ..., A_n$ zu jedem beliebigen Zeitpunkt ausschließlich von den Eingangsvariablen $E_1, E_2, ..., E_m$ zu diesem Zeitpunkt ab. Schaltnetze repräsentieren so gesehen speicherfreie kombinatorische sequentielle Logikschaltungen. Speicherfreiheit bedeutet für Schaltnetze, dass die Ausgangsvariablen den Eingangsvariablen eindeutig zugeordnet sind. Schaltnetze können durch Wertetabellen oder Schaltfunktionen beschrieben werden. In den Wertetabellen sind die möglichen Wertekombinationen der Eingangs- und Ausgangsvariablen angegeben. Eine Wertetabelle zur Beschreibung eines Schaltnetzes mit m Eingangsvariablen hat 2^m Zeilen. Zu den verschiedenen Wertekombinationen der Eingangsvariablen werden die Werte der Ausgangsvariablen des Schaltnetzes angegeben, wie es Tabelle 3.8 zeigt:

Tabelle 3.8. Wertetabelle zur Beschreibung eines Schaltnetzes

Eingangsvariablen					Ausgangsvariablen				
E_1	E_2	...	E_{m-1}	E_m	A_1	A_2	...	A_{n-1}	A_n
0	0	...	0	0	1	0	....	0	1
0	0	...	0	1	1	0	....	1	1
.	.	...	.	.	.	.	....	.	.
1	1	...	1	0	1	1	....	0	0
1	1	...	1	1	1	0	....	1	0

Neben Wertetabellen werden Schaltnetze durch Schaltfunktionen beschrieben der Form:

$$A_1 = F_1(E_1, E_2, ..., E_m)$$

$$A_2 = F_2(E_1, E_2, ..., E_m)$$

.....

$$A_n = F_n(E_1, E_2, ..., E_m)$$

Sowohl die Variablen E_m und A_n, als auch die Schaltfunktionen F_n, können jeweils nur einen der beiden Werte 0 und 1 annehmen. Die für die Logikbeschreibung erforderliche mathematische Notation liefert der Boolesche Verband mit dem Sonderfall der Booleschen Algebra, mit der Schaltfunktionen in Schaltnetzen definiert werden, wie in Tabelle 3.9 angegeben.

Tabelle 3.9. Schaltfunktionen F zweier unabhängiger Schaltvariablen E1 und E2 sowie Art der Booleschen Verknüpfung

Schaltfunktion in der Notation der Boolschen Algebra	Art der Verknüpfung
$F = E_1 * E_2$	UND
$F = /E_1 */E_2$	NAND
$F = E_1 */E_2$; $/E_1 * E_2$	INHIBITION
$F = (/E_1 * E_2)+(E_1 \wedge */E_2)$	ANTIVALENZ (exklusives ODER)
$F = E_1 + E_2$	ODER
$F = /E_1 +/E_2$	NOR
$F = (/E_1 */E_2)+(E_1 * E_2)$	ÄQUIVALENZ
$F = E_1 +/E_2$; $/E_1 + E_2$	IMPLIKATION

Neben der in Tabelle 3.9 angegebenen Notation sind die im Abschn. 3.1 angegebenen allgemeinen Gesetze der Booleschen Algebra von zentraler Bedeutung. Mit ihnen liegen, in Verbindung mit der Art der Verknüpfung, die für Boolesche Verknüpfungen wichtigen Rechenregeln vor. Auf dieser Grundlage ist es möglich, für jede Ausgangsfunktion eines Schaltnetzes eine eigene Logikschaltung zu entwerfen. Die Tatsache, dass die Eingänge sämtlicher Teilschaltungen, aus denen sich ein Schaltnetz zusammensetzt, immer die gleichen Zustände besitzen, gestattet die Vermaschung der untereinander unabhängigen Teilschaltungen zu einer einfacheren Gesamtschaltung. Die Vermaschung stellt eine Verbindungsmatrix dar, welche die direkten Verbindungen zwischen den Knoten der Logikschaltung enthält, sowie die Ausgangsmatrix, welche die Zustandsfunktionen der Verbindungen zwischen den Knoten einer Logikschaltung beschreibt. Ein Knoten stellt dabei einen markierten Punkt in der Logikschaltung dar. Als Knoten werden in der Regel Verzweigungspunkte bzw. die Klemmen einer Schaltung gewählt.

Die direkte Verbindung zwischen zwei Knoten entspricht dem Schaltungsweg der Realisierung. Damit können Schaltnetze in einer Form notiert werden, die es ermöglicht, unmittelbar die direkten Verbindungen zwischen sämtlichen Knoten abzulesen. Diese Form, sie ist quadratisch, wird Verbindungsmatrix genannt.

$$V = \begin{pmatrix} V_{11} & V_{12} & . & V_{1n} \\ V_{21} & V_{22} & . & V_{2n} \\ . & . & . & . \\ V_{m1} & V_{m2} & . & V_{mn} \end{pmatrix}$$

wobei v_{11} den Verbindungsweg des Knoten 1 zum Knoten 1 darstellt, d.h. v_{11} ist eine Boolesche Funktion die konstant 1 ist, v_{12} kennzeichnet den Verbindungsweg vom Knoten 1 zum Knoten 2, etc.. Allgemein beschreibt v_{mn} den Verbindungsweg vom Knoten m zum Knoten n. Besteht für den Verbindungsweg von einem Knoten m zu einem Knoten n keine direkte Verbindung, dann ist $v_{mn} = 0$.

Neben der Verbindungsmatrix v mit ihren Elementen v_{mn}, welche die Verbindungsstruktur der Verknüpfungsglieder beschreibt, ist zur vollständigen Beschreibung der Funktionalität eines Schaltnetzes eine weitere quadratische Matrix erforderlich, deren Elemente F_{mn} die Funktionen zwischen den Knoten beschreiben. Diese Matrix wird Ausgangsmatrix A genannt.

Um bei der technischen Realisierung von Schaltnetzen zu einem minimalen Hardwareeinsatz zu kommen, werden die kanonischen disjunktiven Normalformen der konjunktiven Primimplikanten des Schaltnetzes bestimmt.

3.3 Binäre Schaltwerke

Die bisher behandelten binären Schaltungen hatten die Eigenschaft, dass die Zustände sämtlicher Ausgangsvariablen von den jeweiligen Zuständen der Eingangsvariablen bestimmt wurden, was bezogen auf die im Abschn. 3.2 behandelten Schaltnetze bedeutet, dass parallel anliegende binäre Information durch ein Schaltnetz parallel verarbeitet wird, d.h. das Schaltnetz liefert eine eindeutige Zuordnung binärer Information. Im Gegensatz dazu ist ein Schaltwerk eine Funktionseinheit zum Verarbeiten von Schaltvariablen, deren Ausgangswerte, zu einem beliebigen Zeitpunkt, von den Eingangswerten zu diesem und endlich vielen vorangegangenen Zeitpunkten abhängen. Es unterscheidet sich vom Schaltnetz dadurch, dass innere Zustände vorhanden sind. Ein Schaltwerk kann als Menge von Zustandsvariablen angenommen anwerden, welches auch Glieder Boolescher Verknüpfungen zur Realisierung der kombinatorischen Logikfunktionalität enthält. Die inneren Zustandsvariablen Q des Schaltwerks sind als Ausgänge elementarer Speicherglieder realisiert, die jeweils die Speicherung des Wertes einer binären Schaltvariablen ermöglichen. Damit ergeben sich die Werte der Ausgangsvariablen des Schaltwerks im Zeitpunkt n aus den Werten der Eingangsvariablen und der inneren Zustandsvariablen im gleichen Zeitpunkt nach Beziehungen der Form:

$$A_1^n = F_1(E_1^n, E_2^n, \ldots, E_m^n; Q_1^n, Q_2^n, \ldots, Q_m^n)$$

$$A_2^n = F_2(E_1^n, E_2^n, \ldots, E_m^n; Q_1^n, Q_2^n, \ldots, Q_m^n)$$

$$\cdots\cdots\cdots$$

$$A_m^n = F_m(E_1^n, E_2^n, \ldots, E_m^n; Q_1^n, Q_2^n, \ldots, Q_m^n)$$

mit F_1, F_2, ... , F_m als Schaltfunktionen des Schaltwerkes. Verfügt ein Schaltwerk über k Speicherglieder, d.h. k innere Zustandsvariablen, besitzt es 2^k verschiedene innere Zustände. In Bezug auf ihre Taktung werden Schaltwerke unterteilt in synchrone bzw. asynchrone Schaltwerke. Bei einem synchronen Schaltwerk müssen die Eingangsvariablen bestimmte Randbedingungen für die Synchronisation erfüllen, d.h. dass die Eingangsvariablen ihre Werte in bestimmten Zeitintervallen nicht ändern dürfen.

3.3.1 Synchrone Schaltwerke

Synchrone Schaltwerke beinhalten neben dem Schaltnetz auch Speicherglieder, wie aus Abb. 3.18. ersichtlich. Während ein Schaltnetz, wie dargestellt, dadurch gekennzeichnet ist, dass der Wert einer Ausgangsvariablen zu irgendeinem Zeitpunkt nur vom Wert der Eingangsvariablen zum gleichen Zeitpunkt abhängt, verfügt dass Schaltwerk neben dem Schaltnetz auch über eine funktionelle Zeitabhängigkeit, repräsentiert durch die Speicherglieder, wie aus Abb. 3.18. ersichtlich.

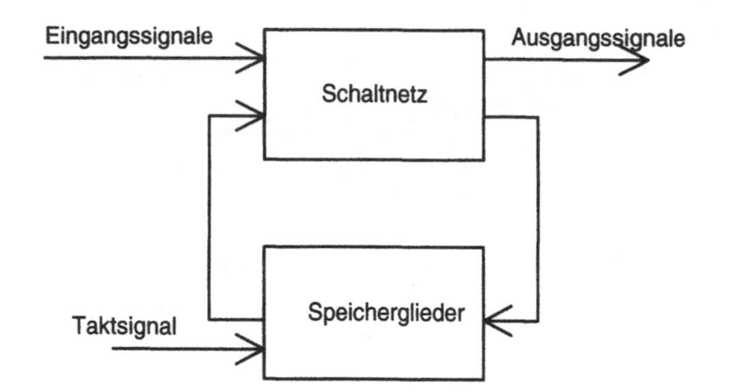

Abb. 3.18. Blockschaltbild eines Synchron-Schaltwerks

Damit sind bei einem synchronen Schaltwerk die Zeitpunkte wichtig, zu denen seine Ausgangssignale betrachtet werden. Diese Zeitpunkte werden durch synchronisierende Taktsignale bestimmt, die von außen kommen, beispielsweise von einem Taktgenerator, der in gleichen Abständen Taktsignale erzeugt. Mit diesen Signalen werden die Abläufe im Schaltwerk synchronisiert, d.h. der Inhalt des Schaltwerkes kann sich nur bei Eintreffen eines Taktsignals verändern. Der anstehende binäre Wert wird vom Speicherglied synchron bei einer Taktflanke übernommen, was sowohl bei einer ansteigenden als auch bei einer abfallenden Taktflanke möglich ist. Da in den Speichergliedern interne Zustände gespeichert werden, wird bezüglich des Zustands der Speicherglieder auch vom inneren Zustand des Schaltwerks gesprochen. Damit können, auf der Grundlage von Taktschritten, vom Schaltwerk beispielsweise Wertebestimmungen für gegebene Argumente durchgeführt werden. Setzt man diese Wertebestimmungen, d.h. deren Berechnungen, gleich der Ausführung einer endlichen Folge von Rechenschritten, dann entsprechen diese dem Ausführen eines Algorithmus, wobei ein Rechenschritt die Bestimmung des Wertes einer Abbildung für ein gegebenes Argument darstellt. Vor diesem Hintergrund ist es möglich, Modelle für die Beschreibung des funktionalen Verhalten eines Schaltwerks anzugeben. Die hierfür Gebräuchlichen entstammen der Automatentheorie und werden Automaten genannt, wobei hinsichtlich ihrer Komplexität unterschiedliche Automaten als Schaltwerksmodelle unterschieden werden. Allen Modellen gemeinsam ist die Kopplung zwischen Schaltnetz und Speichergliedern, sowie die Rückkopplung der Ausgänge der Speicherglieder in das Schaltnetz. Wird die Rückkopplung als Zustandsvektor bezeichnet, die Eingangsvariablen als Eingangsvektor und die Ausgangsvariablen als Ausgangsvektor, liegt das allgemeine Zustandsautomatenmodell eines Schaltwerkes vor, welches den in Abb. 3.19. angegebenen Aufbau aufweist, mit x als Eingangsvariablen, y als Ausgangsvariablen und dem inneren Zustand u (= $u(t_n)$). g(u,x) repräsentiert die Ausgangsfunktion für die Ausgangsvariable y, f(u,x) die Übergangsfunktion für den inneren Zustand u, der zum Zeitpunkt t_{n+1} in die Speicherglieder übernommen wird.

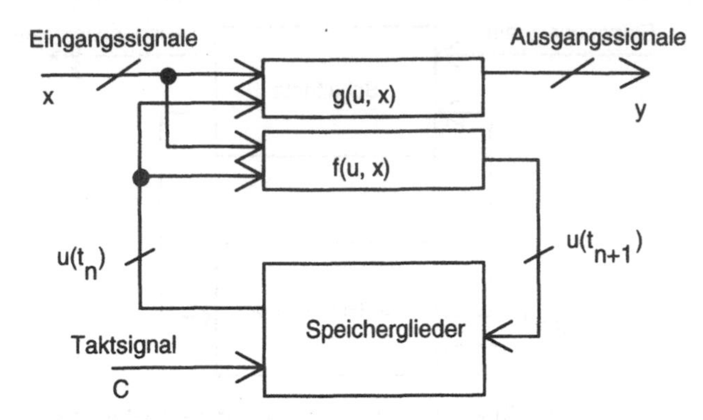

Abb. 3.19. Struktureller Aufbau des Zustandsautomaten

Zur formalen Beschreibung des Schaltwerkes kann, aufbauend auf Abb. 3.19., die folgende Notation eingeführt werden:

$$x = [x_1, x_2, ..., x_n]$$

als Eingangsvektor,

$$y = [y_1, y_2, ..., y_n]$$

als Ausgangsvektor,

$$u(t_n) = [u_1(t_n), u_2(t_n), ..., u_n(t_n)]$$

als aktueller Zustand und

$$u(t_{n+1}) = [u_1(t_{n+1}), u_2(t_{n+1}), ..., u_n(t_{n+1})]$$

als nächster Zustand, mit x_1, x_2,..., x_n: als Eingangsvariable , y_1, y_2,..., y_n: als Ausgangsvariable, u_1, u_2,..., u_n: als Zustandsvariable. Die Begriffe Eingangs- und Ausgangsvektor charakterisieren das gesamte Schaltwerk, wohingegen der Begriff Zustandsvektor zwischen dem gegenwärtigen am Schaltnetz gültigen Zustand $u(t_n)$ und dem erzeugten und erst demnächst, d.h. nach einer Verzögerung wirksamen Zustand $u(t_{n+1})$, unterscheidet. Damit können durch das Schaltnetz des Schaltwerkes mehrere Schaltfunktionen realisiert werden:

$$u(t_{n+1}) = \delta(u(t_n), x)$$

als Überführungsfunktion des Schaltwerks,

$$y = \lambda(u(t_n), x)$$

als Ausgangsfunktion des Schaltwerks vom Typ Mealy,

$$y = \lambda(u(t_n))$$

als Ausgangsfunktion des Schaltwerks vom Typ Moore, die in entsprechenden Schaltwerksmodellen resultieren und ihren Ausdruck in einer Beschreibungsform finden, die der Automatentheorie entnommen ist. Danach kennzeichnet

$$\delta : X \times U \to U$$

den Überführungsautomaten,

$$\lambda : X \times U \to Y$$

den Ausgabeautomaten vom Typ Mealy,

$$\lambda : U \to Y$$

den Ausgabeautomaten vom Typ Moore.

In diesen mathematischen Abbildungen spielt der Zeitbegriff, wie er bislang benutzt wurde, keine Rolle mehr, weshalb auch nicht zwischen dem gegenwärtigen und dem nächsten Zustand unterschieden wird. In Abhängigkeit der Realisierung der Zeitglieder in der Signalrückführung wird zwischen getakteten und ungetakteten Schaltwerken unterschieden, was auf folgende Definitionen führt.

Definition
Ein endlicher Automat mit Ausgabe wird Mealy-Automat genannt, wenn er durch einen Sechstupel M = [E, S, Z, δ,γ, s_0] definiert ist. ■

Dabei repräsentieren E = [e_1,..., e_m], S = [s_0, ... , s_n] und Z = [z_1, ... , z_p] jeweils eine endliche nichtleere Menge zur Darstellung des Eingabealphabets, der Zustandsmenge und des Ausgabealphabets. Ferner sind δ:=S×E→S die Überführungsfunktion, γ: S×E→Z die Ausgabefunktion und $s_0 \in$ S der Anfangszustand.

Definition
Ein endlicher Automat mit Ausgabe wird Moore-Automat genannt, wenn er durch einen Sechstupel M = [E, S, Z, δ,γ_m, s_0] definiert ist, dessen Ausgabefunktion γ_M: S→Z nur vom aktuellen Zustand abhängt. ■

Die Modelle der drei wesentlichen Automaten-Typen sind in den Abb. 3.20 bis 3.22 dargestellt.

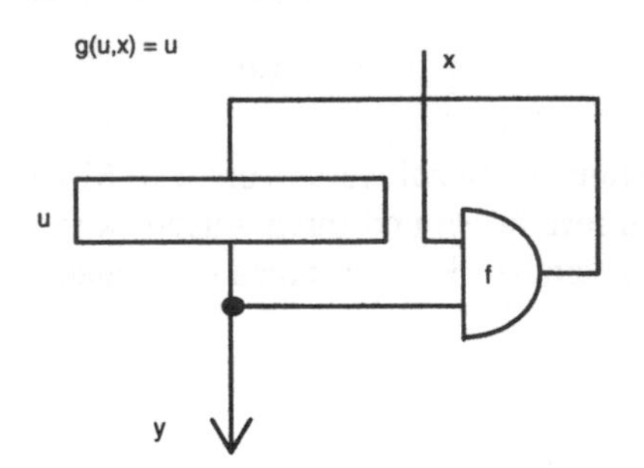

Abb. 3.20. Medwedjew-Automat

Während die Unterschiede zwischen Medwedjew- und Moore-Automat eher gering sind, sie bestehen in einem zusätzlichem Schaltnetz am Ausgang des Moore-Automaten, besteht zum Mealy-Automaten ein prinzipieller Unterschied. Der Moore-Automat kann die Änderung einer Eingangsvariablen grundsätzlich erst bei der nächsten Taktflanke am Ausgang des Schaltwerks zeigen, beim Mealy-Automaten können die Eingangsvariablen den Ausgang bereits direkt beeinflussen. Moore- und Medwedjew-Automat werden auch als zustandsorientierte Schaltwerke bezeichnet.

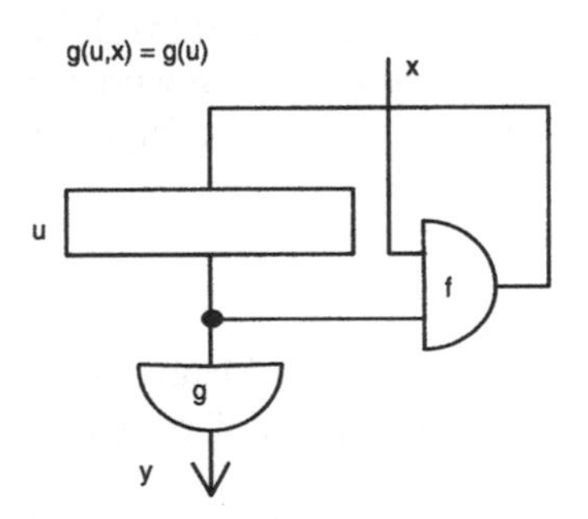

Abb. 3.21. Moore-Automat

Der Ablauf der Funktion in einem Mealy-Automaten läßt sich anhand der Takt-Zeitfunktion in Abb. 3.22 erläutern. Während der ersten Hälfte des Zeitintervalls wird aus dem inneren Zustand $u(t_n)$ und dem Eingangsvektor $x(t_n)$ sowohl der Ausgangsvektor $g(x, u(t_n))$ als auch der Folgezustandsvektor $f(x, u(t_n))$ gebildet. Die Halbperiode des Takts muss dabei solange dauern, dass alle Hazards, deren Herkunft in Ressourcenkonflikten zu suchen ist, die durch Durchlaufzeiten in f entstehen können, abgeklungen sind, um für die folgende Übernahme in u einen stabilen Zustand zu haben. Die Änderungen am Eingang von u sind durch die Speicherfunktion bislang nicht am Ausgang sichtbar.

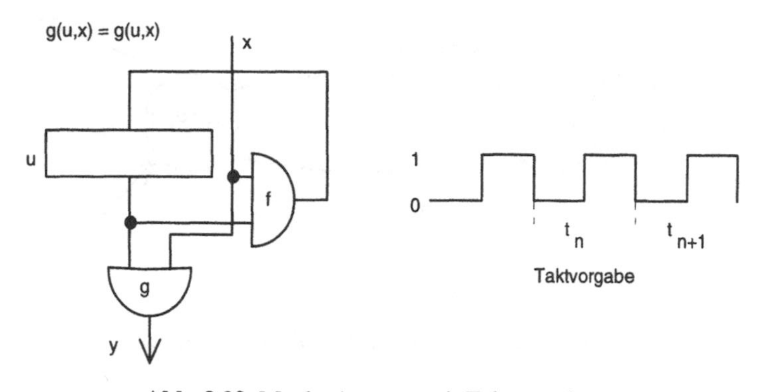

Abb. 3.22. Mealy-Automat mit Taktvorgabe

Mit der positiven Taktflanke zur Hälfte des Zeitintervalls t_n kann der Folgezustand in u übernommen werden. Für eine sichere technische Realisierung sind jedoch zweiflankengesteuerte Flipflops (s. Abschn. 3.4) notwendig, da eine Übernahme des Eingangsvektors eine Änderung des Ausgangsvektors zur Folge haben kann, die ihrerseits wiederum den Eingangsvektor von u variiert, so dass im Extremfall ein falscher Ausgangszustand zustande kommen könnte. Durch die Verwendung von zweiflankengesteuerten Master-Slave-Flipflops (s. Abschn. 3.4) wird das Ergebnis vom Eingangsvektor entkoppelt erst bei der negativen Flanke zwischen t_n und t_{n+1} endgültig im Ausgang übernommen und sichtbar. Die Trennung bewirkt eine Unterbrechung der Kreisstruktur und sorgt damit für sichere Zustände.

Zustandsautomaten können auf verschiedene Weise beschrieben werden, graphisch, tabellarisch oder textuell. Zustandsgraphen beschreiben in graphischer Form das Verhalten von Zustandsautomaten. Hierzu werden Knoten und Kanten benutzt, wobei die Knoten, dargestellt als Kreise, die inneren Zustände des Automaten darstellen. Diese werden zumeist durch Namen oder die zugehörigen Kombinationen der Zustandsvariablen bezeichnet. Die Kanten werden als richtungsweisende Linien zwischen den Knoten gezeichnet und kennzeichnen den Übergang zwischen zwei aufeinanderfolgenden Zuständen, wie exemplarisch in Abb. 3.23 dargestellt. Die Kanten sind mit den Binärwerten des Eingangsvektors bezeichnet, um die Bedingungen zum Transfer in einen anderen Folgezustand zu benennen.

In Erweiterung der Funktionstabelle für Schaltnetze können Zustandsfolgetabellen die Funktion eines Zustandsautomaten beschreiben. Die Folgetabellen beinhalten als Eingangsvariablen die Komponenten des Eingangsvektor x und die des Zustandsvektors $u(t_n)$, als Ausgangsvariable die Komponenten des Ausgangsvektors y und die Komponenten des Folgezustandsvektors $u(t_{n+1})$. Damit kann für jede Ausgangskomponente ein Schaltnetz in disjunktiver Normalform (DNF) oder anderer Form synthetisiert werden; die Speicherungsfunktion wird dementsprechend in einen geeigneten Registertyp übertragen.

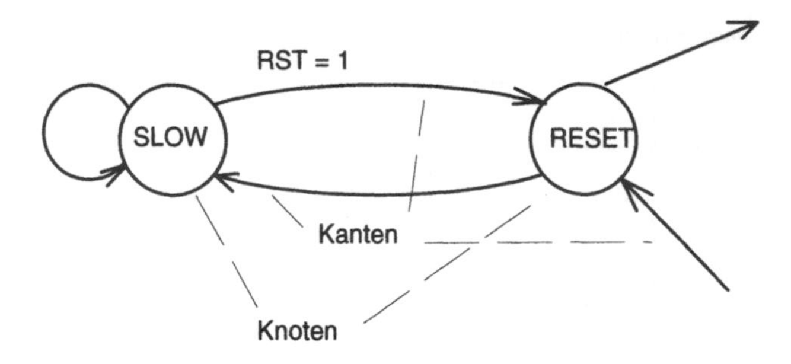

Abb. 3.23. Grundform eines Zustandsgraphen

Die textuellen Darstellungen von Automaten lassen sich in einer Syntax zusammenfassen, die von ihrer Struktur her zwischen einem Hardware-Assembler bzw. einem Compiler angesiedelt werden kann. Hierzu gehören die Sprachkonzepte die als Finite-State-Machine-Syntax zusammengefasst werden können, da sie nicht mehr den unmittelbaren logischen Zusammenhang zwischen Ein- und Ausgangsgrößen beschreiben, wie es der Vorgehensweise beim Assembler entspräche. Andererseits ist, im Vergleich zum Hardware-Compiler, der Sprachumfang beschränkt. Mittels der Finite State Machine Syntax ist der Zustandsgraph mit seinen Knoten und Kanten textuell abbildbar. Die Syntax der Finite-State-Machine, die FSM, beschreibt im Gegensatz zum Assembler, nicht den logischen Zusammenhang zwischen den Eingangs- und Ausgangsvariablen, sondern Bedingungen und Formen des Übergangs zwischen unterschiedlichen Zuständen des als Automaten angesehenen Schaltwerks. Dadurch unterscheidet sich die FSM-Syntax vom Assembler, da zur Realisierung in Silizium eine Logiksynthese durchlaufen werden muss, während der Assembler die Logik direkt beschreibt.

Die Finite-State-Machine beinhaltet damit ein globales Entwurfskonzept, da ein abstrakter Zustandsautomat mit seinen Zuständen und Übergängen beschrieben werden kann. Die reine FSM-Syntax wird in der Regel durch asynchrone Zuweisungsoperationen, die denen eines Assemblers entsprechen, ergänzt, damit auf Grundlage einer Hardwarebeschreibung die kombinatorischen Zusätze des Zustandsautomaten realisiert werden können. Die wichtigsten Sprachelemente der FSM Syntax sind:

- Deklaration der Eingangsbelegungen (Pins),
- Deklaration der internen Knoten und Ausgangsbelegungen (Pins) mit Typ-Angabe (Registertyp, kombinatorisch),
- Deklaration der Konstanten,
- Deklaration der kombinatorischen Gleichungen,
- Deklaration der Zustände und Zuordnung zu den internen Knoten und Ausgangsbelegungen (Pins),
- Deklaration der Bedingungen für Zustandsübergänge. Hierfür stehen in der FSM Syntax Sprachkonstrukte wie IF .. THEN .. ELSE, CASE .. ENDCASE, GOTO usw. zur Verfügung. Innerhalb des CASE .. ENDCASE Konstrukts werden für einen Zustand der oder die Nachfolgezustände festgelegt und die

Bedingungen beschrieben unter denen ein Übergang zwischen den Zuständen erfolgen kann.

Beispiel 3.9.
Der Zustandsgraph und die FSM Syntax eines Zustandsautomaten, mit dem die Geschwindigkeiten eines Motors gesteuert werden können, werden dargestellt. Der zugehörige Zustandsgraph des Zustandsautomaten für die Geschwindigkeitssteuerung des Motors ist in Abb. 3.24 angegeben, das zugehörige Programm des Zustandsautomaten in der FSM Syntax zeigt Abb. 3.25

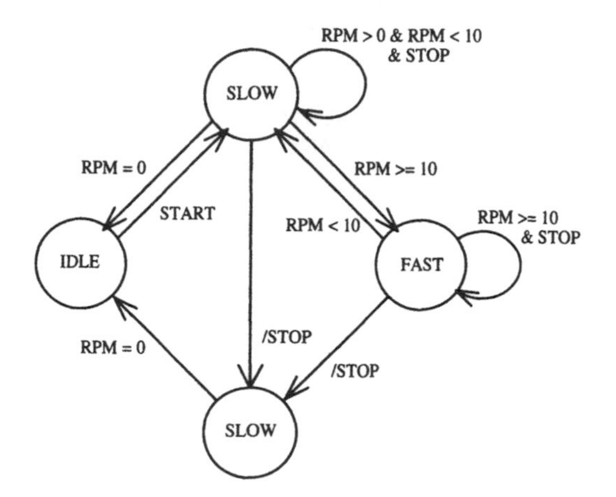

Abb. 3.24. Zustandsgraph des Zustandsautomaten zur Geschwindigkeitssteuerung

```
"Inputs
   CLOCK                          pin 1;
         "Schaltfrequenz"
   START                 pin 2;
   !STOP                          pin 3;
         "Asynchroner Register-Reset"
   RPM3, RPM2, RPM1, RPM0pin 4, 5, 6, 7;       "Geschwindigkeit:  Umdrehungen/Minute  =
RPM"
   OUT_EN                           pin 8;
         "Output Enable"

"Outputs
         Q2              pin 23 istype 'REG_D, INVERT';
         Q1              pin 22 istype 'REG_D, INVERT';
         Q0              pin 21 istype 'REG_D, INVERT';
         ON              pin 20 istype 'COM';                    "Kombinatori-
scher Ausgang"
"Konstanten
         C,X,Z,H,L,P     = .C., .X., .Z., 1, 0, .P.;
         RPM                   = [RPM3..RPM0];
         SREG                  = [ Q2 , Q1 , Q0 ];
         IDLE                  = [ L  , L  , L  ]
         SLOW                  = [ L  , L  , H  ]
         FAST                  = [ L  , H  , H  ]
         BRAKE           = [ H  , H  , H  ]
```

```
EQUATIONS
        SREG.CLK        = CLOCK;
        SREG.AR = STOP;
        SREG.OE = OUT_EN;
        ON                      = (!SREG.Q != IDLE);
@DCSET
    STATE_DIAGRAM               SREG            "Beschreibung der Übergänge für
    SREG"
        STATE IDLE:
                CASE
                        START : SLOW;
                        !START : IDLE;
                ENDCASE;
        STATE SLOW:
                CASE
                        (RPM < 10) : SLOW
                        (RPM >= 10) : FAST
                ENDCASE;
        STATE FAST:
                CASE
                        STOP : BRAKE;
                        !STOP :
                        CASE
                                ( RPM < 10 ) : SLOW;
                                ( RPM >= 10 ) : FAST;
                        ENDCASE
                ENDCASE
        STATE BRAKE:
                CASE
                        (RPM == 0) : IDLE;
                        (RPM > 0) : BRAKE;
                ENDCASE;
```

Abb. 3.25. FSM-Syntax des Zustandsautomaten zur Geschwindigkeitssteuerung ■

Wie aus Beispiel 3.9. ersichtlich ist, beinhaltet die Beschreibung auch hardwarenahe Elemente, wie sie beispielsweise durch Zuweisung des asynchronen Reset gegeben sind. Die hardwareseitige Implementierung des Zustandsautomaten zur Geschwindigkeitssteuerung kann beispielsweise durch einem programmierbaren Logikhardwarebaustein vom Typ GAL22V10 realisiert werden (GAL = generic array logic), dem eine einfache Syntax zugrunde liegt (s. Kap. 6), was den allgemeingültigen Entwurfsanforderungen nach einer möglichst einfachen Syntax genügt. Damit kann ein einfaches Hardware-Programmiermodell zugrunde gelegt werden.

Der Entwurf komplexerer Schaltwerke als dem im Beispiel 3.9. angegebenen Zustandsautomaten scheitert häufig an der Vielzahl möglicher innerer Zustände, da die Anzahl der möglichen Zustände bei k Registern bereits 2^k ist. Trotzdem lassen sich Zustandsautomaten durch Zustandstabellen beschreiben, jedoch müssen neben den Zuständen der Ein- und Ausgangsvariablen noch die inneren Zustände berücksichtigt werden, was exemplarisch für den Zustandsautomaten eines seriellen Binäraddierwerks gezeigt werden soll, der die beiden Summanden 100110 und 001100 addiert.

Beispiel 3.10.
Bei der Addition zweier Binärzahlen gibt es vier verschiedene Möglichkeiten, wie die logischen Zustände 0 und 1 verteilt sein können: 00, 01, 10 und 11. Jedes dieser Paare repräsentiert ein atomares Zeichen des Eingabealphabets E = [00, 01, 10, 11]. Wegen der Übertragsbildung wird die Summe von rechts nach links gebildet, weshalb das anstehende Eingabewort in umgekehrter Reihenfolge zu notieren ist. Bezüglich der internen Zustände des Automaten ist zu unterscheiden ob es einen Übertrag gegeben hat oder nicht, weshalb die beiden Zustände s_0 und s_1 ausreichend sind, wobei der Zustand s_0 festlegt, dass bei der zuletzt ausgeführten Addition kein Übertrag stattgefunden hat. Der Addierautomat kann damit durch ein Sechstupel der Form $M = [E, S, Z, \delta, \gamma, s_0]$ dargestellt werden mit E = [00, 01, 10, 11], $S = [s_0, s_1]$, Z = [0, 1], sowie δ und γ entsprechend dem in Abb. 3.26 dargestellten Zustandsdiagramm.

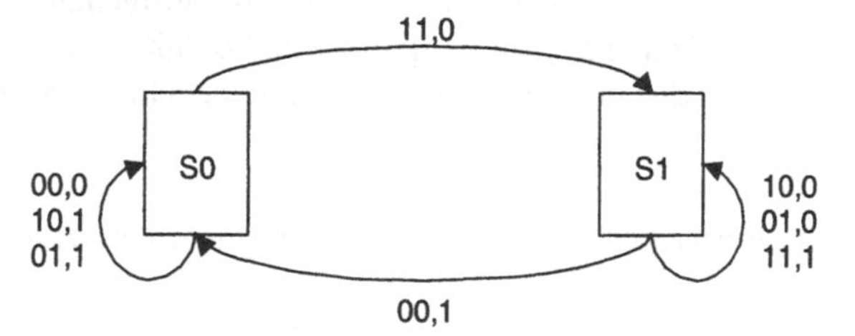

Abb. 3.26. Addierwerk als Zustandsautomat ■

Der Einfachheit halber sei nachfolgendes Blockdiagramm für das Binäraddierwerk eingeführt, welches über die binären Eingangsvariablen A_j, B_j und $Ü_{j-1}$ verfügt, die zur Summe C_j und $Ü_j$ (Übertrag) verknüpft werden sollen. Das Symbol des Binäraddierwerks zeigt Abb. 3.27, wobei $Ü_{j-1}$ den Übertrag repräsentiert, der aus der Addition der Stellen A_{j-1} und B_{j-1} entstanden ist. Der Übertrag $Ü_j$ muss bei der Addition der Stellen A_{j+1} und B_{j+1} berücksichtigt werden.

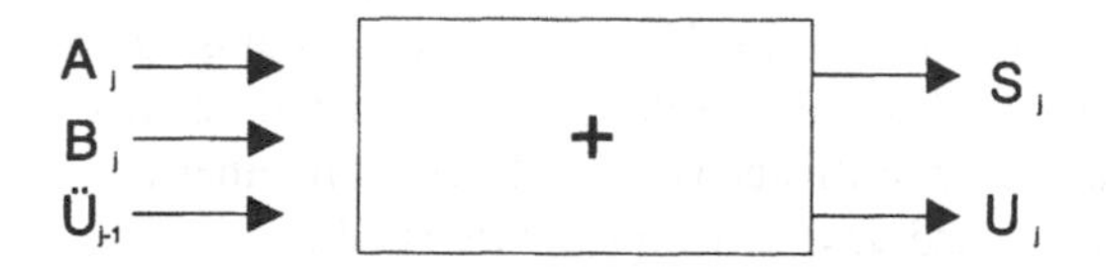

Abb. 3.27. Symbol des Binäraddierers

Wie aus Abb. 3.27 ersichtlich besteht der Binäraddierer lediglich aus einem Volladdierer. Er ist in der Lage die Summe A+B (modulo2) einschließlich Übertrag zu bilden, aber nur für Operanden mit 1 Bit Wortlänge. Neben dem symbolisch dargestellten Volladdierer werden in der hardwaretechnischen Realisierung noch drei Schieberegister (A-, B- und C-Register) sowie ein Speicher für den jeweiligen Übertrag (Ü-Speicher) benötigt. Die möglichen Zustände der angegebenen Größen sind in Tabelle 3.10 dargestellt.

Tabelle 3.10. Zusammenhang von Eingangs-, Ausgangs- und innerem Zustand eines Binäraddiererschaltwerks

Eingangsvariable		Innerer Zustand	Ausgangsvariable	
A_j	B_j	$Ü_{j-j}$	$Ü_j$	S_j
0	0	0	0	0
0	1	0	0	1
1	0	0	0	1
1	1	0	1	0
0	0	1	0	1
0	1	1	1	0
1	0	1	1	0
1	1	1	1	0

Wie aus Tabelle 3.10 ersichtlich ist die Zuordnung der Eingangsvariablen zu den Ausgangsvariablen eindeutig, weil der innere Zustand festgehalten wurde. Die Tabelle kann unter Umständen sehr umfangreich, und damit unübersichtlich werden, weshalb häufig auf die in Tabelle 3.11 dargestellte Notation übergegangen wird.

Tabelle 3.11. Zusammenhang von Eingangs, Ausgangs- und innerem Zustand eines Binäraddiererschaltwerks

Innerer Zustand	Eingänge A_j B_j			
$Ü_{j-1}$	00	01	10	11
0	00	01	01	10
1	01	10	10	11

Auch Tabelle 3.11 mittelt noch keine Erkenntnis über den zeitlichen Ablauf der Schaltvorgänge, d.h. über die Änderungen des inneren Zustands des Binärwerks, weshalb als Notation die sogenannten Zustandsfolgetabellen eingeführt wurden. Für die beiden inneren Zustände des Binäraddierwerks nach Abb. 3.27 wird folgende Zuordnung festgelegt: Z^0 für den inneren Zustand des Binäraddierwerks $U_{j-1} = 0$ und Z^1 für den inneren Zustand $U_{j-1} = 1$. Die Zustandsänderungen erfolgen abhängig von aktuellen Zustand und dem Zustand der Eingangsvariablen. In der in Tabelle 3.12 angegebenen Zustandsfolgetabelle ist in einer neu eingeführten Spalte zusätzlich der Zustand des Ausgangs S dargestellt.

Tabelle 3.12. Zustandsfolgetabelle und Ausgang eines Binäraddierers als Zustandsautomat

	Eingänge A_j B_j				Eingänge A_j B_j			
	00	01	10	11	00	01	10	11
Z^0	Z^0	Z^0	Z^0	Z^1	0	1	1	0
Z^1	Z^0	Z^1	Z^1	Z^1	1	0	0	1
Zustand	Folgezustand				Ausgang S			

Zur besseren Veranschaulichung der Zustandsabfolgen komplexer Schaltwerke, wie der des Binäraddierers, werden sogenannte Zustandsfolgediagramme eingeführt, wie sie in Abb. 3.28 für Tabelle 3.12 dargestellt sind.

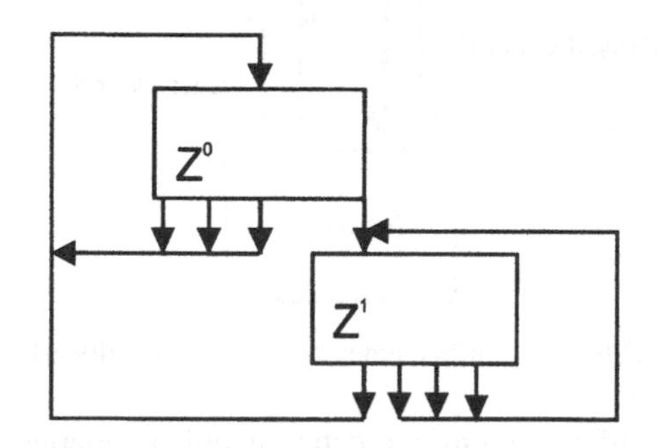

Abb. 3.28. Zustandsfolgediagramm des Binäraddierers

Die Blöcke Z^0 und Z^1 in Abb. 3.28 geben die inneren Zustände des Binäraddierwerks an. Die Dualzahlen, die an den einzelnen Zweigen notiert sind, beschreiben die Zustände der Eingangsvariablen A_i und B_i. Wie aus Abb. 3.28 ersichtlich, ändert sich im Zustand Z^0 für die Eingangsvariablen 00, 01 und 10 der innere Zustand nicht. Nur die Zustandskombination 11 der Eingangsvariablen A_i und B_i führt vom Zustand Z^0 in den Zustand Z^1. Im Zustand Z^1 erfolgt lediglich für die Zustandskombination 00 der Eingangsvariablen A_i und B_i eine Zustandsänderung in den Zustand Z^0, jedoch keine für die Zustandskombinationen 01, 10 und 11 der Eingangsvariablen A_i und B_i.

Um auch bei komplexen Zustandsautomaten (Schaltwerken) Zustandsfolgetabellen effektiv einsetzen zu können, ist deren Vereinfachung, durch Reduktion der Anzahl der inneren Zustände, erforderlich. Zur Reduktion der Anzahl der inneren Zustände hat sich als Reduktionsprinzip der Ansatz bewährt:

Sei $\{E\}$ eine Folge von Zuständen der Eingänge des Schaltwerks und $\{A_Z^k(\{E\})\}$ eine Folge von Zuständen der Ausgänge des Schaltwerks die durch eine Folge $\{E\}$ der Zustände an den Eingängen erzeugt wird, wenn sich das Schaltwerk im Zustand Z^i befindet, dann sind zwei Zustände eines Schaltwerks genau dann äquivalent, wenn für jede beliebige Folge von Eingangszuständen $\{E\}$

$$\{A_Z^k(\{E\})\}=\{A_Z^l(\{E\})\}$$

gilt, damit kann $Z^k = Z^l$ gesetzt werden und die Zustandsfolgetabelle wird bezüglich der Anzahl der inneren Zustände reduziert.

Eine direkte Synthese eines Schaltwerks in Form eines einfachen Automaten ist damit zweckmäßigerweise nur für eine kleinere Anzahl von Zustandsabfolgen sinnvoll. Für komplexere Strukturen kann eine Aufteilung in zwei kooperierende Schaltwerke vorgenommen werden, wie in Abb. 3.29 dargestellt.

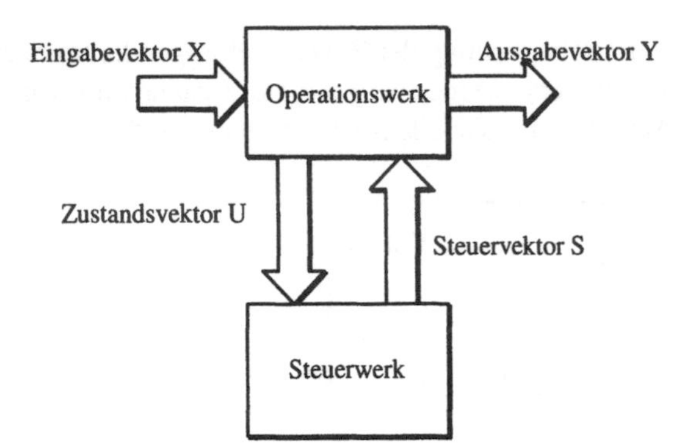

Abb. 3.29. Aufbau eines komplexen Schaltwerks

Die funktionale Aufteilung umfasst dabei jeweils kooperierende Teilschaltwerke, die beispielsweise eine verarbeitende bzw. eine steuernde Komponente aufweisen. Nachdem die Trennung eindeutig definiert wurde können beide Teilschaltwerke einzeln entworfen und optimiert werden. Zu diesem Zweck sind alle verarbeitenden Komponenten dem Operationswerk (auch Rechenwerk oder Datenprozessor genannt) zugeordnet. Als Grundlage hierfür wird der zur Berechnung notwendige Algorithmus herangezogen.

Definition
Eine Berechnung besteht in der Veränderung des Speicherzustandes der von Neumann-Rechnerstruktur und zwar dergestalt, dass von einem Anfangszustand x_A ausgehend, über eine Folge von Zwischenzuständen, ein Endzustand x_E erreicht wird. Die Veränderung des Speicherzustands wird von einem Maschinenprogramm durchgeführt. Voraussetzung dafür, dass ein bestimmter Endzustand erreicht wird, ist das Terminieren des Maschinenprogramms, d.h. es muss in endlich vielen Schritten beendet sein und zwar für jeden Anfangszustand. Ein Maschinenprogramm mit dieser Eigenschaft wird Algorithmus genannt. ■

Definition
Ein Algorithmus ist ein Quadrupel (Z, E, A, f). Dabei bedeutet Z eine Menge von Zwischenergebnissen, $E \subseteq Z$ eine Eingabemenge und $A \subseteq Z$ eine Ausgabemenge. F: $Z \rightarrow Z$ ist eine Übertragungsfunktion. Der Algorithmus einer Berechnung beginnt mit ihrem Anfangszustand x_A und endet mit ihrem Endzustand x_E. ■

Die für eine Berechnung erforderlichen Informationen werden als Eingabevektoren, Zwischenergebnisse und Ausgabevektoren in Registern gespeichert und über Schaltnetze miteinander verknüpft. Die zwischen den Registern und den Operationsschaltnetzen notwendigen Datenpfade (s. Abschn. 3.4.1) können beispielsweise über Multiplexer geschaltet werden, wobei die in einem Taktzyklus auszuführenden Operationen, und die zu schaltenden Datenpfade, durch das Steuerwerk bestimmt werden. Damit obliegt dem Steuerwerk - auch Leitwerk oder Befehlsprozessor genannt - die Aufgabe, die für jeden Teilschritt notwendigen Steuerworte in einer Abfolge zu erzeugen, unter Berücksichtigung des Zustandsvektors, der den Zustand des vorherigen Taktzyklus übermittelt und damit Entscheidungskriterien für den Algorithmus liefert, beispielsweise das Abbruchkriterien für eine Programmschleife.

Durch die Aufteilung in zwei unterschiedliche Schaltwerke kann auf einfache Art und Weise eine Vielzahl von Aufgabenstellungen gelöst werden. In der Regel liegt der Ausgangspunkt des Operationswerks in den Algorithmen, die in Form von Berechnungsvorschriften festlegen, wie aus einem Eingangsvektor ein Ausgangsvektor entsteht. Die Berechnungsvorschriften umfassen auch Anweisungszeilen mit Variablen, Konstanten, Operatoren, Zuweisungen, bedingten Verzweigungen, Fallunterscheidungen etc., woraus letztendlich das hardwaretechnische Strukturkonzept des Operationswerks resultiert:

- Variablen auf der linken Seite einer Zuweisung sind Register entsprechender Breite zuzuordnen,
- Mehrfachzuweisungen an eine Variable benötigen einen Multiplexer vor dem Registereingang,
- Konstanten sind festverdrahtet oder durch das Steuerwerk generiert,
- Berechnung der Ausdrücke auf der rechten Seite ist durch entsprechend implementierte Schaltnetze realisiert,
- Wertzuweisungen an mehrere Variable werden parallel zueinander durchgeführt, sofern sie im Algorithmus unmittelbar aufeinander erfolgen,
- Ausführung bedingter Verzweigungen oder Fallunterscheidungen erfordern die Einführung von Zustandsvariablen, die durch das Steuerwerk abfragbar sind, in denen auch die entsprechenden Bedingungen gespeichert sind,
- Intensiver Datenaustausch zwischen Operationswerk und Steuerwerk vorhanden, weshalb eine starre Kopplung zwischen beiden angebracht ist, bei der beide Teilschaltwerke einem gemeinsamen Takt unterliegen

Die dem Operationswerk zugehörigen spezialisierten Teilkomponenten sind Busse (s. Abschn. 4.2), Register (s. Abschn. 3.4.2), Registerfiles (s. Abschn. 3.4.3), ALU (s. Abschn. 4.4), Shifter (s. Abschn. 4.4) , Multiplexer (s. Abschn. 3.4.1), Demultiplexer (s. Abschn. 3.4.1), Cache (s. Abschn. 3.5.3.1), etc. Vermittels der spezialisierten Teilkomponenten können auf Anforderung hin Berechnungen ausgeführt werden. Um eine einwandfreie Zeitsteuerung im Operationswerk zu garantieren bestimmt das Steuerwerk wann und welche Berechnungen auszuführen sind, d.h. es steuert die zugehörigen Datenpfade zum Zwecke der Datenkommunikation und damit den Transfer von Informationen zwischen den verschiedenen Registern, weshalb auch von einem Registertransfer (RT) bzw. einer Registertransferebene (RTL) gesprochen werden kann. Dazu wird das Steuerwerk mit den Makrooperationssätzen des Programms geladen, die den Maschinenbefehlen entsprechen. Anhand dieser Befehle (auch Instruktionen genannt) legt das Steuerwerk durch Öffnen und Schließen von Datenpfaden den Ablauf des Algorithmus für das Rechenwerk fest. Die Maschinenbefehle bestimmen damit die arithmetischen und logischen Verknüpfungen, für die Schaltnetze vorhanden sein müssen. Das klassische Steuerwerk basiert dabei auf komplexen sequentiellen Schaltnetzen, wodurch eine feste Zuordnung zwischen Maschinenbefehl und

Steuerinformationen erreicht wird, d.h. jedem Maschinenbefehl entspricht im Prinzip ein Schaltnetz. Je mehr Maschinenbefehle realisiert werden sollen, desto komplizierter wird das Schaltnetz. Daraus entstand die Notwendigkeit das Schaltnetzwerk zu minimieren. Aus der Beobachtung heraus, das viele Abfolgen sich nur wenig voneinander unterscheiden, wurden Schaltnetze entwickelt, die lediglich um eine Variante erweitert wurden, anstelle eines vollständigen Schaltnetzentwurfs für diese Funktionen. So unterscheidet sich beispielsweise die Addition von der Subtraktion nur dadurch, dass anstelle des Steuergatters ADD das Steuergatter SUB aktiviert wird, alle anderen Steuerinformationen bleiben gleich, womit das Schaltnetz zur Realisierung der Abfolgen bei Addition und Subtraktion nur um die beiden Steuergatter zu erweitern ist. Damit kann der Entwurf für ein Steuerwerk wie folgt durchgeführt werden:

- Maschinenbefehle werden auf eine Folge von Zustandsänderungen abgebildet, wobei jede Zustandsänderung einer oder mehreren Mikrooperationen entsprechen kann, und die Beschreibung der Zustandsänderungen auf Grundlage der Zustandsfolgetafeln oder der Automatentafeln erfolgt,
- Zustände werden reduziert, indem z.B. gemeinsame Zustände identifiziert werden,
- Zuständen wird Code zugewiesen, wobei die Codierung (s. Abschn. 1.1.5) starken Einfluss auf den Hardwareaufwand hat,
- Registertypen des Steuerwerks werden festgelegt,
- Schaltwerkentwurf ist auf den entsprechenden Zustandsabfolgen repräsentiert,
- Minimierung des Schaltwerks.

Durch diese Entwurfabfolge wird nicht für jeden Maschinenbefehl ein eigenes, d.h. unabhängiges Schaltnetz realisiert, vielmehr werden Teile des Schaltnetzwerks für mehrere Maschinenbefehle gemeinsam genutzt, wobei die notwendigen Unterscheidungen erst bei Bedarf getroffen werden. Das endgültige Schaltnetz des Steuerwerks benötigt damit weniger Schaltelemente, dafür aber eine stärkere Vermaschung, da es direkt den jeweiligen Befehlssatz abbildet. Dies bedeutet aber, dass der Befehlssatz eines Rechners zu einem relativ frühen Zeitpunkt des Entwurfs festgelegt wird, und dass Änderungswünsche, die später, z.B. von der Systemprogrammierung an den Hardware-Entwurf herangetragen werden, nicht mehr oder nur mit erheblichen Kosten berücksichtigt werden können.

Bereits 1951 erkannte Wilkes (s. Abschn. 4.5), dass es auch eine andere, systematischere Methode zur Realisierung des Steuerwerks gibt, das Prinzip der Mikroprogrammierung. Unter Mikroprogrammierung wird dabei die Zerlegung von Makro- bzw. Maschinenbefehlen auf der Assemblerebene in elementare Mikrobefehle verstanden, die auf der Registertransferebene in der Zentraleinheit Einfluss nehmen, deren Ablauf über eine oder mehrere Taktperioden, in Zusammenarbeit mit dem Operationswerk, den Makrobefehl ergeben. Der wesentliche Vorteil am

Konzept von Wilkes ist die Entkopplung von eigentlicher Hardware und Steuerinformation.

Die Implementierung linearer, d.h. verzweigungsfreier, Algorithmen ist beim Wilkes´schen Konzept besonders einfach (s. Abschn. 4.5) da lediglich ein Zähler und ein Steuerwortspeicher benötigt werden, wobei im Steuerwortspeicher die einzelnen Steuerworte sequentiell abgelegt und durch einen Zähler zur Übermittlung an das Operationswerk adressiert werden. Nach Anlegen des Eingabevektors und ggf. des Befehlscodes, sofern dieser nicht zum Eingabevektor zugehörig definiert wurde, wird der Zähler zurückgesetzt und gestartet. Die einzelnen Steuerworte entsprechen den Schritten des Mikroprogramms und führen im Operationswerk zu einem schrittweisen Berechnen des endgültigen Ausgangsvektors. Das Ende des Algorithmus kann entweder durch den Ablauf des Zählers oder durch eine Schaltvariable angezeigt werden. Im Fall eines verzweigten Algorithmus im Mikroprogramm wird ein ladbarer Zähler benötigt. Die Erfüllung einer Verzweigungsbedingung kann wieder durch eine Schaltvariable im Operationswerk angezeigt werden. In diesem Fall muss der Zähler mit der Verzweigungsadresse geladen werden, die ihrerseits als Teil des Steuerworts im Mikroprogrammspeicher vorhanden sein kann. Der ladbare Zähler adressiert anschließend einen anderen Bereich des Mikroprogramms, so dass der Verzweigungsteil zum Ablauf gebracht wird. Im Fall der Nicht-Verzweigung wird die neue Zähleradresse überlesen, das Programm läuft linear ab. Der Eingangsvektor $x(t_n)$, der über einen oder mehrere Takte, entsprechend der Festlegung im Mikroprogramm, konstant gehalten wird, enthält den Makrobefehl, der zur Ausführung kommen soll, oder eine Adressgröße, die aus diesem berechnet wurde. Der Zustandsvektor $u(t_n)$ überträgt den momentanen Zustand des Rechenwerks und kann u.a. auch Schaltvariable für Verzweigungsinformationen enthalten, z.B. in Form von Flags der Zentraleinheit (CPU).

Der ladbare Zähler für das mikroprogrammierte Steuerwerk ist in der Regel so realisiert, dass bei Nichtverzweigungen für jeden Takt um 1 Bit weitergezählt wird. Der ihm zugewiesene Teil des PROM Inhalts (PROM = programmable read only memory) kann den Zähler so konfigurieren, dass er beim nächsten Takt einen neuen Zählerstand als Verzweigungsadresse übernimmt, dies kann auch der Reset Wert 0 sein. Der aktuelle Zählerstand wird im PROM als Adressvektor interpretiert, hinzukommen Eingangsvektor x und Zustandsvektor u. Die Ausgänge $\mathbf{S(t_n)}$ stellen die Steuerleitungen für das Operationswerk dar.

Beim Aufbau des mikroprogrammiertem Steuerwerks muss den unterschiedlichen Veränderungen der Eingangsvariablen und inneren Zustandsgrößen Rechnung getragen werden. Während sich $x(t_n)$ im gesamten Ablauf des Mikroprogramms nicht ändern darf, ändert sich $u(t_{n+1})$ in Abhängigkeit vom internen Takt über den gesamten Ablauf, entsprechend den unterschiedlichen Ausführungszeiten der Befehle. Für jedes Mikroprogramm wird dafür in PROM ein Adressbereich zur Verfügung gestellt, innerhalb dessen die Steuervektoren und das Verhalten des ladbaren Zählers codiert werden können.

Die Beschränkung des Einsatzes auf das PROM, als Mikroprogrammspeicher, liegt in der Anzahl der Ausgangsleitungen begründet, da diese sowohl als Zählerinformationen, als auch als Steuerleitungen, arbeiten müssen. Bei der technischen

Realisierung werden in der Regel Wortweise 16-Bit orientierte EPROM Komponenten eingesetzt (EPROM = erasable programmable read only memory). Speicherbausteine wie PROM, EPROM oder EEPROM (EPROM = electrical erasable programmable read only memory) bieten bei festgelegter Eingangs- und Ausgangsstruktur die Möglichkeit zur Realisierung eines beliebigen Schaltnetzes. Wird dieses Schaltnetz noch durch Register für einen ladbaren Zähler und für Steuerleitungen ergänzt, liegt ein Mikroprogrammsteuerwerk vor, wie in Abb. 3.30 dargestellt.

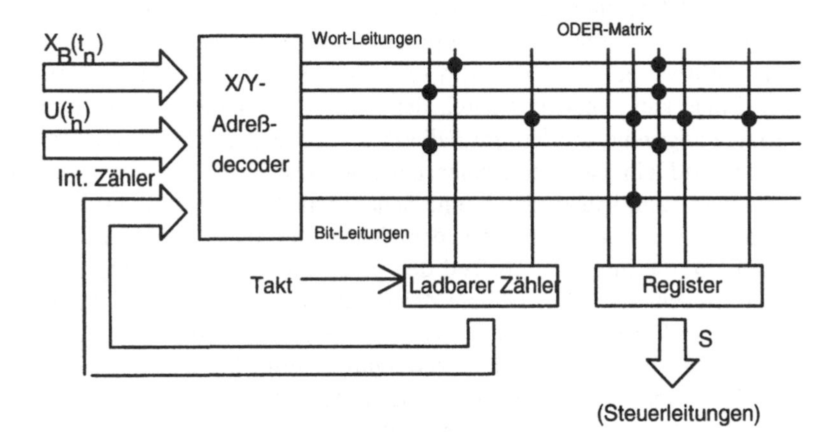

Abb. 3.30. PROM als Schaltnetz und Schaltwerk

3.4 Spezielle Schaltnetze und Schaltwerke

In den Abschn. 3.1 bis 3.3 wurden Methoden zum Darstellen und Entwerfen von Schaltnetzen und Schaltwerken vorgestellt. Damit ist es möglich spezielle hardwaretechnische Entwürfe auf der Schaltnetz- und Schaltwerkebene durchzuführen, die elementarer Bestandteil von Rechnerstrukturen sind. Hierzu zählen neben Datenpfaden und Toren, Register und Zähler, sowie Schreib-Lese-Speicher und Festwertspeicher.

3.4.1 Datenpfade und Datentore

Datenpfade sind Konstrukte, auf denen Daten von einer Quelle zu einer Senke (s. Abschn. 1.2) übertragen werden können. Gibt es für einen Datenpfad genau eine Quelle und genau eine Senke (Ziel), spricht man von einer Punkt-zu-Punkt Verbindung. Sind demgegenüber am Datenpfad mehrere Quellen oder mehrere Senken beteiligt, bedarf es sogenannter Auswahl- oder Verteilerschaltnetze, um die Daten zielgerichtet übertragen zu können. Hierfür geeignet sind beispielsweise Multiplexer und Demultiplexer.

Ein Multiplexer ist ein adressengesteuertes Schaltnetz, welches abhängig von einem Steuerwort SW genau einen ankommenden Datenpfad D_{AN} auf einen abgehenden Datenpfad D_{AB} durchschaltet. Für den in Abb. 3.31 angegebenen Multiplexer können die ankommenden Datenpfade durch ein array dargestellt werden, um mit dem softwaretechnischen Konstrukt der conc Anweisung eine relativ kurze Ausdrucksweise zu erhalten, wie aus Abb. 3.32 ersichtlich, die auf beliebig viele Datenpfade erweiterbar ist.

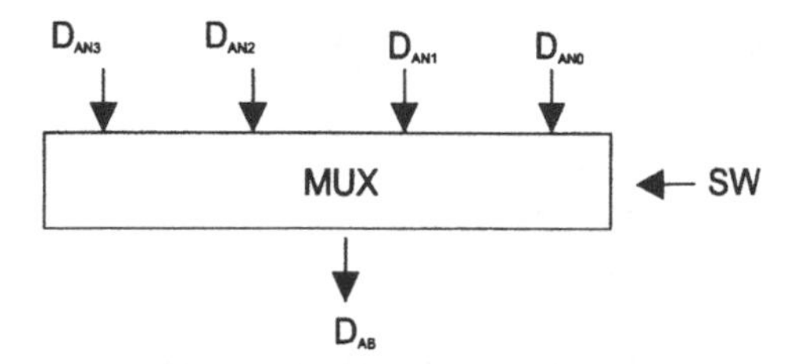

Abb. 3.31. Multiplexer (MUX)

```
unit 16-Bit-4-zu-1-MUX;
    input D_AN: array [0, ..., 3] of RTB < 15, ..., 0 >;
          SW: RTB < 1, 0 >;
    output D_AB: RTB < 15, ..., 0 >;
    locvar K: INTEGER;
    begin
        conc K(0 to 3)do |SW=K|:D_AB=D_AN[K]
    end
```

Abb. 3.32. Anweisungsfolge eines Multiplexers

Der in Abb. 3.32 gezeigten textuellen Verhaltensbeschreibung für einen Multiplexer liegt eine spezielle Notation zugrunde, beginnend mit dem Schlüsselwort **unit**, auf welches ein frei wählbarer Name für die zu beschreibende Funktionseinheit folgt. Die inhaltliche Aussage der Verhaltensbeschreibung ist in einem sogenannten Anweisungsteil enthalten, welches durch die Anweisungen **begin** und **end** umfasst wird. Der Verhaltensbeschreibung geht ein sogenannter Deklarationsteil voraus, in dem die Variablennamen erläutert werden, im vorliegenden Beispiel die Anschlüsse Eingang und Ausgang, die unter den Schlüsselworten **input** und **output** eingeführt worden sind. Interne Variablen werden im vorliegenden Beispiel unter dem Schlüsselwort **locvar** indiziert. Die **conc** Anweisung dient dazu alle Indexwerte gleichzeitig (concurrent) durchführen zu können. Die Verhaltensbeschreibung auf der Registertransferebene (RTL) wird durch den Datentyp RT eingeführt, wobei der Datentyp RTB binärwertige Registertransfers kennzeichnet.

Ein Multiplexer stellt damit ein universelles Schaltnetz dar, welches auf der Registertransferebene, wie sie in Abb. 3.33 symbolhaft angegeben ist, für alle Binärstellen ein gleichartiges Verknüpfungsschema auf der Ebene elementarer Verknüpfungsglieder abbildet, wie exemplarisch in Abb. 3.34 dargestellt.

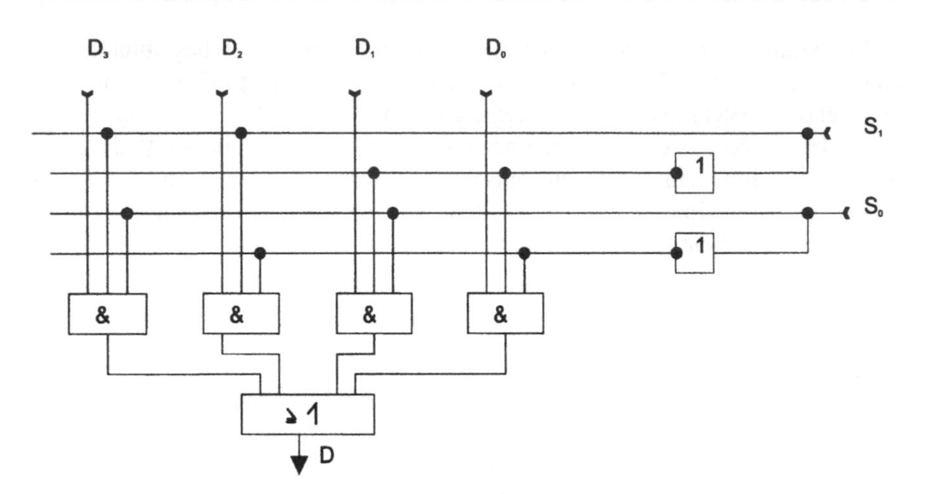

Abb. 3.33. Multiplexer als Schaltnetz

Das Gegenstück zum Multiplexer ist der Demultiplexer, ein adressengesteuerter Umschalter, der einen ankommenden Datenpfad D_{AN} auf einen von mehreren abgehenden Datenpfaden D_{AB} durchschaltet, wobei die nicht beschalteten abgehenden Datenpfade den logischen Zustandswert 1 führen. Für den in Abb. 3.34. angegebenen Demultiplexer stellt das softwaretechnische Konstrukt der äußeren **conc** Anweisung die Auswahl des zu beschaltenden abgehenden Datenpfades dar, während die innere **conc** Anweisung die Zuweisung des Wertes 1 berücksichtigt.

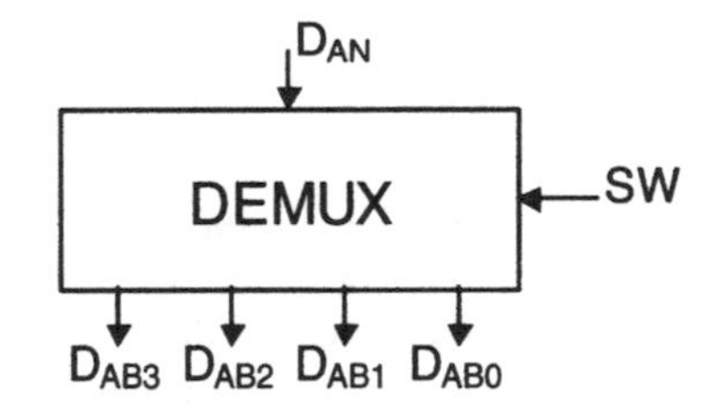

Abb. 3.34. Demultiplexer (DEMUX)

```
unit 16-Bit-4-zu-1-DEMUX;
     input D_AN: RTB < 15, …, 0 >; SW: RTB < 2, ..., 0 >;
     output D_AB: array [0, …, 3]of RTB < 15, …, 0 >;
     locvar K,L: INTEGER;
     begin
      conc K(0 to 3)do
                |SW=K|:conc L(0 to 3)do {|K=L|:D_AB[L]=D_AN,
            |K=L|:D_AB[L]=1}
     end
```

Abb. 3.35. Anweisungsfolge eines Demultiplexers

Datentore sind Konstrukte, die einen Datenpfad synchron oder asynchron öffnen oder schließen können, bzw. auf einem Ausgangswert unendlich halten, wie dies bei den sogenannten Tristate Logikbausteinen (Tristate = 3 Zustände: 0, 1, ∞) realisiert ist. Die Zustände der Datentore können als gesteuerte digitalelektronische Schalter realisiert werden, mit den Zuständen offen bzw. geschlossen, oder auf den elementaren Verknüpfungen UND, ODER, NICHT-UND bzw. NICHT-ODER aufbauen. So werden beispielsweise bei getakteten Flipflops (s. Abschn. 3.4.2) die Zustände des Datentors offen bzw. geschlossen durch NICHT-UND-Gatter realisiert, wie aus Abb. 3.36 ersichtlich. Das Datentor ist immer dann geöffnet, wenn am Takteingang C ein Zustand logisch 1 anliegt und immer dann geschlossen, wenn am Takteingang C der Zustand logisch 0 anliegt.

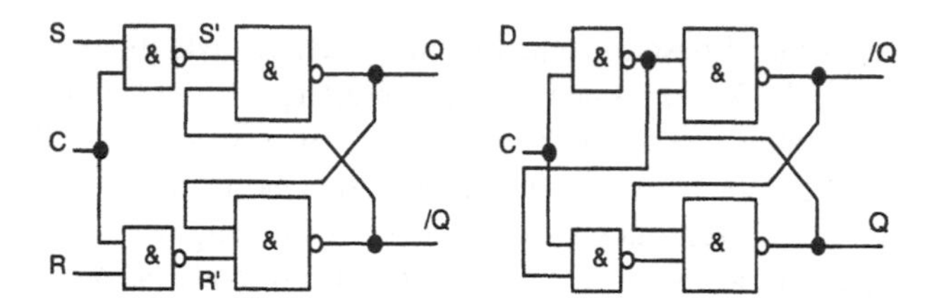

Abb. 3.36. RS- und D-Flipflop mit Datentoren zur Zustandssteuerung

Ein Schalter als digitales Softwaresystem kann wie in Abb. 3.37 dargestellt werden, mit dem Takt C als Steuereingang und dem Datentyp STB, der einen binärwerten Schalttyp abbildet

unit 16-Bit-SWITCH;
  input D_{AN}:RTB < 15, ..., 0 >; C:STB;
  output D_{AB}: RTB < 15, ..., 0 >;
  begin
    |C|:D_{AB}=D_{AN},
    |/C|:D_{AB}=1
  end

Abb. 3.37. Anweisungsfolge eines 16-Bit Schalters

Ein spezielleres Datentor als der vorangehend vorgestellte Schalter ist das Tristate Tor. Das Tristate Tor erhält auf dem ankommenden Datenpfad D_{AN} Datenwörter vom Typ RTB, die es im Falle eines Steuersignals C = 1 unverändert an den abgehenden Datenpfad D_{AB} durchschaltet. Im Fall eines Steuersignal C = 0 wird das Tor blockiert und am abgehenden Datenpfad D_{AB} erscheint der Zustand ∞, formal repräsentiert durch einen Pfeil ↑. Ein Tristate Tor kann als digitales Softwaresystem wie in Abb. 3.38 dargestellt werden, mit dem Takt C als Steuereingang und dem Datentyp RTT, der einen dreiwertigen Schalttyp abbildet, sowie D_{AN} als ankommenden Datenpfad und D_{AB} als abgehenden Datenpfad.

```
unit 16-Bit-TRI_GATE;
  input D_AN:RTB < 15, ..., 0 >; C:STB;
  output D_AB: RTT < 15, ..., 0 >;
  begin
      |C|:D_AB=D_AN,
      |/C|:D_AB=↑
  end
```

Abb. 3.38. Anweisungsfolge eines Tristate Datentors

3.4.2 Register und Zähler

Neben den vorangehend beschriebenen elementaren Grundaufgaben digitalelektronischer Systeme, der Verknüpfung bzw. der Weitergabe von Daten, ermöglichen Register die synchrone oder asynchrone Speicherung von Daten. Register sind Speicherglieder die Schaltvariable aufnehmen, speichern und ausgeben können. Sie wurden bereits als zentraler Bestandteil im Übergang vom Schaltnetz zum Schaltwerk eingeführt, als Speicher für die inneren Zustände (s. Abschn. 3.3). Für die Speicherung der inneren Zustände eines Schaltwerkes werden Speicherglieder aus der Klasse der bistabilen Kippstufen eingesetzt. Neben den bistabilen Kippstufen gibt es, wie in Abschn. 2.2 dargestellt, die astabilen und monostabilen Kippstufen, die eine Erweiterung des bistabilen Typs darstellen. Prinzipiell entsteht eine Kippschaltung, wie in Abschn. 2.2 dargestellt, aus einem Vierpol, bestehend aus zwei Verstärkerstufen, die durch ein entsprechendes Rückkopplungsnetzwerk verbunden sind, welches die Rückkopplungsbedingung R_K während des Kippvorganges erfüllt, für die gilt:

$$R_K = V_V \cdot V_R = 1$$

Ist $V_R \rightarrow \infty$ wird der rückgekoppelte Verstärker instabil, d.h. er kippt. V_R entspricht dabei der Spannungsverstärkung des rückgekoppelten Verstärkers der Form:

$$V_R = \frac{U_a}{U_e} = \frac{V_R}{1 - V_V \cdot V_R}$$

Die bistabile Kippstufe weist zwei Zustände auf, im allgemeinen mit 0 und 1 bezeichnet, die, wenn sie erreicht sind, aufrecht erhalten werden. Damit besitzt sie die Fähigkeit eine binärwertige Information von 1 Bit zu speichern. Bistabile Kippstufen können aus Transistoren (Abb. 3.39) oder elementaren Verknüpfungsgliedern (Abb. 3.40) aufgebaut werden. Die wesentlichen Merkmale der bistabilen Kippstufe sind die Rückkopplungsschleifen, für jeden der beiden stabilen Zustände ist eine Rückkopplungsschleife vorhanden.

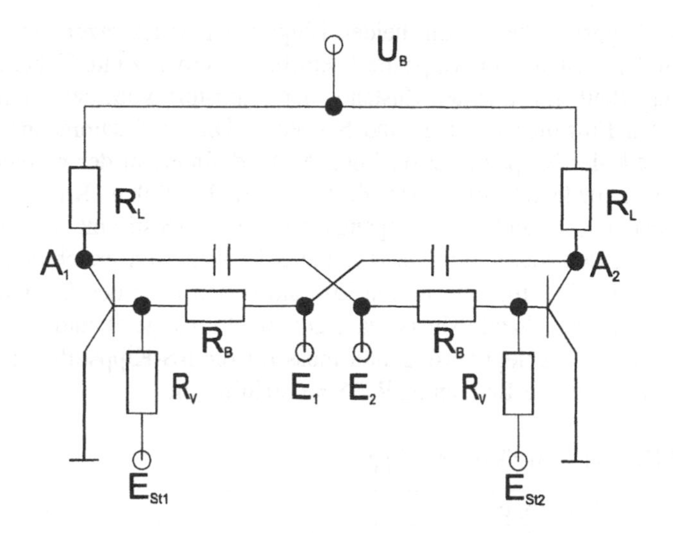

Abb. 3.39. Interner Schaltungsaufbau der bistabilen Kippstufe

Bei der Realisierung einer bistabilen Kippstufe durch Rückkopplung zweier Transistoren erhält man den in Abb. 3.39 dargestellten Schaltungsaufbau. Hierin kennzeichnen R_L die Arbeitswiderstände der Transistoren T_1 und T_2, während R_B die Basiswiderstände und R_H die Hilfswiderstände darstellen. E_1 und E_2 repräsentieren die beiden Eingangsvariablen. Es sei angenommen dass das an E_2 anliegende Signal Null sei, während die an E_1 anliegende Spannung die Schwellspannung U_{BET1} des Transistors T_1 überschreitet, womit T_1 durchgeschaltet und $U_{CET1}= 0$ ist. Da die Spannung über den Spannungsteiler auf die Basis des Transistors T_2 rückgekoppelt wird bleibt T_2 gesperrt, weshalb $U_{CET2} = U_B$ ist. Da diese Spannung über den zweiten Spannungsteiler auf die Basis des Transistors T_1 rückgekoppelt wird bleibt T_1 weiterhin durchgeschaltet, d.h. leitend, auch wenn mittlerweile an E_1 ein Zustandsübergang von logisch 1 auf logisch 0 stattgefunden hat. Erst wenn an E_2 eine entsprechende positive Spannung anliegt, wird T_2 durchgeschaltet (U_{CERT2} = 0) und T_1 gesperrt ($U_{CET1} = U_B$), weil entsprechende Spannungswerte rückgekoppelt werden, die für einen stabilen Zustand sorgen.

Bei der Realisierung einer bistabilen Kippstufe durch Rückkopplung zweier elementarer Verknüpfungsglieder mit zwei Eingangsvariablen erhält man den in Abb. 3.40 dargestellten Schaltungsaufbau der bistabilen Kippstufe, der einfachsten Bauform mit NAND-Gattern, die sogenannte RS-Kippstufe.

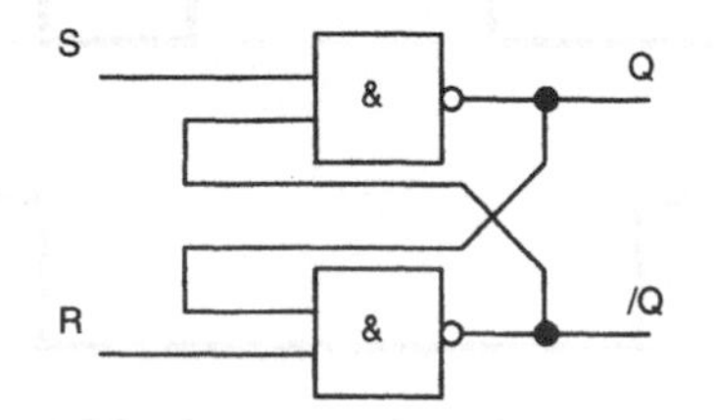

Abb. 3.40. Bistabile Kippschaltung aus NAND-Gattern

Die RS-Kippstufe besitzt die beiden Eingänge R (rücksetzen) und S (setzen) mit denen der Zustand der Kippstufe beeinflusst werden kann. Tabelle 3.13. gibt die Abhängigkeit des nächsten Zustands der Kippstufe vom derzeitigen Zustand und von den Eingangsgrößen R und S wieder. Dieser Zusammenhang wird als Charakteristik der Kippstufe bezeichnet. Nicht definiert in der rechten Spalte in Tabelle 3.13 bedeutet, dass der Zustand der bistabilen Kippstufe für den entsprechenden Zustand der Eingangsvariablen unbestimmt ist, weshalb er vermieden werden muss. Wie aus Tabelle 3.13 weiterhin ersichtlich, wird über den Eingang R die Kippstufe in den Zustand 0 und über den Eingang S in den Zustand 1 versetzt. Unzulässig ist dass auf die Eingänge R und S simultan das Signal logisch 1 angelegt wird. Damit muss für die RS-Kippstufe mit der obigen Charakteristik stets die Bedingung R * S = 0 erfüllt sein.

Tabelle 3.13. Charakteristik der RS-Kippstufe

Eingänge		Zustand	Folgezustand
R	S	Q	Q
0	0	0	0
0	1	0	1
1	0	0	0
1	1	0	nicht definiert
0	0	1	1
0	1	1	1
1	0	1	0
1	1	1	nicht definiert

Die Funktion der RS-Kippstufe als Speicherelement wird aus der in Tabelle 3.13 angegebenen Charakteristik ersichtlich, die besagt, dass für R = 0 und S =0 der Zustand der RS-Kippstufe unverändert bleibt, während R = 1 und S = 0 den

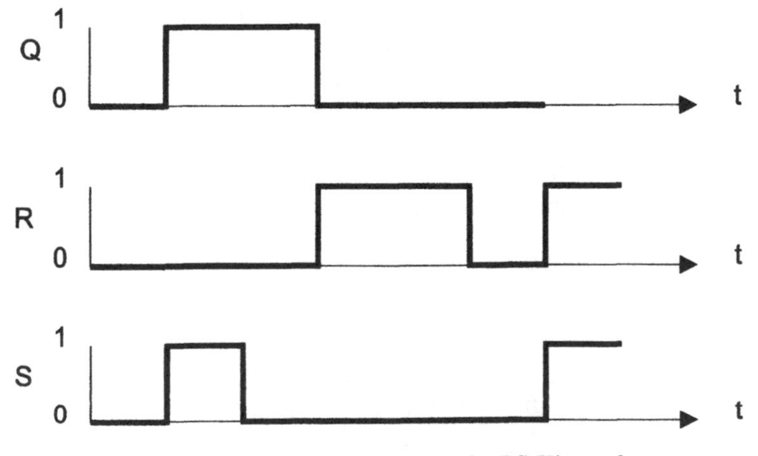

Abb. 3.41. Zustandszeitdiagramm der RS-Kippstufe

Zustand logisch 0 und R = 0 und S = 1 den Zustand logisch 1 der RS-Kippstufe, unabhängig vom vorherigen Zustand, erzeugen, wie aus Abb. 3.41 ersichtlich.
Die RS-Kippstufe bildet als elementares Flipflop die Grundlage aller Speicherelemente. Abb. 3.42 zeigt hierzu zwei Erweiterungen, die für die Realisierung von Logikbausteinen mit Speicherfunktion besonders wichtig sind, das zustandsgesteuerte RS-Flipflop und das D-Flipflop.

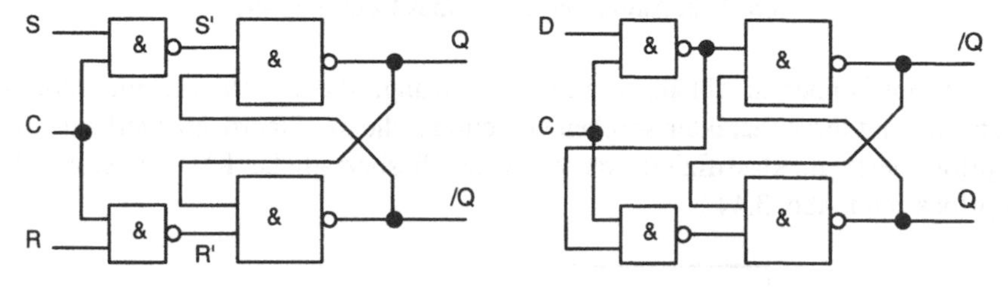

Abb. 3.42. Zustandsgesteuertes RS-Flipflop und D-Flipflop

Die Zustandssteuerung C lässt die Übernahme externer Signale nur dann zu, wenn C = 1 ist, ansonsten liegen die Eingänge R' und S' ständig auf logisch 1, was bedeutet, dass das RS-Flip-Flop den bisherigen Wert speichert.

Das D-Flipflop, auch als Datenspeicherzelle bezeichnet, verhindert durch Kopplung der Eingänge dass der eingangsseitige Zustand 00 nicht eingenommen werden kann. Durch Umbenennung der Ausgänge repräsentiert Q das Signal D (bis auf Laufzeiteffekte), solange C = 1 ist, während für C = 0 der letzte Zustand in Q gespeichert wird, was der sogenannten Latch-Funktion entspricht. Die Charakteristik des D-Flipflop zeigt Tabelle 3.14, d.h. das Latch-Register übernimmt sowohl zu Beginn als auch während des Taktsignals C einen am Eingang D angebotenen Zustand und schaltet ihn zum Ausgang durch.

Tabelle 3.14. Wertetabelle D-Flipflop mit Zustandssteuerung

Eingänge		Ausgang
C	D	Q_{n+1}
0	0	Q_n
0	1	Q_n
1	0	0
1	1	1

Für das in Tabelle 3.14 dargestellte Latch-Register kann eine textuelle Verhaltensbeschreibung angegeben werden, die Abb. 3.43 zeigt.

```
unit LATCH-REG;
input D_AN:RTB < 15, ..., 0 >; C:STB;
output D_AB: RTB < 15, ..., 0 >;
begin
    |C|:D_AB=D_AN
end
```

Abb. 3.43. Anweisungsfolge eines Latch-Registers

Flipflops können in Abhängigkeit ihrer Taktung, die den Übernahmezeitpunkt bestimmt und ihrer charakteristischen Gleichung, die das Übernahmeverhalten des Flipflops festlegt, klassifiziert werden. Eine diesbezügliche Klassifizierung der Flipflops zeigt Abb. 3.44 .

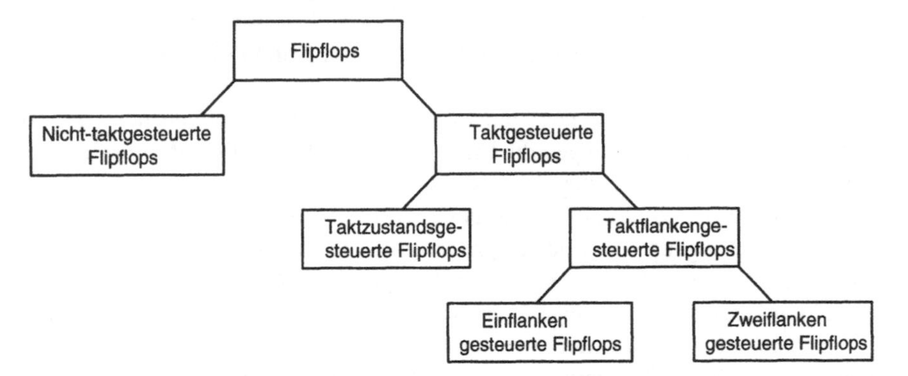

Abb. 3.44. Klassifikation der Flipflop-Typen

Die taktgesteuerten Flipflops haben ihre Bedeutung in vielfältigen Anwendungen gezeigt, da sie ein gezieltes Übernehmen einer logischen Funktion zu festgelegten Zeitpunkten gestatten und damit synchronisierend wirken. Zu den nicht-taktgesteuerten Flipflops gehört beispielsweise das Basis RS-Flipflop, zu den taktzustandsgesteuerten das D-Flipflop. Taktzustandsgesteuerte Flipflops besitzen eine sequentielle Phase, während der alle Änderungen am Eingang mit der Gatterlaufzeitverzögerung am Ausgang sichtbar werden und eine speichernde Phase, wo der Ausgangszustand stabil bleibt. Taktflankengesteuerte Flipflops speichern den Ausgangszustand, der sich nur bei den entsprechenden Flankenübergängen ändert. Diese Flipflops sind besonders in digitalen Systemen geeignet, in denen nachfolgende Stufen auf kurzzeitige Änderungen während eventueller sequentieller Phasen bereits reagieren würden.

Zweiflankengesteuerte Flipflops erweisen sich besonders geeignet für die technische Realisierung von Zustandsmaschinen, da der Ausgangswert, zeitlich entkoppelt von einer Übernahme der Eingangswerte, in die inneren Zwischenspeicher ändert. Diese zeitliche Entkopplung verhindert die Rückkopplung von Ausgangszuständen auf den Eingang und ungewollt im gleichen Zeittakt wieder auf den Ausgang.

Da Flipflops im Grunde genommen Boolesche Speicher (Boolean Memories) repräsentieren, da sie der Booleschen Algebra genügen, können Flipflops in schaltalgebraischer Form notiert werden, d.h. das Ausgangssignal ist als Schaltfunktion der Eingangssignale beschreibbar. Diese Gleichungen werden als charakteristische Gleichung des jeweiligen Flipflops bezeichnet. Für die einzelnen Flipflop-Typen, das RS-Flipflop, das D-Flipflop und das T-Flipflop (T = Toggle) können folgende charakteristische Gleichungen angegeben werden, wobei der Zeitpunkt t_n in den charakteristischen Gleichungen einen Zeitpunkt vor einem zu betrachtenden Takt und t_{n+1} einen Zeitpunkt nach dem zu betrachtenden Takt definiert.

- RS-Flipflop: $Q_{tn+1} = [S + (\neg R * Q)]_{tn}$
- D-Flipflop: $Q_{tn+1} = [D]_{tn}$
- T-Flipflop: $Q_{tn+1} = [(Q * \neg T) + (\neg Q * T)]t(n)$

Aus den charakteristischen Gleichungen ist die logische Verknüpfung durch das Flipflop ersichtlich, die zeitliche Kopplung bzw. Entkopplung wie sie beispielsweise im Fall des zweiflankengesteuerten Master-Slave-Flipflops vorhanden ist, kann so nicht beschrieben werden.

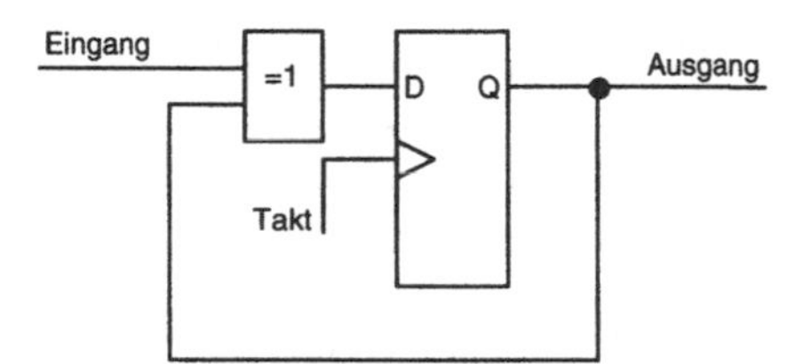

Abb. 3.45. Toggle-Flipflop

Die synchrone Struktur des Flipflop hängt, wie dargestellt, von der hardwaretechnischen Umsetzung ab. Beispielsweise enthält das T-Flipflop ein ODER-Gatter, das den Ausgang auf den Eingang zurückkoppelt. Dadurch wird erreicht, dass der Zustand am Ausgang genau dann wechselt, wenn am Eingang der Wert logisch 1 anliegt.

Demgegenüber repräsentieren Zähler Schaltungen, die eine in ihren Eingang einlaufende Impulsfolge abzählen und das Zählergebnis am Zählerausgang in einer binär codierten Form darstellen. Zähler werden beispielsweise zur Messung der Zeit durch Abzählen periodischer Zeitmarken, oder zur Messung von Frequenzen durch Auszählen der Schwingungen innerhalb eines Zeitintervalls, etc., eingesetzt. Auch können analoge Größen zur Weiterverarbeitung in Impulsfolgen gewandelt und mit einem Zähler abgezählt werden. In Abhängigkeit der Arbeitsweise des Zählers wird unterschieden zwischen

- Synchronen,
- asynchronen

Zählern sowie zwischen

- Vorwärtszählern,
- Rückwärtszählern.

Die am häufigsten verwendete elementare Zähleinheit ist das taktgesteuerte JK-Flipflop. Beim Zusammenschalten der Flipflops zu Zählern werden für die richtige Ansteuerung der Flipflops zusätzliche Schaltglieder benötigt, damit bei synchronen Zählern alle Flipflops im gleichen Takt schalten, bzw. der Zähler Aufwärtszählen, d.h. Vorwärtszählen, oder Abwärtszählen, d.h. Rückwärtszählen kann. Wenn ein Zähler rückwärts zählen soll, muss er vorher auf eine Zahl eingestellt werden, von der aus er abwärts zählen soll.

Beispiel 3.11.
Bei einem synchronen Vorwärtszähler werden die Takteingänge aller Flipflops parallelgeschaltet. Die Eingänge J und K der Flipflops werden von den Ausgängen so gesteuert, dass nach jeden Taktimpuls das Codewort für die nächste Zahl am Ausgang Q entsteht. Damit kann von folgendem Schaltverhalten des JK-Flipflop ausgegangen werden:

	Ausgang Konstant		Ausgang wechselt	
Qn	0	1	0	1
Qn+1	0	1	1	0
K	*	0	*	1
	0	*	1	*

* bedeutet im vorliegenden fall dass der logische Wert nicht vorgegeben ist.

Die zugehörige 8-4-2-1-Vorwärts-Zähldekade zeigt Abb. 3.46 Die maximale Zählfrequenz der Vorwärts-Zähldekade kann dabei nach folgender Beziehung ermittelt werden, da alle Flipflops gleichzeitig getaktet werden und die Schaltung ohne zusätzliche Schaltglieder arbeitet:

$$f = \frac{1}{t_{FF} + T}$$

mit t als Flipflop-Verzögerungszeit und T als minimale Taktimpulsbreite.

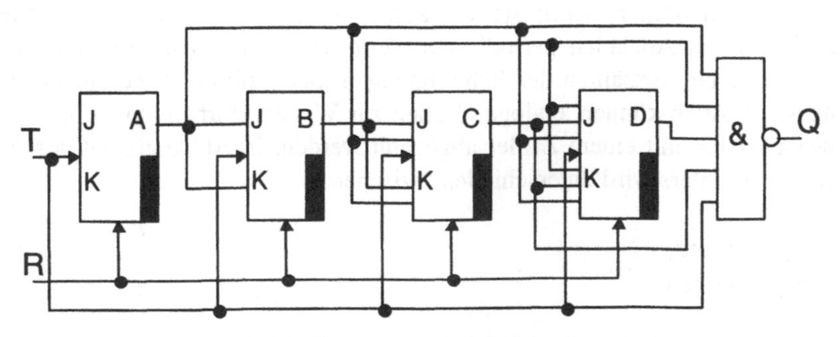

Abb. 3.46. Vorwärts-Zähldekade

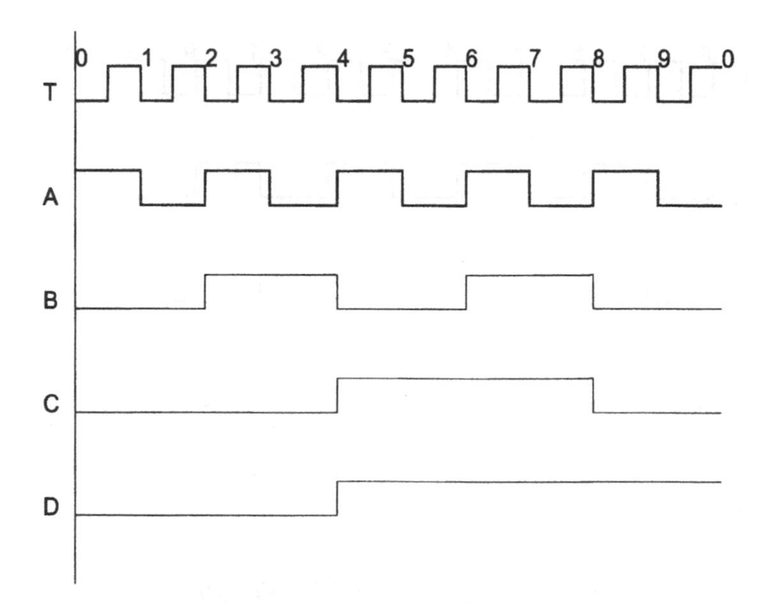

Abb. 3.47. Impulsdiagramm der 8-4-2-1 Vorwärtszähldekade

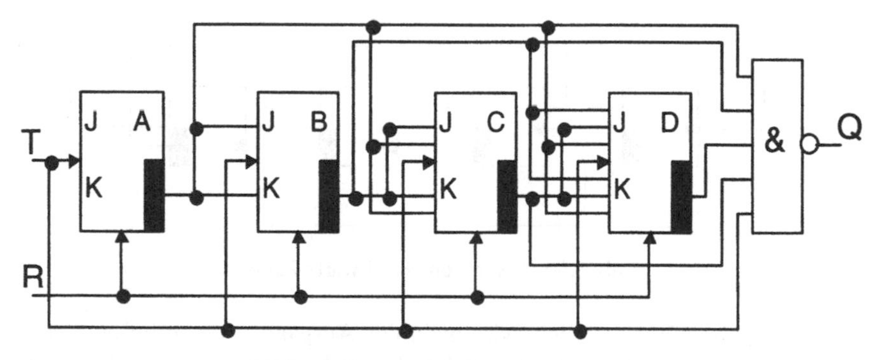

Abb. 3.48. Rückwärts-Zähldekade

Im Vergleich dazu ist in Abb. 3.48 die 8-4-2-1-Rückwärts-Zähldekade dargestellt. Die maximale Zählfrequenz des Rückwärtszählers ist

$$f = \frac{1}{t_{FF} + T + t_{SG}}$$

mit t_{SG} als mittlerer Schaltglied Verzögerungszeit, die berücksichtigt wird, weil das Steuersignal für den Eingang J_B noch das Schaltglied durchläuft bevor der nächste Taktimpuls eintrifft.

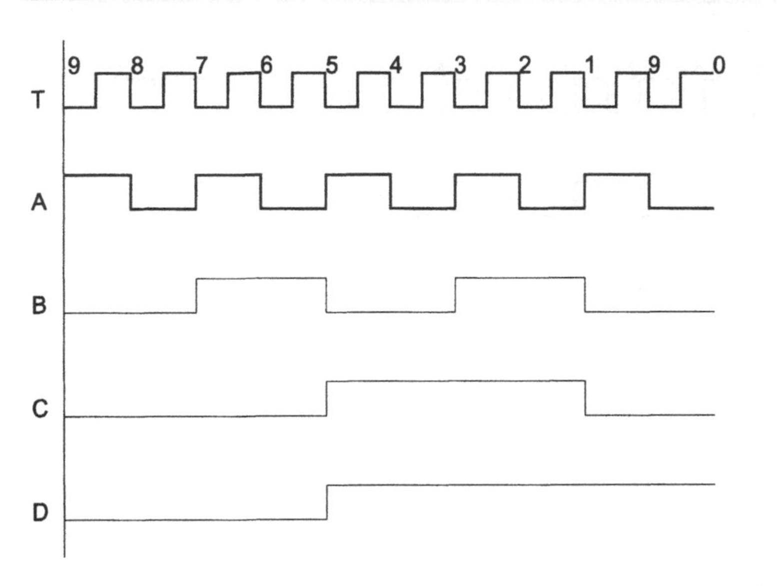

Abb. 3.49. Impulsdiagramm der 8-4-2-1 Rückwertszähldekade

In Abb. 3.50 ist zum Vergleich eine asynchrone 8-4-2-1-Rückwärts-Zähldekade dargestellt.

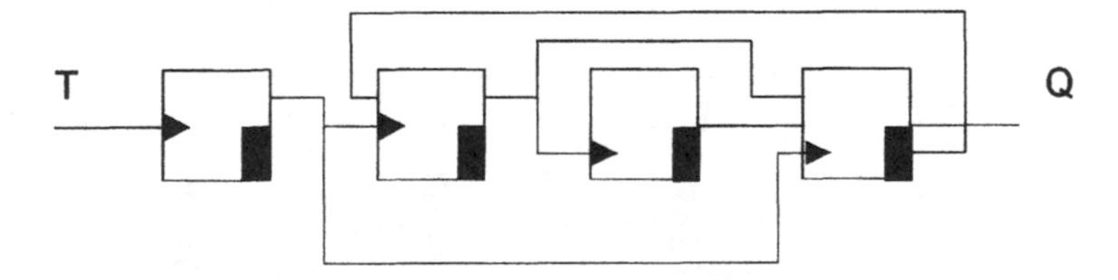

Abb. 3.50. Asynchrone Rückwärts-Zähldekade

Wie aus Abb. 3.50 ersichtlich, wird nicht der Ausgang A des Flipflop A als Takt für die Flipflops B und D genutzt sondern /A, wohingegen Ausgang B des Flipflop B als Takt für das Flipflop C zur Verfügung steht. Damit tritt Asynchronisation immer dann auf, wenn auf unterschiedlichen Taktflanken geschaltet wird, wie in Abb. 3.50 exemplarisch dargestellt. Ein Zähler wäre auch dann asynchron wenn der Takt, wie in Abb. 3.50 dargestellt, auf das Flipflop A aufläuft, der Ausgang des Flipflop A bzw. /A dann aber alle weiteren Takteingänge der Flipflops triggert.

3.4.3 Speichersysteme

Schaltungen, die in der Lage sind, Informationen über einen bestimmten Zeitraum festzuhalten und jederzeit wieder auszugeben, d.h. verfügbar zu machen, werden als Speicher bezeichnet. Die heute vorhandene Speicherhierarchie ist entstanden aus dem Zusammenhang zwischen Größe und Geschwindigkeit (Zugriffzeit). Sie geht vom Archivspeicher mit beliebiger Größe, aber Zugriffzeiten im Bereich zwischen Sekunden und Minuten, über den Massenspeicher, mit Speicherkapazitäten zwischen 20 MB und 100 GB bei Zugriffzeiten im Bereich zwischen 5 und 70 ns, sowie den Haupt-, Arbeits- oder Systemspeicher, mit 64kB bis 128 MB Speicher und 70 – 120 ns Zugriffzeiten, über den Cache, mit 128 Byte bis 4 MB Speicherkapazität bei 5 – 20 ns Zugriffzeit, hin zum Register, mit 4 – 32 Registern deren Zugriffzeit unter 5 ns liegt. Die angegebenen Werte sind Durchschnittswerte. Wie aus diesen Betrachtungen ersichtlich, besteht in der Zugriffszeit zwischen Registern auf den Massenspeicher ein Unterschied der durch den Faktor 10^6 ausgedrückt werden kann, während in der Größe, d.h. der Speicherkapazität, der Unterschied bei 10^9 liegt. Durch Nutzung der sogenannten Referenzlokalität von Programmen wird es, bezogen auf die vorangehend beschriebene Speicherhierarchie, möglich, Speicherzugriffe zu beschleunigen und die Größe des Hauptspeichers zu virtualisieren. Die Referenzlokalität kennzeichnet damit die Tendenz von Programmen über eine gewisse Zeitspanne hinweg nur auf Daten und Instruktionen zuzugreifen, die vorher referenziert wurden oder benachbarte Adressen haben. Dies hat seine Ursache u.a. in der sequentiellen Abarbeitung von Befehlen und der Lokalisierung von Operanden in Datensegmenten (Heap, Stack). Weitere Gründe sind der sequentielle Zugriff auf die Komponenten eines Feldes sowie Programmschleifen. Dabei wird zwischen räumlicher und zeitlicher Lokalität unterschieden. Während bei der räumlichen Lokalität der nächste Zugriff auf eine benachbarte Speicherzelle erfolgt, besagt die zeitliche Lokalität, dass der nächste Zugriff auf eine Speicherzelle vollzogen wird, auf die kurz vorher bereits zugegriffen wurde. In den sogenannten Multiprozessorsystemen gewinnt darüber hinaus noch die Prozessorlokalität an Bedeutung, Sie gibt an, dass jeder Prozessor in der Regel auf seinen privaten Datenbereich zugreift.

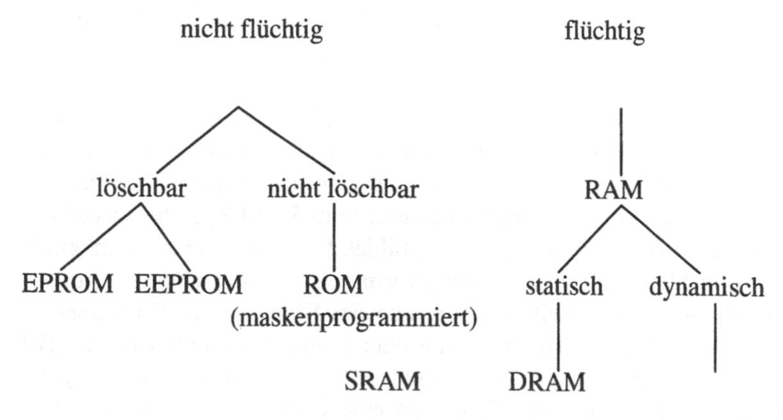

Abb. 3.51. Varianten wahlfreier Halbleiterspeicher

Die heute vorherrschenden Halbleiterspeicher mit wahlfreiem Zugriff können in flüchtige und nicht flüchtige Speicher aufgeteilt werden. Letztere unterscheiden sich nochmals in die löschbaren, für die exemplarisch EPROMs und EEPROMs angeführt werden können und die nicht löschbaren Speicher, hierzu zählen die maskenprogrammierbaren ROMs. Bei den flüchtigen Speichern ist das RAM zu nennen, welches als statisches oder dynamisches RAM realisiert sein kann, d.h. SRAM oder DRAM. Damit können Halbleiterspeicher mit wahlfreiem Zugriff, wie in Abb. 3.51 dargestellt, klassifiziert werden.

3.4.3.1 Caches

Ein Cache ist ein schneller Pufferspeicher der entweder auf dem CPU-Chip oder aber zwischen CPU und Speicher angeordnet ist. Caches sind erforderlich um Prozessoren mit hinreichender Schnelligkeit mit Daten versorgen zu können. Ein Cache enthält neben der Cachesteuerung einen sogenannten Tag- und einen Blockspeicher, wobei das Tag-RAM das Adressregister und der Blockspeicher das Datenregister beinhaltet, letzteres in der Regel als SRAM realisiert. Ein Cache-Eintrag besteht immer aus zwei Teilen, einem Adress-Tag und einem Daten-Block. Am Tag einer Cache-Zeile ist erkennbar, ob sich der gewünschte Block in der adressierten Cache-Zeile befindet oder nicht. Cache-Zeilen werden im Blockzugriffverfahren geladen.

3.4.3.2 Schreib-Lese-Speicher

Der Haupt-, Arbeits- oder Systemspeicher ist ein Halbleiterspeicher mit wahlfreiem Zugriff, d.h. ein Schreib-Lese-Speicher oder Random Access Memory (RAM). Er kann als statisches oder dynamisches RAM realisiert sein. Statische RAM-Bausteine, sogenannte SRAM, weisen kleine Zugriffs- und Zykluszeiten auf, wohingegen dynamische RAM-Bausteine, sogenannte DRAM, sich dadurch von den SRAM unterscheiden, dass die Zugriffe speicherintern als Lesezugriffe mit Rückschreiben ausgeführt werden, mit automatischem Refresh. Damit sind dynamische RAM-Bausteine langsamer als statische RAM-Bausteine, sie besitzen aber eine größere Speicherkapazität.

Ein RAM besteht von seinem prinzipiellen Aufbau her aus einem Speicherfeld, in der Regel in matrixförmiger Anordnung, und einer Steuerlogik für das Adress- und Datenregister. Die jeweilige Speicheradresse wird über Datenpfade, hier den Adressbus, in das Adressregister übertragen und vom RAM-Speicher decodiert, d.h. auf eine Zeilen- und Spaltennummer abgebildet. Die Steuerlogik S ermöglicht einerseits die Anwahl des Speicherbausteins vermittels des sogenannten Chip Select (CS) Signals, und andererseits die Vorgabe der Richtung der Datenübertragung durch das Schreibsignal, d.h. Schreiben oder Lesen. Bei einem Blockzugriff auf das RAM werden die einzelnen Wörter eines Blocks in einem Buszyklus gelesen, z.B. bei der Übertragung eines Blocks in eine Cache Zeile. In diesem Fall wird vom Prozessor nur die Anfangsadresse des zu übertragenden Blocks erzeugt, da die Speichersteuerung die Folgeadressierung durchführt.

Die in Abschn. 3.4.2 eingeführten bistabilen Kippstufen sind prinzipiell als Speicherelemente geeignet, da sie ohne externe Ansteuerung den Dateninhalt halten, bzw. durch externe Ansteuerung gezielt auf Datenwerte gesetzt werden können. Statische RAM-Speicherzellen (SRAM) sind meistens in CMOS-Technologie aufgebaut, wie in Abb. 3.52 dargestellt.

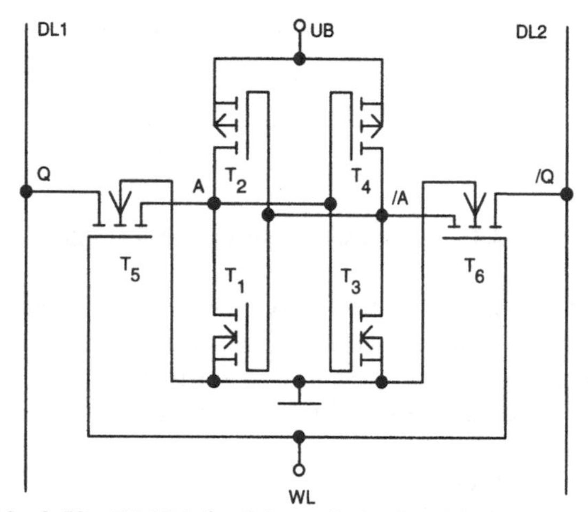

Abb. 3.52. SRAM-Speicherzelle in CMOS-Technologie

Die in Abb. 3.52 dargestellte SRAM-Speicherzelle ist auf Basis zweier rückgekoppelter CMOS-Inverter mit je zwei MOS-Transistoren, T1 und T2 sowie T3 und T4, realisiert. Die Transistoren T5 und T6 dienen der zeitgleichen Ansteuerung der Inverter. Liegt die Wortleitung WL, die durch die chipinterne Adressdekodierungslogik angesteuert wird, auf logisch 1, werden die CMOS-Inverter, an den Punkten A bzw. /A, mit der jeweiligen Datenleitung niederohmig verbunden. Datenleitung 1 (DL1) repräsentiert beim Lesevorgang den Inhalt A, Datenleitung 2 (DL2) den Inhalt /A.

Der Schreibvorgang wird ebenfalls durch logisch 1 an WL eingeleitet, wobei DL1 und DL2 inverse Potentiale führen. Liegt DL2 auf logisch 1, wird, wegen WL = logisch 1, womit T5 und T6 leitend sind, T1 niederohmig und T2 hochohmig. A nimmt damit den Wert logisch 0 an (Spannungsteiler T1 und T2), und /A, durch die Rückkopplung, den Wert logisch 1. Der Dateninhalt innerhalb der 1-Bit-Zelle bleibt solange erhalten, bis ein erneuter Schreibvorgang dieser Zelle initiiert wurde oder aber die Betriebsspannung abgeschaltet wird.

SRAM-Zellen benötigen, bedingt durch ihre statische Natur, keine Refresh-Zyklen, womit sie schneller sind als DRAM-Zellen, da der Schreibvorgang nach dem Lesen unterbleiben kann. Der hardwaretechnische Aufwand innerhalb eines SRAM ist aber größer, da nunmehr, ohne Dekodierungslogik, 6 Transistoren pro 1-Bit-Zelle aufgewendet werden müssen, wie aus Abb. 3.52 ersichtlich, womit auch die Verlustleistung frequenzabhängig ansteigt.

Das DRAM basiert in seiner Zellenstruktur auf einer Ein-Transistor-Speicherzelle, ihr schematischer Aufbau ist in Abb. 3.53 dargestellt. Die DRAM-Speicherzelle basiert auf dem Prinzip der Ladungsspeicherung in einem Kondensator der, bei Vernachlässigung der Leckströme, einmal aufgeladen, seine Ladung hält und so den logischen Wert 1 oder 0 repräsentiert.

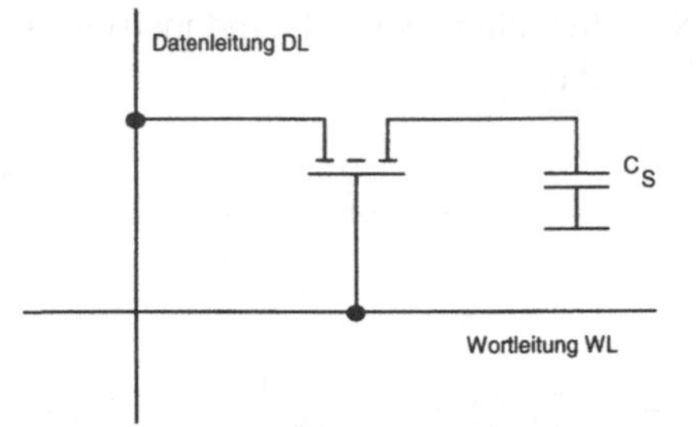

Abb. 3.53. Schematischer Aufbau der DRAM Zelle

Der in Abb. 3.53 abgebildete Speicherkondensator C_S ist als Bestandteil des MOS-Transistors ausgeführt, wobei zwischen Drain und Substrat eine Kapazität im Femtofarad Bereich besteht. Ist C_S geladen entspricht dies dem Wert logisch 1. Die Wortleitung WL steuert die jeweilige Transistorzelle an. Je nach Ansteuerung der Datenleitung DL wird Ladung auf den Kondensator gebracht, was dem Schreiben mit Wert logisch 1 entspricht, oder die Ladung fließt gegen logisch 0 ab, d.h. Schreiben mit logisch 0, also Lesen des Speicherinhalts. Da der Effekt durch die Transistorladung aufgrund der geringen Kapazität und der parasitären Kapazitäten der Leitungen innerhalb des DRAM gering ist muss er entsprechend verstärkt werden. Nach jedem Lesevorgang ist die DRAM Zelle entladen und muss, soll der Dateninhalt nicht zerstört werden, wieder geladen werden. Parasitäre Leckströme entladen die DRAM Zellen ebenfalls, so dass nach einer gewissen Datenhaltungszeit der Dateninhalt verloren geht. Schaltungstechnisch wird dies dadurch verhindert, indem ein spezieller, periodischer Lese/Schreibvorgang, der sogenannte Refresh, innerhalb der Datenerhaltungszeit eines DRAM erfolgt.

Speicherbausteine aus DRAM Zellen werden häufig benutzt, da die Zelle (ohne Ansteuerung) aus nur einem Transistor besteht, entsprechend klein ist und eine geringe Verlustleistung hat. Die Packungsdichte der DRAM ist entsprechend hoch, so dass der Schaltungsmehraufwand für den Refresh-Controller in keinem Verhältnis zum Gewinn an Packungsdichte und zur geringen Verlustleistung steht.

DRAM Bausteine sind aus den beschriebenen DRAM Zellen aufgebaut, wobei der interne Aufbau eine quadratische Struktur darstellt. Bei DRAM Bausteinen wird die Adresse zumeist in zwei Halbadressen (Pageaddress und Columnaddress) mit dem Steuersignal übermittelt. Die Adressen entsprechen den beiden Dimensionen in der Adressierung innerhalb des Bausteins. In Abb. 3.54 ist der prinzipielle Aufbau eines DRAM Bausteins dargestellt.

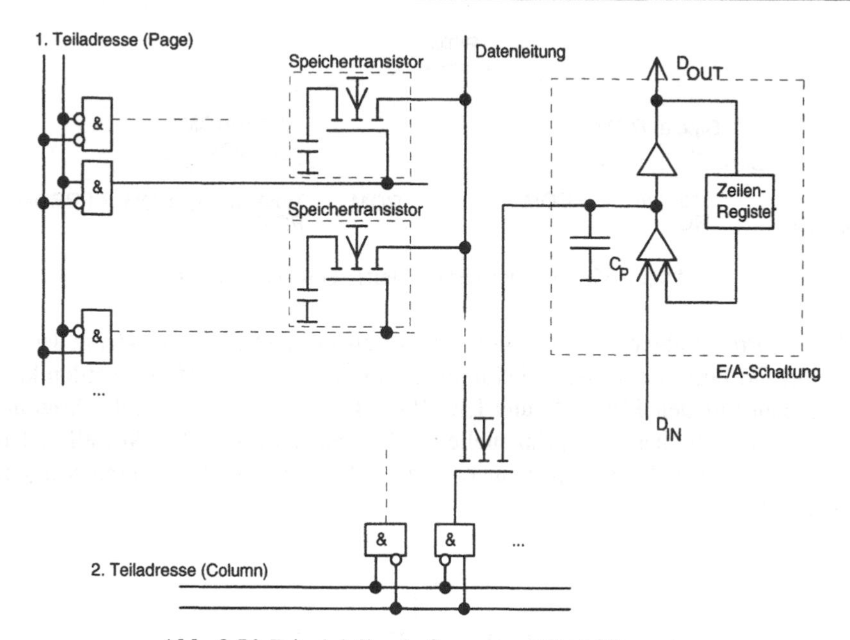

Abb. 3.54. Prinzipieller Aufbau eines DRAM Bausteins

Die Ausführung des Lese- und Schreibverstärkers (E/A-Schaltung) stellt das Interface zu den Anschlüssen (Pins) dar. Für einen Lesevorgang wird ein anschließender Schreibvorgang initiiert um die gespeicherten Daten zu erhalten. Dieser Vorgang, sowie teilweise auch der Refresh, laufen bei modernen DRAM intern ab.

Die Aufteilung der Adresse in zwei Halbadressen hat eine deutliche Minderung der Gehäusemaße zur Folge, da bestimmte Anschlüsse (Pins) Doppelfunktionen erhalten können. Bei den sogenannten Page-Mode-DRAM Bausteinen wird dies zusätzlich ausgenutzt, indem die Page-Adresse nur einmal geladen wird, anschließend aber alle zugehörigen Column-Adressen bei verringerter Zugriffszeit ausgelesen werden können.

3.4.3.3 Festwertspeicher

Neben den bislang beschriebenen Schreib-/Lese-Zellen, kommt auch den festprogrammierbaren Speicherzellen eine erhebliche Bedeutung zu. Die verschiedenen Ausführungen dieses Speichertyps unterscheiden sich sowohl hinsichtlich der Reversibilität der Programmierung, der Handhabbarkeit der Programmierung wie z.B. dem Ort wo dies durchgeführt werden kann, als auch in der eingesetzten Technologie., wie in Abb. 3.55 zusammenfassend dargestellt. Unter Programmierung wird dabei der Vorgang verstanden der abläuft um die Zelle definiert zu aktivieren und anschließend, bei einem Auslesevorgang, einen eindeutigen logischen Wert, 0 oder 1, auszugeben. Dieser Wert muss auch nach Ausschalten der Betriebsspannung erhalten bleiben.

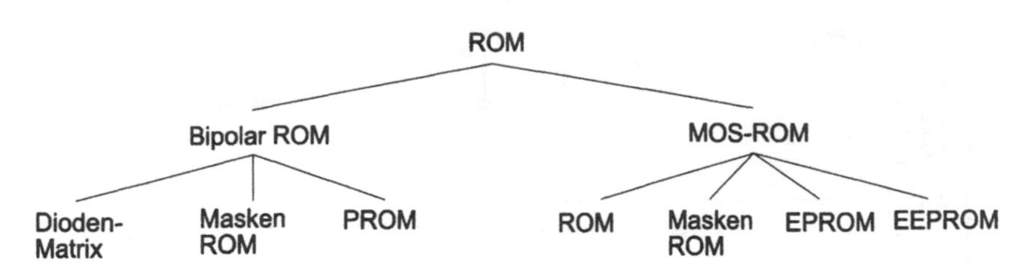

Abb. 3.55. Varianten der Halbleiter-Festwertspeicher

Neben irreversiblen Programmierungsformen die sowohl beim Hersteller als auch vor Ort beim Anwender ("Feldprogrammierung") durchgeführt werden können, stehen mit den EPROM- und EEPROM-Technologien reversible Programmierformen verfügbar. Der prinzipielle Aufbau einer Flash-EPROM-Zelle ist in Abb. 3.56 dargestellt, die Spannungen sind dabei für den Programmiervorgang bezeichnet.

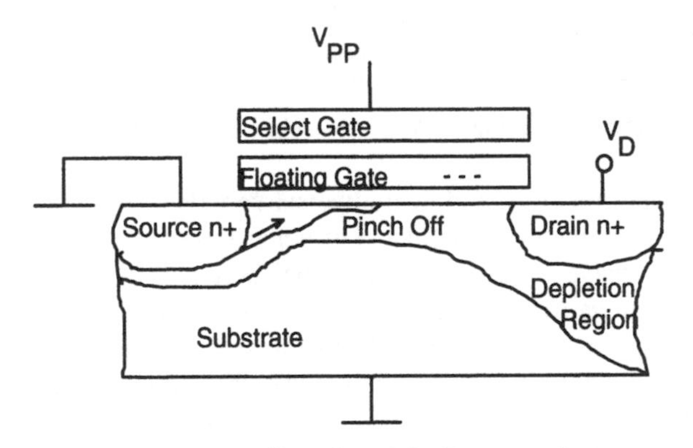

Abb. 3.56. EPROM-Zelle während des Programmiervorgangs

Die EPROM-Zelle besteht aus einem MOS-Transistor mit einem zweiten Gate, dem sogenannten Floating Gate, das allerdings keine elektrische Verbindung nach außen hat, sondern isoliert in der Transistorzelle liegt. Im unprogrammierten Zustand befindet sich keine Ladung auf dem Floating Gate, wodurch eine niederohmige Verbindung zwischen Source und Drain bei Ansteuerung des Gates erzeugt werden kann. In Abb. 3.57 ist die Kopplung zwischen Eingangssignal und Produktzeile durch EPROM-Zellen dargestellt, die, sofern selektiert, miteinander gekoppelt sind, wenn das Floating-Gate durch seine elektrische Neutralität das Selektierungssignal nicht maskiert. Eine programmierte Zelle, bei der Ladungen auf dem Floating Gate vorhanden sind, wird durch das Selektierungssignal nicht leitend, so dass zwischen Source- und Drain die Spannung aufgrund der Hochohmigkeit des Transistors abfällt. Die Programmierung erfolgt durch das Aufbringen elektrischer Ladungen (Elektronen) mittels Überspannung.

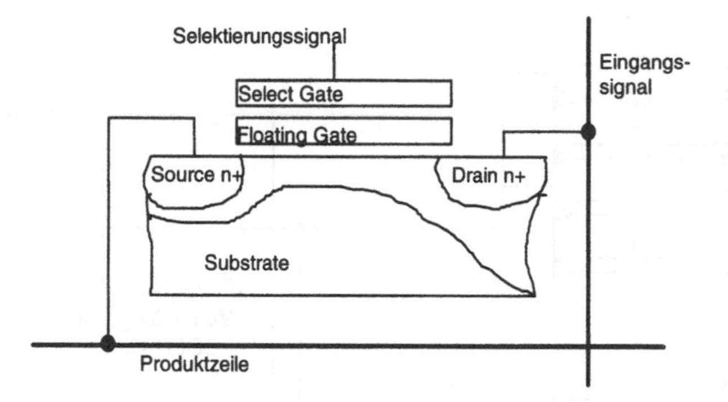

Abb. 3.57. EPROM-Zelle im unprogrammierten Zustand

Bei Bestrahlung mit UV-Licht bestimmter Wellenlänge (253,7 nm) oder durch einen elektrischen Löschvorgang (Flash-EPROM bzw. EEPROM) kann die auf dem Floating Gate gespeicherte Ladung durch den lichtelektrischen Effekt wieder entfernt und damit der Baustein in seiner Gesamtheit gelöscht werden. EPROM Zellen sind theoretisch beliebig oft lösch- und wiederbeschreibbar. Parasitäre Effekte, die Ladungen auf dem Floating Gate auch beim Löschvorgang belassen, begrenzen die Zahl der Wiederholungen jedoch auf ein endliches Maß. Herstellerangaben zufolge kann ein Baustein zwischen 100 bis 10000 mal reprogrammiert werden, bei garantierten Datenerhaltungszeiten.

EPROM Zellen stellen den Prototypen für reversibel programmierbare Zellen in Logikbausteinen dar. Ihre normale Anwendung sind Festwertspeicher für Rechnersysteme, z.B. für Basisprogramme bei großen Rechenanlagen oder als kompletter Programmspeicher bei Controller-Applikationen.

Die EPROM-Zelle benötigt einen MOS-Transistor pro Bit, ist also im Aufbau mit den DRAM-Zellen vergleichbar. Die Verlustleistung bei CMOS-Systemen ist gering, jedoch sind die Schaltzeiten nicht beliebig reduzierbar, da die EPROM Zelle als Kondensator wirkt, so dass elektrische Impulse größere Laufzeiten aufweisen. EPROM werden als Programmspeicher eingesetzt, die Wortweise organisiert sind, d.h. das Lesen/Schreiben einer Zelle geschieht nicht bitweise, sondern mit der jeweiligen Wortbreite, die 4, 8, 16, 32 oder 64 Bit sein kann.

Die Adressierung einer Speicherzelle, bzw. mehrerer Speicherzellen, kann in eindimensionaler Form erfolgen, wie in Abb. 3.58 gezeigt. Bei dieser Architektur werden bei k Eingangsleitungen (Adressen) und n Ausgangsleitungen (Daten) 2k-UND-Gatter mit je k Eingängen sowie n ODER-Gatter mit je 2k Eingängen benötigt. Die Ausführung der UND- und ODER-Gatter ist Bausteinabhängig. EPROM Zellen, die auf einen gemeinsamen Datenausgang arbeiten, sind parallel zu diesem geschaltet. Führt eine der Zellen am Ausgang (Produktsignal aus Abb. 3.57) ein logisch 1 Signal, bewirkt die interne Verschaltung, dass auch das gemeinsame Signal, d.h. der Datenausgang den Wert logisch 1 führt, der über einen Tristate-Treiber an die externen Anschlüsse des Speicherbausteins gelangt. Durch die Selektierung mittels der UND-Gatter kann nur eine Zelle ein logisch 1 Signal am Ausgang aufweisen, und nur dann, wenn die Programmierung (d.h. die Ladungen) gelöscht ist.

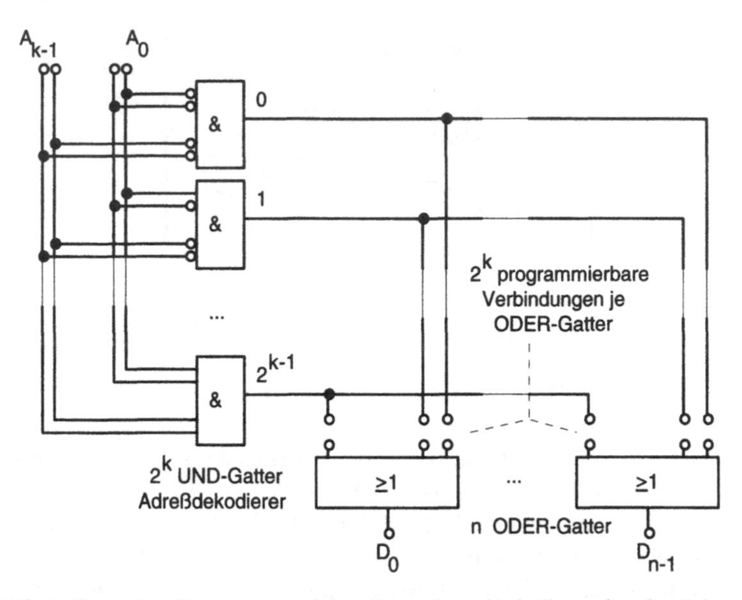

Abb. 3.58. Aufbau eines Programmspeicher-Bausteins mit eindimensionaler Adressierung

Auch SRAM-Zellen werden ähnlich zusammengeschaltet. Die Auslegung der Datenbustreiber ist dabei bidirektional, da SRAM Schreib/Lesespeicher sind.

Infolge der eindimensionalen Adressierung benötigt ein Speicherbaustein mit n Bitleitungen insgesamt n * 2k-Eingangsleitungen zu den einzelnen Zellen. Das EPROM 27256 (oder SRAM 62256) mit 32k * 8 Bit Speicherkapazität, besitzt 8 Bitleitungen, aber 262144 Eingangsleitungen. In der Praxis werden diese Belegungen in eine annähernd quadratische Form gebracht (zweidimensionale Adressierung), da durch diese Verschaltung der Herstellungsprozess der integrierten Schaltkreise besser unterstützt wird. Die zunächst linear angeordnete UND-Matrix wird zweigeteilt und quadratisch zueinander angeordnet, was Abb. 3.59 für das EPROM 27256 im Detail zeigt. Der Speicherinhalt befindet sich in der 512 * 512-Speicher Matrix. Die gewünschten Zellen (hier 8 Bit Breite) werden durch 512 Selektierungsleitungen, den Adressleitungen A4 - A9 und A12 - A14, UND verknüpft mit den 8 * 26 Leitungen der Adressierungsbits A0 bis A3, A10 und A11, angesprochen. Die Chip Select-Leitungen sowie der Output Enable werden zur Steuerung in Mikroprozessorsystemen mit mehr als einem Baustein benötigt, sie sind in Abb. 3.59 der Einfachheit halber weggelassen, da sie im wesentlichen nur die Ausgangstreiber aktiv schalten. Von der jeweiligen Adresszuordnung kann im Einzelfall abgewichen werden, das Prinzip der Implementierung bleibt aber bei allen Speicherbausteinen erhalten.

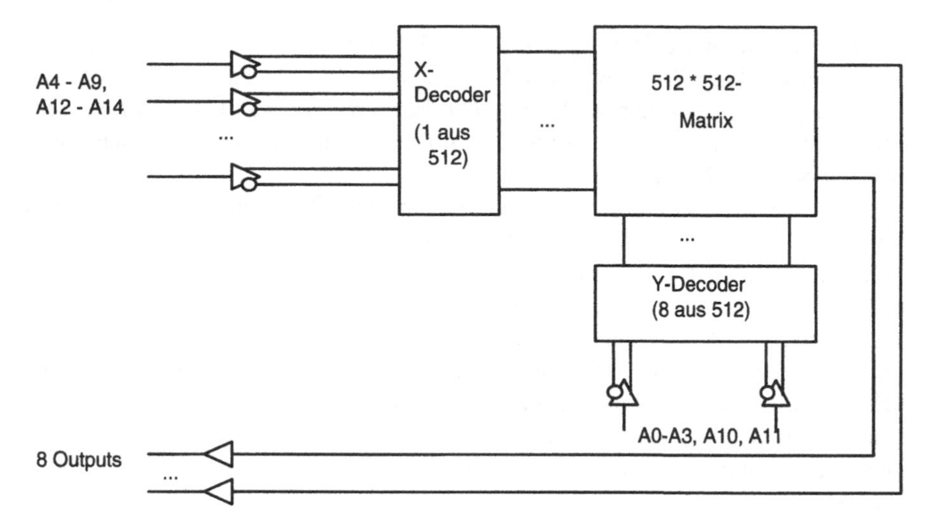

Abb. 3.59. EPROM 27256, vereinfacht

Die Umgruppierung der UND-Verschaltung ergibt keine lineare Anordnung der festverdrahteten UND-Gatter mehr, sondern eine zweistufige mit annähernd quadratischem Layout. Eine einzelne Zelle innerhalb des Speicherbausteins wird dann über zwei Selektierungssignale gesteuert die miteinander verknüpft werden müssen.

Der Vorteil bei der Herstellung des Bausteins muss mit einem Nachteil für den Anwender erkauft werden, da die zusätzliche logische Verknüpfung eine Dreistufigkeit, zweifach UND und einfach ODER ergibt, was sich in relativ langen Signallaufzeiten auswirkt, minimal ca. 35 ns bei einem PROM und bis zu 12 ns bei SRAMs, verglichen mit den Schaltzeiten für die eigentliche Speicherzelle.

3.4.3.4 Registerfiles

Die Zusammensetzung mehrerer Speicherzellen zu einer größeren Organisationseinheiten repräsentiert das sogenannte Register. Register werden, da ihre Anzahl in der Regel gering ist, direkt angesteuert, so dass keine Zeit zur Dekodierung einer anliegenden Adresse verloren geht. Daher sind sie sehr schnell und können als schnelle Speicher eingesetzt werden. Der Datenspeicherbereich (RAM) ist als Register-File realisiert, d.h. jeder Befehl kann auf jede RAM Zelle in gleicher Weise zugreifen. Die Breite des Registers ist entsprechend dem Grad der Parallelität unterschiedlich. Zumeist findet man 8-, 16-, 32- und 64-Bit breite Register in CPUs.

Mehrere Register können zu einem Registersatz zusammengeschlossen werden. Voraussetzung für die Zusammenfassung mehrerer Register zu einem Satz ist deren allgemeine Einsetzbarkeit, d.h., die Register dürfen keine speziellen Aufgaben wahrnehmen. Eine gewisse Ausnahme bilden hier nur Register, deren Wert festgelegt ist um einen schnellen Konstantenzugriff zu gewährleisten. Sehr große Registersätze werden als Registerfile bezeichnet. Die Verwaltung von Registerfiles ist auf unterschiedliche Weise möglich. Im einfachsten Fall stehen alle Register jeder Task zur gleichen Zeit zur Verfügung. Die Form der Verwaltung entspricht dem konventionellen Registersatz; Aufteilungen für verschiedene Tasks werden innerhalb der Software festgelegt .

Das Registerfile kann auch in zwei verschiedene Bereiche aufgeteilt werden, einen lokalen und einen globalen Bereich. Der globale Registersatz bleibt für alle Tasks gleichermaßen erreichbar, so dass über diese Register der globale Datenaustausch abgewickelt werden kann. Für Programme oder Unterprogramme wird ein lokaler Registersatz definiert, auf dem bei Aufruf eine Parameterübergabe erfolgen kann bzw. der dem Programmteil als privater Registersatz zur Verfügung steht. Zu diesem Zweck wird das Registerfile in eine Reihe disjunkter Registersätze aufgeteilt, deren Zuteilung an eine Task über einem Registersatzpointer erfolgt. Entsprechend muss der Zugriff auf Register über einen Registerpointer mit Index erfolgen.

Im dritten Fall wird der Registersatz wieder in einen globalen und einen lokalen Bereich aufgeteilt, wobei die Verwaltung des lokalen Teils nicht mehr in Form dis-junkter Teile, sondern teilweise überlappend erfolgt, so dass insbesondere die Parameterübergabe erheblich vereinfacht wird. Die überlappenden Teile sind häufig zyklisch angeordnet, so dass sich erste und letzte lokale Registerbank überlappen. Durch diese Überlappung wird ein einzelner lokaler Registersatz in drei Teile aufgespalten, wobei der mit dem aufrufenden Programm überlappende Teil der Parameterübergabe dient, der mittlere Teil private Register zur Verfügung stellt, während der letzte Teil gegebenenfalls mit dem nächsten, nun von diesem Programmteil aufgerufenen Unterprogramm, überlappt.

Die Abb. 3.60 zeigt die beschriebenen Verwaltungsformen eines Registerfiles. Die entsprechenden Basispointer müssen ebenfalls in Registern gehalten werden. Die Verwaltung per Hardware funktioniert in gewissen Grenzen. Wird der Bedarf überschritten, muss eine Softwareverwaltung eingeführt werden.

Typischerweise existieren folgende Klassen von Registern:

- Akkumulator; ist bei einfachen Prozessoren in der Regel das einzige Register und dient bei Rechenoperationen als Speicher für einen Operanden und als Speicher für das Ergebnis.
- Datenregister; dient zum Speichern und zur Bereitstellung von Daten für aktuelle Rechenoperationen.
- Adressregister; dient zum Speichern von Adressen, die zum Adressieren von Operanden verwendet werden.
- Stapelregister; ein spezielles Adressregister, welches vom Prozessor bei Unterprogrammaufrufen und bei Unterbrechungen zum Retten des aktuellen Prozessorzustands und des aktuellen Befehlszählers automatisch auf den aktuellen Stand gebracht wird.

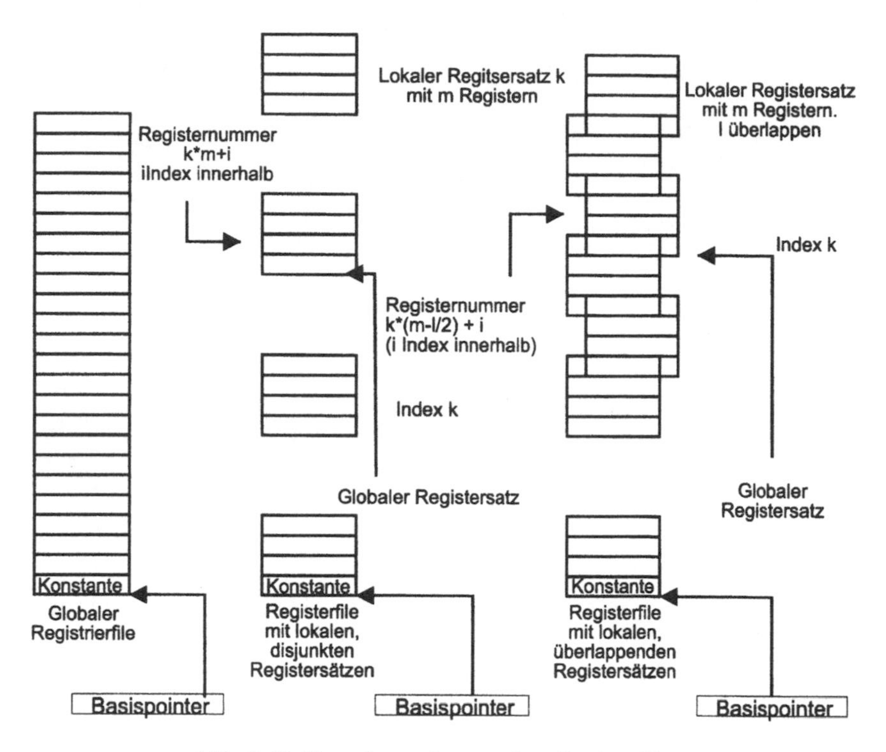

Abb. 3.60. Verwaltungsformen eines Registerfiles

- Befehlszähler; ein spezielles Adressregister, welches immer die Adresse des nächsten auszuführenden Befehls enthält.
- Statusregister; besteht aus einer Vielzahl einzelner Bit mit bestimmten Bedeutungen, sogenannte Flags. Hierzu zählen u.a.:
  - negative Flag, besagt, dass die vorherige Rechenoperation ein negatives Ergebnis lieferte,
  - Zero Flag, besagt, dass das Ergebnis der vorherigen Rechenoperation den wert Null geliefert hat,
  - Overflow Flag, besagt, dass bei der vorherigen Rechenoperation der darstellbare Zahlenbereich überschritten wurde,
  - Carry Flag, besagt, dass bei der vorherigen Rechenoperation ein Übertrag entstanden ist, der bei der nächsten Operation verwendet werden kann.

4 Lokale und globale Grundkonzepte für Prozessoren

Ein Prozessor stellt eine reale Funktionseinheit dar, bestehend aus einem Kernelement, der sogenannten Zentraleinheit (CPU = Central Processing Unit), in der die eigentliche Informationsverarbeitung und Systemsteuerung durchgeführt wird, einem Taktgeber und einem Bussystem. Prozessoren stellen dem Anwender einen Maschinencode zur Verfügung, der aus Bitfolgen besteht, die der Prozessor interpretiert, auswertet und danach entsprechende Operationen ausführt. Nach einem kurzen historischen Abriss der Entwicklung von Prozessoren (Abschn. 4.1), wird auf die Bedeutung des Bussystems für den synchronisierten Datentransfer in prozessorbasierten Systemen eingegangen (Abschn. 4.2). Im Anschluss daran wird auf die Registertransferebene mit den daraus resultierenden Mikrostrukturen von Prozessoren eingegangen und eine Einführung in elementare Maschinenbefehle und ihre Verarbeitung auf der Registertransferebene gegeben (Abschn. 4.3). Darauf aufbauend werden die Grundlagen für die Verhaltens- und Strukturbeschreibung der Operationswerke, das Rechenwerk und das Steuerwerk, vorgestellt und erste Ansätze einer textuellen Verhaltensbeschreibung durch Hardwarebeschreibungssprachen eingeführt, auf deren Grundlage die Entwürfe für die Operationswerke moderner Rechnerstrukturen aufsetzen (Abschn. 4.4). Auf der Ebene des Steuerwerks werden Steuerwerke mit festverdrahteten logischen Schaltungen und mit Mikroprogrammspeicher eingeführt und das Rechnerstrukturkonzept der Mikroprogrammierung nach Wilkes dargestellt (Abschn. 4.5).

4.1 Einleitung

Prozessoren werden hinsichtlich der Struktur ihres Aufbaus unterschieden in:

- Pipeline Prozessoren, die einen Befehl in mehreren Taktschritten ausführen, die in der Regel parallel ablaufen,
- Superskalare Prozessoren, die auf Grund entsprechender interner Funktionseinheiten mehr als einen Befehl pro Takt verarbeiten, z.B. durch Multithreading,
- RISC (RISC = Reduced Instruction Set Computer) Prozessoren, die einen Befehl pro Takt ausführen, weshalb sie auch als skalare Architektur bezeichnet werden; sie beinhalten viele Register und wenige, einfache Befehle,

- CISC (CISC = Complex Instruction Set Computer) Prozessoren, die viele mächtige Befehle enthalten, dafür aber nur wenige Register,
- DSP (DSP = Digital Signal Processor), die spezielle, auf die digitale Signalverarbeitung zugeschnittene, Befehlssätze aufweisen, wie z.B. kombinierte Multiplizier- und Addierbefehle, die in einem Takt ausgeführt werden.

Die Entwicklung der Prozessoren erfolgte, ausgehend von den 4 Bit Prozessoren der 1. Generation, in mehreren technologisch immer aufwendigeren Schritten, bis hin zu den Prozessoren der 64 Bit Generation. Als Ausgangspunkt dieser Entwicklung kann der Prozessor 4004 von Intel angesehen werden, basierend auf einer 4-Bit CPU, d.h. ALU und bidirektionaler Datenbus waren 4 Bit breit, während der Adressbus eine Breite von 12 Bit hatte. Der Befehlssatz umfasste 45 Befehle, wobei die Arithmetik in BCD (BCD = Binary Code Decimal) ausgeführt war, da das primäre Anwendungsgebiet dieses Prozessors die damaligen Tischrechner waren. Parallel dazu wurde von Intel, in Zusammenarbeit mit Texas Instruments, die Weiterentwicklung zu einem 8-Bit-Prozessor vorangetrieben, dem Intel 8008, der bereits über einen 16 Bit breiten Adressraum verfügte. Anlass dafür war die Notwendigkeit einen Tastaturcontroller zu realisieren, der eine Wortbreite von 7 bzw. 8-Bit umfasste, weshalb die Bearbeitungsbreite, gegenüber dem Prozessortyp 4004, zu verdoppeln war. Auch heute werden Tastaturcontroller-Programme durch 8-Bit Systeme realisiert.

1974 wurde der technologische Übergang von der PMOS- zur NMOS-Technologie geschaffen. Der erste in NMOS-Technologie umgesetzte Prozessor war der 6800 von Motorola.

Mit der 3. Prozessorgeneration teilte sich die Entwicklung in Prozessoren und Controller auf. Teilweise wurde dabei als neue Verarbeitungswortbreite der 16-Bit Standard eingeführt, teilweise wurde die vorhandene 8-Bit Technologie verbessert. Der 16-Bit-Prozessor 8086 von Intel erreichte durch Einführung des HMOS Prozesses (HMOS = High Density Metal Oxyd Semiconductor), im Vergleich zum bis dahin eingesetzten NMOS-Prozess, in etwa die doppelte Packungsdichte für Transistorelemente. Mit dem Z8000 von Zilog und der 68000 Familie von Motorola, diese wurden 1979 in den Markt eingeführt, entstanden Konkurrenzprodukte zum Prozessor 8086 der Firma Intel. Mit dem Nachfolger des 8086, dem 8088, konnte Intel ein Produkt in den Markt einführen, dessen Verbreitung, durch den Erfolg der von IBM vertriebenen Personal Computer (PC) Familie XT, immens war.

Im Unterschied zum Intel Prozessor hat Motorola, mit seiner 68000 Familie, den bislang vorherrschenden Gedanken der Kompatibilität mit der Einführung der neuen Prozessor Generation aufgegeben, wohingegen Intel einen smarten Übergang zwischen der 8- und der 16-Bit-Welt propagierte, was sich bis in die Befehlssätze und in die Programmiermodelle auswirkte, beispielsweise in der Segmentierung in 64 kByte Speicherbereiche. Als technologisch letzte Entwick-lung der 3. Generation wurde 1981 der 68010 von Motorola und 1982 der 80286 von Intel eingeführt. Beide Prozessoren wiesen erstmals Hardwarekonstrukte auf, die nicht ausschließlich auf die Optimierung des einzelnen Programmschrittes hin orientiert waren, sondern vielmehr der Unterstützung des Betriebssystems dienten, beim 68010 durch das Virtual Memory Konzept und beim 80286 durch im Mikroprozessor implementierte Task Switching Mechanismen, sowie den gegenseitigen Hardwareschutz vor Überschreiben durch andere Tasks in Multitaskingsystemen.

Die bereits erwähnte Trennung in die Entwicklung von Prozessoren und Controllern, im Rahmen der 3. Generation, hatte seine Ursache u.a. im verstärkten industriellen Einsatz der Controller. Während die 8-Bit Prozessoren mittlerweile ihre Bedeutung verloren haben, ist der weltweite Markt für 4-Bit und 8-Bit Controller nach wie vor sehr groß.

Die 4. Prozessorgeneration wurde 1984 durch den 80386 von Intel, den 68020 von Motorola, sowie den 32032 von National Semiconductor eingeleitet und mit den Nachfolgetypen 80486, 68030, 68040, 32332 und, den 32532 weiterentwickelt. Kennzeichnend für die 4. Prozessorgeneration war, neben der Standardwortbreite von 32 Bit, vor allem die Integration betriebssystemunterstützender Funktionen wie Virtual Memory Management, Cache-Memory und Cache-Controller, sowie das Konzept der Virtual Machine und die Task Switching Konzepte, insbesondere vor dem Hintergrund, dass Multitasking und die Zugriffsberechtigungskonzepte zu unterstützen. Parallel zu den Standard Prozessoren wurden im Rahmen der 4. Prozessorgeneration, aufgrund eines stark wachsenden Spezialmarktes für signalverarbeitende Systeme, die 1. Generation Digitaler Signalprozessoren (DSP = Digital Signal Processor) in den Markt eingeführt. Hierzu gehörte u.a. der DSP56000 von Motorola, ein 56-Bit Signalprozessor mit externem 24-Bit Datenbus.

Die technologische Entwicklung hin zur 5. Prozessorgeneration ist im wesentlichen in der Verbreiterung der Wortbreite auf 64 Bit und in der Optimierung der Befehlszykluszeiten zu sehen, beispielsweise durch Umsetzung superskalarer Strukturkonzepte, mit denen die Ausführung von mehr als einem Befehl pro Buszyklus ermöglicht wurde, oder das RISC Konzept, mit seiner internen Parallelität und dem Pipelining. Die Prozessoren dieser Generation weisen darüber hinaus auch Integer- und Floating-Point-Einheiten auf, die parallel zueinander arbeiten können.

Mit der 6. Generation wurde, durch technologische Weiterentwicklung, die Verarbeitungsgeschwindigkeit drastisch gesteigert, so dass Taktzyklen > 1 GHz selbstverständlich geworden sind, was auch in verbesserten Befehlsausführungszeiten resultiert. Hinzu kam die Integration spezieller Einheiten auf dem Chip, die diesen dann beispielsweise als Multimedia-Prozessor kennzeichnen. Insbesondere hat dabei die Entwicklung von Hochleistungs-Prozessoren für den Einsatz in mobilen Systemen, wie beispielsweise Laptops, zu markanten Verschiebungen innerhalb der einzelnen Marktsegmente geführt.

Vor dem Hintergrund der geschilderten technologischen Entwicklung stehen heute verschiedene Prozessoren zur Verfügung, die in unterschiedlichen Ausprägungsmerkmalen den vielfältigen Anwendungen des Marktes Rechnung tragen. Hierzu gehören u.a.

- Standard Prozessoren, mit Standardbussystemen, die keine auf spezielle Anwendungen hin optimierten Befehlssätze haben. Sie werden mit Hilfe geeigneter Programme für den Anwendungsbezug konditioniert,
- Spezialprozessoren, zu denen digitale Signalprozessoren gehören, die auf die zeitoptimale digitale Verarbeitung analoger Signale spezialisiert sind, sowie Slave- bzw. Coprozessoren, die über feste, an das Problem angepasste Befehlssätze für spezielle Aufgaben innerhalb eines Programmablaufs verfügen, wie beispielsweise Arithmetik- oder Graphikaufgaben,
- Controller mit speziellen Schnittstellen, die zusätzlich zu den üblichen Prozessorbussen, bestimmte immerwiederkehrende Aufgaben abarbeiten, wie beispielsweise beim Tastaturcontroller,
- Mikrorechner, die neben dem Prozessor als Zentraleinheit, Daten- und Programmspeicher, noch Echtzeituhr, AD- und DA-Wandler, Zähler und Schnittstellen für externe Peripheriegeräte zusammenfassen. Die Verbindungselemente zwischen den Komponenten werden durch den Adress-, Daten- und Steuerbus realisiert, wie exemplarisch in Abb. 4.1. dargestellt,
- Ein-Chip-Mikrorechner, die einen Spezialfall des Mikrorechners darstellen, mit auf den Chip integrierten Schnittstellen, Speicher, Taktgenerator, Zähler etc. .
- Ein-Platinen-Mikrocomputer, die einen weiteren Spezialfall des Mikrorechners darstellen, bei dem alle Mikrorechnerkomponenten vollständig auf einer Platine angeordnet sind,
- Mikrorechnersysteme, die ein frei programmierbares System repräsentieren, welches auf einem Mikrorechner und dessen Peripheriegeräten aufbaut.

Wie aus dem vorangehenden ersichtlich, kommt den unterschiedlichen Bussen in den Prozessorsystemen eine zentrale Bedeutung zu, da der Ablauf von Befehlen im Prozessor eng an das jeweilige Bussystem gekoppelt ist, wie im Blockdiagramm, in Abb. 4.1, exemplarisch dargestellt.

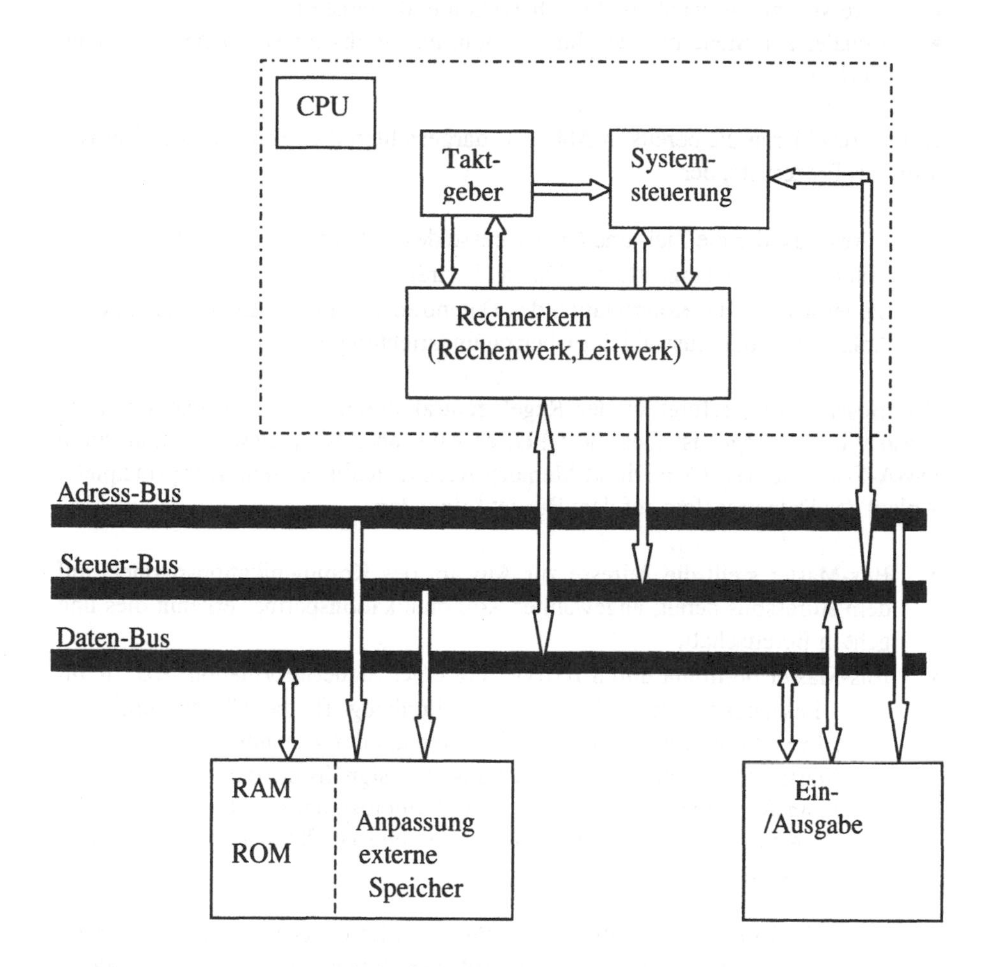

Abb. 4.1. Mikrorechnersystem

4.2 Bussystem

Der Aufbau des von-Neumann-Rechners (s. Abschn. 5.1) beinhaltet neben der Zentraleinheit (CPU = Central Processing Unit), bestehend aus dem Rechen- und dem Steuerwerk (s. Abb. 4.1), noch ein Speicherwerk, ein Ein- und Ausgabewerk, sowie Verbindungswege für den Datentransfer zwischen den Werken, wobei entsprechend der zu übertragenden Information eine funktionelle Trennung der Verbindungsstruktur in getrennte Verbindungswege erforderlich ist. Bei der zu übertragenden Information handelt es sich um:

- Daten; hierzu zählen die Befehle, die Operanden und die Resultate,

- Adressen; zur Anwahl von Speicherzellen und Registern,
- Signale; zur Steuerung des Informationsaustauschs zwischen den einzelnen Werken.

Daraus resultieren die bereits in Abb. 4.1. dargestellten drei Teilbusse des Bussystems des Prozessors, der:

- Adressbus, der die Ziel- und Quelladresse des Datentransfers bereitstellt,
- Datenbus, der die eigentlichen Daten überträgt,
- Steuerbus, der die Koordination des Datentransfers hinsichtlich des zeitlichen Ablaufs und der Auswahl der Übertragungsrichtung übernimmt.

Die Bussteuerung erfolgt in der Regel zentral durch einen sogenannten Bus-Master, in der Regel ist dies die CPU, er kann aber beispielsweise auch durch DMA-Controller (DMA = Direkt Memory Access) realisiert sein. Der prinzipielle Ablauf des Datentransfers auf dem Bus ist folgender:

- Bus-Master stellt die Adresse zur Anwahl des Kommunikationspartners auf dem Adressbus bereit; angewählter Kommunikationspartner erkennt dies und geht in Bereitschaft,
- Bus-Master bestimmt durch Aktivierung einer Steuerinformation, z.B. /R für einen Lesezugriff oder /W für einen Schreibzugriff, die Übertragungsrichtung; die so bestimmte Quelle legt die Daten auf den Datenbus,
- Bus-Master führt den Datentransfer aus und signalisiert den Abschluss des Datentransfers indem er das Lese- bzw. Schreibsignal deaktiviert; Bus wird daraufhin in den Ausgangszustand versetzt und ist für den nächsten Datentransfer bereit.

In Abb. 4.2 ist der prinzipielle Ablauf für einen Lesezugriff und einen Schreibzugriff auf einen synchronen Bus dargestellt. Die Zeitspanne für eine Busoperation, d.h. Lesen oder Schreiben eines Datums, wird als Buszyklus T bezeichnet und stimmt mit dem Taktzyklus des betrachteten Prozessors überein. Innerhalb des Zeitintervalls T_a werden für die beiden Zugriffsformen Lesen und Schreiben die Adressen und die Steuerleitung R//W auf den Adressbus bzw. auf die Steuerleitung gelegt. Der weitere Ablauf ist folgender:

- Leseoperation (R//W = 1): Prozessor erwartet, dass während des Zeitintervalls T_b der adressierte Sender antwortet und die gültigen Daten zur Übernahme auf dem Datenbus zur Verfügung stellt. Die Übernahme beginnt mit dem Ende des Zeitintervalls T_b,
- Schreiboperation (R//W = 0): Prozessor legt zu Beginn der Zeitspanne T_b die gültigen Werte auf den Datenbus, um dem adressierten Element Zeit zur Übernahme zu lassen. Die Datenübernahme erfolgt mit der positiven Flanke an R//W.

Für das Busverhalten charakteristisch ist, dass alle Vorgänge synchron zum Taktzyklus ablaufen. Die Steuerbussignale beschränken sich auf das Taktsignal und die R//W-Leitung, sowie weitere Signale, wie beispielsweise Reset, IRQ, etc.

Bei den internen Abläufen im Prozessor kann der Systemtakt höher sein, als der Takt der für den Buszyklus erforderlich ist, da der Bus sich an den Gegebenheiten des Speichers und der peripheren Elemente orientieren muss, d.h. dass der Bus- und der Taktzyklus nicht übereinstimmen müssen. In diesem Fall liegt eine sogenannte semi-synchrone Busstruktur vor. In Abb. 4.2. ist der zeitliche Ablauf für einen semi-synchronen Bus mit einem Taktverhältnis 4:1 dargestellt, d.h. ein Buszyklus ist 4 Taktzyklen lang.

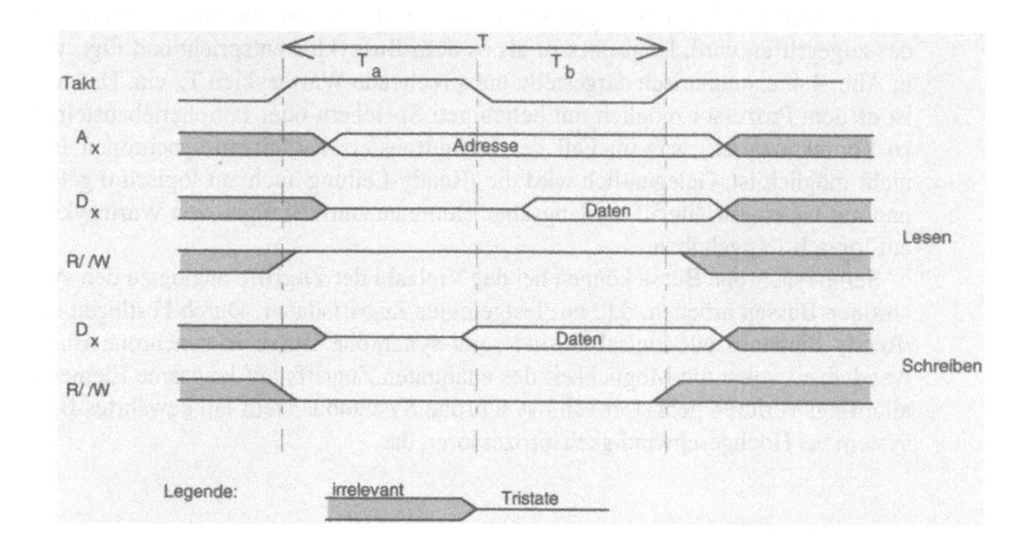

Abb. 4.2. Zeitliche Abläufe des Datentransfers beim synchronen Bus

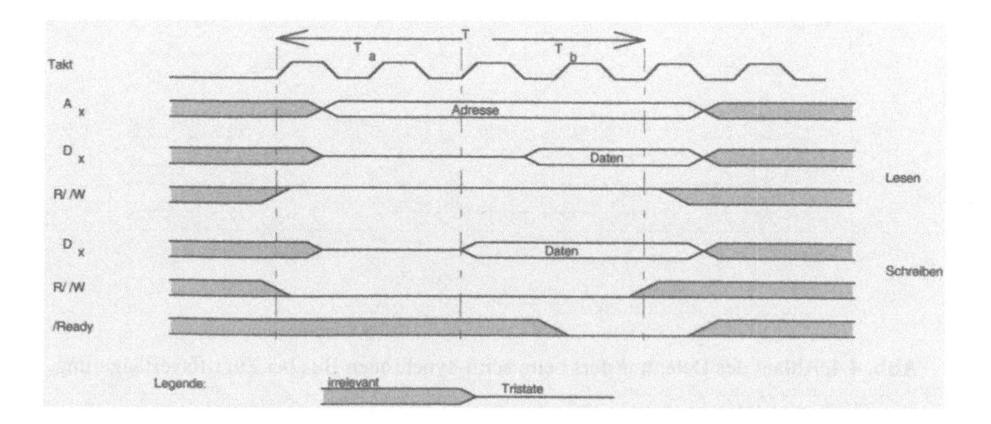

Abb. 4.3. Zeitliche Abläufe des Datentransfers beim semi-synchronen Bus

Bei einer Speicheroperation legt der Prozessor zu Beginn des Zeitintervalls T_a die Adresse auf den Adressbus. Die Auswahl der Übertragungsrichtung wird durch die Steuerleitung R//W vorgenommen. Bei einer Leseoperation, auf einen hinreichend schnellen Speicher, erscheinen die Daten während des letzten Taktzyklus von T_b auf dem Datenbus, die mit der aufsteigenden Taktflanke des nächsten Buszyklus in den Prozessor übernommen werden können. Bei einer Schreiboperation liegen zu Beginn der zweiten Hälfte von T_a die Daten auf dem Datenbus. Die Übertragung wird dadurch sichergestellt, dass das externe Element eine hinreichend kleine Zugriffszeit hat. Voraussetzung beider Übertragungsmodi ist die Information am /Ready Eingang des Prozessors, vor der letzten fallenden Flanke des Taktzyklus, innerhalb von T_b. Liegt beispielsweise das Signal zu diesem Zeitpunkt auf logisch 1 geht der Prozessor davon aus, dass das Element, auf das zugegriffen wird, langsamer ist als es dem Buszyklus entspricht und fügt, wie in Abb. 4.4. exemplarisch dargestellt, entsprechende Wartezyklen T_w ein. Dadurch ist es dem Prozessor möglich mit beliebigen Speichern oder Peripheriebausteinen zu kommunizieren, was im Fall des Datentransfers auf einem synchronen Bus nicht möglich ist. Gelegentlich wird die /Ready-Leitung auch auf logisch 0 gelegt und nur bei einem Zugriff auf langsame Elemente zum Einfügen von Wartezyklen auf logisch 1 angehoben.

Semi-synchrone Busse können bei der Vielzahl der Zugriffe analog zu den synchronen Bussen arbeiten, d.h. mit festgelegter Zugriffsdauer. Durch Festlegen des /Ready Eingangs auf logisch 0 sind semi-synchrone Busse in synchrone Busse wandelbar, wobei die Möglichkeit des adäquaten Zugriffs auf langsame Elemente allerdings verloren geht. Der semi-synchrone Systembus stellt ein bewährtes Bussystem bei Hochgeschwindigkeitsprozessoren dar.

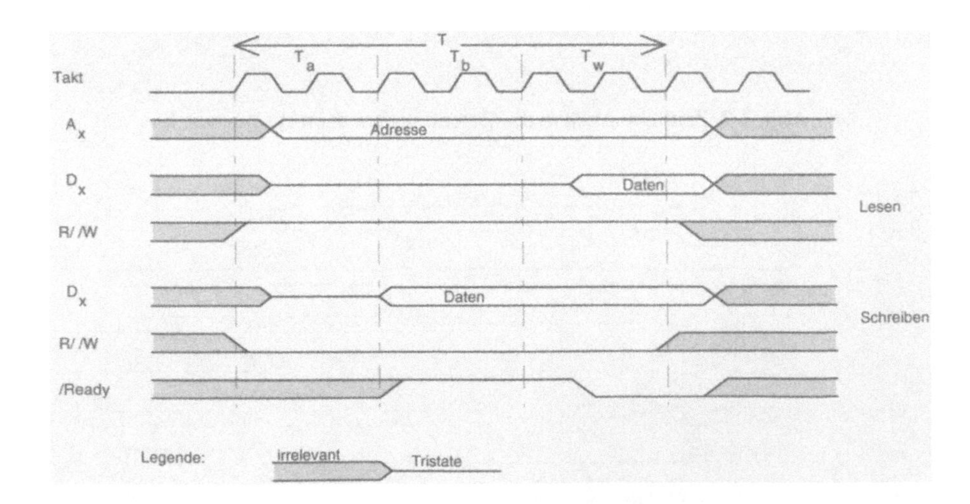

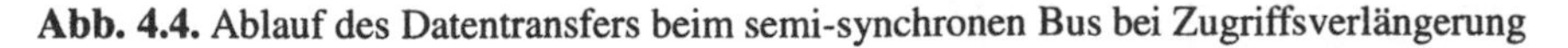

Abb. 4.4. Ablauf des Datentransfers beim semi-synchronen Bus bei Zugriffsverlängerung

Neben synchronen und semi-synchronen Bussen hat auch der asynchrone Bus seine Bedeutung. Das Konzept des asynchronen Busses geht davon aus, dass der Prozessor dem Kommunikationspartner das Vorliegen einer gültigen Adresse mitteilt, der wiederum dem Prozessor beim Lesen das Vorliegen der Daten, bzw. beim Schreiben das Übernehmen der Daten im sogenannten Handshake Verfahren mitteilt, ohne dass dazwischen ein definiertes Zeitintervall vergangen sein muss. Die für den Handshake zuständigen Signale sind /AS (Address Strobe) und /DTACK (Data Transfer ACKnowledge). /AS gibt das Anliegen der gültigen Adresse und im Fall des Schreibens von Daten, der Daten am Datenbus an, während /DTACK das Ende des Datentransfers vom Speicher oder von peripheren Elementen ankündigt. Der prinzipielle Ablauf des Handshake ist folgender:

- Prozessor belegt die Adresse und ggf. die Datenleitung mit den gültigen Werten und setzt /AS aktiv, d.h. logisch 0,
- adressierter Speicher wird durch Dekodierung selektiert und beginnt Transfers, für die beliebig viel Zeit zur Verfügung steht,
- wurde z.B. beim Lesen die Datenleitung richtig gesetzt, setzt der Speicher die Leitung /DTACK aktiv,
- Prozessor nimmt /AS zurück, wofür ihm hinreichend viel Zeit zur Verfügung steht, anschließend setzen die peripheren Elemente /DTACK zurück.

Diese Form des Busses ist per se allen Anforderungen gewachsen. Beim Hardwareentwurf ist allerdings darauf zu achten, dass Zugriffe auf nicht belegte Speicherplätze gezielt beendet werden, da der Prozessor ansonsten, aufgrund des asynchronen Protokolls, endlos wartet. Darüber hinaus müssen in den meisten Fällen die /DTACK Antwortsignale generiert werden, was auf eine zusätzliche Logikhardware hinausläuft, die eine Verzögerungszeit aufweist, womit das /DTACK Signal gezielt aus einem Takt erzeugt werden muss. Dieser Nachteil relativiert die vorhandenen Vorteile des asynchronen Busses, so dass bei Prozessoren in der Regel das semi-synchrone Busprotokoll Anwendung findet, wohingegen bei peripheren Systemkomponenten, wie der Datenübertragung zum Drucker, das asynchrone Busprotokoll verwendet wird.

Nachdem die prinzipiellen Abläufe des Datentransfers auf synchronen und semi-synchronen Bussen dargestellt wurden, kann der sequentielle Befehlsablauf des Prozessors mit dem Speicher behandelt werden. Der Prozessor, als Bestandteil eines von-Neumann Rechners (s. Abschn. 5.1), vollzieht den für einen von Neumann Rechner typischen sequentiellen Befehlsablauf: In jedem Befehlszyklus wird nur ein Befehl aus dem Hauptspeicher geholt und ausgeführt, wobei der Inhalt der Speicherzellen als Bitfolge weder selbstschreibend noch selbstidentifizierend ist, d.h. der Prozessor muss entscheiden, wie eine Bitfolge zu interpretieren ist. Technisch wird dieses Problem dadurch gelöst, dass man einen Befehlszyklus, d.h. die Folge von Aktionen bis der nächste Befehl aus dem Speicher geholt wird, in Teilzyklen zerlegt. Damit liegt ein sogenanntes Phasen-Konzept für die Befehlsverarbeitung eines Makrobefehls vor. Bei der in Abschnitt 4.1 angegebenen CISC-Architektur liegt ein 5-Phasen-Konzept der Befehlsverarbeitung vor:

- Befehl holen, sogenannte Fetch-Phase,

- Entschlüsseln des Befehls, sogenannte Decode-Phase,
- Laden der notwendigen Operanden, sogenannte Load-Phase,
- Ausführen der Operation, sogenannte Execute-Phase,
- Speichern des Ergebnisses, sogenannte Store- bzw. Write Back Phase.

Die Holen-Phase (Fetch) beginnt damit, dass die Adresse, unter welcher der Befehlscode im Speicher abgelegt ist, durch den Programmzähler auf den Adressbus gelegt wird. Unter dem Befehlscode (OpCode) wird der Teil des Befehls verstanden, der die Operation und ggf. die benötigten Register beschreibt. Der Inhalt der adressierten Speicherstelle wird über den Datenbus in das interne Befehlsregister des Steuerwerks geladen und der Programmzähler anschließend um 1 inkrementiert.

In der an die Holen-Phase anschließenden Dekodierphase (Decode) wird der Befehlscode im Steuerwerk interpretiert, wobei ein Mikroprogramm abläuft das in zeitlicher Abfolge die weiteren in- und externen Operationen steuert. Von Bedeutung sind dabei die Anzahl der benötigten Operanden die geladen werden müssen, die Adressierungsformen und evtl. dazu benötigte Indexregister, sowie die Anzahl und die Nummer der Register, die direkt genutzt werden. Die Dekodierphase läuft Prozessorintern ab, so dass weitere Busoperationen ablaufen könnten, wie z.B. ein Pre-Fetch des ersten Operanden.

Die dritte bis fünfte Phase wird häufig zur sogenannten Ausführungsphase zusammengefasst, die deshalb sehr komplex werden kann, weshalb die einzelnen Phasen separat betrachtet werden, wobei einzelne Phasen, bei entsprechenden Befehlen, auch leer sein können.

Die Laden-Phase (Load) benötigt den Adressbus und den Datenbus des Prozessors. Die Adresse des zu ladenden ersten Operanden entstammt dem Programmzähler (Programmcounter), da dieser Operand sich üblicherweise im unmittelbaren Anschluss an den OpCode im Programmspeicher befindet. Entspricht dieser Operand dem gewünschten Ergebnis, wie z.B. bei der unmittelbaren Adressierung, ist die Laden-Phase beendet, falls keine weiteren Operanden mehr zum Befehl zugehörig sind. Andernfalls beginnt eine zweite Laden-Phase für den nächsten Operanden. Ist das Ergebnis der Laden-Operation noch nicht der gewünschte Operand, sondern lediglich ein Adressverweis auf diesen, muss eine zweite Operation gestartet werden. Sie beinhaltet das Belegen des Adressbusses mit einem entsprechenden Inhalt, den Adresspufferregister, in dem die eigentliche Zieladresse steht, die durch Berechnung entsprechend dem implementierten Adressierungsverfahren gewonnen wird. Es sei an dieser Stelle angemerkt, dass die Abfolgen des Verfahrens sowohl vom Befehl als auch von den Adressierungsmodi abhängen, auch können die Ausführungszeiten variieren. Da bei der Adressierung eines Speicheroperanden, wegen der Adresse im Codespeicher und dem Dateninhalt im Datenspeicher zwei Buszugriffe erforderlich sind, wobei jeder Buszugriff einen zeitlichen Ablauf aufweist, im wesentlichen einen lesenden Buszyklus, ist durch Pre-Fetching eine Möglichkeit zur Ablaufzeitminimierung gegeben. Andererseits kann die Ladephase auch leer sein, z.B. bei impliziter Adressierung, bei der alle Operanden, soweit vorhanden, bereits im Makrobefehlscode codiert vorliegen.

Die Ausführungsphase (Execute) wird mit Hilfe der im Prozessor vorhandenen ALU (ALU = Arithmetical Logical Unit) durchgeführt. Die Operanden werden der dekodierten Anweisung entsprechend miteinander verknüpft, wobei das Ergebnis temporär zur Verfügung steht. Die Ausführungsphase kann auch leer sein, weil insbesondere Verschiebebefehle wie MOV keine Berechnungsressourcen benötigen.

Die Speichern-Phase (Store, Write Back) schließt die Interpretation des Befehls ab und speichert das temporäre Ergebnis bzw. den temporär geladenen Wert in die dafür vorgesehene Speicherstelle bzw. das Register, zu denen auch der Akkumulator gezählt wird. Diese Phase ist nur bei sehr wenigen Befehlen leer, wie z.B. NOP (NOP = No OPeration), da in der Regel ein temporäres Zwischenergebnis vorhanden ist. Die Adressierung der Speicherung wurde bereits während der Ladephase dekodiert, so dass nur ein Schreibvorgang anfällt.

4.3 Schichtenmodell

Rechnerstrukturen umfassen die Systemarchitektur, und damit die Hardware und die Software. Sie können durch ein sog. Schichtenmodell beschrieben werden, welches die Rechnerstruktur als Hierarchie funktionaler Schichten, bzw. Ebenen, abbildet. Jede dieser Schichten, die entweder als Hardware oder als Software realisiert sein können, stellt der nächsthöheren Schicht, über eine definierte Schnittstelle, einen schichtenspezifischen Satz von Funktionen (Operationen) zur Verfügung. Beispiele für Schichten, die der Hardware zugeordnet werden, sind die unterhalb der logischen Schaltungen angesiedelte physikalische Schicht auf der Transistorebene, die logische Schicht auf Ebene der logischen Schaltungen bzw. die Gatterebene, die binärwerte Schicht auf der Ebene des Mikro-Codes und die mnemonische Schicht auf der Ebene des Maschinen-Codes, wie in Abb. 4.5 dargestellt. Die Softwareschichten sind durch die Betriebssystemebene, die Sprachebenen und die Anwendungsebenen repräsentiert, wie aus Abb. 4.5 ersichtlich. Eine durch Software realisierte Schicht repräsentiert eine virtuelle Maschine. Virtuelle Maschinen stellen dem Anwender mächtigere Operationen zur Verfügung als die in ihnen eingebetteten Maschinen, da sie deren physikalisch bedingte funktionale Beschränkung aufheben.

Die Schicht der logischen Schaltungen repräsentiert die hardwareseitige Realisation von Code durch Verbindungsnetzwerke elementarer logischer Verknüpfungsglieder im entsprechenden Anwendungszusammenhang.

Die Schicht der Mikro-Codes wird im Prinzip durch einen in der Sprache komplexer Logikbausteine geschriebenen Interpreter implementiert. Dieser liest die in einem speziellen Mikro-Programmspeicher enthaltenen Mikro-Befehle aus und bewirkt die Ausführung der in der jeweiligen Instruktion enthaltenen Aktionen. Die Programmierung auf der Schicht der Mikro-Codes ist sehr aufwendig. Aus diesem Grund kann durch einen, als Maschinenprogramm geschriebenen Interpreter, ein Satz komplexerer Befehlsfolgen realisiert werden, die sog. Instruktionen, was der Schicht der Maschinen-Codes entspricht. Die Prozessorhersteller geben auf der Schicht des Maschinencode die Machine Language Reference Manuals mit dem Maschinenbefehlssatz heraus, in denen jeder einzelne Maschinenbefehl genau spezifiziert ist, d.h. die Inhalte der Registerzellen festgelegt werden. Der Maschinenbefehlssatz eines Prozessors enthält in der Regel Befehle mit unterschiedlichen Formaten, wie z.B. Einadress- oder Zweiadress-Befehle. In Entsprechung des Formats werden die Prozessoren als Einadress-Maschine, Zweiadress-Maschine (beispielsweise Intel 80486, Motorola 68020), oder Dreiadress-Maschine (RISC-Prozessor) bezeichnet.

Logische Schaltungen
Mikro-Codes
Maschinen-Codes
Betriebssysteme
Assemblersprachen
Höhere Programmiersprachen
Anwendungsebenen

Abb. 4.5. Hardware- und Softwareschichten

Beispiel 4.1.
Das Rechenwerk der Ein-Adress-Maschine, d.h. die arithmetisch-logische Einheit (ALU) und das zugehörige Registerfeld, wird nur mit dem internen, in der Regel bidirektionalen, Datenbus verbunden. Die Abarbeitung eines Maschinenbefehls mit einer Ein-Adress-Maschine erfordert 3 Takte (Taktzyklen). Zunächst werden die beiden Operanden in die Latch-Register geschrieben. Da immer nur ein Operand pro Takt aus dem Registerfeld gelesen werden kann, benötigt man für beide Operanden 2 Taktzyklen. Im dritten Taktzyklus wird das Ergebnis der Verknüpfung vom Ausgang der ALU in das Registerfile geschrieben. Das Blockdiagramm einer Einadress-Maschine ist in Abb. 4.6. dargestellt.

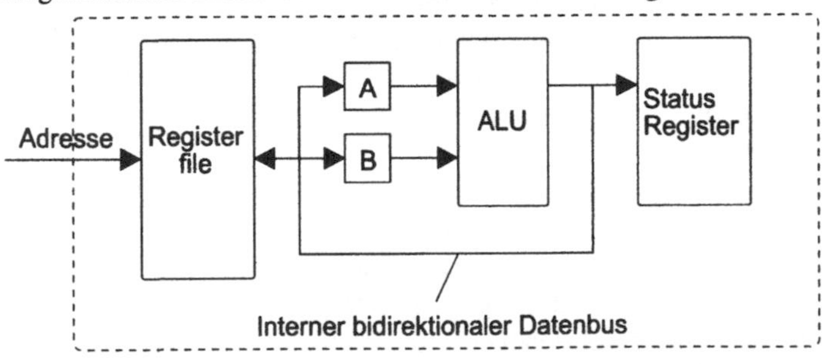

Abb. 4.6.. Rechenwerk einer Einadress-Maschine ■

Bei der Ein-Adress-Maschine ist in der Befehlscodierung bereits implizit festgelegt, welches Register als Quelle bzw. als Ziel der Operation genutzt wird. Vorteilhaft bei der Einadress-Maschine ist die teilweise mögliche implizite Operandenangabe und ihre einfache Architektur, Nachteilig ist jedoch das erforderliche zentrale Register, welches stark frequentiert wird und damit ggf. einen Engpass für die Zwischenspeicherung darstellt.

Beispiel 4.2.
Der Dreiadress-Befehl SUB R1, R2, R3 soll auf einer Einadress-Maschine ausgeführt werden.

Taktzyklus	Operation
1	R1$\rightarrow$ A
2	R2 $\rightarrow$ B
3	F $\rightarrow$ R3

■

Bei einer Zweiadress-Maschine kann der gleiche Befehl in zwei Taktzyklen ausgeführt werden, da die Register (Latches) A und B gleichzeitig geladen werden. Zweiadress-Maschinen können als Register-Speicher-Architekturen realisiert sein, bei der sowohl das Register als auch die Speicheradresse explizit angegeben werden. Vorteilhafterweise können bei der Zweiadress-Maschine Daten ohne Ladezugriff für Operationen genutzt werden, was allerdings den Nachteil hat, dass Ladezugriffe im Speicherbereich wesentlich mehr Zeit benötigen, was ggf. zu einer Verzögerung gegenüber dem Registerzugriff führt.

Beispiel 4.3.
Auf einer Dreiadress-Maschine kann ein Dreiadress-Befehl in einem Taktzyklus ausgeführt werden, da sowohl für die Operanden als auch für das Ergebnis ein eigener Datenbus bereitsteht, der separat adressiert werden kann, wie in Abb. 4.7 dargestellt.

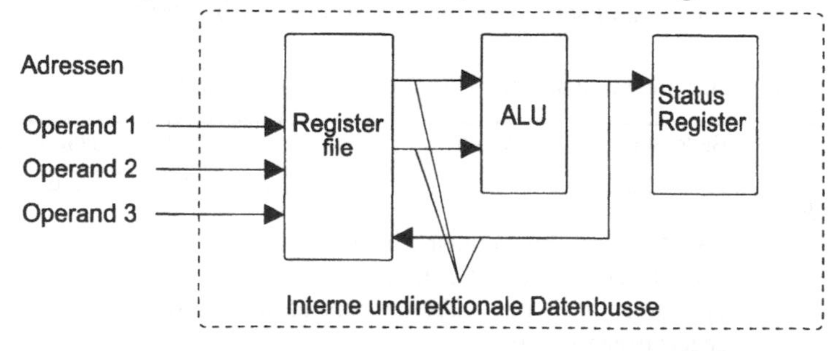

Abb. 4.7. Rechenwerk Dreiadress-Maschine z.B. beim RISC Prozessor ■

Der Maschinenbefehlssatz eines Rechners enthält Befehle unterschiedlichen Formats, wie dargestellt als Ein-, Zwei- oder Dreiadress-Befehle. Befehle werden in Felder aufgeteilt, wobei folgender Zusammenhang besteht: Je mehr Adressfelder ein Befehl enthält, desto kleiner ist, bei fester Befehlslänge, die Anzahl der Registerzellen die adressiert werden können, bzw. um so weniger Befehle können im Operationsfeld des Befehlsformats, dem Operationscode, definiert werden. Für die Registerzellen eines 32 Bit Prozessors sei folgendes Befehlsformat angenommen:

31- 26	26 22	21 - 17	16 - 12	11	10 - 0
OP	R1	R2	R3	C/X	Adresse / Wert

OP:	Operationscode bzw. Befehlscode für eine Operation
R_i :	spezielle Register
C/X:	Modifikationsteil, setze/setze nicht Bedingungscode
Adresse/Wert:	Adresse bzw. Wert des Operanden

Um ohne Adressfelder im Maschinencode auszukommen müssen sich die Befehle indirekt auf spezielle Register beziehen. Ein Prozessor mit diesem Maschinenbefehlsformat wird als Null-Adress-Maschine bzw. Stack Maschine (Stack = Stapel) bezeichnet. Bei der Stack Maschine werden die Quelloperanden und die Zieloperanden auf dem Stack gespeichert und dort auf sie wieder zugegriffen. Der Zugriff kann implizit erfolgen, beispielsweise in einer festgelegten Reihenfolge. Der Vorteil der Stack Maschine besteht darin, dass keine explizite Angabe von Operanden erforderlich ist, was in einer minimalen OP-Codelänge für die Arithmetikbefehle resultiert. Der Nachteil der Stack Maschine liegt begründet in den erforderlichen umfangreichen Austauschoperationen vom und zum Stack, was ggf. in einer wachsenden Codegröße resultieren kann.

Der Operationscode, in Kurzform OP-Code, gibt an, welche Operation ausgeführt werden soll. Normalerweise belegt ein Maschinenbefehl genau ein Speicherwort, dann ist die Kennung C/X gleich 0. Umfasst ein Befehl 2 Worte ist die Kennung C/X für einen Doppelwortbefehl gesetzt. Die Adresse kennzeichnet den Speicherplatz, wo der Wert des Operanden zu finden ist. Gemäß Tabelle 4.1 sind für eine hypothetische Maschinensprache folgende Befehle vorhanden:

Tabelle 4.1. Operationscode und seine unterschiedlichen Darstellungsformen

OP Code		Bedeutung der Operation	Mnemotechnische Bezeichnung
Dual	Hexadez.		
0000	0	Halt, Ende der Programmabarbeitung	HLT
0001	1	Lader Operand in den Akkumulator	LAD
0010	2	Speichere Inhalt des Akkumulators nach der angegebenen Adresse	SPI
0011	3	Addiere Operand zum Akkumulator	ADD
0100	4	Subtrahiere Operand vom Akkumulator	SUB
0101	5	Multipliziere Operand mit Akkumulator	MUL
0110	6	Dividiere Akkumulator durch Operanden	DIV
0111	7	Unbedingter Sprung	JMP
1000	8	Sprung, wenn der Inhalt des Akkumulators gleich Null ist	JEZ
1001	9	Sprung, wenn der Inhalt des Akkumulators größer oder gleich Null ist	JGZ
1010	A	Sprung, wenn der Inhalt des Akkumulators kleiner Null ist	JLZ

Beispiel 4.4.
Subtraktionsbefehl
SUB r5,r9,r21
Der zugehörige Binärcode lautet: 10101 01001 00101 1 00001010001

Bei Befehlsausführung des Befehls wird der Inhalt des Quellregisters r5 (Operand) vom Inhalt des Quellregisters r9 (Akkumulator) subtrahiert und in das Zielregister r21 geschrieben.■

Beispiel 4.5.
CALL-Befehl
CALL (r17), (r5, r6)
Der zugehörige Binärcode lautet: 10001 00110 00101 1 xxxxxxxxxxx

Bei Befehlsausführung wird der Inhalt des Befehlszählers in das Register geladen, auf die der Stackpointer (r17) zeigt, dies ist das Register R1. Der Inhalt des Indexregisters r6 (entspricht Register R2) wird zu dem des Basisregisters r5 (entspricht dem Register R3) addiert, woraus die Adresse des Befehls resultiert, die dann in den Befehlszähler geladen wird. ■

Auf die Schicht der Maschinensprache baut eine als Betriebssystem bezeichnete Schicht auf, die vermittels Interpretation einen wesentlichen Sprung in der Komplexität der virtuellen Maschine bewirkt. So ist neben der Implementierung wichtiger Funktionen, zur Kontrolle der Hardware, vor allem die Verwaltung der Ressourcen eines Rechners, wie Prozessoren, Speicher, periphere Geräte etc. Aufgabe des Betriebssystems. Das Betriebssystem selbst ist ein spezielles Programmsystem, welches ganz oder teilweise in einem separaten Teil des Arbeitsspeichers gehalten wird. Es stellt im Prinzip eine Art Interface zwischen dem Anwender (bzw. seinem Anwendungsprogramm) und der Rechner-Hardware dar. Dazu umfasst es eine Vielzahl von Programmen, die sog. System-Software, welche u.a. folgende Aufgaben wahrnimmt:

- Bereitstellung und Verwaltung eines sogenannten File-Systems welches es dem Benutzer ermöglicht, umfangreiche Programme oder Daten auf Sekundärspeichern zu halten,
- Überwachung und Verwaltung der Hardware- und Software Betriebsmittel,
- Bearbeitung aller Anwendungsprogramme, insbesondere deren überlappende Ausführungsreihenfolge,
- Überwachung der Prozessor Auslastung sowie deren Optimierung,
- Behandlung von Hard- und Softwarefehlern sowie Datensicherung bei Systemfehlern, Steuerung interner Diagnoseläufe,
- Kommunikation mit dem Anwender vermittels Editor, Compiler, Assembler, Linker, Lader, Debugger, etc. .

Eine heute weit verbreitete Organisationsform des Betriebssystems ist diejenige, im Speicher einen Betriebssystemkern, einen sog. Kernel, zu halten, der die wichtigsten auszuführenden Funktionen bzw. Operationen bereitstellt, aus denen, bei Bedarf, weitere abgeleitet werden können. Derartige Betriebssystemkerne sind in der Regel als Ansammlung nebenläufiger Prozesse realisiert, wobei unter einem Prozess ein Programm oder eine Menge von Programmen verstanden wird, die bei Verfügbarkeit des Prozessors ausgeführt werden können.

Die Schicht der Assemblersprachen repräsentiert die maschinennahen Sprachen. Einer Anweisung in einer Assemblersprache entspricht damit einer Maschinen-Instruktion, d.h. jede Anweisung kann direkt von der Maschine ausgeführt werden. Assembleranweisungen werden jedoch nicht in Maschinensprache angegeben, d.h. in einer Sprache, in der die Anweisungen durch entsprechende Bitfolgen repräsentiert werden, sondern in Form mnemotechnischer Symbole, einer für den Anwender besser lesbaren Form, wie aus Tabelle 4.1. ersichtlich. Die Übersetzung eines Assemblerprogramms in ein Maschinenprogramm erfolgt durch Assemblieren. Während des Assemblierens führt ein Assembler u.a. folgende Aufgaben aus:

- Syntaxüberprüfung des Assemblerprogramms,
- Ausführung der im Programm enthaltenen Pseudo-Befehle,
- Übersetzen der Assembler-Anweisungen in Maschinensprache-Anweisungen (Maschinenprogramm),
- Umwandeln der symbolischen Adressen (Marken, Variablen, Bezeichner) in numerische Adressen.

Der Befehlsvorrat der Assemblersprachen ist im wesentlichen von der Prozessorarchitektur abhängig. Neben dem Befehlsvorrat unterscheiden sich auch die mnemotechnischen Symbole in den unterschiedlichen Assemblersprachen.

Durch die Assemblersprachen ist eine definierte virtuelle Maschine vorhanden, mit der Möglichkeit, Maschinenprogramme für ein beliebiges Prozessorsystem mit peripheren Netzwerkfunktionen schreiben zu können, wobei der Assembler vorhandene Schwierigkeiten im Umgang mit der relativ einfachen Maschinensprache ausgleicht. Die virtuelle Maschine (das Programm) bildet die Sprachelemente der symbolischen Assemblersprache eins zu eins auf die entsprechenden Maschinenbefehle und System Calls ab, wodurch aus einem sog. Quellcode (Source Code) ein ausführbares Maschinenprogramm gewonnen wird. An dieser Stelle kann auf Anwendungsprogramme aufgesetzt werden.

Eine Erweiterung der Assembler Schicht ist die Schicht der höheren Programmiersprachen, die ein in seiner Funktionalität festgelegtes Übersetzungsprogramm (Compiler), geschrieben in Assembler, definiert, womit eine virtuelle Maschine vorhanden ist, welche die jeweilige Programmiersprache unterstützt, z.B. PASCAL, MODULA-2, ADA, C, C++, etc. Diese Schicht ist Basis für den Einstieg in den anwendungsbezogenen Entwurf.

Die nächste Schicht umfasst entweder spezielle Werkzeuge für das Computer Aided Software Engineering (CASE) oder die Anwendungsprogramme.

Beispiel 4.6.
Der Leistungsunterschied bzw. der Programmieraufwand zwischen einer höheren Programmiersprache und einer Assemblersprache soll vergleichend betrachtet werden. Dazu sei folgender Befehl in einer höheren Programmiersprache angegeben:

IF (A-B) GREATER THAN 0 THEN C=D ELSE C=2*A+D

Um diesen Befehl in einer niedrigeren Programmiersprache zu erzeugen, ist eine Routine mit einigen Zeilen Quellcode erforderlich.

Ein entsprechendes Assemblerprogramm könnte lauten, vorausgesetzt ist dabei dass zwei Akkumulatoren A und B verfügbar sind :

Byteanzahl		
1	CBA	(Vergleiche Akkumulatoren A, B)
2	BLE ALTB	(Verzweige, wenn (A-B) ≤0 ist)
2	AGTB LDA A MEMD	(Hole D aus dem Speicher nach A)
2	BRA NEXT	(Gehe zur nächsten Instruktion)
2	ALTB ASL A	(A = 2*A)
2	ADD B MEMD	(Addiere D zu 2*A)
1	next sta a memc	(speichere Ergebnis in C)

Der von dieser in Assemblersprache geschriebenen Routine benötigte Speicherplatz kann direkt, d.h. durch Abzählen der Byteanzahl, ermittelt werden, wobei 1 Byte für jeden OP Code und 1 bzw. 2 Byte für jeden Operanden erforderlich sind. Für die in Assembler geschriebene Routine sind bei einem direktem Adressierverfahren 12 Byte erforderlich und 15 Byte bei vollständiger Adressierung. Im Vergleich zum Assembler ist der Speicherplatz beim Einsatz einer höheren Programmiersprachen nicht so einfach zu berechnen, weil die Übersetzung indirekt erfolgt.■

4.4 Arithmetisch Logische Einheit (ALU)

Zur prozessorinternen Verarbeitung des Codes bedarf es spezieller Hardwarestrukturen in der Zentraleinheit, eines sog. Datenprozessors und eines sog. Befehlsprozessors, wobei der Datenprozessor die eigentliche Verarbeitung der Daten durchführt. Die Operationen auf den Daten, die in Bitfolgen dargestellt sind, werden in der Arithmetisch Logischen Einheit (ALU = Arithmetical Logical Unit) ausgeführt. Sie besteht aus einem von außen steuerbaren Schaltnetz mit Datenbussen am Eingang und am Ausgang. Die ALU vereinigt dabei mindestens die folgenden Funktionen:

- parallele Addition zweier Datenwörter,
- bitweise UND-Verknüpfung zweier Datenwörter ,
- bitweise Komplementbildung eines Datenwortes, z.B. Einerkomplement,
- unverändertes Durchschalten eines Datenwortes,

wobei die arithmetischen Verknüpfungen der ALU, für die meisten Prozessoren, auf Integerwerten der Daten beschränkt sind, während die logischen Verknüpfungen auf der binärwerten Interpretation der Daten beruhen die Schiebeoperationen wobei binärwert interpretiert werden.

Im Befehlsprozessor werden demgegenüber die abzuarbeitenden Befehle eines Programms entschlüsselt und ihre Ausführung durch das Steuerwerk (CU = Control Unit) gesteuert. Das Steuerwerk wird durch das Befehlsregister, den Datendecodierer und die zeitliche und logische Steuerung realisiert. Die Funktionen des Datenprozessors und des Befehlsprozessors können durch entsprechende Netzwerke elementarer Verknüpfungsglieder, sowie entsprechend spezialisierte Schaltwerke und Schieberegister, realisiert werden.

Die arithmetischen Verknüpfungen der ALU beinhalten die Addition, die Subtraktion, die Multiplikation, die Division und den Vergleich. Da die Subtraktion durch Komplementbildung auf eine Addition zurückgeführt werden kann, entsprechende Substitutionen gibt es für die Multiplikation und die Division, wird das Kernelement der ALU durch das Addierwerk repräsentiert. Die hardwaretechnische Umsetzung der arithmetischen Grundoperation Addition durch das Addierwerk wird schaltungstechnisch als Halbaddierer oder Volladdierer realisiert. Bei Verwendung von Halbaddierern (HA) als Addierwerken entstehen Durchlaufzeiten der Größe 2τ pro Halbaddierer, wenn τ die Schaltzeit eines Gatters ist. Ein Halbaddierer addiert zwei Dualzahlen, die durch die binären Variablen A und B mit den Werten der Zahlen 0 und 1 dargestellt werden können. Entsprechend der Rechenregeln für Dualzahlen (s. Abschn. 1.4)

$$\begin{aligned}0 + 0 &= \text{Summe } 0, \text{Übertrag} = 0,\\ 0 + 1 &= \text{Summe } 1, \text{Übertrag} = 0,\\ 1 + 0 &= \text{Summe } 1, \text{Übertrag} = 0,\\ 1 + 1 &= \text{Summe } 0, \text{Übertrag} = 1,\end{aligned}$$

erhält man die in Tabelle 4.2 angegebene Wahrheitstabelle.

Tabelle 4.2. Addition von zwei 1-Bit-Dualzahlen

A	B	S	C
0	0	0	0
0	1	1	0
1	1	1	0
1	1	0	1

Aus Tabelle 4.2 ist ersichtlich, dass sich die Summe S_H des Halbaddierers aus einer Antivalenz (s. Abschn. 3.1.1) und der Übertrag C_H des Halbaddierers aus einer Konjunktion der Summanden ergibt, wobei das Symbol * die UND-Verknüpfung beschreibt, während das Symbol + der ODER-Verknüpfung entspricht und das Symbol / die Negation repräsentiert:

$$S_H = (A * /B) + (/A * B) = (A + B) * /(A * B) = A \oplus B \tag{4.1}$$

$$C_H = (A * B) \tag{4.2}$$

Die beiden Logik-Funktionen können durch elementare logische Verknüpfungsglieder nachgebildet werden, wie in Abb. 4.8 dargestellt.

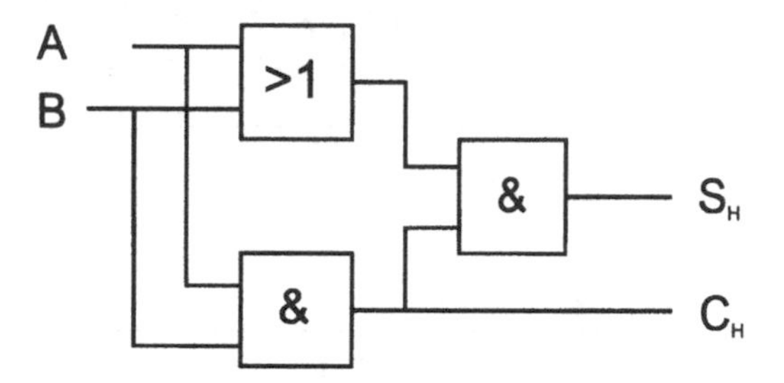

Abb. 4.8. 1-Bit-Halbaddierer

Wie aus Abb. 4.8 ersichtlich, repräsentiert der Halbaddierer einen (2,2)-Addierer, da er zwei Eingänge und zwei Ausgänge hat. Führt man in einem Addierwerk mit den beiden Dualziffern A und B als weitere Eingangsvariable den Übertrag C_n ein, erhält man einen (3,2)-Addierer, der Volladdierer genannt wird. Für ihn gelten die Booleschen Gleichungen

$$S_V = (A * B * C_n) + (A * /B * /C_n) + (/A * B * C_n) + (/A * /B * C_n) \tag{4.3}$$

$$C_V = C_{n+1} = (A * B) + (A * C_n) + (B * C_n) \tag{4.4}$$

Der Eingang C_n wird dabei eingehender Übertrag (carry in) und $C_V = C_{n+1}$ wird ausgehender Übertrag (carry out) genannt. Die Logikhardware des 1-Bit-Volladdierers ist in Abb. 4.9 für unterschiedliche Darstellungsvarianten angegeben. Anschaulich lässt sich der Volladdierer nach Abb. 4.9 aus zwei Halbaddierern ableiten, wie in Abb. 4.9 dargestellt, mit HA1 = 1. Halbaddierer und HA 2 = 2. Halbaddierer. Im ersten Halbaddierer werden die beiden Dualzahlen a und b addiert, im zweiten Halbaddierer wird zu dieser Summe der eingehende Übertrag c hinzuaddiert.

Bei der Addition mehrstelliger Dualzahlen müssen die entstehenden Überträge entsprechend berücksichtigt werden. Eine mögliche Form der Realisierung eines Addierwerks ist der Addierer mit seriellem, d.h. durchlaufendem Übertrag RCA (RCA = Ripple Carry Adder). Dabei werden bei der Addition der n-Bit-Dualzahlen A_n und B_n n Volladdierer VA in Serie geschaltet und der Übertragungsausgang der Stelle n mit dem Übertragungseingang der Stelle n + 1 verbunden, wie in Abb. 4.10. gezeigt.

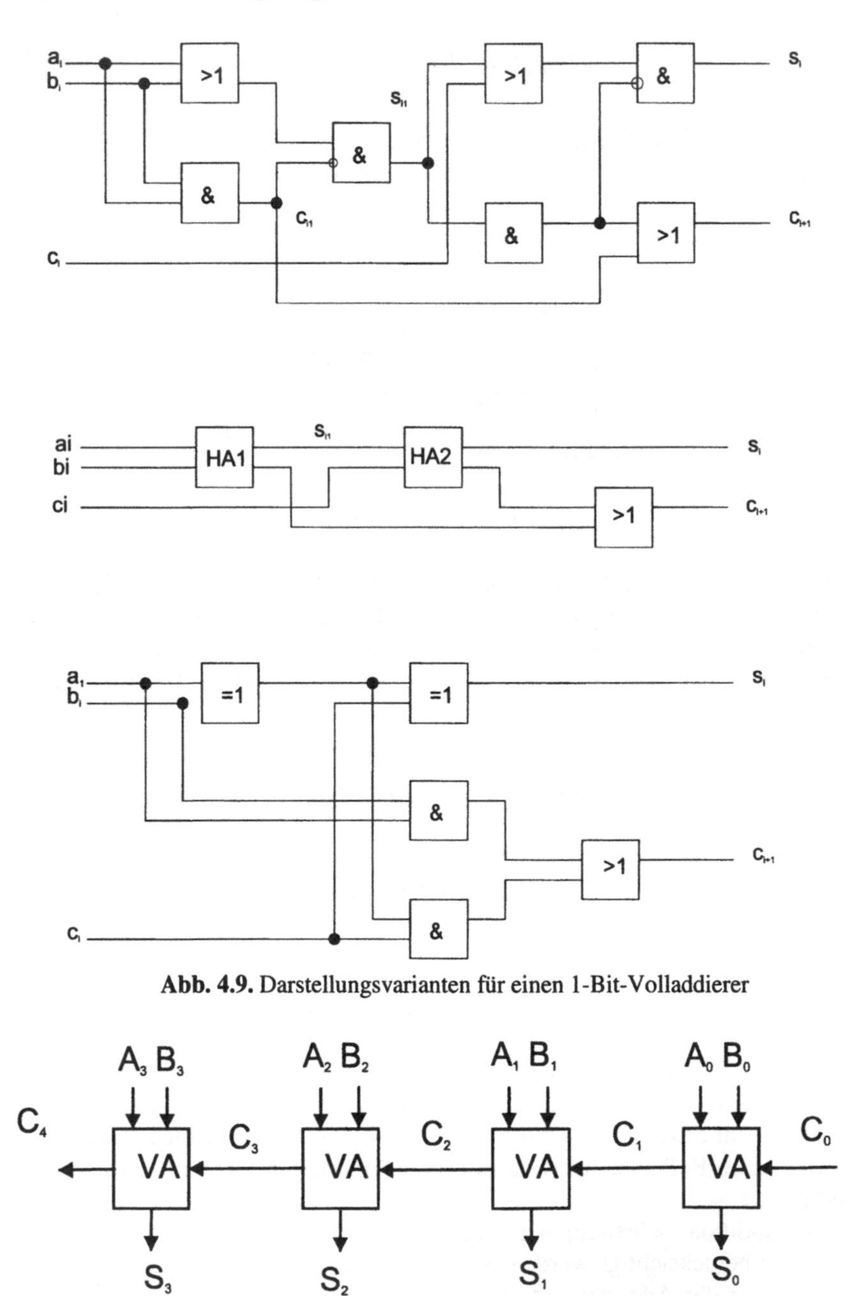

Abb. 4.9. Darstellungsvarianten für einen 1-Bit-Volladdierer

Abb. 4.10. Ripple-Carry-Addierer aus n Volladdierern

Wie aus Abb. 4.10 ersichtlich steht das niedrigstwertige Bit rechts. Der Ausgang C_i des i-ten Volladdierers wird zum Eingang C_{i+1} des nächsten Addierers geführt, wobei der eingehende niedrigstwertige Übertrag C_0 auf 0 gesetzt wird. Damit kann der niedrigstwertige Addierer als Halbaddierer realisiert sein. Angemerkt werden soll, dass bei invertierter Zuführung der bitwerten Stellen der Dualzahl B auf die Volladdierer, sowie einem Volladdierer an der niedrigstwertigen Stelle, sowie durch Setzen von C_0 auf 1, ein mehrstelliger Subtrahierer, auf Grundlage eines Addierwerks, realisiert werden kann.

Aus der logischen Gleichung zur Übertragsbildung ist ersichtlich, dass zur Berechnung von C_{i+1} aus C_i eine zweistufige Logik erforderlich ist. Wird im niedrigstwertigen Bit ein Übertrag erzeugt, der alle Volladdiererstufen durchläuft, muss das Übertrag-Signal insgesamt 2n-Logikebenen passieren, ehe der letzte Volladdierer entscheiden kann, ob an der höchstwertigen Stelle ein ausgehender Übertrag erzeugt werden muss. Die Verzögerungszeit des höchstwertigen ausgehenden Übertrags ist dabei direkt proportional zur Zahl der Logikebenen, die das erzeugte Übertragssignal durchlaufen muss. Ein n-Bit-Ripple-Carry-Addierer hat demzufolge 2n-Logikebenen, wobei typische Werte für n bei der Festkomma-Arithmetik bei 32 liegen. Daraus ist ersichtlich, dass mit dem Ripple-Carry-Addierer zwar eine langsame, aber billige Realisierungsmöglichkeit für Addierer gegeben ist, da jeder Volladdierer auf den Übertrag aus der vorangehenden Stufe warten muss, woraus bei großer Maschinenwortbreite eine erhebliche Zeitverzögerung resultiert, womit die maximal mögliche Taktrate beschränkt wird, da der RCA aus n einfachen Zellen (Makrozellen) besteht, die regulär miteinander verbunden sind. Das Durchlaufen der Überträge bestimmt die Gesamtverzögerung des Addierers. Die Zeit zur Bestimmung der höchstwertigen Stellensumme, sowie des entsprechenden Übertrags, ist damit proportional zur Stellenzahl. Ein vollständiges Ergebnis ist demzufolge verfügbar nach

$$t_{RCA} = (2n+1)\tau \tag{4.5}$$

Trotz seiner relativen Langsamkeit findet der Ripple Carry Adder häufig in Prozessorentwürfen auf Ebene frei programmierbarer Logikbausteine seine Anwendung, im Umfeld von 4 bzw. 8 Bit Wortbreite. Selbst wenn ein Ripple-Carry-Addierer die Zeit 0(n) für ein korrektes Ergebnis benötigt, spart er sehr viel Platz für die Hardwareimplementierung einer Festkomma-Arithmetik. So werden beispielsweise für einen Ripple-Carry-Adder nur zwei Makrozellen pro Bit verbraucht. In diesen Fällen werden Ripple-Carry-Adder, mit kurzer Länge n, oft als Bausteine in größeren Addierern eingesetzt.

Dasselbe Ergebnis, aber mit geringerem Hardwareaufwand wird erreicht, wenn man einen sogenannten Carry-Save-Adder (CSA) einsetzt. Hier wird nur ein Volladdierer benötigt und ein D-Flipflop (s. Abschn. 2.5.2) zur Speicherung des Übertrags, sowie zwei Schieberegister, welche die Bitstellen der beiden Operanden seriell zum Volladdierer übertragen. Der Zeitaufwand ist auch hier, wie beim Ripple-Carry-Adder, $2 \cdot n \cdot \tau$.

Die Beschleunigung von Addiernetzen kann auf unterschiedliche Art und Weise erreicht werden. Sind die Hardwarekosten sekundär und ist Schnelligkeit das absolute Ziel, darf der Übertrag nicht von Stelle zu Stelle weitergegeben werden. Das bedeutet, dass beispielsweise im Addierwerk k, zur Bildung des Summenbits, alle Dualzahlen A_m und B_m mit $0 \leq m \leq k$ zur Berechnung benötigt werden. Der Zeitaufwand zur Berechnung beliebiger n-Bit Dualzahlen beträgt dann, unter der Prämisse dass für die Realisierung Gatter mit einer beliebigen Anzahl von Eingängen zur Verfügung stehen, 2τ. Der erforderliche Gatteraufwand ist allerdings proportional zu 2^n, bezogen auf n-Bit Dualzahlen. Bei der technischen Umsetzung von Addierwerken ist man bestrebt, abweichend von den beiden vorangehend dargestellten Extremen, Schaltnetze zu realisieren, die sowohl hinsichtlich der Kosten, als auch der Schnelligkeit als optimal anzusehen sind. Ein Beispiel hierfür ist der Addierer mit Übertragsvorausschau, der sogenannte Carry-Look-Ahead-Adder (CLAA), bei dem die Überträge durch rekursive Anwendung der Gleichung für den Übertrag C_n direkt ermittelt werden. Dazu wird C_4, C_3, C_2 nicht mehr von dem Volladdierer der vorangehenden Stelle, sondern von einem zusätzlichen Schaltnetz, direkt an den Eingangsgrößen, bestimmt. Dieses Schaltnetz weist folgende Teilfunktionen auf, wobei das Symbol * für die UND-Verknüpfung aus Vereinfachungsgründen weggelassen wurde.

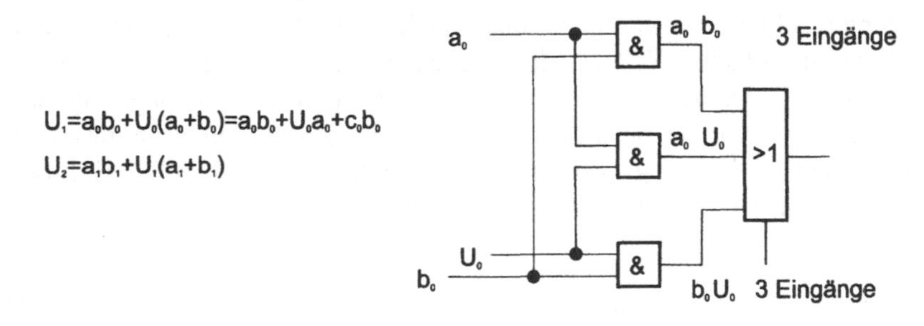

Abb. 4.11. Schaltnetz zur Verknüpfung von a_0, b_0 und U_0

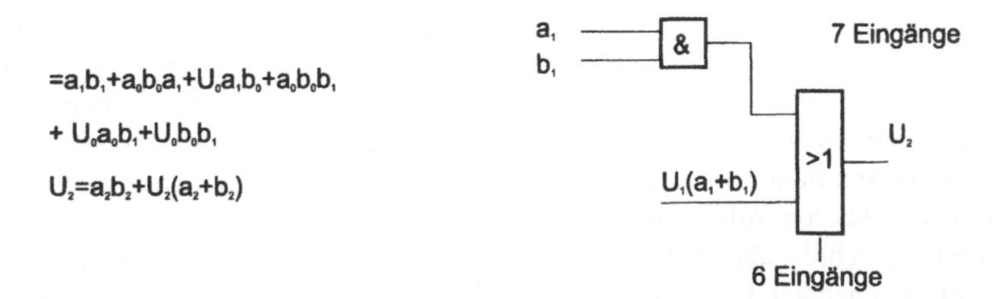

Abb. 4.12 Schaltnetz zur Verknüpfung von a_1, b_1 und U_1

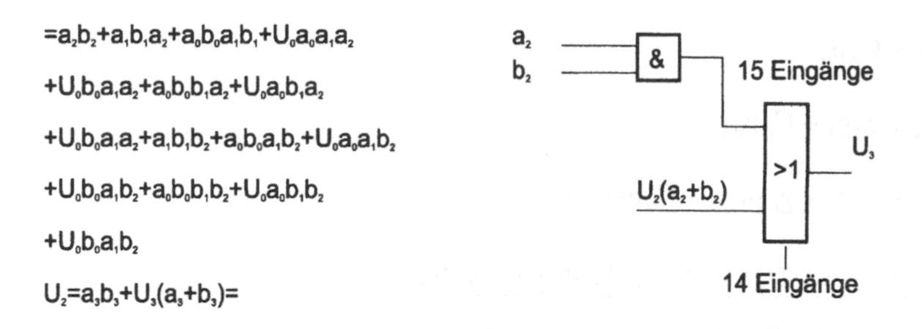

Abb. 4.13. Schaltnetz zur Verknüpfung von a_2, b_2 und U_2

Wie aus den vorangehenden Gleichungen ersichtlich, verdoppelt sich die Zahl der Eingänge pro ODER-Gatter mit jeder weiteren Stelle. Beim Übertrag C_4 wäre beispielsweise für das ODER-Gatter ein Verknüpfungsglied mit 31 Eingängen erforderlich. Ein solches Verknüpfungsglied würde den optimalen quadratischen Layoutstrukturen jedoch nicht Rechnung tragen und nur mit großem Aufwand herstellbar sein, weshalb zwei Hilfsvariable eingeführt werden, das carry generate, g_n, und das carry propagate, p_n, wodurch die Zahl der Eingänge an den Verknüpfungsgliedern deutlich reduziert werden kann. Dabei gelten folgende Zusammenhänge:

- $g_n = a_n * b_n = 1$, d.h. die Eingangsvariablen a_n und b_n sind gleichzeitig 1; Carry wird in dieser Stelle erzeugt,
- $g_n = a_n * b_n = 0$, d.h. die Eingangsvariablen a_n und b_n sind nicht gleichzeitig 1; Carry wird in dieser Stelle nicht erzeugt,
- $c_n = a_n \oplus b_n = 1$, d.h. nur eine der Eingangsvariablen ist 1; Carry aus niedriger Stelle wird weitergeleitet,
- $c_n = a_n \oplus b_n = 0$, d.h. nicht nur eine der Eingangsvariablen ist 1; Carry aus niedriger Stelle wird nicht weitergeleitet.

Das Schaltnetz, welches für die Hilfsvariablen g_n und p_n die Überträge vorausberechnet, heißt Carry Look Ahead Generator (CLAG). Die Bildung der Hilfsvariablen bedingt zwar eine zusätzliche Verzögerungszeit τ, sie verringert dafür aber den erforderlichen Hardwareaufwand. Ein Carry Look Ahead Generator liefert alle Überträge spätestens nach 3τ, wobei ein τ für die gleichzeitig ausführbaren UND-Verknüpfungen erforderlich ist, ein τ für die ODER-Verknüpfung und ein τ für die höchstwertige Summenstelle S_{n-1}. Anhand der Gleichungen eines 8-Bit-CLAG soll dessen hardwaretechnische Realisierung dargestellt werden. Damit erhält man die nachfolgenden Gleichungssysteme, wobei aus Vereinfachungsgründen das Symbol * für die UND-Verknüpfung wieder weggelassen wurde.

$$C_1 = g_0 + C_0\, p_0$$

$$C_2 = g_1 + g_0\, p_1 + C_0\, p_0\, p_1$$

$$C_3 = g_2 + g_1\, p_2 + g_0\, p_1\, p_2 + C_0\, p_0\, p_1\, p_2$$

$$C_4 = \underbrace{g_3 + g_2\, p_3 + g_1\, p_2\, p_3 + g_0\, g_1\, p_2\, p_3}_{\substack{=: B \cdot G_0 \\ \text{Block generate}}} + \underbrace{C_0\, p_0\, p_1\, p_2\, p_3}_{\substack{=: B \cdot p_0 \\ \text{Block propagate}}}$$

$$C_5 = g_4 + g_3\, p_4 + g_2\, p_3\, p_4 + g_1\, p_2\, p_3\, p_4 + g_0\, p_1\, p_2\, p_3\, p_4 + U_0\, p_0\, p_1\, p_2\, p_3\, p_4 \tag{4.6}$$

$$C_6 = g_5 + g_4\, p_5 + g_3\, p_4\, p_5 + g_2\, p_3\, p_4\, p_5 + g_1\, p_2\, p_3\, p_4\, p_5 + g_0\, p_1\, p_2\, p_3\, p_4\, p_5 + C_0\, p_0\, p_1\, p_2\, p_3\, p_4\, p_5$$

$$C_7 = g_6 + g_5\, p_6 + g_4\, p_5\, p_6 + g_3\, p_4\, p_5\, p_6 + g_2\, p_3\, p_4\, p_5\, p_6 + g_1\, p_2\, p_3\, p_4\, p_5\, p_6 + g_0\, p_1\, p_2\, p_3\, p_4\, p_5\, p_6 + C_0\, p_0\, p_1\, p_2\, p_3\, p_4\, p_5\, p_6$$

$$C_8 = g_7 + g_6\, p_7 + g_5\, p_6\, p_7 + g_4\, p_5\, p_6\, p_7 + g_3\, p_4\, p_5\, p_6\, p_7 + g_2\, p_3\, p_4\, p_5\, p_6\, p_7 + g_1\, p_2\, p_3\, p_4\, p_5\, p_6\, p_7 + g_0\, p_1\, p_2\, p_3\, p_4\, p_5\, p_6\, p_7 + C_0\, p_0\, p_1\, p_2\, p_3\, p_4\, p_5\, p_6\, p_7$$

Die nachfolgende Tabelle 4.3. verdeutlicht den Hardware Aufwand für die einzelnen Stellen

Tabelle 4.3. CLAG Hardware Aufwand

N		1	2	3	4	5	6	7	8
Verknüpfungsglieder insgesamt		2	5	9	14	20	27	35	44
max. Eingabe pro Schaltglied		2	3	4	5	6	7	8	9

Aus Tabelle 4.3 folgt, dass die Zahl der benötigten Verknüpfungsglieder, beim CLAG, etwa quadratisch mit der Anzahl der Stellen steigt. Mit jeder neuen Stelle erhöht sich die Zahl der ODER-Gatter um eins und die Zahl der UND-Gatter um den Index i der Stelle. Für die n-te Stelle werden demnach

$$\sum_{i=1}^{n}(1+i) \tag{4.7}$$

Verknüpfungsglieder benötigt. Da anstatt der Eingangsvariablen Hilfsvariablen verwendet werden, erhöht sich die maximale Anzahl der Eingänge pro Schaltglied mit jeder weiteren Stelle nur um eins. Um die Zahl der Eingänge klein zu halten, werden zwei- bzw. mehrstufige Carry-Look-Ahead-Addierer verwendet, was an einem zweistufigen 16-Bit Addierer erläutert wird, der aus vier 4-Bit Carry-Look-Ahead-Addierern und einem 4-Bit Carry-Look-Ahead-Generator aufgebaut ist, wie aus Abb. 4.14 ersichtlich. In Analogie zur einstufigen Übertragungsvorschau müssen die 4-Bit CLAA die Hilfsvariablen blockweise erzeugen, die vom übergeordneten CLAG, durch rekursive Algorithmen, zur Blockübertragung weiterverarbeitet werden. Mit BG_n = Block-Generate und BP_n = Block-Propagate gilt:

$$BC_{n+1} = BG_n + (BC_n * BP_n) \tag{4.8}$$

Bei 4-Bit breiten Blöcken werden die Überträge aus den Hilfsvariablen wie folgt gebildet:

$$\begin{aligned} BC_0 &= C_0 \\ BC_1 &= BG_0 + C_0\,BP_0 = C_4 \\ BC_2 &= BG_1 + C_1\,BP_1 = C_8 \end{aligned} \tag{4.9}$$

Die Hilfsvariablen selbst werden berechnet, indem man C_4 durch C_0, C_8 durch C_4, etc. ausdrückt und mit den weiter oben angegebenen Formeln vergleicht.

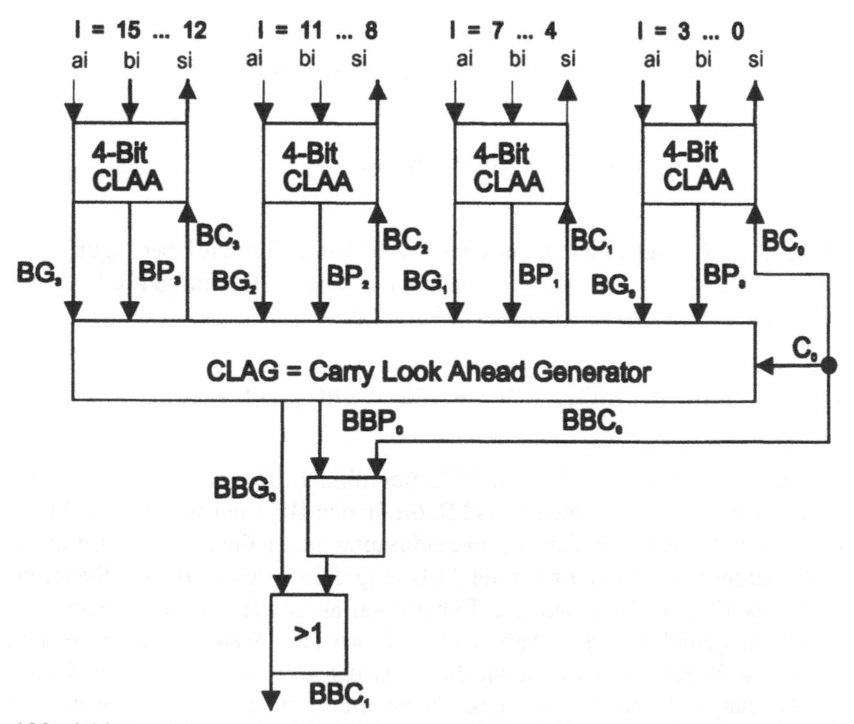

Abb. 4.14. Realisierung des Block Generate und Block-Propagate mit mehrstufigen CLAA und CLAG

$$C_4 = g_3 + (g_2 + (g_1 + (g_0 + C_0\, p_0)\; p_1)\; p_2)\; p_3$$

$$= \underbrace{g_3 + g_2\, p_3 + g_1\, p_2\, p_3 + g_0\, g_1\, p_2\, p_3}_{=:\, B\, G_0} + \underbrace{C_0\, p_0\, p_1\, p_2\, p_3}_{=:\, B\, P_0}$$

$$C_8 = g_7 + (g_6 + (g_5 + (g_4 + C_4\, p_4)\; p_5)\; p_6)\; p_7 \tag{4.10}$$

$$= \underbrace{g_7 + g_6\, p_7 + g_4\, p_6\, p_7 + g_4\, g_5\, p_6\, p_7}_{=:\, B\, G_1} + \underbrace{C_4\, p_4\, p_5\, p_6\, p_7}_{=:\, B\, P_1}$$

Wie ersichtlich, können die Block-Hilfssignale, bei allen 4-Bit CLAA, in derselben Weise gebildet werden. Damit können 4-Bit CLAA Module definiert werden, die gleichartig aufgebaut sind und miteinander zu größeren Einheiten verbunden werden können. Analog zu den oben eingeführten Block-Hilfsvariablen können beispielsweise, für den Aufbau eines dreistufigen CLAA Blocks, die folgenden Block-Hilfsvariablen definiert werden:

$$BBG_0 := BG_3 + (BG_1 * BP_2 * BP_3) + (BG_0 * BP_1 * BP_2 * BP_3) \tag{4.11}$$

$$BBP_0 := BP_0 * BP_1 * BP_2 * BP_3 \tag{4.12}$$

Der Übertrag C_{16} entspricht dabei dem Signal BBC_1 für den Übertragungseingang der zweiten Stufe, die wiederum selbst aus einem zweistufigen CLAA besteht. Mit den oben definierten Hilfsvariablen folgt:

$$C_{16} = BBC_1 = BBG_0 + BBC_0 \bullet BBP_0 = BBG_0 + C_0 \bullet BBP_0 \tag{4.13}$$

Die arithmetische logische Einheit ALU übernimmt die eigentliche Additionsfunktion für die n-Bit Dualzahlen A und B, die in den Hilfsregistern A und B zwischengespeichert werden. In der Zusammenfassung dieser Funktionen wird die in Abb. 4.15 dargestellte Symbolik für die ALU eingeführt, wobei über die Steuerleitungen F_0 bis F_n eine der möglichen Funktionen ausgewählt werden kann. Aus Vereinfachungsgründen sind in Abb. 4.15 lediglich zwei Steuerleitungen, F_0 und F_1, angegeben. Darüber hinaus enthält die ALU den Resultatausgang S und zwei weitere Ausgänge N und Z. Das Signal N ist immer dann logisch 1, wenn das Ergebnis der Operation der ALU negativ ist, d.h. das höchstwertige Bit 1 ist, wie bei Binärzahlen üblich die im Einer- oder Zweierkomplement dargestellt sind. Der Ausgang Z zeigt an, ob das Ergebnis der Operation in der ALU nur aus Nullen besteht. Z entspricht damit dem sogenannten Zero-Flag und N kennzeichnet das Sign-Flag welches anzeigt dass das Resultat als Zweierkomplement interpretiert wird. Flags repräsentieren binäre Informationen, die besondere Ergebniszustände kennzeichnen. Sie werden im Flag-Register für eine nachfolgende Auswertung sichergestellt. Darüber hinaus werden sie an das Steuerwerk zur Behandlung eventueller Sonderfälle, wie z.B. bei Division durch Null, übertragen.

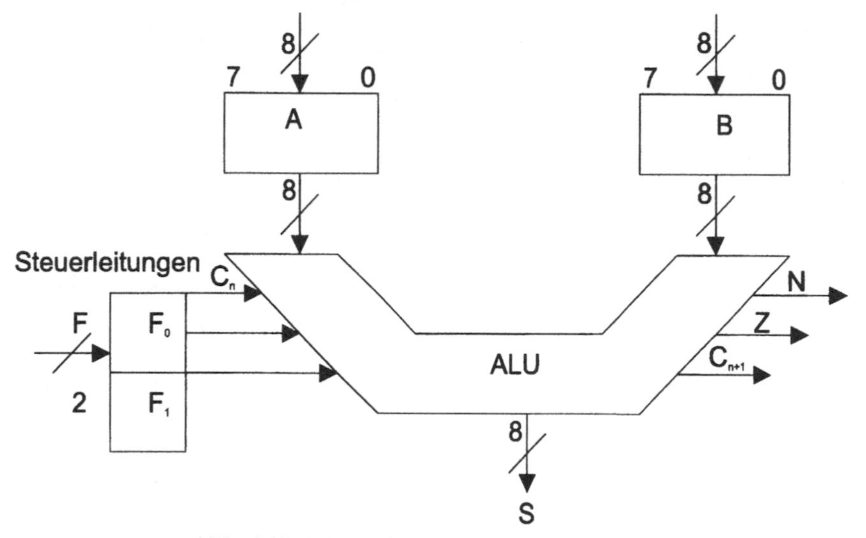

Abb. 4.15. Schematische Darstellung der ALU

Die arithmetischen Operationen Addition, Subtraktion, Multiplikation und Division lassen sich mit diesem Strukturkonzept durchführen, was Tabelle 4.4 für das funktionale Konstrukt f und den Ausgabewert S zeigt.

Tabelle 4.4. Mit der arithmetischen Einheit erzeugte Funktionen.

f_0 f_1 C	S	f (A, B, f_0, f_1, C)
0 0 0	0	A
0 0 1	0	$A_1 + 1$
0 1 0	$/B_i$	A - B im 1. Komplement (= $A + 2^n - 1 - B$)
0 1 1	$/B_i$	A - B im 2. Komplement (= $A + 2^n - B$)
1 0 0	B	A + B
1 0 1	B	A + B + 1
1 1 0	1	A - 1 (= $A + 2^n - 1$)
1 1 1	1	A (= $A + 2^n$)

Um logische Funktionen zu realisieren wird die Weiterleitung des Übertrags von einer Zelle zur nächsten unterbrochen. Das Schaltsignal $f_3 = 0$ schaltet die Weiterleitung ab, wohingegen $f_3 = 1$ die Weiterleitung des Übertrags durchschaltet. Die arithmetischen Funktionen werden mit $f_3 = 1$, die logischen mit $f_3 = 0$ erzeugt. Für die logischen Funktionen L, mit $f_3 = 0$, sind die Überträge, einschließlich des initialen Übertrags C_0, ohne Bedeutung, womit die in Tabelle 4.5 angegebene Darstellung folgt

Tabelle 4.5. Mit der logischen Einheit erzeugte Funktionen.

L	f_0 f_1 C f_3	A	f (A_1, B, f_0, f_1, C, f_3)
A + B	0 0 ./. 0	0	A→A+B
A + /B	0 1 ./. 0	B	A⊕/B →A+ /B=A+B
A	1 0 ./. 0	B	A⊕B → A ⊕B
A	1 1 ./. 0	1	A⊕1 =/A →A⊕1

Die hardwaretechnische Realisierung dieser Funktionen ist in Abb. 4.16 skizziert.

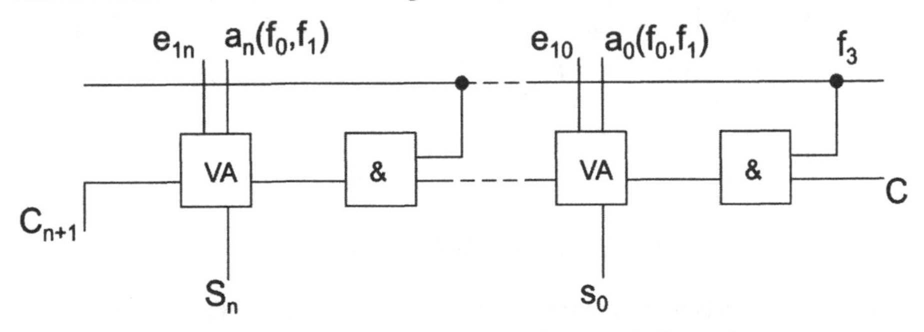

Abb. 4.16. Hardwarekonzept für das funktionale Konstrukt

Die Steuerung der Übertragungsbits der ALU ist für f_3= 1 arithmetisch und für $f_3 = 0$ logisch. Damit lässt sich die Kernzelle der Arithmetisch-Logischen Einheit ALU darstellen, wie in Abb. 4.17 dargestellt.

Die Steuereingänge F_0 und F_1 sind in der ALU Darstellung in Abb. 4.17 als Registerfile eingezeichnet. Wird das Registerfile F_0 und F_1 mit einem Datenwort gefüllt, kann die zugehörige Funktion in der ALU ausgewählt werden. Auf diese Weise wird durch das Strukturkonzept der ALU eine programmierbare Hardware realisiert. Die im Registerfile F_0 und F_1 enthaltene Information wird dabei als Mikrobefehl bzw. Mikroinstruktion bezeichnet, bzw. die Ausführung derselben als Mikrooperation. Die Menge aller gültigen Mikroinstruktionen repräsentiert den sog. Mikro-Code. Eine Mikroinstruktion kann innerhalb eines Maschinenzyklus durchgeführt werden, der als Dauer von einer Flanke des Clock-Signals bis zur nächsten Flanke derselben Art definiert ist.

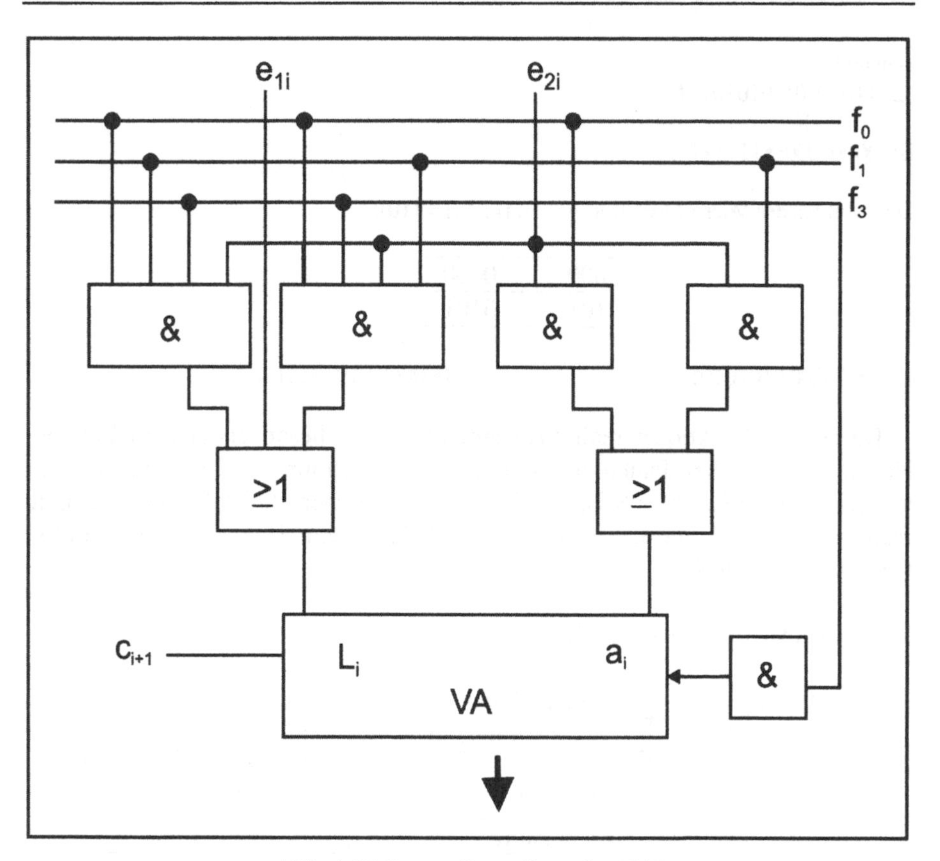

Abb. 4.17. Interne Darstellung der ALU

Der für die betrachtete ALU mögliche Mikro-Code ist in Tabelle 4.6 zusammengefasst dargestellt. Neben der Beschreibung des Codes ist eine symbolische Kurzschreibweise angegeben, die einfacher zu lesen ist als das entsprechende Bitmuster des Codes. Auch wird das Resultat der Operation (R) vorläufig noch in keinem Register gespeichert. Die Operationen * und / sind dabei evident während die bitweise *- Verknüpfung anhand eines Beispiels dargestellt werden soll. Die /-Operation kann dazu verwendet werden einen Teil des Registers auszublenden, zu maskieren, während der andere Teil erhalten bleibt.

Tabelle 4.6. Mikro-Code der ALU

(F0 F1) Micro Instruktion	Beschreibung	Symbolische Kurzform
4) (11) (00)	A unverändert durchschalten	R ← A
1) (00) (01)	A und B addieren	R ← A + B
2) (01) (10)	A und B bitweise * - verknüpfen	R ← A * B
3) (10) (11)	A negieren	R ← /A

Beispiel 4.7:
A: 11010101 01010101
X
B: 00000000→11111111

Durchführen der Micro-Operation A B; $(F_0\ F_1) = (10)$:

0000	0000
0101	0101

R: 00000000 01010101 000000 01010101 ■

Da nur vier Funktionen realisiert werden liegt eine besonders kleine ALU vor. Neben arithmetischen Funktionen kann die ALU auch um ein Schieberegister erweitert werden (Shifter = SH), mit dem die Operationen shift left und shift right realisiert werden können, wie in Abb. 4.18 dargestellt. Den möglichen Mikro-Code zeigt Tabelle 4.7 .

Tabelle 4.7. Mikro-Code der ALSU

$(S_o\ S_1)$	Beschreibung	Symbolik
00	keine Veränderung	SH ← R
01	Shift left	SH ← Lsh (R)
10	Shift right	SH ← rsh (R)
11	nicht gültig	- - - -

Als Mikro-Code erhält man alle möglichen Verknüpfungen der ALU und Schieberegister-Funktion, wobei diese, bedingt durch die ungültige Schieberegister-Funktion $(11)_2$, nicht alle 2^4 möglichen Kombinationen der vier Bits, sondern nur zwölf, enthält, wie in Tabelle 4.8 dargestellt.

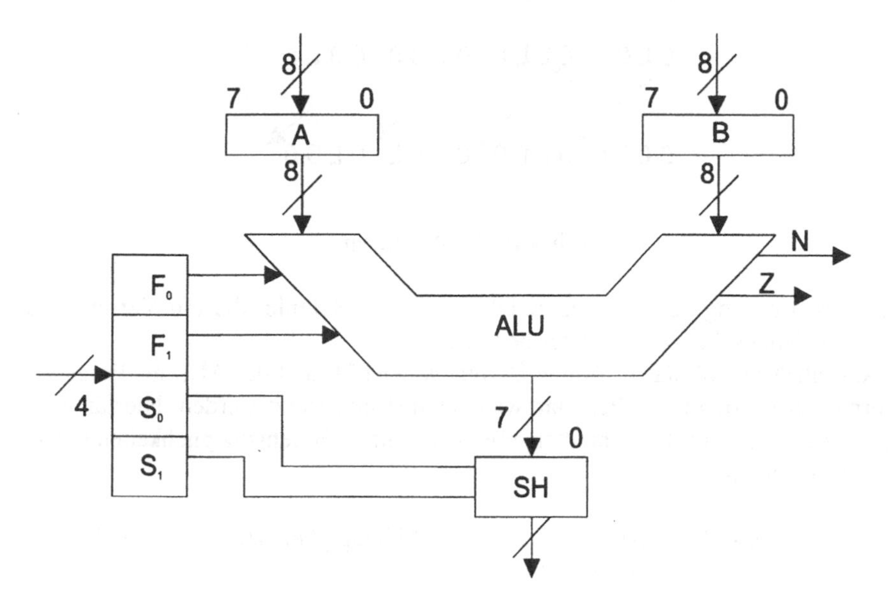

Abb. 4.18. ALSU: um ein Schieberegister (SH) erweiterte ALU

Tabelle 4.8. Mikroinstruktionen der ALSU

Mikroinstruktion	Symbolik
(0000)	SH ← A
(0001)	SH ← Lsh (A)
(0010)	SH ← rsh (B)
(0100)	SH ← A v B
(0101)	SH ← Lsh (A + B)
(0110)	SH ← rsh (A + B)
(1000)	SH ← A B
(1001)	SH ← Lsh (A * B)
(1010)	SH ← rsh (A * B)
(1100)	SH ← A
(1101)	SH ← Lsh (A)
(1110)	SH ← rsh (A)

Die Kombination ALU und Schieberegister wird teilweise als Einheit dargestellt und als Arithmetical Logical Shift Unit ALSU bezeichnet.

Bei Schiebebefehlen werden die n-Bit eines Datenwortes um eine oder mehrere Stellen nach links oder rechts verschoben, wobei die dabei frei werdenden Stellen mit Nullen oder Einsen aufgefüllt und die zur einen Seite hinausgeschobenen Bit an der anderen Seite wieder eingefügt werden (Ringschieberegister), wie es aus dem in Abb. 4.19 angegebenen Beispiel ersichtlich ist, in dem alle Stellen um 4 Stellen nach rechts verschoben sind.

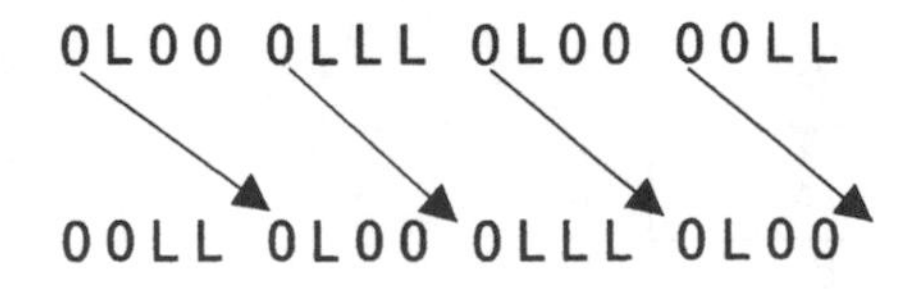

Abb. 4.19. ALSU-Prinzip

Neben den bislang dargestellten Befehlen gibt es Befehle, die ein Verschieben bzw. ein Vertauschen ganzer Bytes bewirken.

Abschließend soll das in Abb. 4.20 angegebene Modell der ALU als Programmiermodell für den textuellen Hardwareentwurf eingesetzt werden. Hierfür wird das Registerfile F als 4-Bit breit angesetzt, womit 16 Befehlsmöglichkeiten unterscheidbar werden.

Die in Abb. 4.20. aufgeführten Fälle, in Abhängigkeit zu den Zuständen der Steuerleitungen, haben folgende Zuordnung :

- F=0 kennzeichnet die Addition,
- F=1 kennzeichnet die Subtraktion,
- F=2 beschreibt die logische UND-Operation,
- F=3 beschreibt die logische ODER-Operation,
- F=4 beschreibt die logische Exclusiv-Oder-Operation,
- F=5 bis F=11 kennzeichnen die häufig benötigten Einfach-Operationen

```
unit 8-Bit-ALU;
 input A, B: RTB <7, …, 0 >; F: RTB < 3, ..., 0 >; Cn: RTB
 output S: RTB <7, …, 0 >; N,Z: RTB < 2, ..., 0 >; Cn+1: RTB
   locvar E: RTB <8, ..., 0>;
 begin
   |F=0 |:E=A+B+Cn,
   |F=1 |:E=A-B-Cn,
   |F=2 |:E=A*B,            (logisch UND)
   |F=3 |:E=A+B,            (logisch ODER)
   |F=4 |:E=A⊕B,
   |F=5 |:E=A,
   |F=6 |:E=B,
   |F=7 |:E=A+1,
   |F=8 |:E=B+1,
   |F=9 |:E=A-1,
   |F=10 |:E=0,
   |F=11 |:E=1, S<7, …, 0> = E<7, …, 0>; Cn+1=N,Z <3>;
      F<0> =(E=0),
      F<1> =(E<0),
```

```
        F<2> =(E>0),
        F<3> =(E<8>),
        F<4> =(E<7>),
        F<5> =ANTVAL(S)
end
```

Abb. 4.20. Anweisungsfolge einer 8-Bit ALU

Die in Abb. 4.20 darüber hinaus enthaltene Verhaltensbeschreibung für F<0> bis F<4> formuliert die Wertzuweisungen an Boolesche Variable. Das Konstrukt ANTVAL(S) kennzeichnet die besondere Möglichkeit, dass Funktionen in Anweisungsfolgen auch global bereitgestellt werden können. ANTVAL kennzeichnet in diesem Zusammenhang die fortlaufende Antivalenz (s. Abschn. 3.1.1) über alle Stellen. Als lokale Anweisungsfolge kann die Antivalenz demgegenüber wie folgt beschrieben werden:

```
H<0> = S<0>;
conc I(1 to 7)do H<I> = (H<I-1>≠S<I>);
F<5> = H<7>
```

Die Anweisungen S<7,...,0> = E<7,...,0> und C_{n+1}=E<3> verteilen das Zwischenergebnis auf die Ausgabegrößen S und C_{n+1}.

4.5 Grundstruktur des Steuerwerks

Das Steuer- oder Leitwerk bildet die zweite wichtige Strukturkomponente der Zentraleinheit. Es ist für die Abarbeitung der Befehle zuständig. Zu diesem Zweck werden die Befehle aus dem Speicher geladen und im Befehlsregister IR (Instruction Register) gespeichert (Holen-Phase), dekodiert und der Operationscode in Steueralgorithmen für das Rechenwerk umgesetzt (Ausführungsphase), wie im Abschn. 4.2 dargestellt. Dafür synchronisiert es den zeitlichen Ablauf für die Busse und die betroffenen Funktionsblöcke und Einheiten.

Für den Umfang der Befehle ist entscheidend, wie viel Adressen im Befehl angegeben werden können. In diesem Zusammenhang wird unterschieden zwischen

- Stack Maschinen: die keine Adresse im Befehl haben, weshalb auf den Operanden im Stack gearbeitet und das Ergebnis in den Stack zurückgeschrieben wird. Mit Stack (Kellerspeicher, Stapelspeicher) wird eine besondere Form der Speicherorganisation bezeichnet, wobei der Stack mittels eines besonderen Zugriffsverfahrens in den normalen Speicherbereich gelegt wird (sogenannter Software Stack), oder es ist im Prozessor selbst ein (in der Regel kleiner) Registerspeicher vorhanden, der die Stackfunktion übernimmt (sog.

Hardware Stack). Letztere Version verfügt über deutlich kürzere Zugriffszeiten, erstere über die größeren Ressourcen. Die Werte, die während des Programmlaufs im Stack gespeichert werden, stammen vom Programmzähler und dem Programmstatusregister, bei Aufruf von Unterprogrammen und Interrupt Service Routinen, um bei der Rückkehr die entsprechende Adresse verfügbar zu haben und um den alten Prozessorstatus wiederherstellen zu können. Insbesondere werden auf Ebene der höheren Programmiersprachen die Parameterübergabe und die Speicherung temporärer, d.h. lokaler Variablen, durch den Stack umgesetzt. Prozessoren neuerer Generation bieten häufig mehrere Stacks an, d.h. es existieren mehrere Register, die voneinander getrennte Speicherbereiche verwalten. Diese können einerseits dem Betriebssystem (sog. System Stack), den Anwenderprogrammen (sog. User Stack) oder den Daten (sog. Data Stack) zugeordnet sein, wobei die Umschaltung der Zuordnung teilweise mit anderen Eigenschaften gekoppelt ist, wie z.B. Priorisierungen von Programmteilen. Zur Verwaltung des Stack ist dieser als LIFO-Struktur (Last-In-First-Out) organisiert. Das Stackregister beherbergt einen Zeiger, den sogenannte Stack Pointer (SP), der auf das zuletzt in den Stack eingetragene Datum, den Top of Stack (TOS) zeigt. Spezielle Stackbefehle wie PUSH und POP dienen zur Durchführung der erforderlichen Kopieroperationen des Pointers und verändern ihn, um TOS korrekt angeben zu können.

- Ein-Adresss-Maschine: im Befehl ist maximal eine Adresse enthalten, der Operator verknüpft den Inhalt des Akkumulators mit dem Inhalt der adressierten Speicherstelle, siehe Abschn. 4.3 .
- Zwei-Adress-Maschine: im Befehl sind maximal zwei Adressen enthalten, der Operator verknüpft den Inhalt der adressierten Speicherzellen und schreibt das Ergebnis in den Akkumulator, siehe Abschn. 4.3,
- Drei-Adress-Maschine: im Befehl sind maximal drei Adressen enthalten, der Operator verknüpft die Inhalte von zwei der adressierten Speicherzellen und schreibt das Ergebnis in die dritte adressierte Speicherzelle, siehe Abschn. 4.3 RISC-Prozessoren repräsentieren damit Drei-Adress-Maschinen.

Das Steuerwerk wird auf Basis elementarer Verknüpfungen und Speicherglieder realisiert als

- Steuerwerk mit festverdrahteten logischen Schaltungen,
- Steuerwerk mit Mikroprogrammspeicher.

Im erstgenannten Fall werden die Steuersignale mit Hilfe der Befehlsdecodierung erzeugt, die zeitcodiert, auf Basis von Zählerbausteinen, durch Datentore (Gatter), aktiviert werden. Damit wird jeder Funktionsblock zum richtigen Zeitpunkt innerhalb des auszuführenden Befehls angesteuert, wie aus Abb. 4.21 ersichtlich.

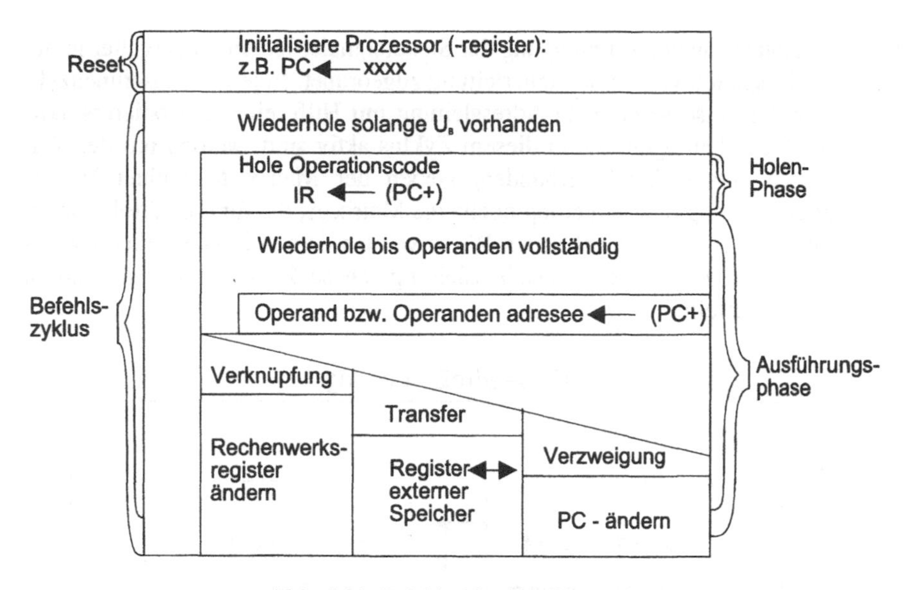

Abb. 4.21. Befehlsablauf im Steuerwerk

Die Decodierschaltungen sind mit elementaren Verknüpfungsgliedern realisiert. Das vollständige Programm, d.h. die Abfolge nach der die Daten verarbeitet werden müssen ist, bezogen auf den Befehlssatz des Prozessors, fest vorgegeben. Mikroprozessoren mit festverdrahtetem Schaltwerk benötigen keine internen Programmabläufe und keinen Mikroprogrammspeicher Man spricht in diesem Zusammenhang von einen Steuerwerk mit festverdrahteten logischen Schaltungen, d.h. die Makrobefehle werden direkt in kombinatorische Logik umgesetzt, wobei der Hardwareaufwand, gegenüber den mikroprogrammierten Steuerwerk, deutlich größer ist. Zur Gruppe der Prozessoren mit festverdrahtetem Steuerwerk gehören die RISC-Prozessoren (RISC = Reduced Instruction Set Computer), obgleich dies aus dem Namen zunächst nicht unbedingt hervorgeht. Die Reduktion des Instruktionssatzes bewirkt jedoch, dass Hardwareressourcen für die kombinatorische Logik minimal bleiben. Kennzeichnend für diese Prozessoren-Gruppe sind einheitliche Ausführungszeiten der Makrobefehle, da erhöhte Aufwände, wie sie beispielsweise bei Multiplikations- und Divisionsbefehlen auftreten, durch die Hardware minimiert werden

Wird die Interpretation eines Maschinenbefehls in eine Abfolge von Mikrobefehlsschritten zerlegt, wobei mit jedem Schritt eine Mikroinstruktion aus dem Mikroprogrammspeicher gelesen wird, liegt eine flexiblere Operationssteuerung vor, als im erstgenannten Fall. Diese Struktur wird durch den Prozessorhersteller in einem Matrixspeicher, dem sog. Control Memory, abgespeichert und dort nacheinander abgerufen. Diese Programme sind dem Anwender unzugänglich, auch lesend. Die Mehrzahl aller heute eingesetzten Prozessoren gehören in die Klasse des Steuerwerks mit Mikroprogrammspeicher. Charakteristisch hierfür sind die stark variierenden Ausführungszeiten für die unterschiedlichen Befehle. Dieses Prinzip geht bereits auf die Arbeiten von Wilkes, aus dem Jahre 1951, zurück. Wilkes Konzept der Mikroprogrammierung ist folgendes: Die Matrix M, sie enthält das

Mikroprogramm, dient zur Erzeugung der Steuersignale. Jedem Steuergatter in der Matrix M ist spaltenweise eine Steuerleitung zugeordnet. In jedem Maschinenzyklus wird zeilenweise genau eine Adressleitung mit Hilfe eines Decodierers aktiviert. Die Steuerleitungen, die in diesem Zyklus aktiv sind, werden mit den Adressleitungen entsprechend verbunden. Neben der Matrix M enthält Wilkes Konzept der Mikroprogrammierung noch eine Matrix A, die für die Abfolgesteuerung zuständig ist. Die ausgelesenen Werte werden dem Adressdecodierer zugeführt, sie identifizieren die Folgeadressleitung. Diese Zusammenhänge sind in Abb. 4.23 dargestellt.

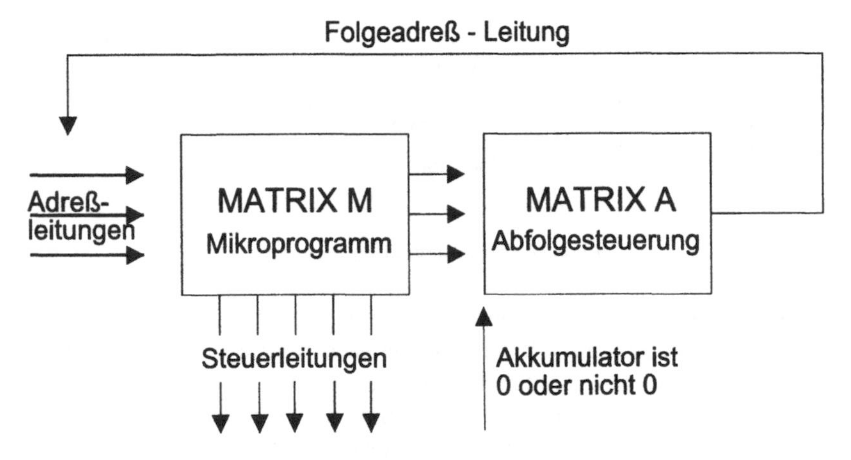

Abb. 4.22. Prinzip der Mikroprogrammierung nach Wilkes

Um ein effizientes mikroprogrammierbares Steuerwerk zu entwerfen, welches die erforderlichen Steuersignale erzeugt, sind Constraints zu beachten, als Menge der Entwurfsbeschränkungen, die durch eine mehrdimensionale Zielfunktion ψ im Entwurfsraum, minimiert werden müssen. Für einen dreidimensionalen Entwurfsraum lassen sich folgende Achsen aufspannen:

- Menge der zur Verfügung stehenden Maschinenbefehle,
- Sequenz der Mikroinstruktionen, die je einen Maschinenbefehl emulieren,
- Steuervektoren, die je einer einzelnen Mikroinstruktion entsprechen,

die zusammengefasst die dreidimensionale Zielfunktion repräsentieren

$$\min J(\psi) = J(\psi^{MM}, \psi^{MIM}, \psi^{SMI})$$

mit ψ^{MM} = Mengenfunktional der verfügbaren Maschinenbefehle, ψ^{MIM} = Sequenzfunktional der Mikroinstruktionen, ψ^{SMI} = Steuerfunktional der Mikroinstruktionen für die gilt:

Satz

Sei M Menge definiert durch Ψ mit

$$\psi(MM,MIM,SMI) \leftrightarrow \begin{cases} 0 \text{ für } MM=MIM=SMI \\ 1 \text{ für } MM \neq MIM \neq SMI \end{cases} ;(MM,MIM,SMI \in M)$$

dann ist ψ Metrik auf M.■

Es zeigt sich, das beim Entwurf eines Steuerwerks eine Reihe von Kompromissen notwendig ist, um ein Optimum, bezogen auf die divergierenden Forderungen, zu finden. Prinzipiell gilt, dass eine zweckdienliche Lösung gefunden werden muss die einerseits eine maximale Flexibilität erlaubt und andererseits auf ein akzeptables Preis-Leistungsverhältnis hinausläuft.

Für Befehle, die mikroprogrammiert werden sollen, sind prinzipiell zwei unterschiedliche Verfahren möglich, die in Abb. 4.23 dargestellte

- vertikale Mikroprogrammierung, die immer dann vorliegt, wenn eine größere Folge relativ kurzer Mikroinstruktionen gegeben ist,
- horizontale Mikroprogrammierung, die vorliegt, wenn wenige, relativ lange Mikroinstruktionen gegeben sind.

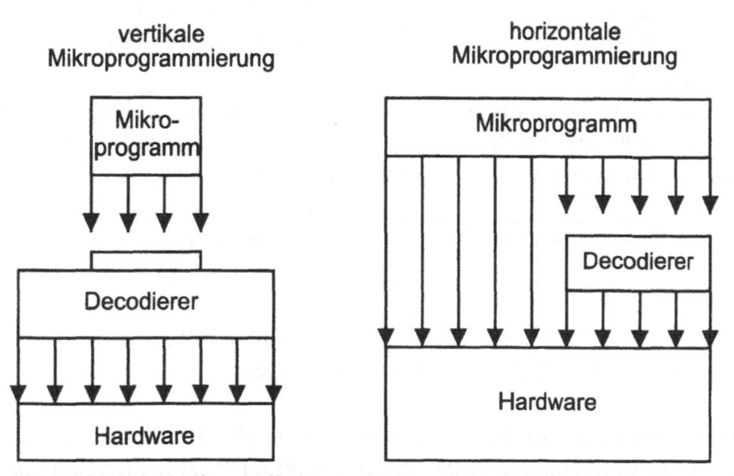

Abb. 4.23. Prinzip der vertikalen und horizontalen Mikroprogrammierung

Den Vergleich der vertikalen und der horizontalen Mikroprogrammierung zeigt zusammenfassend Tabelle 4.7.

Tabelle 4.7. Zusammenfassende Darstellung vertikaler und horizontaler Mikroinstruktion

Horizontale Mikroprogrammierung	Vertikale Mikroprogrammierung
Geringe Codierung	Starke Codierung
Ein Mikroinstruktionsformat	Mehrere Mikroinstruktionsformate
Viele einzelne Steuerfelder	Wenige Steuerfelder, ähnlich einer Maschinensprache
Große Instruktionsbreite (typisch 100 Bit oder mehr)	Geringe Instruktionsbreite (typisch 8 bis 24 Bit)
Folgeadresse in der Mikroinstruktion	Sequentielle Abarbeitung und explizite Sprungbefehle
Steuerspeicher kostenaufwendig auf Grund seiner Breite	Steuerspeicher kostenaufwendig auf Grund seiner Länge
Viele Bitkombinationen sinnlos	Praktisch jede Bitkombination als Mikroinstruktion gültig
Große Flexibilität der Steuerung, da alle Mikrooperationen individuell ausgewählt werden	Beschränkte Auswahl möglicher Operationen
Großer Parallelismus im Operationswerk	Geringer Parallelismus im Operationswerk
Schwierig zu programmieren	Relativ leicht zu programmieren
Monophasen-Struktur	Polyphasen-Struktur
Gleichzeitige Verwendung aller Bit der Mikroinstruktion	Zeitversetzung der Bit der Mikroinstruktion
Bit der Mikroinstruktion werden direkt an das Operationswerk geleitet	Ausführungsmechanismus steuert die Interpretation der Mikroinstruktion
Steuereinheit gut als PLA zu implementieren	Steuereinheit gut als ROM zu implementieren
Kurze Ausführungszeit einer Mikroinstruktion	Lange Ausführungszeit einer Mikroinstruktion

Um die vertikale und horizontale Mikroprogrammierung besser vergleichen zu können wurden charakteristische Kennzahlen eingeführt,

- Ausnützung a, sie beschreibt, wie viel der möglichen Zustandsübergänge des Operationswerks mit Hilfe der Mikroinstruktion spezifiziert werden können,
- Codierungsfaktor k, er beschreibt, inwieweit die Mikroinstruktionen Redundanzen enthalten (s. Abschn. 1.3)
- Direktheit d, sie beschreibt einen Mittelwert der Bit-Anzahl die direkt einen Steuerpunkt des Operationswerks kontrollieren

Aufbauend auf diesen Grundlagen lassen sich letztendlich strukturierte und effiziente Steuerwerkstrukturen ableiten, bei denen jeder Maschinenbefehl durch ein Mikroprogramm interpretiert wird, das schrittweise, d.h. Mikroinstruktion für Mikroinstruktion, aus einem Mikroprogrammspeicher ausgelesen wird. Jede Mikroinstruktion umfasst dabei die gesamte Steuerinformationen für den Prozessor, während eines elementaren Zeittakts. Mit Hilfe der Mikroprogrammierung wird ein einheitlicher Maschinenbefehlssatz für die verschiedenen Rechnerstrukturen bereitgestellt, wobei jedoch Mikroprogramme unterschiedlicher Länge entstehen. Insbesondere die CISC-Architekturen (CISC = Complex Instruction Set Computer) machten von diesem Prinzip starken Gebrauch. Die dabei entstandene Anzahl an Maschinenbefehlen umfasste über 300 Befehle, deren Befehlsvorrat stark codiert und in Abhängigkeit der Operanden sehr uneinheitlich ist. So variieren die Befehlsformate für einen Rechner zwischen 16 und 456 Bit. Damit wurde dem Ansatz Rechnung getragen CISC-Prozessoren mit immer umfangreicheren und komplexeren Maschinenbefehlssätzen auszustatten. Die Gründe für diese Entwicklung waren, neben dem Konzept der Mikroprogrammierung, welche die Aufwärtskompatibilität bei gleichzeitiger leichter Erweiterbarkeit ermöglichte, die

- kompaktere Codierung, die zugleich Hauptspeicherplatz für das Programm einsparte,
- speziell angepasste Befehle, welche die Compilertechnologie besser unterstützten,
- deutliche Geschwindigkeitsunterschiede zwischen Prozessor und Hauptspeicher, durch die es als zweckmäßig angesehen wurde, möglichst viele miteinander zusammenhängende Aktionen in einem Maschinenbefehl zu codieren.

5 Organisationsprinzip des von Neumann Rechners als globales Grundkonzept für Rechnerstrukturen

Der Begriff Rechnerstruktur kennzeichnet den Zusammenhang, das Strukturkonzept, eines Rechenautomaten, bezogen auf dessen hardwaretechnische Realisierung. Das grundlegende Strukturkonzept universeller Rechenautomaten basiert dabei auf den theoretischen Arbeiten von Burks, Goldstine und von Neumann aus dem Jahre 1946, welche als von Neumann Konzept eines universellen Rechenautomaten, bzw. als von Neumann Maschine, als globales Grundkonzept für Rechnerstrukturen, weltweit bekannt wurden (Abschn. 5.1). Darauf aufbauend werden die Möglichkeiten zur Klassifikation von Rechnerstrukturen eingeführt, ausgehend von der Klassifikation nach Flynn, über das Erlanger Klassifikationsschema bis hin zur Taxonomie nach Giloi (Abschn. 5.2). Im Anschluss daran werden die für den Rechnerentwurf wichtigen Grundlagen des Entwurfsraumes behandelt, der Befehlssatz, die funktionelle Organisation bzw. die Implementierung (Abschn. 5.3). Das Vorhandensein realer Rechner führte dazu Bewertungen zu Vergleichszwecken durchzuführen, wie beispielsweise die Leistungs- und Zuverlässigkeitsbewertung von Rechnersystemen und darauf aufbauend Maßnahmen zur Steigerung der Leistung, sowie der Verlässlichkeit von Rechnerstrukturen abzuleiten, auch unter Einbezug modelltheoretischer Verfahren (Abschn. 5.4). Auf dieser Grundlage werden auch die Non von Architekturen behandelt unter Berücksichtigung der modernen Verbindungsnetzwerke (Abschn. 5.5).

5.1 Einführung

Das von Neumann Konzept des universellen Rechenautomaten entstand aus der beratenden Tätigkeit, die John von Neumann im sogenannten Manhattan-Projekt innehatte, wo er auf den ENIAC Rechner von Eckert und Mauchley aufmerksam wurde. Ausgehend von den daraus gewonnenen Erkenntnissen schlug von Neuman den Bau leistungsfähiger universeller elektronischer Rechenautomaten vor. Ein elektronischer Rechenautomat ist, vom Prinzip her, eine sequentielle Maschine, bei der, in Abhängigkeit des aktuellen Eingangszustands und eines aktuellen Maschinenzustands, ein Folgezustand berechnet und durch eine Ausgangslogik ein Ausgangszustand erzeugt wird. Das implizite Strukturprinzip basiert darauf, dass eine Operation immer nur auf den Inhalt der in dem Maschinenbefehl, der Operationsanweisung, angegebenen Speicherzelle angewendet wird.

Formal kann diese Arbeitsweise durch einen endlichen deterministischen Automaten (DEA) der Form

$$\text{DEA:} = (\Sigma, Q, \delta, q_0, F) \tag{5.1}$$

beschrieben werden. Dabei ist Σ das Eingabealphabet, Q ist die Zustandsmenge des DEA, $\delta: Q X \Sigma \rightarrow Q$ ist die Zustandsüberführungsfunktion (das Programm), $q_0 \in Q$ ist der Startzustand und $F \subseteq Q$ ist die Menge der Endzustände. Wenngleich dieses Strukturkonzept des Rechenautomaten aufgrund seiner Universalität für theoretische Betrachtungen hinreichend ist und auch den heute vorhandenen Rechnerstrukturen zugrunde liegt, erweist es sich für die Beschreibung der in einem realen Rechner ablaufenden Vorgänge, für einen gewissen Detaillierungsgrad, als nicht zweckmäßig und zwar aus folgenden Gründen:

- Darstellung der Behandlung von Daten ist nicht hinreichend. Für einen endlichen deterministischen Automaten (DEA) gibt es zu jedem Zeitpunkt nur einen Eingang. Demgegenüber verarbeitet ein realer Rechner in der Regel eine große Datenmenge, die gespeichert und nach einem bestimmten Schema rechnerintern zwischen verschiedenen Modulen transferiert wird,
- Rechner kann durch Programmsteuerung sein Verhalten ändern, Demgegenüber ist die Funktionsweise eines endlichen deterministischen Automaten fest vorgegeben. Durch Erweiterung des theoretischen Modellkonzeptes endlicher deterministischer Automat (DEA) können diese Aspekte zwar modelliert werden, was auf die Rechnermodelle Kellerautomat oder Turingmaschine hinausläuft, jedoch lässt sich auch mit diesen Modellen die volle Flexibilität realer Rechner nur prinzipiell, nicht aber detailliert nachbilden.

Für die weitere Betrachtung wird das Konzept eines Rechenautomaten zugrunde gelegt, welches einem minimalen Hardwareeinsatz Rechnung tragen soll, mit den Merkmalen:

- Der Rechenautomat ist zentral gesteuert und in die folgenden logischen und räumlichen Funktionseinheiten gegliedert:
  - Rechenwerk
    führt arithmetische und logische Operationen aus
  - Steuerwerk
    interpretiert die Maschinenbefehle und setzt sie unter Berücksichtigung der Statusinformationen in Steuerkommandos um, die den Programmablauf steuern
  - Speicherwerk
    dient der Ablage der Programme und Daten in Form von Bitfolgen
  - Ein- und Ausgabewerk

stellt die Schnittstelle des Rechners nach außen dar.

Zusätzlich existiert eine Verbindungseinrichtung, ein sogenanntes Bus-System (s. Abschn. 4.2), welches die beschriebenen Komponenten miteinander verbindet.

Aus von Neumanns Untersuchungen kann darüber hinaus für das allgemeine Strukturkonzept des Rechenautomaten festgehalten werden:

- Struktur des Rechenautomaten ist unabhängig von den zu bearbeitenden Problemen. Die Verknüpfung wird dadurch erreicht, dass für die Lösung eines Problems ein eigenes Programm im Speicher ablegt wird, welches bei Ausführung das Verhalten des Rechenautomaten bestimmt. Wegen des vorliegenden Programms, welches im Grunde genommen nichts anderes als die Bearbeitungsvorschrift der Problemlösung darstellt, kann auch von einem programmgesteuerten Rechenautomaten gesprochen werden,
- Programme und Daten, sowie Ergebnisse von Berechnungen, werden in demselben Speicher abgelegt, ohne dass zwischen ihnen unterschieden wird. Der Speicher selbst besteht aus Plätzen fester Wortlänge, die über Adressen jeweils einzeln angesprochen werden können.

Die logische und räumliche Struktur des von Neumann Rechenautomaten kann damit durch Abb. 5.1 wiedergegeben werden.

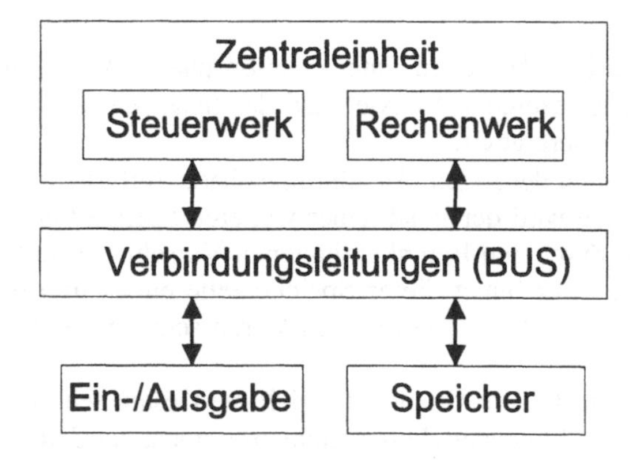

Abb. 5.1. Strukturkonzept des von Neumann Rechners

Als weitere Charakteristika des von Neumann Rechners sind zu nennen:

- Zentraleinheit (CPU = Central Processing Unit), sie führt zu jedem Zeitpunkt nur einen einzigen Befehl (Instruction) aus, der einen Datenwert bearbeiten kann, sogenanntes Single Instruction - Single Data Prinzip (SISD),
- Programmbefehle, sie befinden sich in aufeinanderfolgenden Speicherzellen.
- Sprungbefehle, nach Ausführung dieses Befehls mit der Adresse k wird ein Befehl mit der Adresse $j \neq k + 1$ geholt,

- bedingte Sprungbefehle, nach dem Befehl mit der Adresse k wird ein Befehl mit der Adresse $j \neq k + 1$ ausgeführt, falls eine Bedingung erfüllt ist, andernfalls wird die Ausführung mit $k + 1$ fortgesetzt. Bedingte Sprünge erlauben Entscheidungen, die von den Zwischenergebnissen einer Rechnung abhängen können,
- Speicherwörter, die Inhalte der Speicherzellen sind als Daten, Befehle oder Adressen deklariert. Die jeweilige Interpretation und Verwendung eines Speicherinhalts richtet sich nach dem aktuellen Kontext des laufendes Programms,
- Daten und Programme, sie werden gemeinsam ohne Unterbrechung im Speicher untergebracht, weshalb grundsätzlich keine Möglichkeit besteht sie vor ungerechtfertigtem Zugriff zu schützen.

Diese Strukturen bedingen den für einen von Neumann Rechner typischen sequentiellen Befehlsablauf: In jedem Befehlszyklus wird ein Befehl aus dem Hauptspeicher geholt und ausgeführt, wobei der Inhalt der Speicherzellen als Bitfolge weder selbstschreibend noch selbstidentifizierend ist. Der Rechner muss aufgrund des (zeitlichen) Kontextes entscheiden, wie er eine Bitfolge interpretiert. Technisch wird dieses Problem, welches implizit im von Neumann-Konzept enthalten ist, dadurch gelöst, dass man einen Befehlszyklus, d.h. die Folge von Aktionen bis der nächste Befehl aus dem Hauptspeicher geholt wird, in Teilzyklen zerlegt. Damit war das Zwei-Phasen-Konzept für die Befehlsverarbeitung eingeführt (s. Abschn. 4.2):

- 1. Phase entspricht der sogen. Interpretationsphase. Aufgrund der durch den Befehlszähler angezeigten Adresse wird der Inhalt einer Speicherzelle geholt und als Befehl interpretiert.
- 2. Phase entspricht der sogen. Ausführungsphase. Aufgrund der im Befehl enthaltenen Adresse wird der Inhalt einer weiteren Speicherzelle geholt und entsprechend der durch den Befehl enthaltenen Vorschrift verarbeitet. Es sei angenommen dass der Inhalt dieser Speicherzelle ein Datum ist, welches vom Datentyp her den im Befehl getroffenen Voraussetzungen entspricht.

Bei diesem sequentiellen Ablauf setzt sich die Gesamtzeit zur Ausführung eines Befehles aus den folgenden Zeitanteilen zusammen, der Zeit zum

- Holen der Operanden aus dem Speicher (instruction fetch),
- Interpretieren/Decodieren des Befehls (instruction decoding),
- Ausführen des Befehls (instruction execute),
- Ablegen des Ergebnisses in den Speicher (instruction store).

Da der Speicher im Mittelpunkt fast aller Operationen des von Neumann Rechners steht, beeinflussen die Zugriffe auf Daten und Befehle vom Speicher und zum Speicher die Leistung des Rechensystems entsprechend. Man spricht bei dieser Kommunikation zwischen CPU und Speicher auch vom sogenannten von Neumann Flaschenhals (von Neumann Bottleneck). Bekannt geworden ist die Beschreibung des von Neumann Flaschenhalses in der Rede von J. Backus anlässlich der Verleihung des Turing-Award im Jahre 1975, mit dem Thema: „Can programming be liberated from the von Neumann style?“ Wie aus diesen Ausführungen ersichtlich, wird das eigentliche Problem durch das Strukturkonzept der von Neumann-Variablen verursacht. Nach diesem Konzept ist eine Variable ein Speicherplatz, der einem Behälter entspricht, aus dem die CPU einzelne Daten entnehmen und in die sie Daten ablegen kann. Backus schlug deshalb vor die von Neumann-Variable abzuschaffen und statt dessen eine Einzel-Zuteilungs-Variable bzw. eine Einzel-Anweisungs-Variable (Single Assignment Variable) einzuführen. Die Steuerung des Ablaufs eines Algorithmus erfolgt dann nicht mehr explizit, durch die entsprechenden Steuerkonstrukte des Programms, sondern implizit, durch den Datenfluss des Programms, was auf das Strukturkonzept des sogenannten Datenflussrechners führt. Datenflussrechner stellen eine Rechnerarchitektur dar, deren Strukturkonzept darauf basiert, dass die Steuerung des Ablaufs eines Algorithmus nicht explizit durch entsprechende Steuerkonstrukte des Programms bestimmt wird, sondern implizit aus einem Datenflussgraphen abgeleitet wird. Ein Datenflussgraph repräsentiert einen gerichteten Graphen ohne isolierte Knoten und Kanten. Jeder Knoten stellt damit einen Maschinenbefehl dar, während jeder Pfeil den Datenfluss hin zu einem Knoten bzw. von einem Knoten gerichtet beschreibt. Die Pfeilbeschriftungen stellen die sogen. Datentoken dar; sie geben die bereits zur Verfügung stehenden Datenwerte an. Die Ausführung eines Maschinenbefehls wird als Schalten bezeichnet, wobei ein Maschinenbefehl erst dann ausgeführt wird, wenn jeder Eingang mit einer Marke (Token) belegt ist, d.h. wenn alle Operanden vorhanden sind. Beim Schalten werden die Token entfernt und alle Ausgangspfeile des Knotens mit jeweils einem Datentoken besetzt. In Abb. 5.2 ist der Datenflussgraph für den Maschinenbefehl $A: = B * C + C * \sin(\alpha+\beta) / (D * E)$ angegeben, mit den Werten $B=2$, $C=3$, $D=4$, $E=5$, $\alpha=1$, $\beta=-1$. Die Knoten T1, T2 und T5 sind schaltbereit, d.h. der betreffende Maschinenbefehl kann parallel abgearbeitet werden

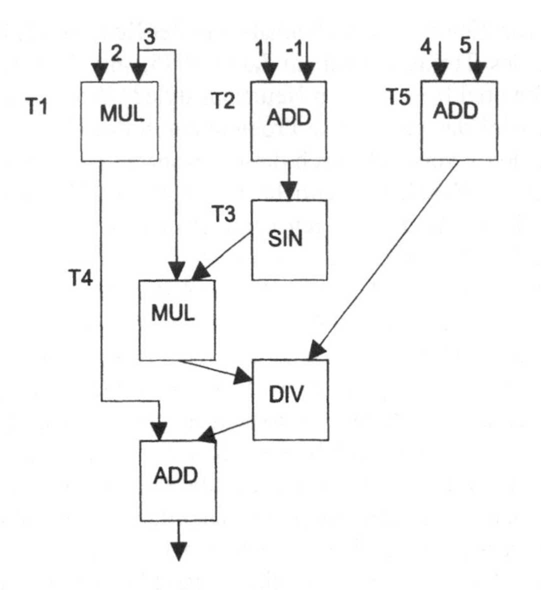

Abb. 5.2. Datenflussgraph

Die von Neumann Rechnerstruktur besteht, im Vergleich zur Struktur des Datenflussrechners, aus den in Abb. 5.3 dargestellten drei Komponenten, wobei der Einfachheit halber angenommen werden soll, dass die Datenflüsse zwischen den Komponenten über eine Sammelschiene, den sogenannten Bus (s. Abschn. 4.2), laufen:

- Zentrale Recheneinheit (CPU), bestehend aus Befehls- und Datenprozessor, in der die Programmbefehle interpretiert und ausgeführt werden,
- Ein- und Ausgabeprozessor,
- Speicher, der aus einer Anzahl von Registern und einem Hauptspeicher besteht.

Die Aufgabe des Datenprozessors ist die Verarbeitung von Daten, d.h. die Ausführung von Berechnungen. Der Begriff der Berechnung kann für den von Neumann-Rechenautomaten wie folgt festgelegt werden:

Definition Berechnung

Eine Berechnung besteht in der Veränderung des Speicherzustandes des von Neumann Rechenautomaten dergestalt, dass von einem Anfangszustand X_A ausgehend, über eine Folge von Zwischenzuständen, ein Endzustand X_E erreicht wird. Die Veränderung des Speicherzustandes wird von einem Maschinenprogramm durchgeführt. Voraussetzung dafür dass ein bestimmter Endzustand erreicht wird ist die Terminierung des Maschinenprogramms, d. h. es muss in endlich vielen Schritten beendet sein, und zwar für jeden Anfangszustand. Ein Maschinenprogramm mit dieser Eigenschaft heißt Algorithmus. ■

Definition Algorithmus
Ein Algorithmus ist ein Quadrupel (Z, E, A, f). Dabei bedeutet Z eine Menge von Zwischenergebnissen, $E \subseteq Z$ eine Eingabemenge und $A \subseteq Z$ eine Ausgabemenge. $f : Z \Rightarrow Z$ ist eine Übertragungsfunktion. Der Algorithmus einer Berechnung beginnt mit ihrem Anfangszustand X_A und endet mit ihrem Endzustand X_E. ■

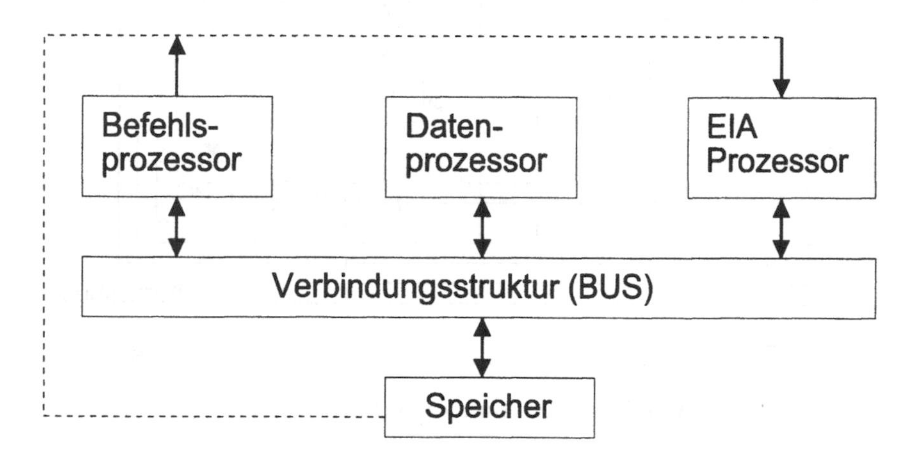

Abb. 5.3. Abstrakter von Neumann-Rechenautomat

Der abstrakte von Neumann Rechenautomat ist vom Prinzip her ein endlicher Automat, dessen Zustände durch den jeweiligen Speicherinhalt festgelegt sind, wobei mit jedem Zustandsübergang immer nur der Inhalt von genau einer Speicherstelle verändert werden kann. Jeder Zustandsübergang erfordert das Holen und das Interpretieren eines Befehls (Instruktion). Nach der Klassifikation nach Flynn (s. Abschn. 5.2.1) gehört der von Neumann Rechenautomat zur sogenannten SISD Klasse, er arbeitet sequentiell, wobei in jedem Befehlszyklus ein Befehl aus dem Hauptspeicher geholt und ausgeführt wird. Dadurch entsteht ein sequentieller Kontrollfluss, d.h. die Steuerung der Befehlsauswahl erfolgt durch die Befehle selbst, wobei jeder Befehl, ggf. implizit, Information über die Adresse des nächsten Befehls enthält. Der von Neuman-Rechner entspricht damit einer Instruktionssatz-Architektur (ISA) und bildet den Prototypen der CISC Maschine (CISC = Complex Instruction Set Computer).

Damit der Datenprozessor Berechnungen ausführen kann, enthält er ein Rechenwerk, die sog. Arithmetisch Logische Einheit (ALU) sowie (mindestens) drei Register zur Aufnahme der Operanden wie in Abb. 5.4 dargestellt.

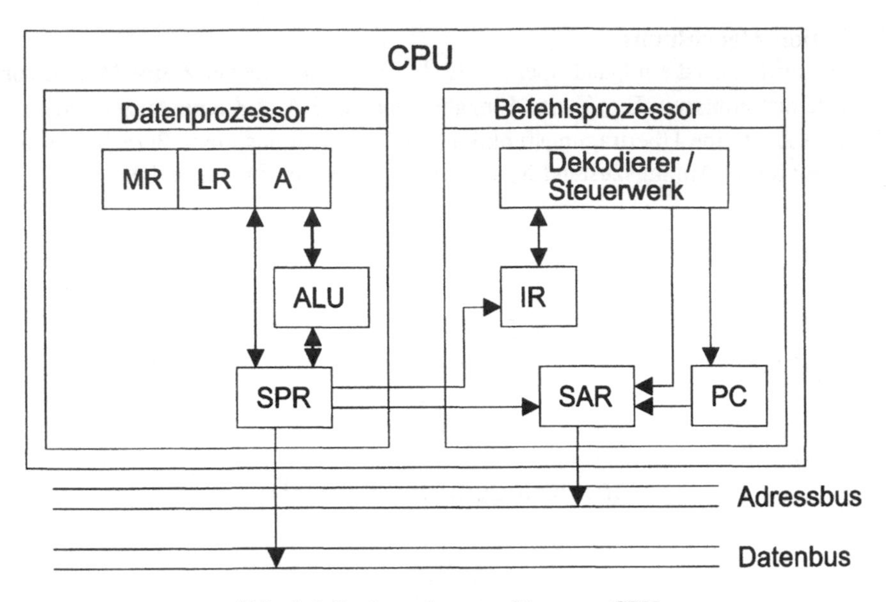

Abb. 5.4. Struktur einer von Neumann CPU

Bei den Registern der Rechnerstruktur nach von Neumann, handelt es sich um einen Akkumulator A (in Kurzform Akku), ein Multiplikator-Register (MR) zur Aufnahme von Multiplikationsergebnissen und ein Link-Register (LR) zur Aufnahme z.B. eines Additionsübertrages. Das Multiplikator-Register und das Link-Register können als Erweiterung des Akkumulators angesehen werden. Als weiteres Register steht noch das Speicherpufferregister (SPR) zur Verfügung, über welches die Kommunikation mit dem Speicher abgewickelt wird. Während man den Akkumulator als allgemeinen Registertyp bezeichnen kann, welcher im Prinzip für jede im Rahmen eines Programms anfallende Aufgabe einsetzbar ist, stellen die anderen Register spezifische Registertypen dar, die eine spezielle Funktion besitzen und auch ausschließlich dafür verwendet werden. Angemerkt werden soll, dass reale Rechner de facto über mehr als einen Akkumulator verfügen.

Die Aufgabe des Befehlsprozessors ist die Befehlsentschlüsselung und die Steuerung ihrer Ausführung. Dazu bedient sich der Befehlsprozessor der in Abb. 5.5 dargestellten Register:

- Befehls- oder Instruktionsregister (IR) zur Aufnahme des aktuellen Befehlscodes,
- Befehls- oder Programmzähler (PC),
- Statusregister (SR),
- Akkumulator (AKKU) zur Aufnahme von Berechnungsergebnissen
- Adresspufferregister (MBR) zur Zwischenspeicherung von Operandenadressen
- Speicheradressregister (SAR) und Speicherdatenregister (SDR) für die Übergabe eines Datum an bzw. für das Auslesen eines Datums aus dem Hauptspeicher.

Der aktuell zu bearbeitende Befehl (Instruktion) befindet sich im Befehlsregister (IR). Die Adresse des Speicherplatzes, der als nächstes anzusprechen ist, wird im Speicheradressregister (SAR) abgelegt. Die Adresse des nächsten auszuführenden Befehls ist im Befehlszähler (PC) gespeichert. Die Entschlüsselung eines Befehls erfolgt durch den Befehlsdecodierer, die Steuerung der Ausführung durch das Steuerwerk. Damit besteht die CPU aus den in Abb. 5.4 dargestellten Strukturkomponenten.

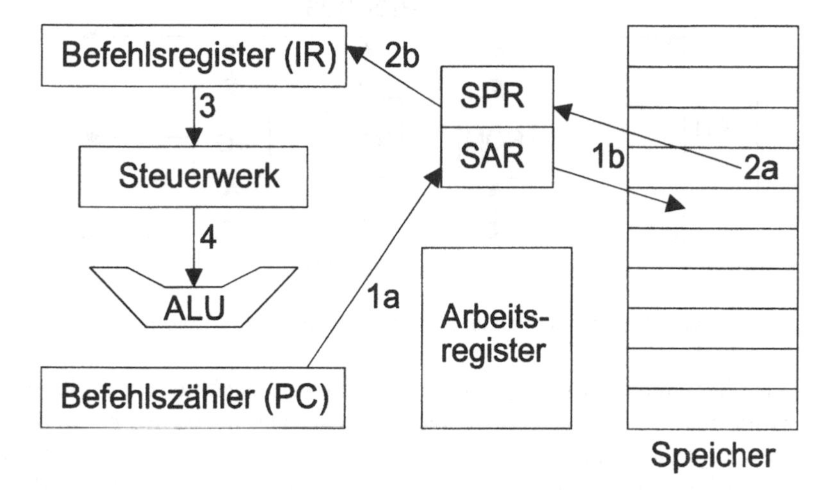

Abb. 5.5. Befehlsweg im von Neumann-Rechner (modifiziert nach Coy, 1988)

Die Adressinformation selbst definiert den Hauptspeicherplatz derjenigen Operanden, auf die sich der Befehl bezieht, wobei es verschiedene Möglichkeiten gibt Operanden zu adressieren:

- unmittelbar, d.h. der Operand ist im Befehl enthalten,
- Speicher und Register direkt, d.h. die Adresse des Operanden ist im Befehl enthalten,
- Speicher indirekt, d.h. es wird eine Hauptspeicherzelle verwendet die eine Hauptspeicheradresse enthält, über die auf den Speicherbereich zugegriffen wird,
- Register indirekt, d.h. die Adresse des Operanden steht in einem Register, dessen Nummer im Befehl enthalten ist,
- Register relativ, d.h. die Operandenadressen werden als Summe aus dem Registerinhalt und einer Verschiebung, die im Maschinenbefehl angegeben ist, bestimmt.

Der Maschinenbefehl ist Bestandteil des Maschinenbefehlssatzes der CPU des Rechners, der Befehle unterschiedlichen Formats, z.B. Ein- und Zweiadressbefehle, enthält (s. Abschn. 4.3, Beispiele 4.1 bis 4.3).

Aus funktioneller Sicht besitzt der von Neumann-Rechner neben der aus Rechenwerk und Steuerwerk gebildeten Zentraleinheit (CPU), einen Speicher, der aus einem Festwertspeicher, dem ROM = Read Only Memory (s. Abschn. 3.4.3.2) und einem Speicher mit wahlfreiem Zugang, dem RAM = Random Access Memory (s. Abschn. 3.4.3.2), besteht, der Ein- und Ausgabeeinheit sowie den Verbindungsleitungen, den Bussen (s. Abschn. 4.2), wie es in Abb. 5.6 zusammenfassend dargestellt ist.

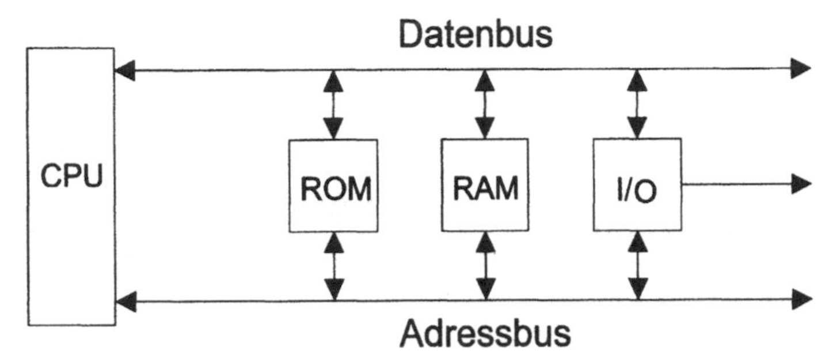

Abb. 5.6 Rechnerstruktur nach dem von Neumann-Konzept

Für eine Berechnung wird folgende Componentware benötigt: ein Speicher, ein Rechenwerk und eine Steuereinheit. Der Datenaustausch von Rechenwerk und Speicher erfolgt durch die Übergabe der Speicheradresse und des Speicherinhalts über das Speicheradressenregister (SAR) und das Speicherpufferregister (SPR), wie in Abb. 5.5 dargestellt. Ob eine Adresse bereitgestellt wird und ob diese zum Lesen oder Schreiben des Speichers dient, hängt vom Schreib-/Lesesignal des Steuerwerks ab. Im Rechenwerk selber sind weitere Register zur Bearbeitung der Programmschritte vorhanden, die beim von Neumann Rechner als Speicherworte im Hauptspeicher gesichert sind. Die eigentliche Verarbeitung besteht in logischen oder arithmetischen Operationen, die einen oder mehreren Operanden bearbeiten. Diese Operanden müssen zur Verarbeitung in Registern gespeichert werden, genau wie das Ergebnis der Operation. Lässt man zunächst das Steuerwerk außer Betracht, sind hiermit die wesentlichen Bausteine der Rechnerstruktur, des von Neumann Rechners, in ihrer Funktion vorgestellt.

Ergänzend sei angemerkt, dass die im Festwertspeicher (s. Abschn. 3.4.3.3), dem ROM, abgelegten Daten permanent sind; sie sind nicht mehr veränderbar. Das ROM enthält im allgemeinen die Befehle, welche die CPU häufig im Rahmen verschiedener Aufgaben auszuführen hat, wohingegen beim Speicher mit wahlfreiem Zugang (s. Abschn. 3.4.3.2), dem RAM, jede einzelne Zelle direkt zum Lesen oder Schreiben über die zugehörige Adresse angesprochen werden kann.

Anhand des in Abb. 5.5 skizzierten Befehlswegs einer Rechnerstruktur kann der Datenverarbeitungsprozess im von Neumann Rechner detaillierter analysiert werden. Die zu verarbeitenden Daten sind in einem zusammenhängenden Hauptspeicherbereich abgespeichert worden und die binär kodierten Programmbefehle fortlaufend in einem anderen Hauptspeicherbereich (Programm- und Datenspeicher) des Rechners abgelegt. Ein Programmbefehl besteht beim von Neumann Rechner im einfachsten Fall aus einem binärwerten Speicherwort. Die Speicheradresse des aktuellen Programmbefehls steht im Befehlszähler PC. Zur Abarbeitung adressiert der Befehlszähler über das Steueradressregister den Hauptspeicher und lädt den gespeicherten Befehl über das Speicherdatenregister in das Befehlsregister (IR) des Prozessors. Im Steuerwerk wird, in Abhängigkeit des im Befehlsregister stehenden Befehls, eine Folge von Steueranweisungen für den Prozessor erzeugt, der Form:

- bereitstellen einer Hauptspeicheradresse (Programm- und Datenspeicher) im Speicheradressregister,
- übertragen eines adressierten Speicherwortes in ein Arbeitsregister und vice versa, speichern eines Registerinhalts unter einer Speicheradresse,
- bereitstellen von Operanden aus einem Arbeitsregister für die ALU und Speichern des Rechenergebnisses in einem Arbeitsregister,
- erhöhen des Befehlszählers um eine Adresse.

In der Regel werden die Programmbefehle fortlaufend verarbeitet, d.h. der Befehlszähler wird automatisch, mit jedem neuen Befehl, um eins inkrementiert. Es gibt Programmbefehle, die sog. Sprungbefehle, die von den Rechenergebnissen abhängig sind oder aber eine abweichende Befehlsverarbeitung erzwingen. Bei Sprungbefehlen wird der Befehlszähler mit der neuen Adresse geladen.

Entgegen der Absicht von Neumanns, den erarbeiteten Stand der Technik im Jahre 1946 zu beschreiben und nicht ein nach ihm benanntes Strukturkonzept zu proklamieren, war das von Neumann-Konzept bestimmend für die Entwicklung der Rechnerstrukturen in den folgenden Jahrzehnten. So gelten viele Eigenschaften des von Neumann-Konzepts auch für die heutigen Rechnerstrukturen, selbst für die Entwicklung moderner Supercomputer. Einige Eigenschaften des von Neumann-Konzeptes werden jedoch als Engpässe für die weitere Entwicklung der Rechnerstrukturen angesehen. Hierzu gehört insbesondere der Zwang für Programme und für Daten auf den Hauptspeicher zugreifen zu müssen und das Verbot der gleichzeitigen Ausführung mehrerer Programmschritte. Sie bewirken das bereits dargestellte von Neumann Bottleneck.

Die Rechnerstrukturen der sogenannten 5. Generation enthalten deshalb in hohem Maße parallel arbeitende Prozessoren. Aber auch die heute existierenden mittleren und großen Rechnersysteme führen in gewissem Umfang eine parallele Verarbeitung außerhalb des Prozessors durch. Andere Prinzipien versuchen das von Neumann-Konzept z.B. durch Einsatz abweichender Speicherorganisationen zu umgehen, wie beim Assoziativ Speicher (CAM = Content Addressable Memories).

5.2 Klassifikation von Rechnern

Ausgehend von der einfachen Struktur des von Neumann Rechners ist seit den 60er Jahren eine Entwicklung hin zu deutlich komplexeren Rechnerstrukturen zu beobachten, d.h. das klassische von Neumann Konzept wurde um komplexere Rechnerstrukturen erweitert, die ein höheres Maß an Parallelität ermöglichen. Die aus dieser Entwicklung heraus entstandenen Rechnerstrukturen haben strukturell relativ wenige Gemeinsamkeiten, sieht man davon ab, dass die Daten in irgendeiner Weise parallel verarbeitet werden können. Um die Strukturmerkmale derartiger Rechner beschreiben zu können, sind Klassifikationsschemata erforderlich. Das erste in größerem Umfang benutzte Klassifikationsschema stammt von Flynn aus dem Jahre 1972.

Ausgehend davon, dass die auf dem von Neumann-Konzept basierende CPU genau einen Befehl ausführt und dass dieser höchstens einen Datenwert bearbeiten kann, was bereits als SISD Prinzip eingeführt wurde, kann darauf aufbauend nachfolgende Klassifikation vorgenommen werden,

- SISD: Single Instruction - Single Data
- SIMD: Single Instruction - Multiple Data
- MISD: Multiple Instruction - Single Data
- MIMD: Multiple Instruction - Multiple Data

deren Einteilung nicht ganz unproblematisch ist, da das Strukturprinzip einer bestimmten Rechnerstruktur nicht berücksichtigt wird.

Beispiele für die SIMD Klasse sind die Multiprozessorsysteme bzw. die Supercomputer sowie die Parallelrechner-Konzepte. Da die Klassen untereinander nicht disjunkt sind, bleibt eine der Klassen de facto leer, die MISD Klasse.

Eine andere Klassifizierung, die allerdings deutlich gröber ausfällt, wäre die Klassifizierung nach Preis und Leistungsfähigkeit:

- Personal Computer (Mikrocomputer)
- Arbeitsplatzrechner (Workstations)
- Abteilungsrechner (Minicomputer)
- Superminicomputer
- Großrechner (Mainframe)

Personal Computer sind Kleinrechner auf Mikroprozessor-Basis, an denen nur ein Benutzer arbeitet. Die typische Anzahl der Datenbit, die der Prozessor mit einem Befehl gleichzeitig bearbeiten kann ist, ausgehend von 8 Bit, über 16 und 32 Bit Wortbreite auf 64 Bit angestiegen, der Speicherausbau hat sich von 64 KByte auf 128 MByte verschoben. Arbeitsplatzrechner sind Mikrocomputer hoher Leistungsfähigkeit mit 32 bzw. 64 Bit Verarbeitungswortbreite auf Basis von RISC-Prozessoren. Demgegenüber charakterisieren Abteilungsrechner die mittlere Datentechnik mit Verarbeitungswortbreiten von 32 bzw. 64 Bit, einer Hauptspeicherkapazität ab 128 MByte aufwärts, sowie einer Mehrplatz-Fähigkeit mit einer Obergrenze von 30 - 40 Benutzern. Superminicomputer kennzeichnen Minicomputer mit hoher Leistungsfähigkeit. Großrechner sind Hochleistungsrechner, die von vielen Anwendern gleichzeitig benutzt werden können. Neben einer hohen Verarbeitungsgeschwindigkeit verfügen sie über eine große Hauptspeicherkapazität, eine Speicherhierarchie, sowie viele Ein- und Ausgabekanäle zum Anschluss von Peripheriegeräten.

5.2.1 Klassifikation nach Flynn

Die bereits angegebene Klassifikation nach Flynn entspricht einer makroskopischen Betrachtungsweise von Rechnerstrukturen, bei der eine Bewertung der Effektivität der verschiedenen Strukturen im Vordergrund steht, ohne im Detail auf die verschiedenen Lösungen für die Ein- und Ausgabe, sowie auf Unterschiede hinsichtlich der Maschinenbefehle, einzugehen. Flynn charakterisiert Rechnerstrukturen als Operatoren auf zwei verschiedenartigen Informationsströmen: dem Befehlsstrom und dem Datenstrom. Entsprechend führt er darauf aufbauend eine zweidimensionale Klassifizierung ein, deren Hauptkriterien die Zahl der Befehlsströme und der Datenströme sind. Sie beruht auf den Merkmalen:

- Rechner bearbeitet zu einem gegebenen Zeitpunkt einen oder mehr als einen Befehl,
- Rechner bearbeitet zu einem gegebenen Zeitpunkt einen oder mehr als einen Datenwert,

woraus vier Klassen von Rechnerstrukturen resultieren:

- SISD: entspricht der klassischen von Neumann-Struktur mit Befehlsströmen zwischen Leitwerk und Rechenwerk, sowie Leitwerk und Speicher und einem bidirektionalen Datenstrom zwischen Speicher und Rechenwerk,
- SIMD: entspricht der Feldrechner-Struktur mit Befehlsströmen zwischen dem Leitwerk und den vorhandenen Rechenwerken, sowie dem Leitwerk und den Speichermodulen und bidirektionalen Datenströmen zwischen den Speichermodulen und den Rechenwerken,
- MISD: entspricht den Pipelinestrukturen. Diese Struktur wird nur in Teilen auf Rechnern abgebildet. Da keine auf diesem Prinzip beruhende vollständige Rechnerstruktur bekannt ist wird diese Klasse als leer bezeichnet
- MIMD: entsprechen den Multiprozessorsystemen, den Datenflussrechnern, den Parallelrechnern und den Supercomputern mit Befehlsströmen zwischen. den Leitwerken und den zugehörigen Rechenwerken, sowie den Leitwerken und den zugehörigen Speichermodulen und bidirektionalen Datenströmen zwischen den Speichermodulen und den Rechenwerken.

Nach Giloi ist die Klassifikation nach Flynn wenig aussagekräftig, weil innovative Rechnerstrukturen nur zwei verschiedenen Klassen zugeordnet werden. Zusammenfassend können deshalb nach Händler folgende Schwachpunkte der Klassifikation nach Flynn festgehalten werden:

- das Abstraktionsniveau der einzelnen Klassen, welches auch für sehr unterschiedliche Rechnerstrukturen zur gleichen Klasse führt, obgleich sie unterschieden werden sollten (z.B. Pipeline in SIMD und MISD),
- die MISD Klasse, die lediglich der Systematik wegen enthalten ist und durch Rechnerstrukturen nicht belegt wird,

was dazu geführt hat, andere Klassifikationssysteme einzuführen, wie z.B. das Erlanger Klassifikations-Schema (ECS), welches Rechenanlagen z.B. nach der Anzahl der vorhandenen Daten- und Befehlsprozessoren, bzw. nach dem Grad der möglichen Parallelität klassifiziert.

5.2.2 Das Erlanger Klassifikationsschema (ECS)

Das Erlanger Klassifikationsschema (ECS) ist eine Beschreibungsmethode zur Klassifikation von nach dem Kontrollflussprinzip arbeitenden Rechnern, mit stark ausgeprägter Parallelität. Allgemeine Kriterien, denen eine solche Beschreibungsmethode genügen sollte, wurden von Händler und Bode angegeben:

- eindeutige Einordnung und Unterscheidung verschiedener Maßnahmen zur Realisierung von Parallelität,
- Kurzbeschreibung der für die Parallelität wesentlichen Strukturmerkmale,
- allgemeine Anwendbarkeit und Erweiterbarkeit so dass auch künftige Entwicklungen beschreibbar sind,
- Anregung zur Nutzung von Parallelität für Neuentwicklungen.

Ziel des Erlanger Klassifikationsschema ist es Rechnerstrukturen mit ausgeprägter Parallelität auf einem gewissen Abstraktionsniveau zu beschreiben, um zwischen den drei verschiedenen Ebenen des Parallelismus unterscheiden zu können. Als Abstraktionsniveau wurde eine Tripel-Notation eingeführt. Auf den drei Ebenen wird getrennt zwischen Nebenläufigkeit und Pipelining. Darüber hinaus werden eine Reihe von Operatoren auf den Tripeln bzw. dessen Stellen definiert, um auch zusammengesetzte, bzw. dynamisch rekonfigurierbare flexible Strukturen zu erfassen. Neben der reinen Strukturbeschreibung liefert das Erlanger Klassifikationsschema auch Bewertungsmaße für die Leistungsfähigkeit – im Sinne der maximalen Parallelität – und für die Flexibilität – im Kontext verschiedener Arbeitsmodi, die durch das Zusammenspiel von Hardware und Software gekennzeichnet sind –. Wie bei der Klassifikation nach Flynn werden auch beim Erlanger Klassifikations-Schema die Verbindungen zwischen den verarbeitenden Elementen einer Struktur nicht beschrieben. Vielmehr geht man davon aus, dass diese Verbindungen mit ausreichender Kapazität vorhanden sind, die Leistungsfähigkeit des Gesamtsystems nur durch Engpässe in den verarbeitenden Elementen beschränkt ist.

Als formale Grundlage zur Beschreibung von Rechnerstrukturen durch das Erlanger Klassifikations-Schema wurden von Bode und Händler die Begriffe Serialität, Parallelität, Nebenläufigkeit und Pipelining eingeführt. Die Beschreibung der

Rechnerstrukturen erfolgt demzufolge auf einem gewissen Abstraktionsniveau, welches passive Strukturen, wie z.B. Register, Daten etc. und Aktionen bzw. Operationen auf diesen Strukturen, wie z.B. logische Verknüpfungen, arithmetisch-logische Operationen, etc., verwendet. Die genannten Begriffe können jeweils nur auf ein bestimmtes Abstraktionsniveau bezogen definiert werden. So bezeichnet man den von Neumann Rechner als seriellen Rechner, wobei implizit die Betrachtungsebene der Rechenwerke oder der Prozessoren vorausgesetzt wird, obgleich beispielsweise die einzelnen Bitstellen der Operanden durchaus parallel verknüpft sein können.

- Serialität: Auf einem bestimmten Abstraktionsniveau können auf diesem Niveau definierte Aktionen nicht gleichzeitig ausgeführt werden, das bedeutet dass zu einem gewissen Zeitpunkt genau eine Aktion ausgeführt werden kann,.
- Parallelität: Auf einem bestimmten Abstraktionsniveau kann zu einem gewissen Zeitpunkt mehr als eine auf diesem Niveau definierte Aktion ausgeführt werden.

Der Begriff Parallelität wird dabei noch untergliedert in Nebenläufigkeit und Pipelining:

- Nebenläufigkeit: Auf einem bestimmten Abstraktionsniveau gestatten die Ressourcen des zu beschreibenden Rechners das gleichzeitige Ausführen vollständiger auf diesem Niveau definierter Aktionen,
- Pipelining: Auf einem bestimmten Abstraktionsniveau können die auf diesem Niveau definierten Aktionen in n Teilaktionen aufgeteilt und in einer - in der Regel linearen - Anordnung spezialisierter, taktsynchron arbeitender Teilwerke $T_1,...,T_n$ ausgeführt werden. Jede Aktion muss bei ihrer vollständigen Ausführung alle n Teilwerke, diese bilden die Pipeline, durchlaufen, wobei nach jedem Takt von T_i nach T_{i+1} übergegangen wird. Die Gesamtausführungszeit einer Aktion beträgt damit n Taktintervalle, wobei zu einem beliebigen Zeitpunkt in der Pipeline bis zu n Aktionen zeitlich überlappt in Bearbeitung sein können. In der Pipeline wird infolgedessen Parallelverarbeitung immer dann durchgeführt, wenn sich zu einem Zeitpunkt mehr als eine Aktion in Ausführung befindet.

Abb. 5.7 zeigt in vergleichender Darstellung die Prinzipien Serialität, Nebenläufigkeit und Pipelining.

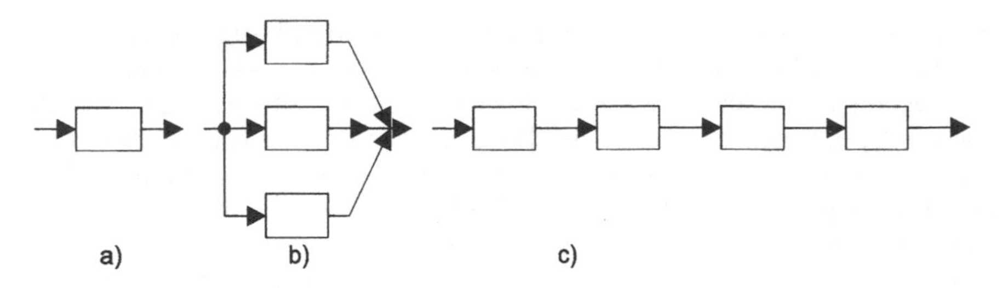

Abb. 5.7. Serialität, Nebenläufigkeit und Pipelining (modifiziert nach Bode, 1983)

Die Grundidee von Parallelität und Nebenläufigkeit liegt in der gleichzeitigen Abfolge mehrerer Ereignisse. Beispiele hierfür sind die gleichzeitige Aktivierung mehrerer digitaler Komponenten, die gleichzeitige Übertragung von Informationen über verschiedene Datenwege, die gleichzeitige Durchführung unterschiedlicher Funktionen mit unabhängigen Datenbeständen, etc. Nebenläufigkeit kann damit als gleichzeitige Aktivität mehrerer Operationen oder Mengen von Operationen betrachtet werden, wobei unter Operationen üblicherweise die mit digitalen Verknüpfungsgliedern (Schaltungen) realisierbaren logischen und arithmetischen Verknüpfungen zwischen Informationsträgern zu verstehen sind. Zwei oder mehrere Operationen sind dann nebenläufig wenn die Möglichkeit besteht dass sie gleichzeitig aktiv sein können. Sind die nebenläufigen Operationen immer gleichzeitig aktiv und laufen sie zeitgleich ab spricht man von Parallelität.

Die Abstraktionsniveaus beim Erlanger Klassifikationsschema wurden mit k, d, und w eingeführt, wobei das Abstraktionsniveau k auf einem in Maschinensprache im Hauptspeicher abgelegten Programm beruht, aus dem heraus die resultierenden Aktionen abgeleitet werden, wie z. B. das Abarbeiten des Programms, die Interpretation der Befehle, etc.. Daran schließt das Abstraktionsniveau d an, welches die im Hauptspeicher spezifizierten Operationen beinhaltet, die Befehle, sowie die daraus resultierenden beiden Aktionen zur Durchführen der Operationen:

- Holen des Befehls,
- Ausführen des Befehls nach Übernahme des Inhalts des Befehlsregisters durch das Steuerwerk, dem Bereitstellen der Operanden im Rechenwerk und daran anschließender Ausführung der Operationen im Rechenwerk.

An das Abstraktionsniveau d schließt das Abstraktionsniveau w an, welches die Operanden im Register bzw. Speicher berücksichtigt und entsprechende Aktionen ausführt - nach Bereitstellung der Operanden für das Rechenwerk - durch Ausführen der Operationen mit dem Rechenwerk und Speichern der Ergebnisse.

Die Beschreibung der Globalstruktur von Rechnern mit Hilfe des Erlanger Klassifikationsschema wird, wie dargestellt, auf drei logischen Ebenen vollzogen, die als Logikhardwareelemente auf der Ebene der Verknüpfungsglieder, bzw. als Logikhardwareelemente mit steuernden Programmelementen aufgefasst werden können, mit:

- k: Leitwerk bzw. Steuerwerk bzw. Programm,
- d: Rechenwerk bzw. Maschinenkonstruktion,
- w: Elementare Stelle des Rechenwerkes bzw. Datenwort.

Das Leitwerk bzw. das Steuerwerk interpretiert ein gegebenes Maschinenprogramm Instruktion für Instruktion und steuert damit die Abläufe im Rechner.

Das Rechenwerk führt in Abhängigkeit durch die Steuerung des Leitwerks Sequenzen von Mikroinstruktionen aus, die jeweils einen Maschinenbefehl repräsentieren. Die elementare Stelle des Rechenwerkes führt, ausgelöst durch eine Mikrooperation, oder durch ein fest verdrahtetes Leitwerk gesteuert, eine Operation auf einer Bitstelle des Datenwortes aus.

Nach dem Erlanger Klassifikations-Schema besteht jede Rechnerstruktur aus einer bestimmten Anzahl k von Leitwerken bzw. Steuerwerken, die ihrerseits eine bestimmte Anzahl d von Rechenwerken steuern, die wiederum eine bestimmte Anzahl w von elementaren Stellen umfassen. Die Charakteristika k, d und w definieren dabei den Umfang der Nebenläufigkeit des Rechners auf dem jeweiligen Abstraktionsniveau. Bei Pipelineorganisationen können k´ spezialisierte Leitwerke bzw. Steuerwerke ein größeres Programm zusammen bearbeiten, d´ spezialisierte Rechenwerke können die einzelnen Maschinenbefehle eines Programms parallel ausführen und w´ spezialisierte elementare Teilwerke überlappende Teilbearbeitungsschritte auf den jeweiligen Bitpositionen vornehmen.

Mit den sechs Charakteristiken wurde von Bode und Händler eine allgemeine Grundlage zur Beschreibung von Rechnerstrukturen gegeben der Form:

$$T_{RA} = (k \cdot k', d \cdot d', w \cdot w') \tag{5.2}$$

wobei Zwischenergebnisse über gemeinsame Speicher weitergegeben werden.

Die Notation T_{RA} besteht aus einem Tripel, das für die drei Abstraktionsniveaus an der jeweils ersten Stelle den Grad der Nebenläufigkeit und an der jeweils zweiten Stelle den Grad des Pipelining angibt. Die Einführung des Multiplikationszeichen · zwischen den beiden Stellen des jeweiligen Abstraktionsniveaus ist begründet durch den Umstand, dass es beim Vorliegen von Nebenläufigkeit und Pipelining im idealisierten Fall immer zu einer Leistungssteigerung kommt, im Vergleich zum seriellen Fall, der aus dem Produkt der beiden Werte resultiert. Basierend auf den Größen k, k´, d, d´, w und w´ ergeben sich folgende Fälle:

Fall 1: k >1
es gibt mehrere Programme in mehreren Hauptspeichermodulen; jedes der k Programme wird von einer eigenen Funktionseinheit, dem Prozessor, abgearbeitet, die Abarbeitung erfolgt nebenläufig. Die Aktionsfolge lautet damit:
Abarbeitung eines Programms:
k >1 ⇒ k Aktionen die nebenläufig in k Funktionseinheiten ablaufen
⇒ k Funktionseinheiten (Multiprozessorsystem) zur Durchführung jeweils einer unge-

teilten Aktion erforderlich

Fall 2: k´>1

die Aktion der Abarbeitung eines Programms wird in k´ Teilaktionen aufgeteilt, d.h. das Programm wird in k´ Programmsegmente unterteilt und jedes dieser Programmsegmente durch eine eigene Funktionseinheit abgearbeitet, die Abarbeitungen erfolgen in einer Pipeline. Die Aktionsfolge lautet damit:

Abarbeitung eines Programms:

k´>1⇒ k´ Teilaktionen erfolgen in einer Pipeline

⇒ k″= k′ Funktionseinheiten zur Durchführung jeweils einer Teilaktion erforderlich. Sobald die 1. Stufe der Pipeline als dezidiertes Teilwerk ihre Teilaktion im laufenden Programm beendet hat kann sie mit der 1. Teilaktion eines neuen Programms beginnen, ggf. Wiederholung des ursprünglichen Programms, was als Abarbeitung eines neuen Programms betrachtet werden kann.

Fall 3: d > 1

durch den Befehl im Hauptspeicher werden mehrere Operationen spezifiziert, jede dieser d Operationen wird von einer eigenen Funktionseinheit abgearbeitet, die Durchführung der d Operationen selbst erfolgt nebenläufig. Die Aktionsfolge lautet damit:

von einem Maschinenbefehl ausgehendes Abarbeiten einer Operation

d >1 ⇒ Maschinenbefehl spezifiziert d Operationen deren Durchführung nebenläufig erfolgt

⇒ d Funktionseinheiten zur Durchführung jeweils einer ungeteilten Operation vorgesehen.

Fall 4: d′ >1

die Aktion Abarbeiten einer durch einen Maschinenbefehl spezifizierten Operation wird in d′ Teilschritte unterteilt, d.h. jede dieser Teilaktionen wird durch eine eigene Funktionseinheit ausgeführt, die Teilaktionen erfolgen in einer Pipeline. Die Aktionsfolge lautet damit:

Abarbeiten einer als Maschinenbefehl spezifizierten Operation

d′ >1 ⇒ d′ Teilaktionen erfolgen in der Pipeline

⇒ d″ ≤ d′ Funktionseinheiten zur Durchführung jeweils einer Teilaktion, z.B. Multiplikation, Addition, Adressierung, etc. vorgesehen. Man spricht bei dieser Pipeline Form von Befehls- oder Instruktions-Pipelining. Sobald die 1.Stufe der Pipeline ihre Teilaktion beim Abarbeiten der Operation des laufenden Befehls beendet hat, kann sie mit der 1. Teilaktion bei der Abarbeitung der in einem neuen Maschinenbefehl spezifizierten Operation beginnen.

Fall 5: w > 1

bei Ausführung einer Operation laut Maschinenbefehl werden w elementare Operationen nebenläufig ausgeführt. Die Aktionsfolge lautet damit:

Ausführung einer elementaren (eine Binärstelle betreffende) Operation

w >1 ⇒ nebenläufige Ausführung von n elementaren Operationen

⇒ w Funktionseinheiten zur Durchführung jeweils einer ungeteilten elementaren Operation vorgesehen.

Fall 6: w′ >1

Durchführung einer elementaren Operation ist in w′ Teilschritte unterteilt, jede Teilaktion wird durch eine eigene Funktionseinheit ausgeführt deren Ausführungen in einer Pipeline erfolgen. Die Aktionsfolge lautet damit:

Ausführen einer elementaren Operation

$w''>1 \Rightarrow w'$ Teilaktionen erfolgen in einer Pipeline, die autonom und gleichzeitig, im Sinne der Fließbandtechnik, arbeiten

$\Rightarrow w''> 1 \leq w'$ Funktionseinheiten zur Durchführung einer Teilaktion vorgesehen.

Diese Form des Pipelining wird Operationspipelining genannt.

Sobald eine Stufe der Pipeline eine Teilaktion beendet hat, steht sie zur Durchführung einer weiteren gleichartigen Teilaktion wieder zur Verfügung. Durch die oben eingeführte Triple-Notation können beliebige Rechnerstrukturen beschrieben werden, was die nachfolgenden Beispiele zeigen:

- Serieller Rechner: Alle Größen des Erlanger Klassifikations-Schema haben den Wert 1, d.h. $k = k' = d = d' = w = w' = 1$.
- Multiprozessor: Zu einem Zeitpunkt können mehrere Programme ausgeführt werden, d.h. $k > 1$.
- Feldrechner (Array Prozessor): Mehrere Rechenwerke können taktsynchron, d.h. $k=1$, denselben Maschinenbefehl auf unterschiedlichen Daten ausführen, d.h. $d > 1$.
- Parallelrechner: Die Bit eines Datenwortes werden parallel durch entsprechende Schaltungen verarbeitet, d.h. $w > 1$. w charakterisiert zugleich die Wortlänge des Rechners.
- Rechner mit Makro-Pipelining (Makro-Fließbandverarbeitung): Programm wird in mehrere Teilprogramme (Prozesse) aufgeteilt, die auf verschiedenen Prozessoren überlappend bearbeitet werden. Die einzelnen Leitwerke bzw. Steuerwerke sind durch Programmierung zu dedizierten Teilwerken einer Pipeline geworden.
- Rechner mit Fließbandverarbeitung der Programmbefehle (Befehls-Pipelining: Rechner weist mehrere spezialisierte Rechenwerke auf, z.B. für die Multiplikation, die Addition, die Adressierung etc., wodurch die einzelnen Instruktionen eines Programms gleichzeitig ausgeführt werden können, sofern zwischen diesen keine Konflikte bestehen, wie z.B. beim Zugriff auf die gleiche Speicherzelle, bei Abhängigkeit von Zwischenergebnissen etc., d.h. $d'>1$. Das Entdecken der Konflikte und die Befehlsfreigabe übernimmt das sogenannte Scorebord (vgl. Abschn. 5.3.5). Die Pipeline arbeitet hier nicht seriell sondern nebenläufig.
- Rechner mit Phasen-Fließbandverarbeitung (Phasen-Pipelining): Die Ausführung jeder einzelnen Instruktion ist auf spezialisierte Teile der Schaltung aufgeteilt, die autonom und gleichzeitig, im Sinne der Fließbandtechnik arbeiten; d.h. $w'>1$. Den Teilwerken können zur Befehlsaufbereitung typischerweise folgende Aufgaben zugeordnet werden: Befehl holen, Befehl decodieren, Operandenadressen berechnen, Operanden holen, Operanden verarbeiten, Folgeadresse berechnen. Darüber hinaus kann die Ausführungsphase weiter unterteilt werden, indem auch die Arithmetik durch Pipelining ausgeführt wird, was als arithmetisches Pipelining bezeichnet wird und beispielsweise bei der Gleitpunkt Multiplikation: Summe des Exponenten, Produkt der Mantissen, Normieren des Resultates etc. eingesetzt wird.

Die sich daraus ergebenden Beziehungen zwischen den einzelnen Rechnerstrukturen sind in Abb. 5.8 skizziert.

Die Leistungsfähigkeit der beschriebenen Rechnerstrukturen resultiert damit in einem Zahlenwert, der sich durch Multiplikation aller Parameter k, k´, d, d´, w und w´ ergibt. Der entstehende Wert ist eine Vergleichszahl, die nur dann aussagekräftig ist, wenn für die beschriebenen Rechnerstrukturen zur Implementierung eine identische Technologie verwendet wird, wobei die Organisationsverluste bei paralleler Arbeitsweise dazu führen, dass Vergleichszahlen dieser Art nur als sehr grobe Näherungswerte zu betrachten sind.

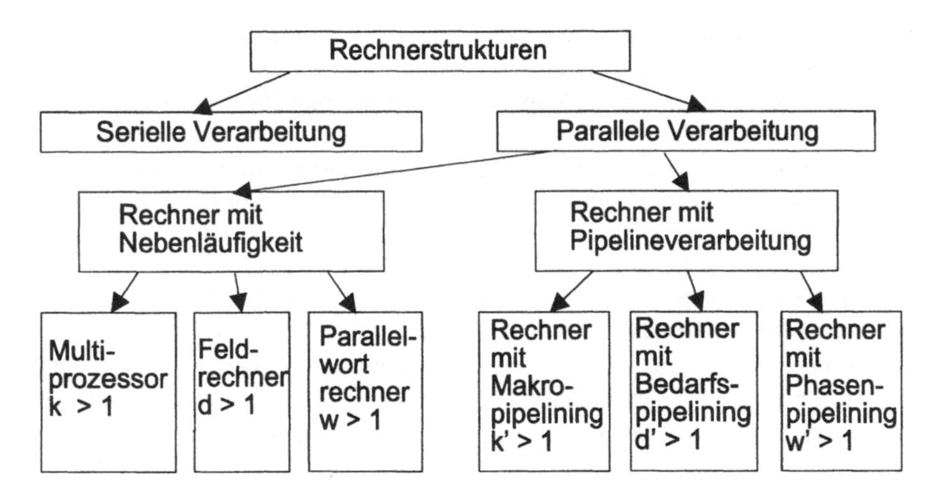

Abb. 5.8. Rechnerstrukturen

5.2.3 Taxonomie nach Giloi

Wie von Giloi dargestellt, ist der Begriff Taxonomie der Biologie entlehnt. Dieser beschreibt die Wissenschaft von der Ordnung biologischer Organismen in Klassen, nicht nur aufgrund äußerer Merkmale, sondern vor allem auch aufgrund ihrer evolutionsgeschichtlichen Bezüge. Demgegenüber entspricht eine Klassifizierung der Zerlegung einer Menge von Objekten in Klassen aufgrund geeignet gewählter Merkmale, wobei weder eine Hierarchie noch eine Ordnung begründet werden muss. Der Zweck der Klassifizierung ist erfüllt, wenn annähernd gleiche Objekte der gleichen Klasse und hinreichend verschiedene Objekte verschiedenen Klassen zugeordnet werden. Es fehlt damit der Gesichtspunkt der Ordnung aufgrund übergeordneter Gesichtspunkte, der für eine Taxonomie wesentlich ist, weshalb Giloi zum Klassifikationsschema nach Flynn anmerkt, dass sie übergeordnete Gesichtspunkte nicht erfasst und insbesondere das entscheidende Merkmal einer Rechnerstruktur, das Operationsprinzip, nicht berücksichtigt. Die Grundlage der Taxonomie nach Giloi basiert auf der Definition einer Rechnerstruktur, die aus einem Operationsprinzip und einer Hardwarestruktur gebildet wird. Die bisher bekannten Operationsprinzipien können dabei gruppiert werden in die:

- Von-Neumann-Operationsprinzipien,
- Operationsprinzipien des implizierten Parallelismus,
- Operationsprinzipien des expliziten Parallelismus.

Bei den von Neumann-Operationsprinzipien existiert, wie dargestellt, ein starres Zweiphasenschema der Programmbearbeitung, das eine streng sequentielle Ausführung der Anweisungen eines Programms erfordert. Zunächst wird aufgrund der durch den Befehlszähler angezeigten Adresse der Inhalt der Speicherzelle geholt und als Befehl interpretiert, anschließend wird aufgrund der im Befehl angegebenen Adresse der Inhalt einer weiteren Speicherzelle geholt und entsprechend der durch den Befehl gegebenen Vorschrift verarbeitet.

Bei den Operationsprinzipien des impliziten Parallelismus nutzt man die in der konventionellen von Neuman-Maschine gegebenen Möglichkeiten zur parallelen Ausführung bestimmter Aktivitäten. Parallel ausführbare Aktivitäten können sein:

- arithmetische Operationen, hier liegt Parallelität auf der Operationsebene vor,
- Ausführung von Anweisungen, hier eine Parallelität auf der Anweisungsebene vor,
- kommunizierende Prozesse, hier liegt Parallelität auf der Prozessebene vor,
- Benutzerprogramme, hier liegt Parallelität auf der Benutzerprogrammebene vor.

Um die implizit gegebenen Möglichkeiten der Parallelität effektiv nutzen zu können, kann es zweckmäßig sein vom Variablenkonzept der von Neumann-Maschine (s. Abschn. 5.1) auf sogenannte single assignment-Variablen überzugehen, deren Wert nach Initialisierung nicht mehr geändert werden kann.

Bei den Operationsprinzipien des expliziten Parallelismus sind die Programmstrukturen oder die Datenstrukturen in den Programmen so standardisiert, dass dadurch eine Parallelarbeit a priori vorgezeichnet ist und nicht erst aus den Programmstrukturen ermittelt werden muss. Man unterscheidet nach Giloi das:

- Prinzip der standardisierten Programmstruktur,
- Prinzip der standardisierten Datenstrukturen,
- Prinzip der selbst-beschreibenden Informationseinheiten,
- Prinzip der selbst-identifizierenden Daten.

Nach dieser Definition von Giloi ist das Operationsprinzip bei Rechnerstrukturen nicht nur durch die Informationsstrukturen der Maschine definiert, sondern auch durch die Kontrollstruktur des Programmablaufs. Bei den Kontrollstrukturen finden sich die folgenden Varianten des streng sequentiellen Kontrollflusses der von Neumann Maschine:

- konventioneller sequentieller Kontrollfluss für das Programm und seine Daten,
- sequentieller Kontrollfluss, gleichzeitiger Ausführung mehrerer Operationen in jedem Rechenschritt.

Die dargestellten Operationsprinzipien können damit übergeordnete Operationsprinzipien verstanden werden. Die Informations- und Kontrollstrukturen der dargestellten Operationsprinzipien sind, zusammen mit den sich daraus ergebenden Architekturklassen, in Tabelle 5.1 dargestellt.

Tabelle 5.1. Taxonomie der Operationsprinzipien von Rechnerstrukturen nach Giloi

	Von Neumann Architektur	Impliziter Parallelismus	Expliziter Parallelismus
Einprozessorsystem	CISC		d-Pardiga, CCM
Arra		Superskalare Prozessoren	
Pipeline		RISC	
Homogene Multiprozessorsysteme			
Inhomogene Multiprozessorsysteme			

In Tabelle 5.1 ist zu beachten, dass die angegebenen Prinzipien teilweise erst im Rahmen von Forschungsprojekten realisiert wurden. Zum praktischen Einsatz gelangt sind Vektormaschinen, Arrays von Datenprozessoren und Multiprozessor-Systeme. Damit gilt für Tabelle 5.1:

- bestimmte Informations- oder Kontrollstrukturen können bei verschiedenen Rechnerstrukturen (Architekturklassen) Anwendung finden, wie auch in einer Architekturklasse verschiedene Kontroll- oder Informationsstrukturen zu finden sind,
- bestimmte Informations- oder Kontrollstrukturen können bei verschiedenen Operationsprinzipien Anwendung finden, wie auch bei einem Operationsprinzip verschiedene Kontroll- und Informationsstrukturen zu finden sind.

Die Architekturklassen aus Tabelle 5.1 resultieren aus einer bestimmten Informations- und Kontrollstruktur. Zu einer Architekturklasse können verschiedene Rechnerstrukturen gehören, die sich durchaus in der Hardwarestruktur unterscheiden können, da Rechnerarchitekturen durch ein Operationsprinzip und eine Hardwarestruktur definiert sind.

Bei der Hardwarestruktur existieren nach Giloi mehrere Alternativen zwischen Prozessoren und Rechenelementen, wobei der Prozessor ein Hardware-Betriebsmittel repräsentiert, welches autonom sowohl den Programmfluss steuern als auch die datentransformierenden Operationen des Programms ausführen kann. Von einem Rechenelement wird immer dann gesprochen, wenn die Hardware-Betriebsmittel lediglich datentransformierende Operationen ausführen und nicht den Programmfluss steuern, somit nicht autonom sind und von außen gesteuert werden müssen. Hierzu zählen:

- Einprozessor-Systeme (SISD), sie stellen die klassischen Systeme mit einer zentralen Recheneinheit, zu denen alle von Neumann-Rechner gehören,
- Arrays von gleichartigen, universellen Rechenelementen (RE), sie weisen Bearbeitungselemente in der Form auf, dass diese zu einem Array verbunden sind, d.h. jedes Element ist nur mit seinen unmittelbaren Nachbarn verbunden,
- Pipelines (SIMD), bestehen aus verschiedenen Verarbeitungselementen die in der Regel eindimensionale Anordnungen aus Verarbeitungselementen darstellen, die meist stärker spezialisiert sind. Der Unterschied zwischen einem Array und einer Pipeline von Verarbeitungselementen besteht darin, dass im ersten Fall alle Elemente in einem bestimmten Rechenschritt dieselbe Operation ausführen, während sie im zweiten Fall in der Regel verschiedene Operationen ausführen,
- Systolische Arrays (SIMD), sie können als mehrdimensionale Erweiterung der Pipelines betrachtet werden,
- Multiprozessorsysteme (MIMD), sie bestehen aus mehr als einem Prozessor und sind homogen, wenn alle Prozessoren von der Hardware her gleich sind, andernfalls heterogen bzw. inhomogen. Inhomogene Multiprozessor-Systeme bestehen aus mehr als einem Prozessor, wobei jedoch nicht alle Prozessoren gleich sind. Multiprozessor-Systeme können nach Giloi bezüglich der Kommunikationsstruktur zwischen den Prozessoren unterschieden werden in:
  - speichergekoppelte Systeme (s. Abschn. 5.5.4): hier gibt es entweder einen zentralen Speicher, auf dem alle Prozessoren arbeiten, oder die Prozessoren arbeiten auf privaten Speichern, wobei hier ein allgemein zugänglicher Kommunikationsspeicher erforderlich ist; man spricht in diesem Zusammenhang von Multiprozessor-Systemen mit gemeinsamen Speicher (shared memory),
  - nachrichtenorientierte bzw. lose gekoppelte Systeme (s. Abschn. 5.5.4): sie haben nur private Speicher. Die Prozessoren können nicht direkt über den Speicher kommunizieren, sondern müssen explizit über eine Verbindungsstruktur senden; man spricht in diesem Zusammenhang von Multiprozessor-Systemen mit verteiltem Speicher (distributed memory) .

Die Abb. 5.9 gibt dazu eine detailliertere Taxonomie heutiger Parallelrechner-Strukturen an.

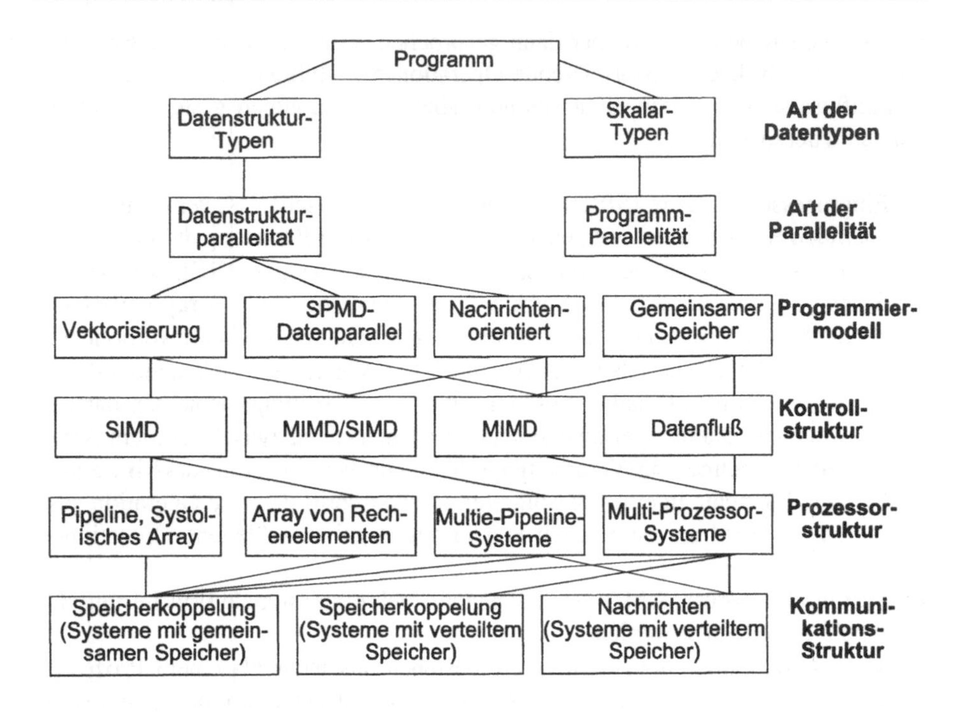

Abb. 5.9. Taxonomie für Parallelrechner-Architekturen (modifiziert nach Giloi, 1993)

5.3 Grundlagen des Rechnerentwurfs

Die Vorgehensweise beim Entwurf eines Rechners ist abhängig von den Entwurfszielen und umfasst Aspekte wie z.B. den Befehlssatzentwurf, die funktionelle Organisation, den Logikentwurf und die Implementierung. Letztere schließen den Schaltkreisentwurf, die Gehäusetechnik, die Spannungsversorgung sowie entwurfsbegleitende Test- und Verifikationsmöglichkeiten etc. ein. Die Ziele beim Entwurf eines Rechners sind damit einer Optimierung über einem mehrdimensionalen Entwurfsraum vergleichbar, welcher neben den Beschreibungsebenen, der topologischen Struktur des Chips, der topologischen Struktur der Organisation, auch die Preis- und Leistungsziele und die Ausgewogenheit von Hardware und Software berücksichtigt. Ausgehend von diesem komplexen Anforderungsprofil ist die Notwendigkeit ersichtlich, für den Rechnerentwurf ein flexibles Phasenkonzept verfügbar zu haben, welches einerseits unabhängig von der Projektgröße ist, andererseits leicht an spezifische Entwicklungsumgebungen angepasst werden kann, wobei der Mensch-Maschine-Schnittstelle eine größere Bedeutung zukommen sollte, als es heute der Fall ist.

Grundsätzlich basiert der Rechnerentwurf auf Vorgaben, die durch den geplanten Rechnereinsatz festgelegt sind. Von besonderer Bedeutung sind dabei Zielvorgaben betreffs der Kosten, Leistung und Verlässlichkeit der zu entwerfen Rechnerstruktur. Dementsprechend wird eine Machbarkeitsstudie bei einem Rechnerentwurf immer eine Leistungs- und Verlässlichkeitsanalyse beinhalten.

5.3.1 Leistungsbewertung

Ziel einer Leistungsbewertung (performance analysis) ist es, die betrachtete Rechner- bzw. Systemarchitektur hinsichtlich vorgegebener Leistungskriterien zu bewerten. Hierunter versteht man in der Regel das zeitliche Verhalten, d.h. die Verarbeitungsgeschwindigkeit von Prozessor-Speicher-Systemen. Die Leistungsmerkmale beziehen sich auch auf die Verlustleistung des Chip, als einem Entwurfsziel beim Chipentwurf, die niedrig zu halten ist. Zum zeitlichen Maß der Rechnerleistung zählen die Ausführungszeit (execution time) oder Bearbeitungszeit (elapsed time) einer Task. Die Leistung wird häufig auch als Ereigniszahl je Sekunde angegeben. Die meisten Rechner arbeiten mit einem Takt konstanter Frequenz. Die diskreten Ereignisse nennt man Taktzyklen (clock cycles). Für den Rechnerentwurf wichtig ist die Taktperiode, welche entweder durch die Taktzykluszeit oder die Taktfrequenz beschrieben wird. Damit kann die CPU-Zeit für ein Programm auf zweierlei Art und Weise ausgedrückt werden:

$$\textit{CPU-Zeit} = \textit{CPU-Taktzyklen für ein Programm} \cdot \textit{Taktzykluszeit} = ZPI \cdot ZL \cdot IZ$$

mit ZPI = Zyklen per Instruktion, ZL = Zykluslänge, und IZ = Instruktionszähler.

Setzt man in die obige Beziehung die Befehlsanzahl ein, kann die Taktfrequenz als Befehlsanzahl · Taktzyklen pro Befehl festgelegt werden. Daraus folgt:

$$\text{CPU-Zeit} = \frac{\text{CPU-Taktzyklen für ein Programm}}{\text{Taktfrequenz}} \tag{5.3}$$

Außer der Anzahl der Taktzyklen zur Abarbeitung eines Programms kann auch die Anzahl der ausgeführten Befehle, die Befehlspfadlänge, oder die Befehlsanzahl berücksichtigt werden. Ist die Anzahl der Taktzyklen und die Befehlsanzahl bekannt, kann nach Hennessy und Patterson eine mittlere Anzahl der Taktzyklen pro Befehl CPI (clock cycles per instruction) angegeben werden:

$$\text{CPI} = \frac{\text{CPU-Taktzyklen für ein Programm}}{\text{Befehlsanzahl}} \tag{5.4}$$

Wird die Befehlsanzahl in Gl. 5.4 eingesetzt, kann die Taktfrequenz als Befehlsanzahl · Taktzyklen pro Befehl festgelegt werden wie folgt:

$$\text{CPU-Zeit} = \text{CPI} \cdot \text{Befehlsanzahl} \cdot \text{Taktzykluszeit} \tag{5.5}$$

bzw.

$$\text{CPU-Zeit} = \frac{\text{CPI} \cdot \text{Befehlsanzahl}}{\text{Taktfrequenz}} \tag{5.6}$$

Führt man in die gefundene Beziehung Maßeinheiten ein, ergibt sich

$$\text{CPU-Zeit} = \frac{\text{s}}{\text{P}} = \frac{\text{B}}{\text{P}} \cdot \frac{T}{B} \cdot \frac{s}{T} \tag{5.7}$$

mit s = Sekunden, P = Programm, T = Taktzyklen und B = Befehl.

Der Kehrwert der CPU-Zeit ist die CPU-Leistung oder CPU-Performance CPUP

$$\text{CPUP} = \frac{\text{Taktfrequenz}}{\text{CPI} \cdot \text{Befehlsanzahl}} \tag{5.8}$$

Die CPU-Leistung kann als mittlerer CPU-Durchsatz, d.h. als mittlere Anzahl der abgearbeiteten Programme pro Zeiteinheit, eingeführt werden. Damit hängt die CPU-Leistung im wesentlichen von drei Größen ab:

- Befehlsanzahl,
- Takte pro Befehl,
- Taktzykluszeit.

Für eine Leistungsverbesserung kann jede der drei genannten Größen unabhängig von den anderen geändert werden, da sie über die Basistechnologien miteinander verknüpft sind:

- Taktfrequenz: Hardwaretechnik und Organisation,
- Taktzyklen pro Befehl: Organisation und Befehlssatz-Architektur,
- Befehlsanzahl: Befehlssatz-Architektur und Compilertechnik.

Gelegentlich ist es beim CPU-Entwurf zweckmäßig, die Gesamtzahl der CPU-Taktzahlen zu berechnen, wobei gilt:

$$\text{CPU-Taktzahlen} = \sum_{i=n}^{n} (\text{CPI}_i \cdot \text{I}_i) \tag{5.9}$$

mit CPI_i als mittlere Zahl der Taktzyklen für den Befehl i und I_i als absolute Häufigkeit der Ausführung des Befehls in einem Programm. Damit kann die CPU-Zeit für ein Programm wie folgt ausgedrückt werden

$$\text{CPU-Zeit} = \sum_{i=n}^{n} (CPI_i \cdot I_i) \cdot \text{Taktzykluszeit} \qquad (5.10)$$

Die gesamten Taktzyklen pro Befehl können wie folgt angegeben werden:

$$CPI = \sum_{i=n}^{n} \left(\frac{CPIi \cdot Ii}{\text{Befehlsanzahl}} \right) \qquad (5.11)$$

Für den Leistungsvergleich von Rechnerarchitekturen wird in der Praxis häufig der Geschwindigkeitsgewinn GG, den eine Beschleunigungsmaßnahme bewirkt, eingesetzt, für den gilt:

$$GG = \frac{CPU-Zeit\_ohne\_Beschleunigungsmaßnahme}{CPU-Zeit\_mit\_Beschleunigungsmaßnahme} \qquad (5.12)$$

Beschleunigungsfaktoren können dabei die Anzahl der Pipeline-Stufen oder aber die Anzahl der nebenläufigen Verarbeitungswerke sein. Der Leistungsgewinn, der durch Verbesserung einer Komponente eines Rechners erreicht wird, kann mit Hilfe des Gesetzes von Amdahl (s. Abschn. 5.4.1.4) bestimmt werden, welches besagt, dass die aus der Verwendung einer schnelleren Komponente resultierende Gesamtleistungsverbesserung auf den Zeitanteil begrenzt ist, in dem sie genutzt werden kann. Für den daraus resultierenden Geschwindigkeitsgewinn kann geschrieben werden;

$$GG = \frac{CPU-Zeit\_alt}{CPU-Zeit\_neu} = \frac{1}{(1 - Anteil\_verändert + \dfrac{Anteil\_verändert}{Beschleunigung\_verändert})} \qquad (5.13)$$

mit Anteil_verändert als demjenigen Anteil der CPU-Zeit der durch Veränderung verbessert werden kann, Beschleunigung_verändert entspricht der Verbesserung, die durch die veränderte(n) Komponente(n) erreicht wird, d.h. wie viel mal schneller eine Task ablaufen würde, wenn nur die Veränderung genutzt wird.

Weitere Parameter zur Leistungsbewertung sind:

- mittlerer Durchsatz (throughput): Hierunter versteht man die mittlere Anzahl von Aufträgen, die pro Zeiteinheit ausgeführt werden. Pipelining erhöht dabei den Durchsatz der Prozessorbefehle, d.h. die pro Zeiteinheit beendete Befehlsanzahl, reduziert aber nicht die Ausführungszeit des einzelnen Befehls, da Pipelining lediglich eine Implementierungsmethodik ist, welche die Parallelität zwischen den Befehlen in sequentiellen Befehlsströmen ausnutzt.

- Auslastung (utilization): Hierunter versteht man den mittleren, effektiven Durchsatz, geteilt durch den maximal möglichen Durchsatz.
- Auslastungsverhältnis (utilization ratio): Hierunter versteht man das Verhältnis der Zeit, die mit Kernarbeit verbracht wird, zur gesamten Betriebsdauer.
- mittlere Antwortzeit (response time): Hierunter versteht man die mittlere Zeitspanne bis ein Auftrag ausgeführt ist.

In der Regel versucht man diese Parameter durch Messungen am System zu bestimmen, ohne das System selbst dabei zu stören, was durch einen sogenannten Hardware-Monitor erreicht werden kann. In der Regel erfolgt die Messung durch Instrumentieren eines Programms, d.h. durch Einfügen messender Anweisungen in den Programmcode, wie z.B. Schleifen oder Zeitzähler. Das Instrumentieren kann durch den Anwender selbst, den Compiler, die Laufzeitbibliothek, oder das Betriebssystem erfolgen

5.3.2 Verlässlichkeitsbewertung

Verlässlichkeit eines Systems bedeutet, dass Systemfehler nicht zu Ausfällen führen und keine Gefahren bedeuten. Sie fördert damit die Gewissheit des Betreibers dass das System davor geschützt ist. Zur Verlässlichkeit zählt die Sicherheit, d.h. die Verlässlichkeit im Hinblick auf das Vermeiden katastrophaler Folgen durch Fehlverhalten des Systems, Schutz vor missbräuchlichen Eingriffen und die Zuverlässigkeit, d.h. die Verlässlichkeit im Hinblick auf ein kontinuierliches und korrektes Erbringen der geforderten Dienstleistung. Bezogen auf Rechnerarchitekturen ist die Bewertung der Zuverlässigkeit von zentraler Bedeutung. Da Fehler bzw. das Fehlverhalten eines Rechners sehr komplex sein können, ist man auf Wahrscheinlichkeitsanalysen angewiesen. Die wichtigsten Zuverlässigkeitsmaße sind in diesem Zusammenhang die Überlebenswahrscheinlichkeit, die Verfügbarkeit und der Verfügbarkeitsfaktor:

- Überlebenswahrscheinlichkeit Ü(t) (reliability): Entspricht der Wahrscheinlichkeit, dass das System im Zeitintervall [0,t] fehlerfrei bleibt, unter der Voraussetzung dass es zum Zeitpunkt 0 stabil war,
- Verfügbarkeit V(t) (availability): Entspricht der Wahrscheinlichkeit, dass das System zum Zeitpunkt t funktionsbereit ist, wobei vor diesem Zeitpunkt beliebig viele Ausfälle stattgefunden haben können,
- Verfügbarkeitsfaktor V: Entspricht dem Verhältnis der (mittleren) Intaktzeit zur gesamten (mittleren) Betriebszeit des Systems,
- Zuverlässigkeit bzw. Fehlertoleranz: Hierunter wird die Gewährleistung einer gewissen Mindestverfügbarkeit des Systems verstanden. Beim Ausfall einzelner Komponenten des Systems muss noch ein betriebsfähiger Kern übrig blei-

ben. Dieses Kriterium steht beim Rechnerentwurf für sicherheitskritische Anwendungen im Mittelpunkt, wie z.B. bei Realzeitrechnern. Bezüglich der Zuverlässigkeit des Rechners ist sowohl die Ausfallquote einzelner Teile als auch des Gesamtsystems von Bedeutung.

Aus technischer Sicht sind dabei die mittlere Zeit zwischen zwei Ausfällen, die MTBF (Mean Time Between Failure) und der Mittelwert für die Reparaturzeit, die MTTR (Mean Time To Repair) relevant, da aus beiden Größen die Verfügbarkeit V_K einer Komponente bestimmt werden kann zu

$$V_K = \frac{\text{MTBF}}{\text{MTBF} + \text{MTTR}} \tag{5.14}$$

mit

$$MTBF = \int_0^\infty e^{-\lambda t} = \frac{1}{\lambda}, \tag{5.15}$$

wobei λ die Ausfallrate bzw. Fehlerrate angibt. Damit kann die Ausfallwahrscheinlichkeit $p = 1 - V_K$ berechnet werden, zu

$$p = 1 - V_k = 1 - \frac{\text{MTBF}}{\text{MTBF} + \text{MTTR}} = \frac{\text{MTTR}}{\text{MTBF} + \text{MTTR}} \tag{5.16}$$

Für in Serie geschaltete Systemkomponenten ergibt sich als Gesamtverfügbarkeit

$$V_{gess} = V_1 \cdot V_2 \cdot \ldots \cdot V_n \tag{5.17}$$

während sich die Gesamtverfügbarkeit für parallel geschaltete Systemkomponenten wie folgt ergibt

$$V_{gesp} = 1 - (1 - V_1) \cdot (1 - V_2) \cdot \ldots \cdot (1 - V_n). \tag{5.18}$$

Beispiel 5.1
Für ein Multiprozessorsystem mit 20 parallelen Prozessoren, wobei jeder Prozessor eine Verfügbarkeit V = 0,9 hat, ergibt sich für die Gesamtverfügbarkeit

$$V_{gesp} = 1 - (1 - V)^{20} \approx 1$$

und für die Ausfallwahrscheinlichkeit

$$p = 1 - V_{gesp} \approx 0.$$

Hätten die Prozessoren eine Verfügbarkeit von 0,5, wäre die Gesamtverfügbarkeit noch immer V_{gesp} = 0,999999 und die Ausfallwahrscheinlichkeit p = 0,0000009. Nimmt man als Verfügbarkeit der Prozessoren 0,1 an, reduziert sich die Gesamtverfügbarkeit auf V_{gesp} = 0,12157, womit sich die Ausfallwahrscheinlichkeit auf p = 0, 87842 erhöht.■

Demgegenüber gibt die Fehlertoleranz an, wie gut ein Rechner mit auftretenden Fehlern fertig wird. Dazu müssen möglichst alle Fehler frühzeitig erkannt oder maskiert werden, da nur bei bekannten bzw. maskierten Fehlern Gegenmaßnahmen eingeleitet werden können und nur so vermieden werden kann, dass sich Fehler fortpflanzen. Fehlererkennung per se generiert aber noch keinen verlässlichen Rechner. Die Fehlerbehandlung und damit auch die Fehlertoleranz, wird z.B. durch die Erstellung von Sicherungsmarken (checkpoints) und durch Rücksetzen auf einen bekannten fehlerfreien Zustand oder durch Hardwareredundanz – Umschalten auf mehrfach vorhandene gleichartige Hardware – erreicht. Dies ist in erster Linie Aufgabe des Betriebssystems. Die Fehlermaskierung wird demgegenüber durch eine geeignete Systemarchitektur der Hardware erreicht. Das bekannteste Maskierungsverfahren ist das votieren gemäß TMR (TMR = Triple Modular Redundancy). Das Verfahren wird bei Rechnern im Bereich zuverlässigkeitskritischer Steuerungen eingesetzt. Das Ergebnis einer Berechnung wird dabei von drei redundanten Prozessen erzeugt, wobei ein sogenannter Voter daraus die Mehrheit bestimmt, d.h. er maskiert fehlerhafte Ergebnisse. Solange nur einer der Prozessoren in einen fehlerhaften Zustand gerät, ist keine Fehlerbehandlung erforderlich. Durch paarweises Vergleichen der Ausgaben ist der Voter darüber hinaus in der Lage den fehlerbehafteten Prozessor zu lokalisieren, so dass die fehlerhafte Einheit zu einem passenden Zeitpunkt ersetzt oder repariert werden kann.

Ein weiteres für die Praxis relevantes Redundanzverfahren ist die Vierfachredundanz PSR (PSR = Pair and Spare Redundancy). Sie basiert auf zwei redundanten Master-Checker-Paaren. Bei einem Fehlersignal (Error) des Checkers (Vergleicher) des ersten Prozessorpaares schaltet eine Überwachungseinheit (MU) auf das zweite Prozessorpaar um. Dazu ist es ggf. erforderlich Sicherungsmarken zu erstellen und im Fehlerfall ein Reservepaar bei der zuletzt erstellten Sicherungsmarke aufzusetzen (Rückwärtsbefehlsaufhebung). Gleichzeitig kann die Überwachungseinheit (MU) durch einen Interrupt im ersten Paar einen Selbsttest anstoßen. Stellt sich heraus, dass dieses Paar permanent fehlerbehaftet ist, lässt es sich (on-line) auswechseln.

Ist ein Rechner in der Lage selbständig nicht nur fehlerhafte Zustände zu erkennen, sondern erkannte Fehler auch zu maskieren, oder sogar selbständig zu beheben, spricht man von einem fehlertoleranten Rechner.

5.3.3 Zusätzliche Systemanforderungen für den Rechnerentwurf

- Kompatibilität: Hierunter wird im allgemeinen die Gleichwertigkeit ausgedrückt. Diese besagt dass zwei Systeme bei gleichem Arbeitsauftrag (Programm) unabhängig von der Zeit und der Anordnung ihrer Einzelelemente gleiche Ergebnisse liefern. Kompatibilität von Rechnerkomponenten wird insbesondere vor dem Hintergrund der Anschaffungskosten gefordert, um einen Übergang auf ein leistungsfähigeres System zu ermöglichen, oder eine Ausweitung des Anwendungsbereiches zu vollziehen, ohne dass ständig Anpassungen an die neue Konfiguration vorgenommen werden müssen,

- Flexibilität: Sie ist immer dann von Bedeutung, wenn eine möglichst große Klasse von Problemen gelöst werden soll, z.B. Flexibilität des Einsatzes.
- Dynamische Erweiterbarkeit: Sie charakterisiert ein System, welches in jedem Zustand die Erweiterung seiner Eigenschaften zulässt und dabei in jedem Zwischenzustand korrekt funktionsfähig bleibt, z.B. durch Hauptspeichererweiterung, durch Hinzufügen von Prozessoren, durch Vergrößerung des Plattenspeichers,
- Systemsoftwarevereinfachung und leichte Programmierbarkeit: Bei einer mächtigen Maschinensprache bzw. bei einer Sprache auf einer niedrigen, hardwarenahen Ebene, vereinfachen sich Compiler- und Systemsoftware, der erzeugte Maschinencode wird kompakter und die Programmierbarkeit auf Assemblerebene verbessert sich. Die hohen Entwicklungskosten für System Software werden dadurch verringert. Idealerweise können Systemprogrammierer, Anwenderprogrammierer und Servicetechniker in derselben Programmiersprache programmieren.

Die Entwurfsziele Leistung, Zuverlässigkeit und Fehlertoleranz stellen dabei in der Regel die wichtigsten Gesichtspunkte beim Rechnerentwurf für normale Einsatzfälle dar.

5.3.4 Gestaltungsgrundsätze beim Rechnerentwurf

Die Grundaufgabe des Rechners ist die Verarbeitung und Darstellung von Information. Beim Rechnerentwurf sollen alle Teilaufgaben berücksichtigt und den unterschiedlichen Anwendungsgebieten entsprechend Rechnung getragen werden. Dazu sind die genannten allgemeinen Entwurfsziele beim Rechnerentwurf zu erfüllen, die als Teilmengen aufgefasst werden können, da die Ziele teilweise disjunkt sind:

- Konsistenz: Hierunter versteht man eine Systemeigenschaft, die es gestattet, den folgerichtigen, schlüssigen Aufbau eines Rechnersystems zu überprüfen, d.h. bei Kenntnis eines Teils des Systems muss der Rest vorhersagbar sein.

Beispiel 5.2.
Ein Multiprozessor-System ist nach Giloi sequentiell konsistent wenn das Ergebnis einer beliebigen Berechnung das gleiche ist, als ob die Operationen aller Prozessoren in einer

gewissen sequentiellen Ordnung ausgeführt würden. Dabei ist die Ordnung der Operationen der Prozessoren die des jeweiligen Programms.■

- Orthogonalität: Ein Rechnersystem ist orthogonal aufgebaut wenn funktionell unabhängige Teilelemente auch unabhängig voneinander spezifiziert und realisiert sind. Die Verbindung der Teilelemente zu einem geschlossenen Rechnersystem ist durch genormte Schnittstellen hergestellt, so dass bei Ausfällen oder Änderungen in der Spezifikation und Implementierung eines Elementes lediglich das betroffene Element ausgewechselt zu werden braucht, während das übrige System unverändert bleibt. Orthogonalität wird oft auch als Modularität bezeichnet.

Beispiel 5.3.
Ein Verstoß gegen das Orthogonalitätsprinzip liegt nach Erhard vor, wenn das Steuerwerk als eine Einheit nicht existent ist und die einzelnen Funktionen des Steuerwerks in anderen Elementen der Zentraleinheit realisiert werden, was Änderungen der Steuerung äußerst kompliziert macht.■

- Symmetrie: Mathematisch symmetrische Zusammenhänge werden im Rechnersystem auch symmetrisch verarbeitet.

Beispiel 5.4.
Positive und negative Zahlen sollten an gleicher Stelle verwendet werden dürfen.■

- Angemessenheit: Die Angemessenheit gewährleistet dass die Funktionen der Systemelemente bei der Lösung der vorgesehenen Problemstellung ausgeschöpft werden, z.B. erfordern schnelle Prozessoren eine schnelle Peripherie.

- Sparsamkeit (Ökonomie): Um die Systemkosten möglichst gering zu halten wird das ökonomische Konzept der Sparsamkeit eingeführt. Dieses ist in Abhängigkeit von der vorliegenden Technologie zu sehen, da diese im wesentlichen die Kosten bestimmt.

Beispiel 5.5.
Ist die Realisation einer schnellen Multiplikation ebenso aufwendig wie die Realisation aller anderen Operationen des Rechenwerks zusammen, liegt nach Erhard ein Verstoß gegen die Sparsamkeit und die Angemessenheit vor, wenn die Multiplikation keine dominierende Rolle beim Einsatz des Systems spielt.■

- Transparenz: Man spricht dann von Transparenz wenn die Funktion des Gesamtsystems überschaubar ist. Details müssen nicht explizit zu erkennen sein.

Beispiel 5.6.

Durch Statusmeldungen, Quittungen etc. sollte der Benutzer einen Überblick über die ordnungsgemäße Funktion eines Rechners gewinnen. Dafür ist eine Einsicht in die Belegung jedes einzelnen Registers nicht erforderlich.■

- Virtualität: Entspricht einer Systemeigenschaft, bei der die Begrenzung derImplementierung vor dem Benutzer verborgen wird.

Beispiel 5.7.
Bei den virtuellen Speichern moderner Rechner bleibt dem Anwender eine Beschränkung des Hauptspeichers durch automatische Aufteilung der Gesamtspeicheranforderung und automatische Verwaltung der Speicherhierarchie durch das System verborgen (paging).■

5.3.5 Rechnerentwurf

Die Vorgehensweise beim Rechnerentwurf kann im wesentlichen durch die beiden in Abb. 5.10 dargestellten Ansätze charakterisiert werden, den:

- Top-Down-Entwurf: der mit dem Entwurf der Globalstruktur beginnt und in mehreren Entwurfschritten festlegt, wie die Implementierung und anschließend die Realisierung ausgeführt werden soll,
- Bottom-UP-Entwurf: der bei der Realisierung beginnt und in mehreren Entwurfschritten festlegt, wie die Funktionen der einen Entwurfsebene zu komfortableren Funktionen der jeweils darüber liegenden Entwurfsebene zusammengefasst werden können, bis sich letztendlich die Funktionen der Architekturebene ergeben.

Beim Rechnerentwurf muss der Entwickler immer darauf achten einerseits technisch realisierbare Strukturen entwerfen zu können und andererseits bei der Realisierung nie auf essentielle Strukturkenntnisse der Architektur verzichten zu müssen.

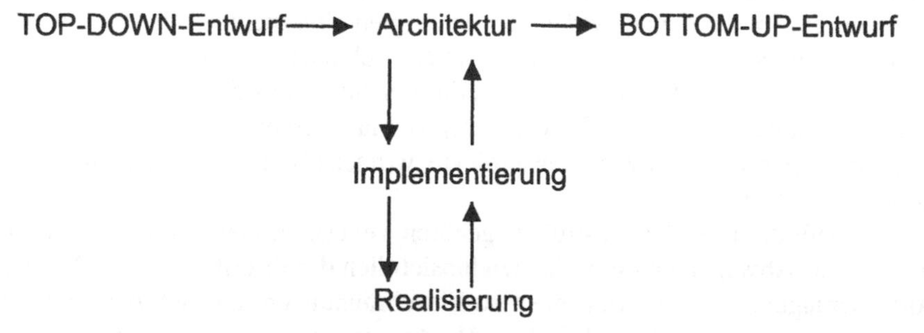

Abb. 5.10. Vorgehensweisen beim Rechnerentwurf

Vergleicht man die Vorgehensweise beim Entwurf eines Rechners (Hardware-Entwurf) mit dem Entwicklungsprozess der Software, stellt man große Ähnlichkeiten im Kontext des Phasenkonzeptes fest. Die einzelnen Phasen lassen sich, wie in Abb. 5.11 dargestellt, beschreiben:

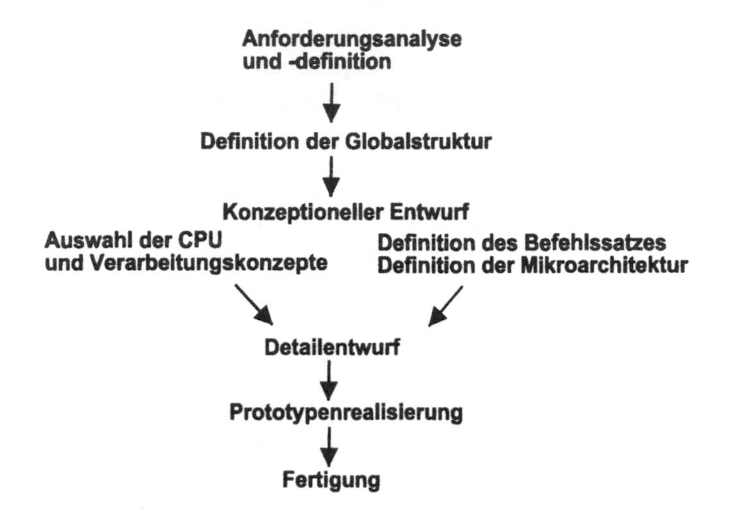

Abb. 5.11. Phasenkonzept für den Rechnerentwurf (modifiziert nach Märtin, 1994)

Zur Anforderungsanalyse gehört die Definition der gesamten Systemarchitektur (Software und Hardware), d.h. die Festlegung der Leistungsanforderungen der Rechnerstruktur des Zielsystems, die evtl. angestrebte Kompatibilität mit Systemen anderer Hersteller, die Charakteristika der Peripherie, die Umgebung wie z.B. Echtzeit, Time Sharing, kommerzielle oder wissenschaftliche Anwendungen, etc., Anforderungen an das Betriebssystem, Kosten, Ressourcen etc.. Die Entwurfsanforderungen werden in der Regel vom Marketing, aufgrund von Marktanalysen, Standards, Konkurrenzanalysen etc., vorgetragen, und mit den Bereichen Entwicklung, Konstruktion und Produktion gemeinsam abgestimmt. Auch kommen von Kunden, beispielsweise im Rahmen von Speziallösungen, Entwurfsanforderungen. Im Zusammenwirken der beteiligten Unternehmensbereiche werden, nachdem die technischen Spezifikationen verabschiedet wurden, im Rahmen eines Pflichtenheftes die Entwicklungskosten, die Leistungsanforderungen und der Zeitrahmen festgelegt. Mit Hilfe von Projekt-Management-Informationssystemen können nach Möller Entwicklungsprojekte wirtschaftlich geplant, gesteuert und kontrolliert werden.

Zur Definition der Globalstruktur gehören genaue Festlegungen der Anforderungen, das Abwägen und Entscheiden hinsichtlich der Priorität der verschiedenen Anforderungen, sowie Festlegungen zu Einschränkungen, die sich beispielsweise durch zu teure, oder nicht realisierbare Hardwareaspekte ergeben können. Auf der Basis der so gewonnenen globalen Rechnerstruktur (Architekturkonzept) können erste Berechnungen und Leistungsabschätzungen durchgeführt und mit dem Anforderungsprofil verglichen werden. Dies kann ggf. zu Überprüfungen und Modifikationen der im Pflichtenheft ausgewiesenen Anforderungsspezifikation oder des Globalentwurfs per se führen. Parallel dazu erfolgt die Untersuchung existierender

Architekturen mit entsprechenden Anforderungen zur Erleichterung der Entscheidung des weiteren Entwurfs. Dabei stellt der konzeptionelle Entwurf die entscheidende Phase des Entwurfsprozesses dar. Hier werden die Entscheidungen getroffen, wie die gesetzten Prioritäten in den Funktionen der Architektur umgesetzt und realisiert werden sollen, welche der Funktionen in Hardware und welche in Software zu realisieren sind (s. Kap. 8). Es werden hier die CPU, Verarbeitungskomponenten, der Befehlssatz und die Mikroarchitektur festgelegt. Sofern keine CPU-Neuentwicklung bezüglich der im Pflichtenheft ausgewiesenen Anforderungsspezifikation erforderlich ist, werden in dieser Sequenz die CPU und weitere für die Verarbeitung erforderliche Komponenten wie Coprozessor, E/A-Controller, Graphikprozessor sowie weitere Sub-Systeme ausgewählt, womit die Definition des Befehlssatzes und der Mikroarchitektur entfällt.

Zur Erfüllung des im Pflichtenheft ausgewiesenen Anforderungsprofils, z.B. Entwicklung einer CPU, ist nach der Architekturentscheidung die Befehlssatzebene zu definieren. Hier werden der Operationscode, die Länge des Befehlsformats, direkt unterstützte Dateiformate, die Beschreibungssprache für den Befehlssatz, die Befehlsgruppen etc. festgelegt. Durch Definition der Mikroarchitektur wird festgehalten, wie die bislang spezifizierten Entwurfsziele - einschließlich technologischer Rahmenbedingungen - umgesetzt werden können. Hierzu gehören nach Märtin:

- Definition der Ausführungssteuerung im Leitwerk, z.B. Hardware, Microcode, gemischte Lösungen, Delegation von Steuerungsaufgaben an den Compiler,
- Aufbau der Phasenpipeline zur Befehlsabarbeitung,
- Steigerung der Abarbeitungs- und Ausführungszeiten,
- Festlegung der Mechanismen zur Ausführungssteuerung und Befehlsauswahl wie Scoreboard, Ressourcen-Verfügbarkeit, Datenabhängigkeits-, Kontrollflusstechniken, etc..

Die Funktion des Scoreboards besteht im allgemeinen aus einer asynchronen Steuerung der Befehlsausführung zur Registerverwaltung von RISC-Prozessoren und superskalaren Rechnern mit Funktions-Pipelining, womit bei ausreichenden Ressourcen und nicht vorhandenen Datenabhängigkeiten auch eine Ausführung außerhalb der Reihe möglich ist. Mittels der in den Scoreboard-Tabellen abgelegten Informationen lassen sich alle Daten- und Ressourcenkonflikte, die auch Pipeline-Hazards genannt werden, erkennen und auflösen. Die Steuerungsaufgabe des Scoreboards kann in Form einer Petri-Netz-Darstellung allgemeingültig dargestellt werden, wie in Abb. 5.12 gezeigt:

- Festlegung der Speicherstruktur für den Prozessorentwurf, d.h. ein oder mehrere interne/externe Caches, Arbeitsspeicher-Entwurf,
- Verbindungsstrukturen für das Prozessor-Speicher-Subsystem, d.h. Art, Anzahl und Struktur der lokalen Busse auf dem CPU-Chip und zwischen Chips,

- Festlegung der für die Prozessorentwicklung genutzten Prozesstechnologie, d.h. Strukturbreiten, Schaltzeiten, Gatterlaufzeiten, elektrisches Verhalten, Gatteranzahl pro Chip etc.,
- Partitionierung der Mikroarchitektur.

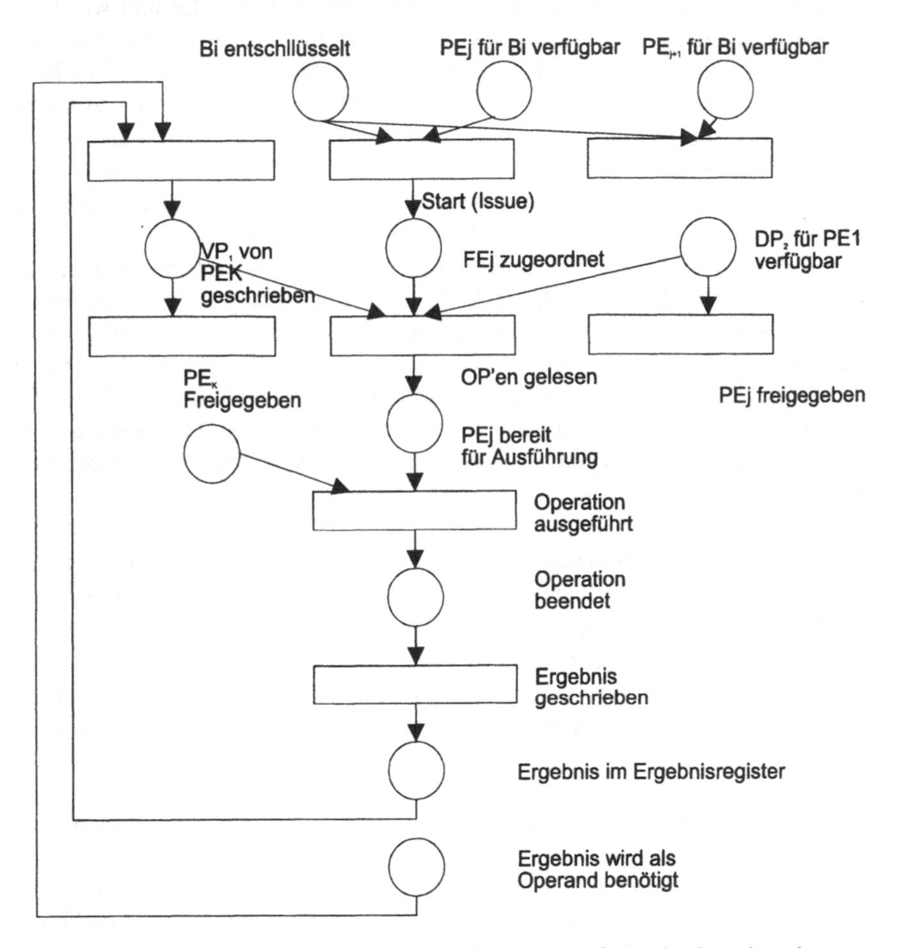

Abb. 5.12. Petri-Netz-Darstellung der Steuerungsaufgabe des Scoreboards

Nachdem die Befehlstypen, die Befehlsformate, die Semantik der Befehle, die Datentypen und die Adressierungsmodi im Rahmen der Entwurfsentscheidungen festgelegt wurden, sind im Rahmen des Detailentwurfs die hardwarespezifischen Entwürfe vorzunehmen. Hierzu gehören endgültige Festlegungen

- zur Hardwarestruktur des Gesamtsystems,
- der Hardware/Software Schnittstellen und deren Protokolle,
- zum entwickelnden VLSI-Chip bzw. PLD-Baustein, d.h. Festlegung der Prozesstechnologie wie CMOS, BICMOS, bipolar verwendete Techniken wie Standardzellen, Gatearrays, Sea of Gates etc. (s. Abschn. 6.1),

– der Hilfsmittel der beim automatischen VLSI-Entwurf benötigten Elemente, d.h. Verhaltensbeschreibungen auf Registertransferebene bzw. Logikebene der Funktionsblöcke, oder VLSI-Layout und Routing, Simulation der Logik- und Schaltkreisebene je Funktionsblock, bzw. Simulation des gesamten Zeitverhaltens des Bausteins bzw. Chips,
– Wahl der Verpackungs-, Befestigungs- und Wärmeableittechnik,
– Leiterplatten, bzw. Bausteinentwurf mit CAX-Werkzeugen.

Der Prototyp kann realisiert werden, wenn die vorangehend dargestellten Phasen des Entwurfs vollständig durchlaufen sind. Er enthält die Implementierungen der Baugruppen und/oder Chips. Hierzu werden Testmuster aller zu entwickelnder VLSI-Bausteine erzeugt und Testmuster für die Baugruppen generiert. Die prototypische Implementierung wird durch Simulation der Zustandsfunktionen, sowohl des Gesamtsystems als auch von Teilfunktionseinheiten, bzw. Baugruppen, vorbereitet. Dies dient dem Ziel, bereits vor Fertigstellung eines endgültigen Prototyps, möglichst viele Fehler auf Chip- und / oder Baugruppenebene zu erkennen und zu beheben. Ist der Prototyp fertiggestellt, wird er hinsichtlich Leistung und Funktionalität getestet und verifiziert; noch vorhandene Fehler werden dokumentiert und im optimierten Entwurf beseitigt. Nachdem ein fehlerfreier Prototyp erstellt ist, kann die Fertigung von Chip- und / oder Baugruppen anlaufen, wobei in der Anfangsphase eine begleitende Unterstützung durch die Entwicklung erfolgt. Hier ist die letzte Möglichkeit um vor der Auslieferung Fehler zu erkennen und zu beheben.

Zusammenfassend kann zum Phasenkonzept beim Rechnerentwurf festgehalten werden:

- Beim Top-Down-Entwurf wird ein Rechner, ausgehend von seiner abstrakten Architekturebene, vermittels mehrerer Verfeinerungsstufen auf die konkrete Hardwareebene umgesetzt. Bei jedem Übergang von einer Ebene zur nächstniedrigeren werden Architekturentscheidungen gefordert. Vorzugsweise sollten Entwurfs- und Simulationstestschritte einander ergänzen. Anzumerken ist, dass beim Top-Down Entwurf die Entwurfsautomatisierung zunehmend an Bedeutung gewinnt, um die steigende Komplexität des Entwurfsprozesses, die immer höher werdenden Benutzeranforderungen und die immer kürzer werdenden Innovationszyklen berücksichtigen zu können.
- Der Entwurf digitaler Systeme kann als eine Folge unterschiedlicher Transformationsschritte aufgefasst werden, mit dem Ziel, unter Beachtung verschiedener Randbedingungen möglichst schnell von einer Spezifikation zu einer optimalen technischen Realisierung zu gelangen. Stand der Technik ist dabei, dass bisher weitgehend dem Entwickler obliegende Entwurfskontrolle, die verschiedene Transformationsschritte und die dabei benutzten Hilfsmittel umfasst, wesentlich dadurch bestimmt wird, wie der Entwurfsprozess für den Entwickler noch überschaubar und nachprüfbar gestaltet werden kann. Dieses Paradigma wird durch das Konzept des Hardware-Software-Co-Design aufgehoben (s. Abschn. 8.4).

- Die Gliederung und der Ablauf des Entwurfsprozesses sind dabei dadurch geprägt, welche Werkzeuge dem Entwickler zur Verfügung stehen, wie übersichtlich sie hinsichtlich der Anwendung sind und wie zweckmäßig mit ihnen gearbeitet werden kann. Aufgrund der Entwurfs-Werkzeuge haben sich verschiedene Ebenen des Entwurfs herausgebildet, denen spezifische Modellvorstellungen des zu entwerfenden Systems zugeordnet werden können. Abb. 5.13 zeigt eine anschauliche Darstellung des Entwurfsprozesses im dreidimensionalen Entwurfsraum, der durch eine topologische Struktur, eine topographische Struktur und eine Verhaltensdarstellung des Entwurfs aufgespannt wird. Weitere Dimensionen des Entwurfsraumes könnten zusätzliche Eigenschaften des System sein wie z. B. dessen Ausfallverhalten oder dessen Leistungsvermögen; sie wurden in Abb. 5.13. jedoch nicht berücksichtigt.
- Im dargestellten Entwurfsraum ergibt sich, aufgrund der unterschiedlichen Formen der Verhaltensdarstellung, eine horizontale Schichtung in sog. Beschreibungsebenen, die häufig auch als Entwurfsebenen bezeichnet werden. Sie markieren jeweils ein bestimmtes Niveau der Verhaltensbeschreibung, charakterisiert durch die sprachlichen Mittel die dafür verfügbar sind, wobei der Grad der Detaillierung zu den unteren Schichten hin zunimmt. Auf diese Weise entsteht ein pyramidenförmiger Aufbau der Entwurfsebenen, der anschaulich die Zunahme des im Entwurfsmodell vorhandenen Wissens, zu den tieferliegenden Entwurfsebenen hin, aufzeigt. Er stellt gleichzeitig die Hierarchie der Entwurfsebenen dar. Ziel des Entwurfsprozesses ist dabei, in denjenigen Punkt der topographischen Strukturbeschreibung zu gelangen, in dem Schaltungen nur noch durch geometrische Elemente (sog. Polygone) dargestellt werden, da daraus beispielsweise die Daten für die Chip-Herstellung gewonnen werden können. Dieser Zielpunkt des Entwurfs liegt in Abb. 5.13 im Ursprung des Entwurfsraums.

In diesem Sinne kennzeichnet die Synthese im Entwurfsraum die Erstellung einer detaillierten topologischen Struktur, aus einer abstrakteren Beschreibungsform des Entwurfsmodells. Damit ist, im Gefolge der Synthese, immer ein Wechsel in der Verhaltensdarstellung, sowie eine Strukturerzeugung verbunden. Eine Syntheseaufgabe ist es beispielsweise aus einer Spezifikation des Systemverhaltens, z. B. in einer formalen Sprache, eine möglichst optimale Struktur aus Verknüpfungsgliedern und Flipflops auf der logischen Beschreibungsebene der Funktionselemente zu erzeugen. Weitere Synthesebeispiele sind die Erzeugung eines endlichen Automaten aus einer Ablaufbeschreibung, die Automatensynthese, oder die Erzeugung eines Schaltnetzes aus logischen Gleichungen, die Logiksynthese.

Die Umsetzung einer Schaltungsstruktur in eine detailliertere Form innerhalb des Entwurfsraums wird durch den Prozess der Generation gekennzeichnet. Die Generation kann sowohl die Generation einer topologischen Struktur, als auch die Generation einer topographischen Struktur repräsentieren, wie aus Abb. 5.13 ersichtlich.

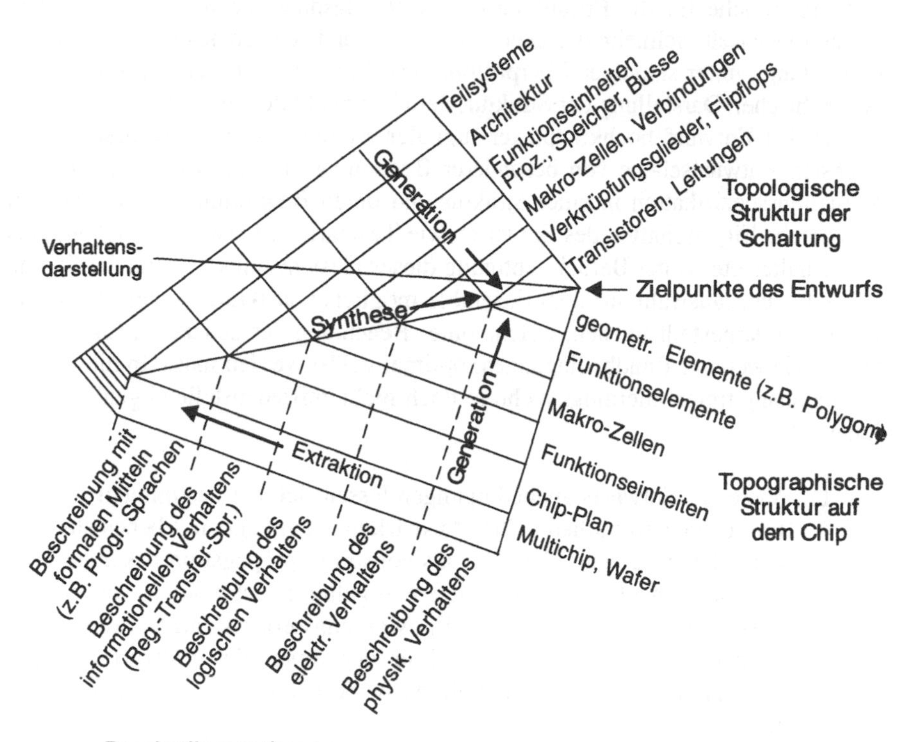

Abb. 5.13. Begriffliche Repräsentation im dreidimensionaler Entwurfsraum

Demgegenüber kennzeichnet die Extraktion im dreidimensionalen Entwurfsraum die Erzeugung einer abstrakten Beschreibung des Verhaltens aus einer ausführlichen, also tiefer liegenden, Beschreibung. Sie dient der Erzeugung von Merkmalen und Strukturen, die mit einer Verhaltensbeschreibung auf einer abstrakteren, d.h. weiter oben liegenden Darstellungsebene, verglichen werden können.

Beispiel 5.8
Erzeugung des logischen Verhaltens aus einer Transistorschaltung, um dessen Übereinstimmung mit der ursprünglich vorgegebenen logischen Funktion überprüfen zu können.■

Die Simulation repräsentiert eine weitere Darstellungsebene im Entwurfsraum, zur Überprüfung bestimmter, in der Regel logischer und zeitabhängiger Eigenschaften, anhand einer dafür geeigneten Verhaltensbeschreibung.

Beispiel 5.9
Zeitverhalten des CPU-Taktsignals.■

Der Entwurfsprozess bewegt sich in der Regel nicht ausschließlich von einer abstrakteren Modellierung hin zu einer in technischer Hinsicht detaillierteren Darstellung, welche für die Ermittlung der Fertigungsdaten erforderlich wäre. Sein Verlauf wechselt vielmehr zwischen den Ebenen und Achsen des Entwurfsraumes, und gelangt, unter ständiger Überprüfung des Entwurfes, zu der gewünschten topographischen Darstellung der Struktur, dem Zielpunkt des Entwurfs.

Für den Entwurf hochkomplexer digitaler Systeme ist die Synthese auf der höchsten Entwurfsebene von besonderer Bedeutung, d.h. die Repräsentation der Verhaltensspezifikation in einer Struktur und deren Beurteilung im Hinblick auf spezifische Eigenschaften des Entwurfs, wie Testbarkeit, Leistungsfähigkeit, Ausfallverhalten etc. Unter Berücksichtigung dieses Gesichtspunktes kann die Synthese als Lösungsauswahl aus dem Ensemble möglicher strukturell unterschiedlicher Lösungen dargestellt werden, welche unter Beachtung der genannten Eigenschaften, sowie weiterer Randbedingungen, optimal gelöst werden muss. In diesem Zusammenhang treten allerdings mehrere noch nicht zufriedenstellend gelöste Probleme auf:

1) Viele der Entwurfsrandbedingungen lassen sich auf bestimmten Abstraktionsebenen formulieren, ihre Auswirkungen auf andere Ebenen sind aber nur schwer zu beurteilen. Das als constraint propagation bekannte Problem ist bis heute noch nicht allgemeingültig gelöst worden, was entsprechende Auswirkungen auf den Entwicklungsprozess und hier die Synthese hat. Als Folge dessen wird in der Regel der Entwurf mehrfach durchlaufen, um möglichst viele Auswirkungen sicher beurteilen zu können.
2) Die Synthese auf der Ebene der Verhaltenbeschreibung einer Struktur wird bisher lediglich bei anwendungsspezifischen Schaltungen vollzogen, die beispielsweise für ein spezielles Anwendungsproblem eines Kunden entworfen werden. Diese Anwendungen sind in der Regel dadurch gekennzeichnet, dass die Verhaltensbeschreibung häufig auf einem komplexen Algorithmus aufbaut, der mit wenigen Daten viele Verarbeitungsschritte vornimmt. Für den Entwurf und die Optimierung komplexer Prozessoren auf Architektur- und Systemebene existieren noch keine geeigneten Spezifikationssprachen als Ausgangspunkt einer automatischen Synthese.
3) Werden nach erfolgreichem Entwurf hohe Stückzahlen gefertigt, sind die Kosten des einzelnen Exemplars in der Regel nicht durch die Entwurfskosten, sondern vielmehr durch die Herstellungskosten bestimmt. Deshalb wird bei der automatischen Synthese besonders darauf geachtet den Flächenbedarf des Chips möglichst gering zu halten, da bereits minimale Vergrößerungen der Chipfläche, wegen der damit verbundenen stark abnehmenden Waferausbeute, in einem erheblichen Anstieg der Herstellungskosten resultieren.
4) Um die mit der Synthese verbundenen Probleme zu beherrschen ist ihre Anwendung in der Regel auf lokale, d.h. überschaubare, Bereiche begrenzt, da sich die Kostenfunktionen hier am besten beurteilen lassen. Beispiel hierfür ist die Synthese von Steuerwerkstrukturen. Die lokal begrenzte Anwendung setzt dabei die Modularisierbarkeit des Entwurfs

voraus, was in der Regel zur lokalen Optimierung, nicht aber auch zur angestrebten globalen optimierten Lösung führt. Hierfür ist eine Gesamtsynthese erforderlich, bei der die modulare Behandlung des Entwurfs, als Strukturierungshilfe, weitgehend unberücksichtigt bleibt.

Trotz der noch zu lösenden vielfältigen Probleme ist mittelfristig von einer zunehmenden Automatisierung beim Entwurf, beginnend auf der Architektur- und Systemebene, auszugehen. Dessen Vorteile resultieren in einer deutlich kürzeren Entwurfszeit und in dem Umstand mit weniger Spezialkenntnissen aus dem Entwurfs- und Technologiebereich auszukommen, so dass insgesamt die Effizienz der Entwicklung erheblich gesteigert werden kann. Damit wird es auch dem normalen Systementwickler möglich sein, immer die aktuellsten Techniken beim Entwurf einzusetzen, ohne dass er dazu über die spezifischen Detailkenntnisse verfügen muss.

5.4 Verfahren zur Rechnerbewertung

Mit dem Vorhandensein von Rechnern, als einem maschinellen Hilfsmittel zur Lösung algorithmisch formulierbarer Probleme, entstand das Interesse Bewertungen vorzunehmen. Wie im Abschn. 5.3 bereits dargestellt wurde, gehören eine hohe Leistung und eine große Ausfalltoleranz zu den beiden wichtigsten Kriterien für den Rechnerentwurf, weshalb man zunächst versuchte den Erfüllungsgrad dieser beiden Entwurfsziele zu messen. Wegen der intrinsischen Komplexität der Rechnerstrukturen stellte sich bald heraus, dass diese Bewertung ein schwieriges Unterfangen darstellt, ja teilweise sogar unterschiedliche, bzw. widersprüchliche Ergebnisse auftraten. Vor diesem Hintergrund wurden verschiedene Verfahren zur Rechnerbewertung entwickelt, die Gegenstand der weiteren Ausführungen sind.

5.4.1 Bewertung der Leistungsfähigkeit

Als Maß für die Leistungsfähigkeit eines Rechners wird in der Regel die Zeit gewählt. Somit ist, prima vista, der Rechner, der dieselbe Aufgabe in kürzerer Zeit bewältigt als ein anderer Rechner, leistungsfähiger. Cum grano salis kann damit die Leistung eines Rechners als Kennzahl einer Anzahl von Ereignissen pro Zeiteinheit angegeben werden. Zweckmäßiger wäre es, die Anzahl brauchbarer Ergebnisse pro Zeiteinheit, während des Ablaufs einer repräsentativen Auswahl benutzerspezifischer Anwenderprogramme, bzw. für die Dauer eines typischen Betriebsabschnitts, anzugeben. In der Regel wird, wie Unger darstellt, aber nicht die Anzahl brauchbarer Ergebnisse, sondern die Anzahl abgearbeiteter Maschinenbefehle pro Sekunde zur Bewertung der Leistungsfähigkeit verwendet.

Die Bewertung der Leistungsfähigkeit eines Rechners wird nach Bode und Händler aus unterschiedlichen Erfordernissen und demzufolge mit unterschiedlichen Zielen durchgeführt, je nachdem ob es sich um die Auswahl eines Rechners, die Veränderung der Konfiguration einer bestehenden Rechenanlage oder um den Entwurf von Rechnern per se handelt:

- bei der Auswahl eines Rechners ist das Problem zu lösen, ausgehend von einer gegebenen Anzahl bestehender Rechner, den für die jeweilige Anwendung geeignetesten auszusuchen. Dabei kann in der Regel vorausgesetzt werden, dass die betreffenden Rechner zu Testzwecken verfügbar sind, bzw. dass deren Hardware- und Softwareparameter bekannt sind. Voraussetzung ist allerdings, dass die eigenen Anforderungen spezifiziert vorliegen,
- wird für einen bestehenden Rechner eine höhere Leistungsfähigkeit oder ein breiteres Anwendungsspektrum gewünscht, kann dieses nur, wenn überhaupt, durch Veränderung der Konfiguration erreicht werden Die Leistungsmessung zeigt demzufolge auf, welche Komponenten des bestehenden Rechners als Engpässe die erwünschte Leistungssteigerung verhindern und wie eine Konfigurationserweiterung zur Behebung der Engpässe durchzuführen ist. Bei der sich ergebenden Veränderung ist von Interesse, welchen Einfluss die Veränderungen bestimmter Komponenten auf die Gesamtleistung haben,
- beim Entwurf von Rechnern wird die Leistungsfähigkeit eines noch nicht bestehenden Systems festgelegt, um die Einhaltung der Entwurfsvorgaben zu überprüfen, die Effizienz neuer Konzepte und Strukturen des Entwurfs zu untersuchen, etc.

Damit können, nach Erhard, folgende leistungsbeeinflussende Größen für Rechnerstrukturen angegeben werden:

- Anzahl und Art der Prozessoren, Befehlssatz und Mikroprogrammierung, Art und Größe der Speicher, Speicherhierarchie, Ein- und Ausgabe,
- Art und Breite der Kommunikationspfade, Kommunikationsprotokoll, Synchronisation,
- Komponenten des Betriebssystems, Sprachen,
- Arten der Parallelität, Granularitätsunterstützung, Konvergenz, Zuverlässigkeit, Verfügbarkeit.

Um bestimmte Methoden der Leistungsbewertung auswählen zu können ist zu klären, auf welche Fragen eine Antwort erwartet wird. Die in diesem Zusammenhang zu stellenden Fragen wären nach Erhard beispielsweise:

- Beeinflussen Architektur und Anwendung die Leistung zu gleichen Teilen?
- Gibt es inhibitorische bzw. facilitatorische Attribute für die erfolgreiche Implementierung einzelner Anwendungen auf spezielle Architekturen?
- Gibt es eine optimale Anzahl von Prozessoren für bestimmte Klassen von Anwendungen, bzw. gibt es bestimmte Klassen von Anwendungen, die für bestimmte Architekturen geeignet oder nicht geeignet sind ?
- Inwiefern beeinflusst eine Speicherhierarchie den Parallelismus?

- Wirken Änderungen der Implementierung sich auf die Parallelität aus?
- Wieweit lassen sich theoretische Ergebnisse und technische Implementierungen vergleichen?

Ausgehend von diesen allgemeingültigen Fragestellungen kann auf die unterschiedlichen Verfahren zur Rechnerbewertung eingegangen werden. Die sich daraus ergebenden Maßzahlen bewerten häufig nur ganz spezielle Aspekte, d.h. sie ergeben nicht unbedingt hinreichende Hinweise auf das Leistungsvermögen des gesamten Systems, weshalb unterschiedliche Maßzahlen eingeführt wurden:

- Maßzahlen für die Operationsgeschwindigkeit,
- Maßzahlen für Operationszeiten
- Kernprogramme

5.4.1.1 Maßzahlen für die Operationsgeschwindigkeit

Den Maßzahlen für die Operationsgeschwindigkeit liegen in der Regel keine Messungen zugrunde, sondern lediglich Berechnungen einer hypothetischen, maximalen Leistung. Hierzu werden im Regelfall Herstellerangaben verwendet, wie z.B. die Angabe, wie lange die Ausführung eines Maschinenbefehls dauert. Ein Maß, welches die Zahl der pro Sekunde ausführbaren Befehle angibt, wenn diese zu 70% aus Additions- und zu 30% aus Multiplikationsbefehlen bestehen, ist die MIPS Angabe (MIPS = Millionen Instruktionen pro Sekunde) oder gleichbedeutend MOPS (MOPS = Millionen Operationen pro Sekunde).

$$MIPS = \frac{BAZ}{AZ \cdot 10^6} = \frac{TF}{CPI \cdot 10^6} \tag{5.19}$$

mit BAZ als Befehlsanzahl, TF als Taktfrequenz und AZ als Ausführungszeit. Damit leistet ein Rechner z.B. 1 MIPS, wenn er in einer Sekunde 700.000 Additionen und 300.000 Multiplikationen ausführen kann. Kleinrechner haben Rechengeschwindigkeiten von 0,5 - 2 MIPS, Großrechner von 100 MIPS und mehr. Zu beachten ist dabei, dass in dieser Maßzahl die Wortbreite des Rechners nicht berücksichtigt ist. Da praktisch relevante Fälle, die ausschließlich zu 70 % aus Additions- und zu 30 % aus Multiplikationsbefehlen bestehen, nicht bekannt sind, ist die Aussagekraft von MIPS-Werten nicht besonders groß. Dies auch vor dem Hintergrund, dass die Anzahl benötigter Maschinenzyklen für die Ausführung eines Maschinenbefehls sehr unterschiedlich sein kann. Die reale Leistung, die durch die theoretisch ermittelte MIPS Zahl angegeben wird, ist damit bedeutend geringer. Häufig wird deshalb von der allgemeinen MIPS Angabe abgewichen. Man spricht beispielsweise von RISC-MIPS, wenn die Maschinenbefehle von RISC-Rechnerstrukturen mit denen von Rechnern mit mächtigerem Befehlssatz verglichen werden. Eine RISC-MIPS Zahl stimmt häufig mit der Anzahl der Taktzyklen pro Sekunde überein, da RISC-Rechner die Ausführung von einem Maschinenbefehl in einem einzigen Taktzyklus anstreben: 900 MHz entsprechen dann 900 MIPS.

Eine weitere Maßzahl, zum Vergleich der Rechenleistung, bezüglich numerischer Anwendungen, ist die Angabe MFLOPS (MFLOPS = Millionen Floating-Point Operationen pro Sekunde).

$$MFLOPS = \frac{ZGOP}{AZ \cdot 10^6} \tag{5.20}$$

mit ZGOP als Zahl der Gleitkommaoperationen eines Programms und AZ als dessen Ausführungszeit. In der Regel wird dafür die maximale Anzahl von Gleitpunkt- (floating point) -Additionen oder -Multiplikationen gewählt, die theoretisch pro Sekunde ausgeführt werden können. Ein- und Ausgabevorgänge - und damit die Probleme der Datenzuführung - sowie die ebenfalls zeitintensive Gleitpunkt-Division, werden dabei vernachlässigt. Tabelle 5.2 zeigt hierzu Beispiele.

Tab. 5.2. Reale und normalisierte Gleitkommaoperationen

Reale Gleitkomma-Operationen	Normalisierte Gleitkomma-Operationen
ADD, SUB, COMPARE, MULT	1
DIVIDE, SQRT	4
EXP, SIN	8

Als Maßzahl für die Leistung von Rechnern für Expertensystemanwendungen wird mitunter die Maßzahl MLIPS oder KLIPS (MLIPS = Millionen Logischer Inferenzen pro Sekunde) angegeben. Zu beachten ist dabei, dass eine logische Inferenz – hierunter wird das Schließen aus mindestens zwei Klauseln verstanden – selbst wieder eine große Anzahl von Maschinenbefehlen erfordern kann.

Die Vorteile der Betrachtung der Maßzahlen für die Operationsgeschwindigkeit von Rechenanlagen (MIPS, MOPS, RISC-MIPS, MFLOPS, MLPSS oder KLIPS) liegen in der Einfachheit ihrer Berechnung, da kein großer Aufwand betrieben werden muss, um sie zu bestimmen. Die Nachteile liegen allerdings darin, dass die Organisation des Rechners nicht berücksichtigt wird und dass Wortlänge, Adressarten, Datenwege oder die Einflüsse des Betriebssystems nicht erfasst werden. Aus wissenschaftlicher und technischer Sicht sind diese Angaben deshalb im Grunde genommen wertlos für eine Aussage über das Leistungsvermögen eines Rechners.

5.4.1.2 Maßzahlen für Operationszeiten

Bereits 1947 empfahl von Neumann anstelle des Vergleichs einzelner Operationsgeschwindigkeiten ein für den Gebrauch der Rechenanlage besser geeignetes Maß zu verwenden: die mittlere Befehlsausführungszeit T, die sich auf der Basis von Befehlsmixen berechnen lässt. Dabei wird die Ausführungszeit eines Befehls bzw.

einer Befehlsklasse mit der relativen Häufigkeit gewichtet. Nach von Neumann ergibt sich die mittlere Befehlsausführungszeit bzw. Operationszeit zu.

$$T = \sum_{i=1}^{n} T_i \cdot p_i \tag{5.21}$$

mit T als mittlerer Operationszeit, T_i als Operationszeit des i-ten Befehls und p_i als relativer Häufigkeit des i-ten Befehls im Befehlssatz. Der Vorschlag von Neumanns war noch ganz an der Arbeitsweise des Tischrechners orientiert, d.h. der Ausgangspunkt war rein arithmetisch. Man betrachtete lediglich Additions- und Multiplikationszeiten (T_A und T_M) und nahm an, dass auf eine Multiplikation zwei Additionen kommen:

$$T = \frac{2}{3} T_A + \frac{1}{3} T_M \tag{5.22}$$

Bei später definierten Mixen wurden jedoch, in zunehmendem Maße, Maschinenbefehle berücksichtigt, die bei Schleifen und Verzweigungen, sowie bei Datentransporten, verwendet werden, da neuere Untersuchungen gezeigt hatten, dass im normalen Rechenbetrieb die arithmetischen Maschinenbefehle deutlich weniger häufig vorkommen, als die organisatorischen Maschinenbefehle. Im Vergleich zur Betrachtung der reinen Operationszeiten haben Mixe den Vorteil, ein besseres Urteil über die Operationsgeschwindigkeit des Rechners zu erlauben. Dennoch bleibt eine große Anzahl von Faktoren unberücksichtigt, beispielsweise die Wortlänge, der Befehlssatz des Rechners etc. . Hauptnachteil des Verfahrens ist die Subjektivität in bezug auf das Anforderungsprofil, denn wie sollen die Gewichtungsfaktoren p_i berechnet werden, auch in bezug auf die Realisierung der Befehle, wenn die Frage zu klären ist, ob der Maschinenbefehl m_1 des Rechners r_1 die gleiche Wirkung wie der Maschinenbefehl m_2 des Rechners r_2 hat. Darüber hinaus ist der Aufwand für dieses Verfahren beträchtlich, vor allem, wenn die Gewichtungsfaktoren für das eigene Anforderungsprofil neu berechnet werden sollen, um die Aussagen nützlicher zu machen, da Befehlsmixe maschinenabhängig sind. Eine weitere Möglichkeit einen Mix zu generieren besteht darin bestimmte Grundfunktionen als Aufgaben zu definieren. Dieser Mix wird Funktionsmix genannt, wobei der bekannteste der GAMM-Mix ist, der von der Gesellschaft für Angewandte Mathematik und Mechanik entwickelt wurde. Für den GAMM-Mix werden für fünf Grundfunktionen die Ausführungszeiten gemessen:

t_1: für das Skalarprodukt zweier Vektoren mit jeweils 30 Elementen,
t_2: für die Summe zweier Vektoren mit jeweils 30 Elementen,
t_3: für das Horner-Schema für ein Polynom 10. Grades,
t_4: für das Wurzelziehen nach dem Newton-Schema,
t_5: für die Maximumbestimmung unter 100 Tabellenwerten,

womit folgt:

$$T = \frac{1}{300}(t_1 + 2 \cdot t_2 + 3 \cdot t_3 + 4 \cdot t_4 + \frac{t_5}{5}) \tag{5.23}$$

Auch der Funktionsmix erlaubt lediglich die Bewertung einzelner Prozessoren bzw. Rechenwerke. Das vollständige Systemverhalten eines Rechners ist damit nach wie vor nicht berechenbar.

5.4.1.3 Kernprogramme

Kernprogramme oder Kernel sind typische Anwendungsprogramme, für einen zu bewertenden Rechner geschrieben. Auch in diesem Fall werden keine Messungen am Rechner selbst vorgenommen, sondern die Ausführungszeit wird, anhand der Operationszeiten, für die einzelnen benötigten Maschinenbefehle berechnet, die wiederum ausschließlich durch die Angaben des Herstellers des Rechners gegeben sind. Kernprogramme enthalten dabei oft durchlaufende innere Schleifen bestimmter Programme, wie z.B. Matrizeninversion, Lösung von Gleichungssystemen etc., wobei die Gewichtung der einzelnen Segmente nach deren Auftrittshäufigkeit im Benutzerprofil festgelegt wird. Da Kernprogramme für jeden zu bewertenden Rechner mit dessen Instruktionssatz geschrieben werden, erfolgt eine umfangreiche Auswertungsphase, weshalb das Verfahren sehr aufwendig ist. Da es zudem die Betrachtung asynchroner Vorgänge zulässt, wie z.B. bei der Parallelarbeit mehrerer Kanäle, ergibt sich kein wesentlicher Vorteil gegenüber Mixen, weshalb das Verfahren nur selten für die Rechnerbewertung herangezogen wird.

Zusammenfassend kann festgehalten werden, dass die Kennzahlen, Mixe und Kernel heute keine große Bedeutung für die Leistungsbewertung von Rechnern haben, weshalb nachfolgend die aus der Entwicklung moderner Rechnerstrukturen entstandenen Kennzahlen zur Leistungsbewertung von Rechnern vorgestellt werden.

5.4.1.4 Gesetz von Amdahl

Gene Amdahl, Chefarchitekt der IBM 360 Rechnerfamilie, fand bei seinen wissenschaftlichen Arbeiten heraus, dass die aus der Verwendung einer schnelleren Komponente resultierende Gesamtleistungsverbesserung auf den Zeitanteil begrenzt ist, in dem sie genutzt werden kann. Diese als Amdahl´sches Gesetz formulierten Zusammenhänge beschreiben die zu erreichende Beschleunigung durch eine bestimmte Maßnahme. Damit erhält man als Beschleunigung B:

$$B = \frac{LTmV}{LToV} \tag{5.24}$$

mit LTmV als Leistung einer Task mit der möglichen Veränderung und LToV als Leistung einer Task ohne die Veränderung, bzw.

$$B = \frac{AToV}{ATmV} \tag{5.25}$$

mit AToV als Ausführungszeit einer Task ohne die Veränderung und ATmV als Ausführungszeit einer Task mit der möglichen Veränderung. Damit sagt die Beschleunigung aus, wie viel mal schneller eine Task (Aufgabe) auf einer veränderten Maschine abläuft, als auf der Originalmaschine. Mit Hilfe des Gesetzes von Amdahl können die für die Beschleunigung relevanten Faktoren bestimmt werden:

- der Anteil der Ausführungszeit auf der Originalmaschine, der durch Veränderung verbessert werden kann, T_{AV} verändert, welcher aber immer kleiner oder gleich 1 ist,
- die Verbesserung, die durch die veränderte Ausführung erreicht wird, d.h. wie viel mal schneller eine Task ablaufen würde, wenn nur die Veränderung genutzt würde, d.h. den Beschleunigungsgewinn T_{AB} verändert, welcher aber immer größer 1 ist.

Die Ausführungszeit der Originalmaschine mit dem veränderten Anteil T_{neu} ergibt sich damit aus der Summe der Zeiten des unveränderten Teils der Maschine T_{alt} und des veränderten Teils zu

$$T_{neu} = T_{alt}\left((1 - T_{AV}) + \frac{T_{AV}}{T_{AB}}\right) \tag{5.26}$$

Die Gesamtbeschleunigung B_{Gesamt} ergibt sich aus dem Verhältnis der Ausführungszeiten zu:

$$B_{Gesamt} = \frac{T_{alt}}{T_{neu}} = \frac{1}{(1 - T_{AV}) + \frac{T_{AV}}{T_{AB}}} \tag{5.27}$$

Beispiel 5.10
Mit $T_{AV} = 0{,}5$ und $T_{ABV} = 20$ erhält man für die Gesamtbeschleunigung B_{Gesamt}

$$B_{Gesamt} = \frac{1}{0{,}5 + \frac{0{,}5}{20}} = 1{,}904. \tag{5.28}$$

Aus dem Amdahl´schen Gesetz kann gefolgert werden, da eine Veränderung nur für einen Teil einer Task nutzbar ist, die Task nicht mehr beschleunigt werden kann als 1 minus dem Teil mit Veränderung und davon den reziproken Wert.■

Darüber hinaus liefert das Amdahl´sche Gesetz Hinweise darauf, wie eine Veränderung die Leistung verbessert und wie die Ressourcen zu verteilen sind, um das Kosten-Leistungsverhältnis zu optimieren.

Beispiel 5.11
Die Geschwindigkeit einer CPU sei um den Faktor 5 erhöht - ohne Beeinflussung der Ein- und Ausgangs Leistung -. Die CPU sei 50% der Zeit aktiv und 50% der Zeit wartet sie auf Ein- und Ausgangs-Aktivitäten. Die CPU-Kosten betragen 20% der Systemkosten. Die Gesamtbeschleunigung B_{Gesamt} beträgt dann:

$$B_{Gesamt} = \frac{1}{0{,}5 + \frac{0{,}5}{5}} = 1{,}67.$$

Der neue Rechner kostet dann das $\frac{4}{5} * 1 + \frac{1}{5} * 5 = 1{,}8$ fache der Originalmaschine. Da die Kosten stärker steigen als die Leistung, verbessert sich das Kosten-Leistungsverhältnis nicht.■

5.4.1.5 Laufzeitmessungen bestehender Programme

Im Gegensatz zu den bislang dargestellten Verfahren, bei denen die Rechner nur theoretisch über Zeitangaben und Gewichtungen erfasst werden, beruht die nachfolgend beschriebene Methode zur Rechnerbewertung auf Messungen, die im praktischen Umgang mit diesen Rechnern durchgeführt werden, d.h. der Zugriff auf die zu vergleichenden Anlagen wird als gegeben vorausgesetzt. Die daraus resultierende Methode wird Benchmark genannt.

- Ein Benchmark besteht aus einem oder mehreren Programmen im Quellcode. Diese werden für die zu vergleichenden Rechner übersetzt, danach werden die Ausführungszeiten gemessen und verglichen. Somit geht in jedem Fall nicht nur die reine Rechenleistung, sondern immer auch die Güte des verwendeten Compilers, sowie der Betriebssoftware, mit ein. Je nach Einsatzzweck des Rechners gibt es verschiedene Arten von Benchmarks.
- Benchmarks können Pakete von echten Benutzerprogrammen sein. Will man z.B. auf eine andere Rechenanlage überwechseln, so kann man eine typische Zusammensetzung von bisher eingesetzten Benutzer- und Systemprogrammen verwenden.
- Es gibt Benchmarks, auch als synthetische Benchmarks oder synthetische Programme bezeichnet, die nicht unbedingt einen Sinn ergeben, sie sollen vielmehr charakteristisch sein für Familien von Anwendungsprogrammen und deren Verhalten simulieren. Dazu können sie auch parametrisiert sein. Auch dienen synthetische Benchmarks mitunter dazu, ganz bestimmte Abläufe im Rechner zu messen, um gezielt ein bestimmtes Betriebsverhalten feststellen zu

können. Standardisierte Benchmarks, die auch synthetisch sein können, sind in der Regel in den weit verbreiteten Programmiersprachen geschrieben. Sie können daher relativ einfach auf den Systemen unterschiedlicher Hersteller installiert werden und waren lange Zeit im behördlichen Bereich bei der Anlagenauswahl zwingend vorgeschrieben, wie z.B. der SSB: Synthetischer Standard-Benchmark für Baden-Württemberg.

- Speziell die standardisierten Benchmarks sind meist stapelorientiert, d.h. die Aufträge werden als Hintergrundlast ins System eingeschleust. Die Vermessung moderner Betriebssysteme durch stapelorientierte Benchmarks ist nicht sinnvoll, weshalb dialogorientierte Benchmarks entwickelt wurden. Diese Benchmarks sind sehr komplex aufgebaut, da unter Umständen mehrere hundert Bildschirme simuliert werden müssen. Daher kann die Parametrisierung dieser synthetischen, dialogorientierten Benchmarks und das Aufbringen der Last nicht mehr manuell, sondern nur noch programmgesteuert, durch sogenannte Lastgenerierungssysteme, erfolgen.

Die wichtigsten standardisierten Benchmarks, die speziell zum Leistungsvergleich von Rechensystemen entwickelt wurden, werden im folgenden kurz vorgestellt:

- Der in den siebziger Jahren entwickelte Whetstone-Benchmark wird heute meist als FORTRAN-Version eingesetzt. Er besteht aus einem Programm welches Gleitpunktoperationen, Integer-Operationen, Array-Index-Operationen, Prozeduraufrufe, bedingte Sprünge und Aufrufe von mathematischen Standardfunktionen verwendet, die derart zusammengestellt sind, dass ein für die Zeit der Entstehung des Whetstone-Benchmarks typisches Anwenderprogramm nachgebildet wird. Die für moderne Programmiersprachen wichtigen Record- und Zeiger-Datentypen kommen, wie Unger richtig anmerkt, nicht vor.
- Der Dhrystone-Benchmark stellt ein synthetisches Benchmark-Programm dar, welches aus einer Anzahl von Anweisungen besteht, die aufgrund statistischer Analysen zur tatsächlich vorkommenden Verwendung von Sprachkonstrukten ausgewählt wurden. In Abhängigkeit der verwendeten Programmiersprache wird der Dhrystone-Benchmark leicht verändert, um den Eigenarten der Programmiersprache Rechnung zu tragen. Das ursprüngliche Quellprogramm des Dhrystone-Benchmark wurde in Ada geschrieben, am meisten benutzt wird der Dhrystone-Benchmark jedoch in der Programmiersprache C. Die ADA-Version besteht aus etwa 100 Anweisungen, die sich zu 53 % aus Zuweisungen, zu 32 % aus Steueranweisungen und zu 15 % aus Prozedur- und Funktionsaufrufen zusammensetzen.

Um die Leistungsfähigkeit der Rechner bei der Verarbeitung überwiegend numerischer Programme vergleichen zu können, werden häufig Basic Linear Algebra Subprograms (BLAS) verwendet, die den Kern des LINPACK-Softwarepakets, zur Lösung von Systemen linearer Gleichungen, darstellen. LINPACK-Programme arbeiten in einer FORTRAN-Umgebung und sind auf Großrechnern vorhanden. Sie beinhalten Programmschleifen zum Zugriff auf Vektoren und besitzen einen hohen Anteil von Gleitpunktoperationen. Umfangreiche Vergleichstests von Großrechnern und Supercomputern auf der Basis des LINPACK Softwarepakets wurden von Dongarra veröffentlicht.

Ein weiterer Benchmark ist der als DIN 19343 genormte Konstanzer Leistungstest, der nach Schall im Kern aus einer Anzahl von Funktionen besteht, wie z.B. mathematischen Grundfunktionen (u.a. Sinusberechnung und Matrix-Inversion), Bit- und Byte-Handling, Unterbrechungsbehandlung, Ein- und Ausgabeoperationen, Prozesskommunikation, Datei-Behandlungsfunktionen und Terminal-Dialog-Funktionen. Diese Funktionen liegen im Quellcode vor und werden zunächst einzeln getestet. Danach können sie zu einem Anwendungsprofiltest kombiniert werden Der DIN-Test ermöglicht eine Aussage über das Zeitverhalten von Rechenanlagen und wird in der Regel im Zusammenhang mit weiteren Eignungskriterien, wie Ausbaufähigkeit, Softwareunterstützung, Bedienungskomfort oder Diagnose eingesetzt. Um die Bewertung nicht nur auf eine einzelne ermittelte Zahl zu beschränken, wird ein ausführliches Testprotokoll durchgeführt, welches die Beschreibung und den Durchführungsplan des Gesamttests, die Beschreibung der einzelnen Funktionen, die Beschreibung der Testumgebung, d.h. die ausgewählte Konfiguration, die Beschreibung anlagenspezifischer Vorbereitungsmaßnahmen und die Testdurchführung, sowie die Testergebnisse, einschließlich aller vom Rechner ausgegebenen Testdokumente, umfasst .

Inwieweit die beschriebenen Benchmarks für den Anwender aussagekräftig sind oder nicht, hängt vom Anwendungsprofil und den speziellen verwendeten Programmen ab. Die Leistung eines Rechners ist, wie aus dem Amdal´schen Gesetz ersichtlich (s. Abschn. 5.4.1.4), nicht nur durch die Verarbeitungsgeschwindigkeit bestimmt, sondern auch aus der Ausgewogenheit der Componentware (Rechnerkomponenten).

5.4.1.6 Messungen während des Betriebs der Anlagen

Während bei den im Abschn. 5.4.1.5 genannten Verfahren in der Regel gesonderte Testläufe zur Rechnerbewertung durchgeführt werden, die nicht dem eigentlichen Nutzerbetrieb dienen, ist bei dem nachfolgend beschriebenen Monitoring der normale Betrieb der Rechenanlagen die Voraussetzung für zuverlässige Ergebnisse.

- Monitore sind Aufzeichnungselemente, die zum Zweck der Rechnerbewertung die Verkehrsverhältnisse im Rechner während des normalen Betriebs beobachten und untersuchen. So können beispielsweise die Inhalte von Registern, Flags, Puffern oder Belegungen von Datenwegen aufgezeichnet werden. Man unterscheidet Hardware-Monitore und Software-Monitore. Während erstere als unabhängige Geräte physikalisch an den zu untersuchenden Stellen angeschlossen werden und diese quasi unverändert belassen, werden

Software-Monitore durch den Einbau in das Betriebssystem der Rechenanlage realisiert. Je nach Umfang der zu erfassenden Daten stellen die Software-Monitore eine Beeinträchtigung der normalen Betriebsverhältnisse dar, was zu einer Verfälschung der Ergebnisse führen kann, da der Monitor auch seine eigene Systembelastung misst. Zudem ist mit der Veränderung des Betriebssystems in der Regel auch ein hoher Arbeitsaufwand verbunden, wenn der Monitor nicht schon Teil des Betriebssystems ist.

- Man unterscheidet bei den Monitoren ferner eine Reihe unterschiedlicher Aufzeichnungs- und Verarbeitungstechniken: Die Messungen können kontinuierlich oder sporadisch sein: im ersten Falle werden für einen gewissen Zeitraum sämtliche anfallenden Daten aufgezeichnet, bei sporadischer Messung werden nur die in gewissen Abständen zufällig anliegenden Werte vermerkt. Bei der Gesamtdatenaufzeichnung, dem sogenannten tracing, werden alle Daten einzeln aufgezeichnet, bei der Übersichtsdaten-Messung werden nur globale Werte vermerkt. Die Auswertung der Daten geschieht entweder sofort, sogenanntes Realzeitverfahren, oder in einem unabhängigen Auswertungslauf, sogenanntes post processing und dient entweder zur Information des Benutzers oder zur Information des Systems.
- Monitore sind ein zuverlässiges Mittel zur Beobachtung der Verkehrsverhältnisse in einem Rechner. Sie werden daher häufig für die Bestimmung einer neuen Konfiguration für eine bestehende Anlage herangezogen, falls diese Leistungsengpässe aufweist.

5.4.1.7 Modelltheoretische Verfahren

In die Kategorie der modelltheoretischen Verfahren fallen Methoden der Rechnerbewertung, bei denen unabhängig von der Existenz des Rechners, aufgrund von Annahmen über dessen Struktur und Betrieb, sowie über die Prozesse, Modelle gewonnen werden, durch deren Untersuchung man sich Aussagen über die Leistung des Rechners erhofft. Diese Modelle stellen die für die spezielle Analyse relevanten Merkmale des Systems dar, wie z. B. wichtige Systemkomponenten und Beziehungen, sowie den Datenverkehr zwischen diesen Komponenten. Komplexe Systeme werden dabei so weit abstrahiert, dass die interessierenden Größen noch erfassbar sind. Häufig werden Warteschlangenmodelle für die Leistungsanalyse von Rechensystemen angewandt. Für andere Zwecke werden entsprechend andere Modellkonzepte eingesetzt, wie z. B. Petri-Netze für theoretische Untersuchungen, Diagnosegraphen für Zuverlässigkeitsuntersuchungen oder Netzwerkflussmodelle für Kapazitätsüberlegungen. Ziel der modelltheoretischen Verfahren ist es Beziehungen zwischen Systemparametern aufzudecken und Leistungsgrößen, wie Auslastung von Prozessoren und Kanälen, mittlere Antwortzeiten, Warteschlangenlänge etc., zu ermitteln. Die so gewonnenen Modelle können auf unterschiedlichem Wege untersucht werden, mit analytischen Methoden, oder mit der Methodik der Simulation.

Die analytischen Methoden versuchen auf mathematischem Wege, Beziehungen zwischen relevanten Leistungskenngrößen und fundamentalen Systemparametern herzuleiten, da vielfach

- mit minimalem Aufwand durchführbar,
- für kompliziertere Fälle Algorithmen existieren, die leicht programmierbar sind oder sogar fertige Programmpakete,
- die Beziehungen zwischen Modellparametern und Leistungsgrößen leicht interpretierbar sind.

Die analytischen Modelle können deterministisch, stochastisch oder operationell sein. Bei deterministischen Warteschlangenmodellen verwendet man Systemparameter wie Rechenzeit, Gerätebedienzeit oder Ankunftszeit eines Jobs, d.h. deterministische Werte und erhält entsprechende deterministische Ergebnisse für die Leistungsgrößen. Bei den stochastischen Warteschlangenmodellen sind die Systemparameter statistisch verteilt, mit vorgegebenen Mittelwerten und Verteilungsfunktionen, so dass man entsprechende statistisch verteilte Leistungsgrößen erhält.

Bei den operationellen Warteschlangenmodellen werden als Systemparameter nicht Mittelwerte oder Verteilungen verwendet, sondern gemessene Werte, die sich aus der Beobachtung des Systems in einem festen Zeitintervall ergeben. Die Beschränkung auf ein festes Beobachtungsintervall führt zwar zu einfacheren Gleichungen für die Bestimmung von Leistungsgrößen, trotzdem aber zu relativ guten Aussagen über das Leistungsverhalten des Systems, bei geeignet gewähltem Zeitintervall.

Bei der Simulation werden die Vorgänge in Rechnern mit speziellen Programmen nachgebildet. Die Simulationsprogramme werden in üblichen Programmiersprachen formuliert. Weil das Verhalten eines Simulationsmodells in bezug auf die relevanten Parameter dem Verhalten des realen Systems weitgehend entspricht, können daraus alle zur Leistungsbewertung interessierenden Größen ermittelt werden. Die simulationstechnische Untersuchung eines Systems wird dabei in folgende Phasen eingeteilt:

1. Formulierung und Spezifikation des Simulationsmodells,
2. Vorbereitung des Simulationsablaufs,
3. Durchführung der Simulation,
4. Analyse und Überprüfung der Simulationsergebnisse.

Eine Simulation kann deterministisch, stochastisch oder aufzeichnungsgesteuert durchgeführt werden. Bei der deterministischen Simulation sind alle im Modell beteiligten Größen exakt definiert, oder aufgrund mathematischer Zusammenhänge berechenbar. Bei der stochastischen Simulation werden im Modell auch zufallsabhängige Größen berücksichtigt. Zur Erzeugung der Zufallsgrößen setzt man häufig Zufallsgeneratoren ein. Bei der aufzeichungsgesteuerten Simulation dagegen arbeitet man mit gemessenen Werten, die sich aus der Beobachtung des Systems in einem geeigneten festen Zeitintervall ergeben, also mit realen Betriebsdaten. Im Vergleich zur analytischen Vorgehensweise können bei der Simulation realistischere Annahmen über das System gemacht werden. So können verschiedene Systemgrößen berücksichtigt und damit auch Anwendungsbereiche abgedeckt werden, die für die analytischen Methoden nicht zugänglich sind. Allerdings gilt, das die

- Vorbereitung und Ausführung der Simulationsmodelle zeitaufwendig und kostenintensiv ist,
- Planung der Experimente sehr sorgfältig durchgeführt werden muss,
- Auswertung und Interpretation der Ergebnisse nicht einfach ist.

Analytische Methoden und Simulationen haben somit spezifische Einsatzgebiete und können sich gegenseitig gut ergänzen.

5.5 Non von Neumann Architekturen

5.5.1 RISC-Architektur

Nachdem immer umfangreichere Befehlssätze für die von Neumann-Maschine realisiert wurden, zu Lasten der Ausführungszeiten der einzelnen Maschinenbefehle, führte dies zu einer deutlichen Verlängerung bei deren Abarbeitung. Diese Form der Rechnerarchitektur ist als CISC Architektur (CISC: = Complex Instruction Set Computer) bekannt geworden. Die bei der CISC Architektur vorhandenen umfangreichen Befehlssätze wurden allerdings von den Codegeneratoren der Compiler nur noch zu einem geringen Anteil genutzt. Hinzu kam ein deutlicher Anstieg von Hochsprachen bei der Programmerstellung. Da Hochsprachen in der Regel unabhängig von der Architektur ausgeführt sind, nutzen die Compiler nur noch allgemeine Maschinenbefehle wie beispielsweise Move, Jump, Branch, etc. Dies hat bei der CISC Architektur zur sogenannten 90:10 Regel geführt hat, wonach 90% der ausgeführten Befehle aus nur 10% des Befehlsvorrates einer CISC Architektur bestehen. Um eine verbesserte Synergie zwischen Rechnerarchitektur und Compiler zu erreichen, war der erforderliche Weg vorgezeichnet, der Befehlssatz war zu reduzieren und die Bearbeitung der Maschinenbefehle in die Hardware zu verlegen, was letztendlich der RISC Architektur (RISC: = Reduced Instruction Set Computer) entspricht. Aus diesem Grund verfügen RISC Rechner nur über wenige, dafür aber elementare und effektivere Maschinenbefehle, die von den Codegeneratoren der Compiler höherer Programmiersprachen auch genutzt werden, sowie einfache Adressierungsarten und Datentypen. Insgesamt verfügte der erste realisierte RISC Prozessor, der RISC-I, über 31 verschiedene elementare Instruktionen. Davon repräsentieren 12 Instruktionen die arithmetischen und logischen Befehle, wobei es weder eine Multiplikation noch eine Division und auch keine Gleitkomma-Operation gab. Der RISC-I Prozessor verfügte darüber hinaus über 8

Load-Store-Befehle, welche die Nutzung der Allzweckregister als Adressregister ermöglichten. Insgesamt 11 Steuerbefehle ermöglichen bedingte Sprünge, den Aufruf von Prozeduren und den Rücksprung aus Prozeduren, die Behandlung von Unterbrechungen, das Laden von Direktoperanden, die Behandlung des Statuswortes sowie die Bearbeitung von Pipelinehemmnissen durch einen Spezialbefehl. Insgesamt kann der Instruktionssatz des RISC-I Prozessors als Load-Store-Architektur beschrieben werden, d.h. die einzigen Befehle, die auf den Speicher zugreifen können, sind die Befehle Load und Store. Alle anderen Befehle arbeiten auf Operanden, die aus Registern stammen, oder aber auf Direktoperanden aus dem Instruktionsregister, womit ein einfaches Ausführungsmodell für die operierenden Befehle gegeben ist, das Register-Register Modell. Damit verringert sich der Steuerungsaufwand im Leitwerk für die Operandenholphase und Speicherphase der Instruktion gegenüber Architekturen, die Speicheroperanden zulassen. Die Operanden werden bei der RISC-Architektur lediglich aus lokalen Registern auf die ALU geschaltet, womit die Adressrechnung entfällt. Darüber hinaus unterstützt das einheitliche Zeitverhalten aller Operandenholphasen den Steuerungsaufwand des Leitwerks und ermöglicht demzufolge eine einfachere Struktur des Leitwerks, da auch beim Pipelining des Maschinenbefehlstaktes keine komplexen Zeitbedingungen berücksichtigt werden müssen. Damit trägt die Load-Store-Architektur gleichermaßen zu hoher Ausführungsgeschwindigkeit bei.

Die RISCArchitektur repräsentiert damit eine Rechnerstruktur, in der die Zugriffszeiten zum Hauptspeicher, insbesondere bei Berücksichtigung von Caches, im Verhältnis 1:1 zur gesamten Befehlsausführungszeit liegen. Hierzu werden Prozessoren mit einem Befehlscache (wie beim MC68020), bzw. einem Befehlscache und einem Datencache, wie bei den modernen Prozessoren, ausgestattet. Diese Maßnahme allein reicht jedoch noch nicht aus, um die Leistung heutiger Prozessoren zu erklären. So begründen die heutigen RISC Architekturen ihre hohe Leistung aus der Kombination verschiedener Maßnahmen.

Die Forderung Operationen nur in Registern auszuführen führte zur klassischen Load-Store-Architektur des RISC Prozessors. Durch Bereitstellung hinreichend vieler Register im Rechenwerk arbeiten die Maschinenbefehle prinzipiell nur auf den prozessorlokalen und damit schnell zugreifbaren Registern, während der Transfer zwischen Registern und Speicherstellen durch spezielle Load-Store Befehle ausgeführt wird. Durch diese Maßnahme wird insbesondere die Vereinheitlichung und Vereinfachung des Zeitverhaltens der Operandenholphasen unterstützt und damit das Phasen-Pipelining.

Nach der von Joy angegebenen Formel für die MIPS-Leistung eines skalaren Prozessors gilt:

$$MIPS = \frac{f \cdot NP}{A_\mu + A_m} \tag{5.29}$$

mit f = Taktfrequenz des Prozessors in MHz, NP = Anzahl der voneinander unabhängigen Datenprozessoren im Prozessor, A_μ = mittlere Zahl der Mikroinstruktionen pro Maschinenbefehl und A_m = Speicherzugriffsfaktor, d.h. Anzahl der Taktzyklen für einen Speicherzugriff.

Erreichen A_μ und A_m nahezu die theoretischen Grenzwerte $A_\mu=1$ und $A_m=1$, kann in jedem Takt ein vollständiger Maschinenbefehl ausgeführt werden, d.h. der Speicherzyklus beträgt nur einen Taktzyklus, unter der Voraussetzung das nur auf die internen Register des Prozessors zugegriffen wird. Die erforderlichen Speicherzugriffe werden durch Cache-Speicher (s. Abschn. 3.4.3.1) beschleunigt, was auf einen Speicherzugriffsfaktor nahe 1 führt. Mit der Annahme $A_\mu=1$ und $A_m=1$ können Befehlsausführung und Speicherzugriff zeitlich überlappt werden, was zu einer weiteren Leistungssteigerung führt gemäß nachfolgender Beziehung

$$MIPS = \frac{f \cdot NP}{\max(A_\mu \cdot A_m)} \tag{5.30}$$

Die Forderung, dass mit jedem Takt eine vollständige Maschinenoperation ablaufen soll, bedeutet:

- vom Prinzip der Mikroprogrammierung (s. Abschn. 4.5) abzugehen
- die sequentielle 5 Phasen Befehlsausführung (s. Abschn. 4.2) durch eine Befehlsausführungs-Pipeline zu ersetzen.

Während CISC Prozessoren auf einer 5 Phasen Befehlsausführung basieren,

- Fetch, bzw. Holen des Befehls,
- Decode, bzw. Entschlüsseln des Befehls,
- Load, bzw. laden der notwendigen Operanden,
- Execute, bzw. Ausführen der Operation,
- Store bzw. Write Back, Speichern des Ergebnisses

wird diese Anzahl, durch die Load-Store-Architektur und das horizontale Maschinenbefehlsformat mit im Maschinenbefehl vorhandenen Operanden sowie einer reduzierten Adressierungsvielfalt, beim RISC Prozessor auf 4 Phasen begrenzt:

- Fetch, bzw. Holen des Befehls aus den Code-Speicher,
- Decode, bzw. Entschlüsseln des Befehls einschließlich erforderlicher Adressberechnungen und Operandenzugriffe,
- Execute, bzw. Ausführen der Operation,
- Write Back, Speichern des Ergebnisses im Datenbereich.

Da jede dieser Phasen in einem Takt ausführbar ist benötigt die CPU für jeden Befehl 4 Takte. Durch eine sequentielle Instruktions-Pipeline kann die Taktzahl minimiert werden, so dass für jede Teilinstruktion weiterhin ein Takt benötigt wird, die Gesamtoperation einer sequentiellen Folge von Instruktionen aber nur einen Takt benötigt. Dies wird, wie aus Abb. 5.14 ersichtlich, dadurch ermöglicht, dass die Phasen des Maschinenbefehlszyklus in unabhängigen Teilwerken ausgeführt werden, die sich ihre Teilergebnisse, über Register synchronisiert, weiterreichen. Bei einer n-stufigen sequentiellen Instruktions-Pipeline beträgt die Ausführungsdauer des einzelnen Befehls n Takte, allerdings wird zu jedem Takt ein Befehl fertig, womit die Forderung nach Eintaktmaschinenbefehlen erreicht ist.

Fetch	F	D	E	W	F	D	E	W
Decode	X	F	D	E	W	F	D	E
Execute	X	X	F	D	E	W	F	D
Write Back	X	X	X	F	D	E	W	F

Abb. 5.14. Sequentielle Instruktions-Pipeline (F = Fetch, D = Decode, E = Execute, W = Write Back)

Gemäss der Einteilung im Erlanger Klassifikationsschema (s. Abschn. 5.2.2) erhält man, für die in Abb. 5.14 dargestellte sequentielle Instruktions-Pipeline, für w′ den Wert 4. Im Vergleich dazu weist die sequentielle von Neumann-Architektur für w′ den Wert 5 aus. Wählt man demgegenüber eine CISC CPU mit ihren unterschiedlichen Zyklenzahlen pro Maschinenbefehl, müsste der Wert für w′ zwischen 3 und 6 liegen, um bei gleicher Zykluszeit den Geschwindigkeitsgewinn zu dokumentieren. Bei genauerer Betrachtung der RISC Architektur fällt auf, das es Ausnahmen bei der Bearbeitung der einzelnen Instruktionen in einem Takt gibt. Zu diesen gehören Befehle, deren Zeitverhalten nicht dem oben dargestellten Schema entsprechen, wie beispielsweise Branch und Jump, sowie jegliche Formen von Interrupts, da hier, bis zur Decodierung oder, beim asynchronen Auftreten des Interrupt, der nächste Befehl nicht bekannt ist. In der in Abb. 5.14 angegebenen sequentiellen Instruktions-Pipeline werde beispielsweise ein Sprungbefehl bearbeitet, was auf die in Abb. 5.15. dargestellte taktabhängige Pipeline führt:

Instruktion Nr.								
i	F	D	E	W				
i+1	X	F	D	E	W			
i+2	X	X	F	D	E	W		
Leertakt	X	X	X	N	N	N	N	
Leertakt	X	X	X	X	N	N	N	N
i+3	X	X	X	X	X	D	E	W

Abb. 5.15. Sequentielle Instruktions-Pipeline (F = Fetch, D = Decode, E = Execute, W = Write Back, N =NOP)

Wie aus Abb. 5.15 ersichtlich erfolgt die Berechnung der Sprungbedingung bei Sprungbefehlen während der Ausführungszeit, wodurch die kontinuierliche Abfolge von Instruktionsausführungen in der Pipeline unterbrochen wird, da die Startbedingung, die zu Beginn der Fetch-Phase (F) bekannt sein müsste um in der

Pipeline die nächste Instruktion holen zu können, erst am Ende der Execute-Phase (E) bekannt ist. Obgleich das Ziel des Sprungbefehls bereits nach zwei Takten bekannt ist, d.h. nach der Befehlsinterpretation in der Decode-Phase (D), kann der Prozessor erst am Ende der Execute-Phase (E) entscheiden ob der Sprung auszuführen ist, d.h. er benötigt 3 Takte. Schreibt man nunmehr, d.h. in der Write-Phase (W), die Ergebnisse der Execute-Phase in das Register zurück und prüft erst danach die Sprungbedingung, verliert man einen weiteren Takt. Die daraus resultierenden Wartezeiten werden als Leertakte, sogenannte NOPs (N), in die Pipeline eingefügt. Zu den bislang genannten Abhängigkeiten kommen Abhängigkeiten der Teilphasen hinzu, welche die Parallelisierung unmöglich machen. Sie repräsentieren die sogenannten Pipelinehemmnisse, infolge

- Datenabhängigkeit, d.h. einen Befehl i+1 benutzt das Ergebnis aus Befehl i,
- Steuerflussabhängigkeit, d.h. die sequentielle Befehlsfolge wird durch eine Sprunganweisung beendet.

Für die Bearbeitung der Pipelinehemmnisse gilt, dass die Pipeleine angehalten, bzw. durch Leertakte eine unerwünschte Ausführung von Phasen verhindert werden muss, was im Mittel die Anzahl benötigter Takte pro Maschinenbefehl erhöht. Zur Abhilfe sehen RISC Architekturen für jedes Pipelinehemmnis Hardwarelösungen bzw. Softwarelösungen durch optimierende Compiler vor, welche die Anzahl der Leertakte minimieren, oder wenn möglich vollständig beseitigen. So wird z.B. ein Pipelinehemmnis, welches durch Datenabhängigkeit verursacht wurde, vom Compiler durch Datenflussanalyse erkannt.

Beispiel 5.12.
Aus den Instruktionen für die Addition und Subtraktion der Registerinhalte

```
ADD R1,R2,R3
SUB  R3,R4,R5
```

wird nach Datenflussanalyse durch den Compiler

```
ADD R1,R2,R3
NOOP
.... Anzahl je nach Pipelineorganisation
NOOP
SUB  R3,R4,R5
```
■

Beispiel 5.13.
Verspätet bereitgestellte Speicheroperanden in den Registern machen den Einsatz von Leerzyklen zur weiteren Abarbeitung der Sequenz erforderlich. Der zunächst generierte Code beschreibt die Sequenz

```
SUB R4,R5,R6
LD   Adr, R1
NOOP
```

```
NOOP
ADD R1,R2,R3
ADD R7,R8,R9
```

Ein optimierender Compiler würde daraus eine Sequenz ohne Leerzyklen erzeugen, z.B. durch verschieben der Ladeoperation,

```
LD  Adr, R1
SUB R4,R5,R6
ADD R7,R8,R9
ADD R1,R2,R3 ■
```

Die Behandlung von Pipelinehemmnissen durch optimierende Compiler erfordert bei RISC Architekturen deren Behandlung im Kontext digitaler Hardware und Software Systeme. Danach repräsentieren die hardwareseitigen Lösungen das Pipelining der Instruktionen und die softwareseitigen Lösungen die Generierung von NOPs mit anschließender Optimierung im Sinne einer Minimierung derselben. Dies betrifft vor allem die Steuerflussabhängigkeiten, da ca. 30% aller Maschinenbefehle Sprungbefehle darstellen. Nur so kann das primäre Ziel der RISC-Architektur, das der Eintaktmaschinenbefehle, im Durchschnitt erreicht werden. Wie Untersuchungen zur verspäteten Bereitstellung von Speicheroperanden in Registern gezeigt haben können diese durch Optimierung weitestgehend behoben werden (90% aller Fälle).

5.5.2 Harvard Architektur

Bei datenintensiven Berechnungen, wie sie beispielsweise bei der Fourier Transformation (s. Abschn. 1.1), sowie bei digitalen Filterberechnungen auftreten, sind einzelne Eigenschaften der in Abschn. 5.5.1 behandelten RISC Architektur nicht zweckmäßig. So führt insbesondere das Strukturkonzept der Load-Store-Architektur zu aufwendigen Adressierungsformen, da bei dieser Signalverarbeitungsform sehr viele Daten verarbeitet werden müssen, was gegenüber anderen Programmen zu einem stark erhöhten Datentransfer führt. Programme in diesem Bereich basieren auf Maschinenbefehlen der Form

<BEFEHL> QUELLE_1, QUELLE_2, ZIEL, ADR_REG_1, ADR_REG_2>

Bei diesen Konstrukten werden zwei Datenquellen, ein Datenziel und neue Setups für Adressierungsregister zur Verfügung gestellt. Bei der Bearbeitung werden zusätzliche Phasen eingebettet, weshalb das vier Phasen Konzept der RISC Architektur nicht mehr zweckdienlich ist. In diesem Zusammenhang wurden bereits 1971 in den Lincoln Laboratories der FDP, der Fast Digital Processor, entwickelt, eine Architektur, welche eine Multiplikation in 600 ns durchführen konnte. Die Multiplikation gehört neben der Addition zu den häufigen Berechnungsmodi digitaler Signalprozessoren. Sein Nachfolger, der Lincoln LSP/2, wurde ähnlich der

Harvard-Architektur Mark 1 entworfen, die bereits viermal schneller als der FDP war. Anfang der 80er Jahre wurden die ersten single chip DSP vorgestellt (DSP = Digitaler Signalprozessor). Die ersten DSP basierten auf der sog. Harvard Architektur, um den Programmspeicher vom Datenspeicher zu entkoppeln, was deutlich aus Abb. 5.16 hervorgeht, die den prinzipiellen Aufbau der Harvard-Architektur zeigt. Damit konnte gleichzeitig sowohl auf einen Maschinenbefehl als auch auf ein Datenwort zugegriffen werden.

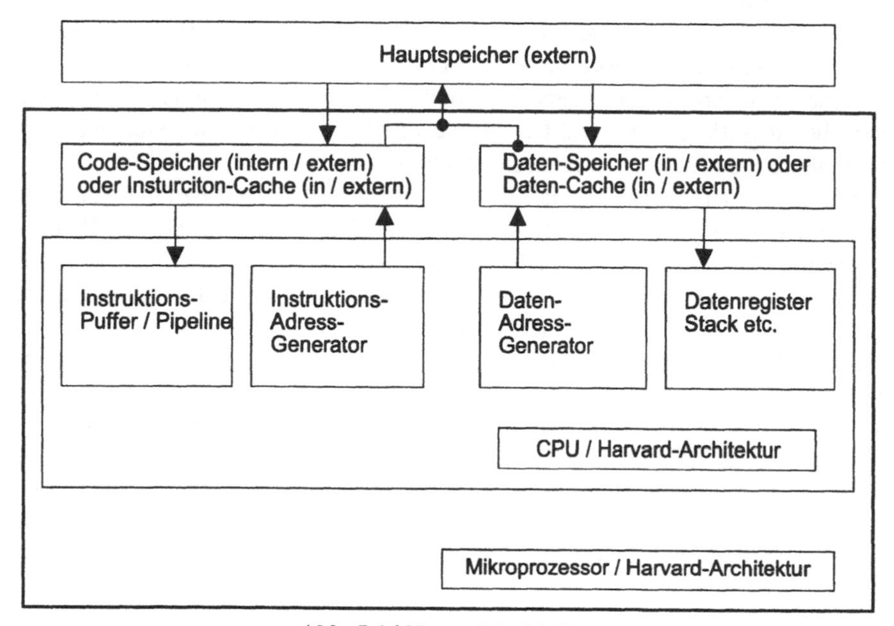

Abb. 5.16 Harvard Architektur

Die realisierten Ausführungen unterschieden sich dann in der Praxis voneinander. So wurden beispielsweise die Adress- und Datenbusse für Instruktionen und Daten selten getrennt nach außen an den Hauptspeicher geführt, da dies zu einer überdurchschnittlichen Anzahl an externen Anschlüssen führt, was den Baustein entsprechend groß und auch teuer machen würde. Somit wurde in der Regel auf dem Mikroprozessorchip ein Teil des Hauptspeichers implementiert. Dieser Speicher wird allerdings nicht als Cache realisiert, sondern vielmehr als Hauptspeicherteil mit Zugriff ohne Waitstates. Darüber hinaus findet man Lösungen bei denen der Datenbereich in zwei Teile aufgeteilt wurde, um auf beide Datenquellen innerhalb eines Maschinenbefehls gleichzeitig zugreifen zu können.

Eine erweiterte Harvard Architektur findet man beim Motorola DSP 56000, einem 24-Bit-DSP, der über einem Programmbus und zwei Datenbusse verfügt. Intern werden bei diesem DSP drei parallele ALUs mit einer Pipeline kombiniert, die parallel zueinander arbeiten, mit denen die erforderliche Rechenleistung erzeugt wird, um gleichzeitig zwei Adressberechnungen und eine Multiplikations-Summations-Funktion, in 754 ns, ausführen zu können. Die Datenoperationen werden mit 24-Bit-Werten durchgeführt, woraus eine Dynamik von 144 dB resultiert, was für die meisten DSP Anwendungen mehr als ausreichend ist. Die Dualität der Architektur erleichtert darüber hinaus die Softwarentwicklung für DSP Anwendungen. So lassen sich beispielsweise durch Aufteilung des Speicherraums, in einen Koeffizienten- und einen Datenbereich, komplexe Algorithmen verwirklichen, oder X- und Y-Bereiche für Korrelationssummen konfigurieren, sowie reale und imaginäre Bereiche für die Durchführung einer komplexen schnellen Fourier-Transformation definieren.

Demgegenüber zeichnet sich beispielsweise der DSP TMS32010 von Texas Instruments dadurch aus, dass er neben der DSP Funktionalität auch die Funktionalität eines Standardmikrorechners implementiert hat. Wegen seiner Schnittstelle zwischen dem Programm- und Datenspeicher (data-program crossover) wird dieser DSP als modifizierte Harvard Architektur bezeichnet.

Bei der Weiterentwicklung des DSP 56001 zur DSP 56002 Familie wurde u.a. das Fehlen eines Increment und Decrement Befehls berücksichtigt. Das Problem der Multiplikation mit doppelter Genauigkeit wurde gelöst, allerdings fehlt hier die vorzeichenlose Multiplikation. Auch wurden dem Umstand Rechnung getragen, dass nach einem Neubeschreiben eines Adressregisters dieses erst im übernächsten Befehl eingesetzt werden konnte. Das Problem der Multiplikation mit doppelter Genauigkeit wurde dabei durch einen Double Precision Mode gelöst. Hierzu konfiguriert der Anwender den Prozessor vermittels Bit 14 im Statusregister entsprechend. Die dafür notwendige Programmsequenz und die Zuordnung der einzelnen Register zur Multiplikation zweier 48 Bit breiter Eingangsdaten in ein 96 Bit breites Ergebnis zeigt Abb. 5.17. Auf diese Weise ist es möglich in nur sechs Instruktionszyklen das gewünschte Ergebnis zu erreichen.

```
ori     #$40,mr                                       ;enter mode
move    x:(r1)+,x0     y:(r5)+,y0                     ;load operands
mpy     y0,x0,a        x(r1)+,x1      y:(5)+,y1       ;LSP*LSP→a
mac     x1,y0,a        a0,y:(r0)      ;shifted(a)+MSP*LSP→a
mac     x0,y1,a                       ;a+LSP*MSP→a
mac     x0,x1,a        a0,x(r0)+      ;shifted(a)+MSP*MSP→a
move    a,I:(r0)+
andi    #$BF,mr                       ;exit mode
```

Abb. 5.17. Algorithmus zur Multiplikation mit doppelter Genauigkeit

5.5.3 Superskalare Architektur

Das primäre Ziel der RISC Architektur war die Schaffung einer Rechnerstruktur, die pro Takt einen Befehl abarbeiten kann. Geht man diesen Weg konsequent weiter, indem die Grenze von einem Befehl pro Takt überschritten wird, gelangt man zu den superskalaren Architekturen. Eine superskalare Architektur liegt demzufolge immer dann vor, wenn sie, unter bestimmten Voraussetzungen, mehr als einen Befehl pro Takt verarbeiten kann und damit das skalare Maß, 1 Befehl pro Takt, überschreitet. Vor diesem Hintergrund resultiert die Leistung superskalarer Rechnerstrukturen aus der Parallelarbeit mehrerer Funktionseinheiten, wobei jede der Funktionseinheiten einen Maschinenbefehl ausführen kann. Eine einfache Kombination aus CPU und FPU (Floating Point Unit), erfüllt bereits alle Voraussetzungen, superskalar genannt zu werden, da beide Prozessorarten die Programmparallelität auf der Anweisungsebene nutzen. In der Regel sind die Funktionseinheiten superskalarer Rechnerstrukturen Datenprozessoren, die auf ein gemeinsames Registerfile (s. Abschn. 3.4.3.4) arbeiten und für bestimmte Aufgaben spezialisiert sind. Die Datenprozessoren superskalarer Rechnerstrukturen verfügen in der Regel über ein eigenes Steuerwerk. Beispielhaft werden nachfolgend die Funktionseinheiten des superskalaren Prozessors i860 angegeben:

- RISC Kernelement,
- Gleitkommaeinheit (FPU = Floating Point Unit),
- Gleikommaaddierer (FPA Floating Point Adder),
- Gleitkommamultiplizierer (FPM = Floating Point Multiplier),
- Graphikeinheit (3DU 3D Graphic Unit),
- Speicherverwaltung (MMU = Memory Management Unit),
- Bus und Cache Steuerung (BCC = Bus and Cache Control),
- Code Cache (CC),
- Daten Cache (DC),

wobei das RISC Kernelement, die FPU, die FPA und der FPM unabhängig voneinander und damit parallel einsetzbar sind. Das RISC Kernelement steuert dabei den i860, dessen Struktur in Abb. 5.18 dargestellt ist. Neben der Ausführung gewöhnlicher Integer- und Steuerflussbefehle ließt das RISC Kernelement auch Gleitkommabefehle ein und verteilt sie an die Gleitkommaeinheit, sowie an die Gleitkomma Pipelines.

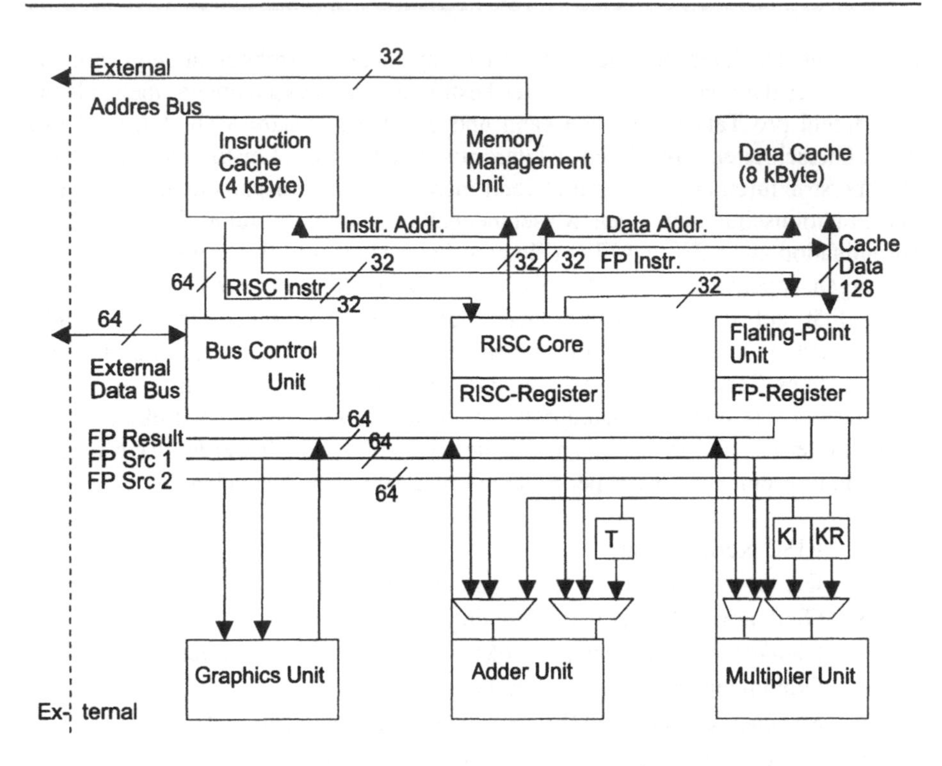

Abb. 5.18 Aufbau des superskalaren Prozessors i860 auf der Hauptblockebene

Die Befehlsinterpretation erfolgt bei superskalareren Rechnerstrukturen durch einen Befehlsprozessor (Instruktionsprozessor), der auch das Scheduling der zu bearbeitenden Tasks, sowie die Lastverteilung, vornimmt. Zur Unterstützung steht dem Befehlsprozessor eine spezielle Hardware zur Verfügung, das Scoreboard, welches die Synchronisation der Operationen übernimmt. Bei Befehlsentschlüsselung werden die Bit aller Zielregister auf logisch 1 zurückgesetzt. Für jedes Resultat wird das Bit des zugehörigen Registers auf logisch 0 zurückgesetzt. Ein neuer Befehl wird nur dann ausgegeben, wenn alle Bit logisch 0 sind, sog. Scoreboarding.

5.5.4 Multiprozessor-Systeme

Multiprozessor-Systeme repräsentieren Prozessorelemente die, in Abhängigkeit ihrer Kopplung, durch ein Verbindungsnetzwerk, eine entsprechende Rechenleistung erbringen. Multiprozessor-Systeme können als speichergekoppelte Systeme oder als lose gekoppelte Systeme realisiert sein. In beiden Fällen stehen statische und dynamische Verbindungsnetzwerke zur Verfügung. Statische Verbindungsnetzwerke repräsentieren eindimensionale, zweidimensionale, dreidimensionale oder höherdimensionale Verbindungen. Dynamische Verbindungsnetzwerke werden durch Bus-Systeme, Kreuzschienenverteiler und Schalternetzwerke gebildet.

Die Bus-Systeme der dynamischen Verbindungsnetzwerke können als Einfachbus, Mehrfachbus oder hierarchischer Bus realisiert sein.

Multiprozessor-Systeme mit einem Einfachbus sind typischerweise auf eine Anzahl von bis zu 30 Prozessorelementen beschränkt. Die Beschränkung ist sinnvoll vor dem Hintergrund, das die Kommunikationsleistung auf einem Bus mit der Anzahl der zu übertragenden Nachrichten drastisch abnimmt. Darüber hinaus stellt der verwendete Bus in der Regel nur eine begrenzte Anzahl von Einschubplätzen zur Verfügung. Das in der Praxis gebräuchliche Einfachbus-System für speichergekoppelte Multiprozessor-Systeme ist der VME-Bus. In Abb. 5.19 ist der Einfachbus schematisch in der Anwendung bei einem speichergekoppelten a) und einem lose gekoppelten b) Multiprozessor-System dargestellt.

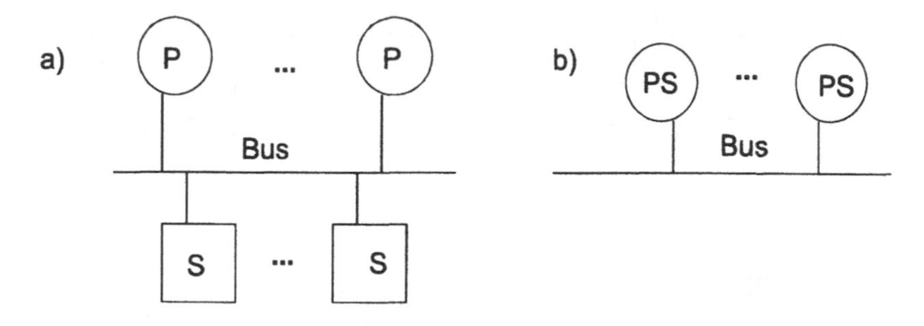

Abb. 5.19. Schematische Darstellung eines Multiprozessor-Systems mit Einfachbus a) speichergekoppelt, b) lose gekoppelt (P = Prozessor, S = Speicher, PS = Prozessor mit lokalen Speicher)

Bei Multiprozessor-Systemen mit Mehrfachbus verbinden mehrere Busse jeden Prozessor mit jedem Speicher, wie in Abb. 5.20 dargestellt. Das Verbindungsnetzwerk eignet sich besonders für den Einsatz in fehlertoleranten Systemen

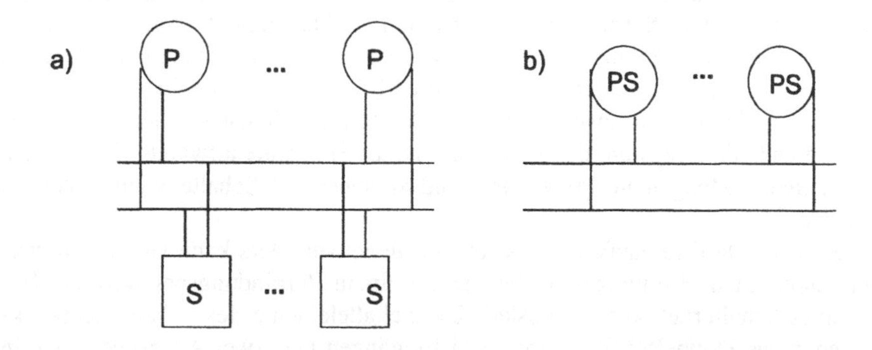

Abb. 5.20. Schematische Darstellung eines Multiprozessor-Systems mit Mehrfachbus a) Speichergekoppelt, b) lose gekoppelt (P = Prozessor, S = Speicher, PS = Prozessor mit lokalem Speicher)

Multiprozessor-Systeme mit einem hierarchischen Bus verbinden Prozessoren und Speicher durch Busse auf unterschiedlichen Ebenen, wie in Abb. 5.21 dargestellt. Dieses ursprünglich an der Carnegie-Mellon-Universität entwickelte Verbindungsnetzwerk wurde auch im deutschen Parallelrechner-Projekt SUPRENUM eingesetzt.

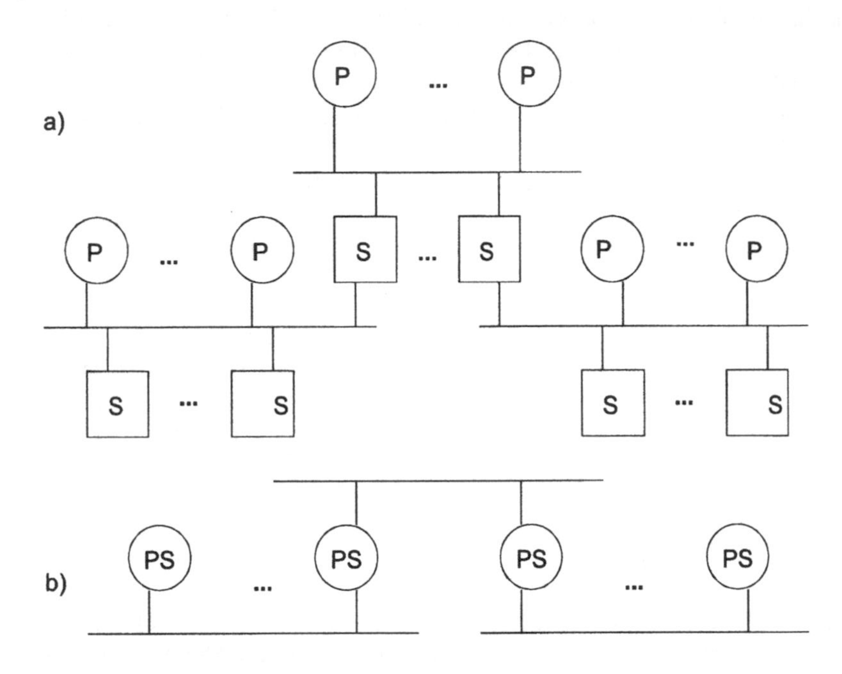

Abb. 5.21. Schematische Darstellung eines Multiprozessor-Systems mit hierarchischen Bus a) Speichergekoppelt, b) lose gekoppelt (P = Prozessor, S = Speicher, PS = Prozessor mit lokalem Speicher)

Multiprozessor-Systeme mit einem Kreuzschienenverteiler, sog. Crossbar-Switch, verbinden Prozessoren und Speicher durch eine Hardware-Einrichtung die über entsprechende Schaltelemente verfügt. In Abhängigkeit vom Zustand der Schaltelemente des Kreuzschienenverteilers können je zwei beliebige Elemente aus den Mengen angeschlossener Prozessoren bzw. Speicher miteinander kommunizieren. Verbindungsnetzwerke auf Basis des Kreuzschienenverteilers sind nichtblockierend, allerdings um den Preis eines hohen Hardwareaufwands, da für die n Elemente der Mengen an Prozessoren und Speichern, 2^n Schaltelemente benötigt werden.

Der hohe Hardwareaufwand des Kreuzschienenverteilers kann vermieden werden, indem man Multiprozessor-Syteme mit einem Verbindungsnetzwerk auf Basis eines Schalternetzwerks realisiert. Die Schaltelemente des Schalternetzwerks bestehen aus Doppelschaltern, mit zwei Eingängen und zwei Ausgängen, wie in Abb. 5.22 dargestellt. Diese schalten entweder direkt oder überkreuzt durch. Doppelschalter sind für den Aufbau von Verbindungsnetzen gut geeignet, da sie nur zwei Zustände aufweisen, weshalb sie nur ein Bit zur Steuerung benötigen. Neben dem Doppelschalter sind auch andere Schalternetzwerke realisierbar, die über eine größere Anzahl von Ein- und Ausgängen verfügen, was allerdings aufwendigere

wendigere Steuerungen nach sich zieht. Verbindungsnetze auf der Grundlage von Doppelschaltern werden in der Literatur auch als Permutationsnetze bezeichnet. Der Name deutet dabei auf die Eigenschaft hin, das p Eingänge des Netzes gleichzeitig auf p Ausgänge geschaltet werden können, womit eine Permutation der Eingänge erzeugt wird. Mathematisch entspricht die Permutation einer bijektiven Abbildung einer Menge $\{p_1, p_2, ..., p_n\}$ auf sich selbst, d.h. der Definitionsbereich und der Wertebereich sind gleich.

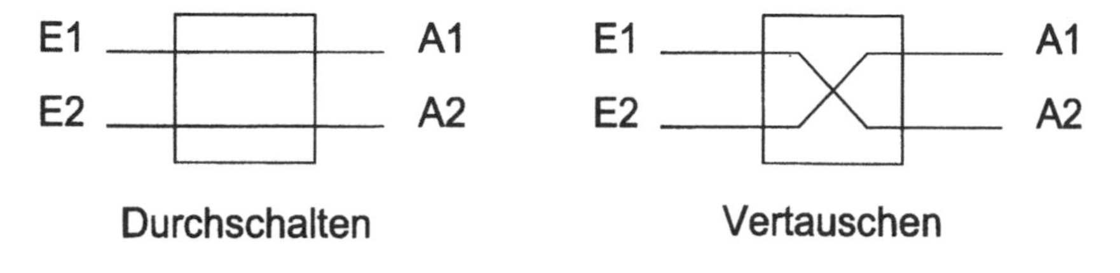

Abb. 5.22. Schematische Darstellung eines Multiprozessor-Systems mit Schalternetzwerk a) durchschalten, b) vertauschen

Multiprozessor-Systeme mit statischen Verbindungsnetzen weisen eine statische Zuordnung zwischen Eingängen und Ausgängen auf. Verbindungstopologien für statische Verbindungsnetzwerke werden nach ihrer Dimension geordnet, demzufolge sind eindimensionale, zweidimensionale, dreidimensionale und vierdimensionale statische Verbindungsnetzwerke gebräuchlich. Danach kann ein eindimensionales statisches Verbindungsnetzwerk durch eine Kette dargestellt werden, wohingegen ein zweidimensionales statisches Verbindungsnetzwerk durch einen Ring, einen chordalen Ring, einen Stern, einen Baum, ein Gitter mit vier Nachbarknoten bzw. ein Gitter mit acht Nachbarknoten repräsentiert sein kann. Dreidimensionale statische Verbindungsnetzwerke sind durch einen Würfel bzw. eine Pyramide gekennzeichnet. Ein Würfel, der sogenannte Cubus, liegt dann vor, wenn $2^3 = 8$ Netzknoten derart verbunden sind, dass jeder Netzknoten mit allen anderen Netzknoten verbunden ist, deren binärwerte Adressdarstellung sich von der eigenen in genau einem Bit unterscheidet, wie in Abb. 5.23 dargestellt. Dabei stellen die Verbindungen die Kanten des Würfels, wohingegen die Ecken dessen Netzknoten repräsentieren.

6 Programmierbare Logikbausteine

Integrierte Schaltungen werden in Standardschaltungen und in anwenderspezifische Schaltungen eingeteilt, wobei die Zuordnung innerhalb dieser Einteilung fließend ist. Das Vorhandensein lediglich dieser beiden Bausteintypen hat sich als wenig zweckmäßig für die Schaltungsentwicklung herausgestellt und eine darüber hinausgehende Entwicklung, zu programmierbarer Logikhardware, eingeleitet, die eine große Einsatzvielfalt gefunden hat und zunehmend noch an Bedeutung gewinnt. Ausgehend von der Entwicklung der unterschiedlichen Bausteinfamilien und der Kriterien zur Bausteinauswahl wird in Abschn. 6.1 auf die wesentlichen Elemente in programmierbaren Logikbausteinen eingegangen. Darauf aufbauend werden in Abschn. 6.2 Logikbausteine mit programmierbarer UND/ODER-Matrix und Logikbausteine mit komplexen Verbindungsstrukturen behandelt und ihr Einsatz in Rechnerstrukturen dargestellt. Als Zusammenfassung wird abschließend in Abschn. 6.3, als exemplarisches Beispiel, ein konzeptueller Entwurf eines Prozessorkerns durchgeführt und dessen prototypische Implementierung in einem FPGA Baustein dargestellt. Darüber hinaus werden in Abschn. 6.4 die heute gebräuchlichen Verbindungstechnologien in programmierbaren Logikhardwarekomponenten vorgestellt. Einleitend wird die Entwicklung der programmierbaren Logikhardware dargestellt und ein Überblick für Kriterien zur Bausteinauswahl gegeben, bevor, in den weiteren Abschnitten, die unterschiedlichen Technologien programmierbarer Logikhardware vorgestellt werden.

6.1 Grundlagen programmierbarer Logikbausteine

6.1.1 Bausteinfamilien

Bei der Realisierung von Standardschaltungen kann auf ein großes Spektrum integrierter Schaltkreise zurückgegriffen werden, aus dem die für den spezifischen Anwendungsfall benötigten Bausteine ausgewählt werden können, die dann, in entsprechender schaltungstechnischer Kombination, das geforderte Logikhardwaresystem abbilden. Realisierungen auf Grundlage der Standardbausteine, wie sie z.B. durch die klassischen Strukturen der TTL-Logik (s. Abschn. 2.1.2) gegeben sind, d.h. in SSI-Technik (SSI = Small Scale Integration) hergestellte Digitalbausteine, erfordern ein hohes Maß an Ressourcen:

- hoher Platzbedarf,
- große Versorgungsleistung bei komplexen Schaltungen,
- dezidierte Qualitätssicherungsmaßnahmen aufgrund der durch vielfältige Löt- und Steckverbindungen bedingten Zuverlässigkeitsprobleme.

Hinzu kommen zusätzliche Anforderungen an die Logikhardwareentwicklung, die in der Regel in konkurrierenden Anforderungen resultieren, wie:

- Verkürzung der Entwicklungszeiten (Time-To-Market) als Folge der zunehmenden Globalisierung,
- Komplexitätszuwachs bei den Produkten und der Zwang zur ständigen Anpassung an neue Markterfordernisse.

Versuche, diesen Anforderungen auf konventionelle Art und Weise zu begegnen, führten technologisch in eine Sackgasse:

- Lösungen waren zu teuer,
- Lösungen waren zu aufwendig,
- Leistungsmerkmale wurden nicht erreicht,
- Zuverlässigkeit erfüllte in der Regel nicht die üblichen Standards oder war nur durch sehr hohen Zusatzaufwand erreichbar,
- Produkt war ggf. nicht mehr konkurrenzfähig.

Daraus ist ersichtlich, dass neue Techniken und Werkzeuge erforderlich wurden, um den gestellten Anforderungen besser Rechnung tragen zu können. Ein möglicher und zunächst auch gewählter Lösungsansatz war der Einsatz von Prozessoren, der aus der konsequenten Weiterentwicklung der Integrationstechnik entstand, wie folgt:

- SSI-Technik (SSI= Small Scale Integration) mit $\leq 10^2$ FE/Chip,
- MSI-Technik (MSI = Medium Small Integration) mit $\leq 10^3$ FE/Chip,
- LSI-Technik (LSI = Large Scale Integration) mit $\leq 10^5$ FE/Chip,
- VLSI-Technik (VLSI = Very Large Scale Integration) mit $\geq 10^6$ FE/Chip,
- ULSI-Technik (ULSI = Ultra Large Scale Integration) mit $> 10^7$ FE/Chip.

Auf Grundlage dieser Entwicklung haben Transistoren in ULSI-Bausteinen einen Flächenbedarf von $< 0{,}106 \cdot 10^{-6}$ mm², d.h $75 \cdot 10^3$ derartiger Transistoren entsprechen in etwa der Dicke eines menschlichen Haares. Bezogen auf eine Siliziumfläche von 1 cm² ergeben sich, bei einem Flächenbedarf für einen Transistor im oben dargestellten Maßstab, folgende Relationen:

- 1 cm² Waferfläche $\equiv 10^6$ mm² Waferfläche, womit $750 \cdot 10^9$ Bit realisierbar sind,
- 0,1 cm² Waferfläche $\equiv 10^4$ mm² Waferfläche, was einer Informationsmenge von $7{,}5 \cdot 10^6$ Bit entspricht, was in etwa einer Datenmenge von 4 Millionen DIN A4-Seiten genügt.

Eine Hardware- und Software-Lösung auf Basis eines Prozessorbausteins ermöglichte zwar die geforderte Produktflexibilität, jedoch traten neue Probleme an die Stelle der alten:

- Verarbeitungsgeschwindigkeit der Prozessoren war teilweise niedriger als die der Logikbausteine, z.B. ECL-Technik (ECL = Emitter Coupled Logik),
- Schnittstellen zur Datenein- und -ausgabe wurden aufwendiger,
- Softwareentwicklung zusätzlich zur Hardwareentwicklung erforderlich.

Gerade der letzte Punkt führte auf ein bis dato nicht gekanntes neues Problem, das der Softwarequalität und zwar sowohl bezüglich der geschriebenen Programme selbst als auch hinsichtlich eingesetzter Sprachen, für die Entwicklung prozessorbasierter Systeme. Damit mussten dezidierte Entwicklungsprozeduren eingeführt und eingehalten werden, um den Qualitätsstandards Rechnung tragen zu können. Letztlich führte das Problem der Zuverlässigkeit der Hardwareentwicklung, mit der Einführung softwarebasierter Lösungen, auf ein doppeltes Problem: die Hard- und Software-Partitionen müssen beide gleich zuverlässig umgesetzt werden.

Ein anderer Problemlösungsansatz bestand in der Entwicklung kundenspezifischer Logikbausteine (Full Customized Circuit), bei denen auf Grundlage der Spezifikation des Kunden eine spezielle Logikschaltung in VLSI-Technik hergestellt wird. Um auf akzeptable Stückpreise zu kommen sind größere Stückzahlen in der Herstellung erforderlich, was jedoch, u.a. wegen des speziellen Zuschnitts dieser Logikschaltungen, in der Regel nicht gegeben ist. Dies begünstigte in den siebziger Jahren die Einführung semi-kundenspezifischer Logikbausteine (Semi Customized Circuit). Der Name rührt daher, dass quasi halbfertige, in großen Stückzahlen hergestellte integrierte Logikbausteine mit hoher Integrationsdichte produziert wurden, deren endgültige Programmierung durch den Kunden selbst erfolgte. Diese programmierbaren Logikbausteine erreichten in den neunziger Jahren sehr hohe Zuwachsraten, da sie äußerst flexible und wegen der hohen Stückzahl auch kostengünstige Lösungen darstellten. So verdreißigfachte sich der Umsatz dieser Logikbausteine von 1980 bis 1990. Darüber hinaus machte sich auch der technologische Fortschritt in diesem Zeitraum deutlich bemerkbar hinsichtlich:

- Gatterdichte,
- Geschwindigkeit,
- Kosten,
- Architekturflexibilität,
- Technologie,
- Gehäuseabmessungen,
- Entwicklungs-Werkzeuge.

So wuchs beispielsweise die Gatterdichte von zunächst 100 auf mehr als 10000 nutzbare Gatter und hat heute Gatterdichten von weit mehr als 100000 erreicht, wohingegen die anfänglichen Signallaufzeiten von 45 ns auf unter 1 ns reduziert werden konnten. Auch wurden die anfänglich eingesetzten DIP-Gehäuse mit 20

Anschlüssen nach und nach von PIN-GRID-Arrays mit 175 und mehr Anschlüssen, sowie PLASTIC QUAD FLAT PACKS mit 154 bzw. 160 Anschlüssen und mehr ersetzt. Die Programmierung semi-kundenspezifischer Logikbausteine lässt darüber hinaus zwei verschiedene Wege offen:

- Maskenprogrammierung (Hersteller),
- Feldprogrammierung (Anwender).

Beim Maskenprogrammierverfahren wird ein Teil, in der Regel die gesamte Logikschaltung, vom Anwender entwickelt und dem Hersteller zur Umsetzung zugeführt. Der Bausteinhersteller setzt das Schaltungskonstrukt durch Maskenprogrammierung in die fertige Schaltung um. Die dabei vorhandene teilweise oder vollständige Offenlegung des hinter dem Schaltungsentwurf stehenden Know-How des Kunden (Anwender), gegenüber dem Hersteller macht, dieses Verfahren empfindlich gegenüber Konkurrenten des Anwenders, wenn diese beim selben Hersteller fertigen lassen, weswegen versucht wurde, von dieser Entwurfstechnik wegzukommen, hin zu feldprogrammierbaren Logikhardwarekomponenten.

Die Abb. 6.1 gibt einen nicht auf Vollständigkeit bedachten Überblick über die Varianten von Standard Logikbausteinen und programmierbaren Logikbausteinen. Angemerkt werden soll, dass die meisten dieser Schaltungen in den gängigen Technologien TTL, CMOS, ECL und I^2L realisiert sind. Insbesondere sind die in Abb. 6.1 angegebenen digitalen Semi-Kunden IC (IC = Integrated Circuit) feldprogrammierbar, da ihre Verbindungstechnologie vergleichsweise einfach ist. Dieser technologische Vorteil ermöglichte bereits frühzeitig deren Markteinführung, so dass bei den Endprodukten der Anteil feldprogrammierbarer Logikbausteine, gegenüber den maskenprogrammierbaren Logikbausteinen, deutlich zugenommen hat, mit weiter steigender Tendenz. Programmierbare Logikbausteine, im folgenden abkürzend PLD (PLD = Programmable Logic Device) genannt, können dabei in 3 Kategorien eingeteilt werden, wie in Abb. 6.2 dargestellt.

In Abb. 6.1 und 6.2 bedeuten:

PLD: Programmable Logic Device,
PAL: Programmable Array Logic,
GAL: Generic Array Logic,
HAL: Hardware Array Logic,
FPLA: Field Programmable Logic Array,
FPGA: Field Programmable Gate Array,
LCA: Logic Cell Array,
pASIC: Programmable Application Specific Integrated Circuit

Wie aus Abb. 6.2 ersichtlich, werden programmierbare Logikbausteine in Simple PLD (SPLD werden auch als monolithische PLD bezeichnet), Complex PLD (CPLD werden auch als blocksegmentierte PLD bezeichnet) und Field-Programmable-Gate-Arrays (FPGA werden auch als Channel-Array-PLD bezeichnet) eingeteilt. Diese Einteilung ist willkürlich und weder vollständig, noch disjunkt, sie entstammt lediglich dem Bemühen zur Schaffung einer strukturellen Übersicht.

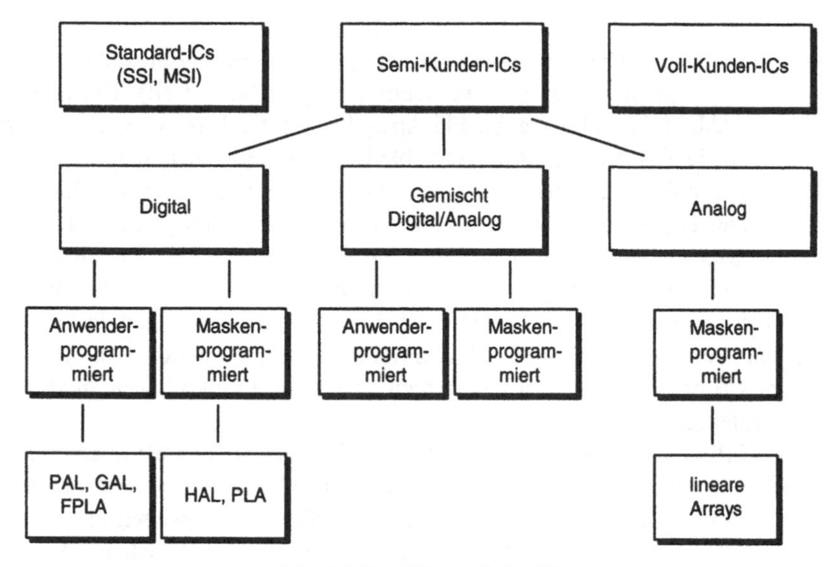

Abb. 6.1. Logikbausteinfamilien

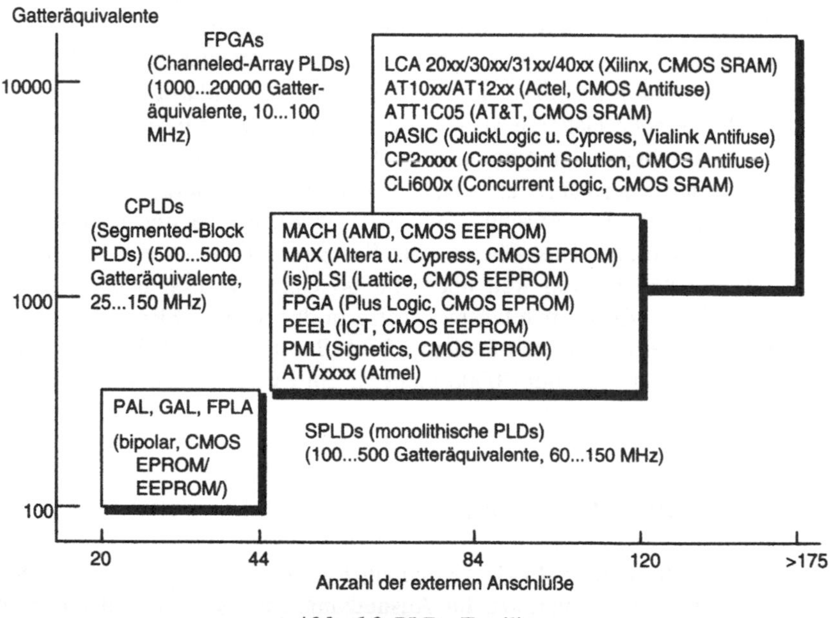

Abb. 6.2. PLD - Familien

Simple (monolithische) PLD beinhalten einen programmierbaren Block, den sogenannten Logikblock 1. Ordnung, dessen Ein- und Ausgänge als Anschlüsse nach außen geführt sind. Darüber hinaus sind die Ausgänge auch rückkoppelbar. Die Anzahl der Standard-Gatterfunktionen beträgt 100 bis 500 die über 20 bis 44 Anschlusspins belegbar sind. Intern finden sich UND (AND), ODER (OR) sowie NICHT-UND (NAND), NICHT-ODER (NOR) Verknüpfungsglieder, zumeist als einheitliche Struktur. Die Ausgänge sind häufig konfigurierbar ausgelegt, als sogenannte Ausgangslogik Makrozellen (Output Logic Macro Cell). Beispiele für SPLD sind PAL (PAL = Programmable Array Logic), GAL (GAL = Generic Array Logic) sowie FPLA (Field Programmable Logic Array) Bausteine.

Der programmierbare logische Block 1. Ordnung repräsentiert innerhalb programmierbarer Logikbausteine eine atomare Einheit, die so programmiert werden kann, dass Signale zu- bzw. abschaltbar sind, wobei jedoch eine Zuteilung bzw. Wegnahme von Verknüpfungs- bzw. Verbindungsressourcen nicht möglich ist. Die Zahl der Eingänge eines Logikblocks 1. Ordnung weist einen festgelegten maximalen Wert auf. Logikblöcke 2. und höherer Ordnung lassen sich damit aus den veränderlichen Verbindungsressourcen zwischen Logikblöcken niedrigerer Ordnung ableiten.

CPLD (CPLD = Complex Segmented Block Device) können als interne Kopplung mehrerer SPLD (SPLD = Simple Programmable Logic Device) betrachtet werden, womit sie Logikblöcke 2. Ordnung enthalten. Sie besitzen eine Blockstruktur mit programmierbaren Verbindungen zwischen den Blöcken. Die Ausgänge der Blöcke sind nicht mehr als physikalische Anschlüsse verfügbar. Die Anzahl der Gatterfunktionen liegt bei 500 bis 5000. Beispiele für CPLD sind die MACH-Bausteine von Advanced Micro Devices (AMD), die pLSI10xx- und ispLSI10xx-Familie von Lattice sowie die MAX-Serie von Altera.

FPGA (FPGA = Field Programmable Gate Array) beinhalten ebenfalls eine Blockstruktur, allerdings ist diese in sehr viel feinerer Granularität ausgestaltet, in der Regel als einfache Gatter bzw. Registerstruktur. Zwischen den Gattern sind dezentrale Verbindungen programmierbar, teilweise von unterschiedlicher Geschwindigkeit und Zuordnung, als sog. Kurze Leitungen (shortlines) bzw. lange Leitungen (longlines). Die Anschlusspins der Logikbausteine sind über spezielle I/O-Puffer herausgeführt. Das sehr flexible Konzept der FPGA ermöglicht mittlerweile die Herstellung von weit über 100000 Gatterfunktionen pro Baustein. Beispiele für FPGA findet man beispielsweise in der Spartan FPFA-Familie von Xilinx. So kann beispielsweise mit dem FPGA-Baustein XCS30XL von Xilinx, einem Gatter-Baustein mit nur 30000 Gattern, ein PCI-Interface zum Preis von etwa 4 Euro realisiert werden.

6.1.2 Kriterien zur Bausteinauswahl

PLD geringer Gatterdichte (SPLD) werden zur Realisierung einfacher Schaltnetze und Zustandsautomaten eingesetzt. Ihr Ausnutzungsgrad ist infolge der fest vorgegebenen internen Struktur nicht optimal. PLD hoher Gatterdichte versuchen deshalb diesen Mangel zu beseitigen. CPLD bieten, durch ihre vorgegebene Blockstruktur, eine Basis zur Integration komplexer Logikfunktionen in einem Logikbaustein, die durchaus den Umfang mehrerer SPLD umfassen können. Diese Eigenschaft ist vorteilhaft dann anwendbar wenn der Entwurf der Logikschaltung bereits vorhanden ist, z.B. auf Basis von SPLD, oder wenn eine Logikpartitionierung, in Blöcken mit geringen Kommunikationsanteilen, gegeben ist. Wichtiges

Kennzeichen für diesen Bausteintyp ist die Vorhersagbarkeit der Arbeitsgeschwindigkeit der programmierten Logikschaltung. Demgegenüber bieten FPGA den größten Freiheitsgrad, da ihre Chipfläche weder durch Faltung noch durch Blockbildung in ihrem Ausnutzungsgrad eingeschränkt wird. Insbesondere wird durch die interne Struktur der FPGA die automatische Synthese vorteilhaft unterstützt.

Vor dem Hintergrund der vorangehend dargestellten Heterogenität programmierbarer Logikbausteine und der damit verbundenen Möglichkeit digitale Systeme auf unterschiedlichen Komplexitätsstufen entwerfen zu können, ist vor dem Einsatz programmierbarer Logikbausteine zweckmäßigerweise eine technologische Bewertung im Anwendungszusammenhang durchzuführen. Hierfür werden nachfolgend, in exemplarischer Reihenfolge und nicht auf Vollständigkeit bedacht, entsprechende Kriterien angegeben:

- Welche Komplexität soll bzw. darf der Baustein haben?
- Wie viele interne und externe Register, Anschlüsse und Taktsignale werden benötigt?
- Wie hoch darf die Stromaufnahme sein?
- Welche Pin-zu-Pin Verzögerungszeit ist maximal zulässig?
- Wo liegen die Kosten für die in Frage kommenden programmierbaren Logikbausteine und für die Entwicklungswerkzeuge?
- Sind bereits nutzbare Entwicklungswerkzeuge vorhanden?
- Müssen geeignete Programmiergeräte angeschafft werden oder können bereits existierende genutzt werden?
- In welchem zeitlichem Rahmen bewegt sich die Programmierdauer, da sie den Durchsatz innerhalb der Softwareabteilung festlegt ?
- Lässt sich das Bauteil löschen und wieder programmieren und wie oft?
- Sind Bausteine einsetzbar die im eingebauten Zustand programmierbar oder dynamisch rekonfigurierbar sind?
- Lässt sich der Baustein gegen Auslesen schützen?
- Ist der programmierbare Logikbaustein mit Testvektoren oder Boundary-Scan testbar?
- Auf welchen Plattformen läuft die Entwicklungssoftware?
- Gibt es Simulationsmodelle für den ausgewählten programmierbaren Logikbaustein und können sowohl logische als auch laufzeitmäßige Simulationen durchgeführt werden?
- Gibt es mehr als einen Hersteller bzw. Anbieter für den programmierbaren Logikbaustein?
- Gibt es mehr als einen Hersteller bzw. Anbieter für die Entwicklungssoftware, ggf. sogar Herstellerübergreifend?
- Lassen sich Kriterien angeben wie Entwürfe zweckmäßig in einem programmierbaren Logikbaustein umgesetzt werden können, oder ist eine Aufteilung auf zwei oder mehrere kleinere, in der Regel preisgünstigere, programmierbare Logikbausteine möglich?

6.1.3 Kriterien zur Bausteinauswahl

Die allgemeine Struktur anwenderprogrammierbarer Logikbausteine kann durch deren programmierbare Elemente und ihre Zusammensetzung zu Logikblöcken erster bzw. zweiter Ordnung dargestellt werden. Die in PLD enthaltenen Elemente sind:

- programmierbare UND-Matrix,
- programmierbare ODER-Matrix,
- programmierbare Rückkopplung,
- Eingabesegment,
- Ausgabesegment.

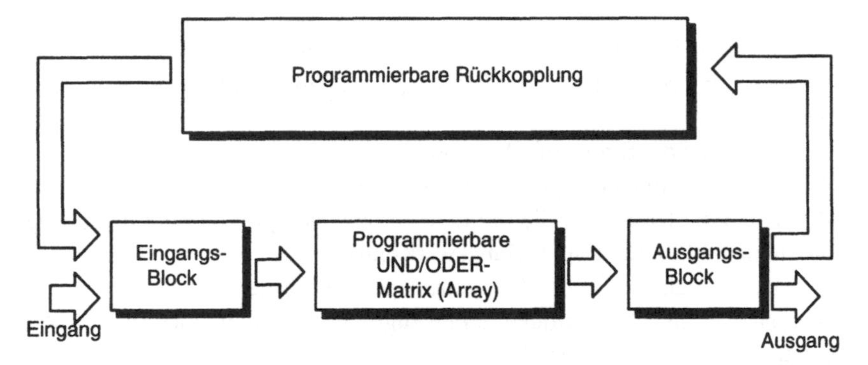

Abb. 6.3.. PLD-Grundstruktur

Die in Abb. 6.3 dargestellten Elemente bilden, in unterschiedlicher Ausprägung und Zusammensetzung, die Grundlagen der programmierbaren Logikbausteine. Der Eingangsblock in Abb. 6.3 beinhaltet einen Treiber mit und ohne Invertierung sowie Eingangsregister. Abb. 6.4 zeigt dessen Aufbau, wobei die Ausführung des Eingangsregisters, hier als D-Flipflop dargestellt, variieren kann.

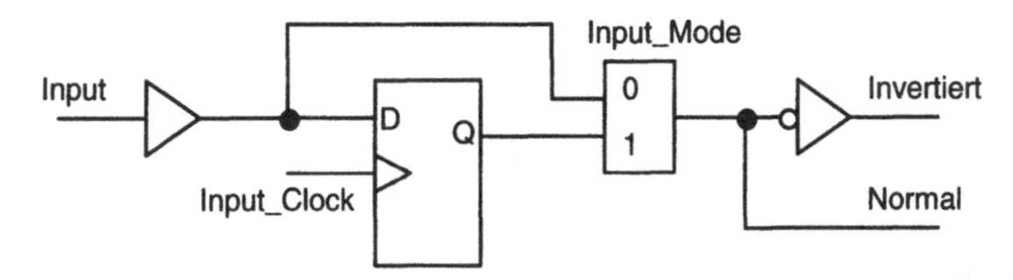

Abb. 6.4. Aufbau des Eingangsblocks

Die in Abb. 6.4 dargestellten Eingangsregister sind bei PLD mit geringer Gatterdichte in der Regel nicht vorhanden, lediglich spezielle PAL Bausteine weisen derartige Register auf. Die sich damit ergebende Vereinfachung ist in Abb. 6.5 dargestellt.

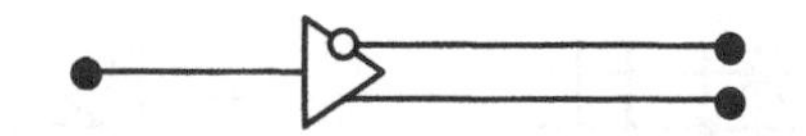

Abb. 6.5. Vereinfachte Darstellung des Eingangsblocks

Die in Abb. 6.3 angegebene programmierbare UND- bzw. ODER-Matrix baut auf einem einheitlichen Grundprinzip auf. Jedes programmierbare Gatter erhält eine definierte Anzahl von Eingängen, die mit dem Eingangsblock oder einer anderen Zelle verbunden sein können, so dass ein normaler als auch ein negierter Eingang an der Zelle anliegen. Da die Programmierelemente im unprogrammierten Zustand intakt sind, d.h. nicht unterbrochen, bedeutet dies für eine UND-Zelle dass die logische Verknüpfung immer logisch 0 ergibt, für eine ODER-Zelle dementsprechend immer logisch 1. Offene, d.h. unterbrochene Eingänge für UND-Zellen sind mit dem Wert logisch 1, für ODER-Zellen mit logisch 0 belegt. Dieses Prinzip ist in Abb. 6.6 zusammenfassend dargestellt. Ein UND-Gatter wird in der dargestellten Matrix ständig auf logisch 0 gehalten, wenn mindestens für einen Eingang beide Verbindungen unprogrammiert bleiben, in Abb. 6.6 links oben dargestellt. Demgegenüber hat ein Eingang bei dem die Verbindungen getrennt sind keinen Einfluss auf die logische Verknüpfung, in Abb. 6.6 oben rechts dargestellt. Die untere Reihe in Abb. 6.6 zeigt weitere mögliche Kombinationen einer Programmierung. In Abb. 6.6 unten links wird der Eingang 1 (E1) nicht invertiert am Ausgang wiedergegeben, d.h. ohne Beeinflussung von E2. Demgegenüber lautet das Ergebnis der programmierbaren UND-Zelle, rechts unter dargestellt, /E1*E2 .

Der Ausgangsblock des programmierbaren Logikbausteins legt die übergeordneten bzw. zeitlichen Funktionen des Ausgangs fest. Die in Abb. 6.7 dargestellte Konfiguration für einen Ausgangsblock gibt lediglich einen Anhalt für die vielfältigen Möglichkeiten, übergeordnete bzw. zeitliche Funktionen des Ausgangs zu realisieren. So kann beispielsweise das logisch verknüpfte Signal (Log. Signal) durch das XOR Konfigurations-Bit im Pegel invertiert werden, bevor es, abhängig vom Logikzustand des Synchronisierungs-Bit synchronisiert, oder als kombinatorisch sequentielles Logikelement an den Ausgang weitergeleitet wird. Die weiteren Hilfsgrößen im Ausgangsblock resultieren aus spezialisierten Eingängen oder aus logischen Verknüpfungen innerhalb der Programmiermatrix. Das vorhandene Tristatesignal schaltet den Treiber des Ausgangs aktiv oder passiv. Durch die Tristate Funktion ist es möglich den Ausgang zeitweise oder ganz als Eingang zu nutzen. Das Taktsignal Output_Clock ist an einzelne Ausgänge gekoppelt, teilweise auch konfigurierbar oder logisch verknüpfbar. Die Reset- bzw. Preset Bedingungen des Ausgangsblocks können wahlweise synchron bzw. asynchron für die D-Register eingestellt werden. Dem Anwender stehen damit für den Schaltungsentwurf vielfältige Konfigurationsmöglichkeiten durch den Ausgangsblock zur Verfügung.

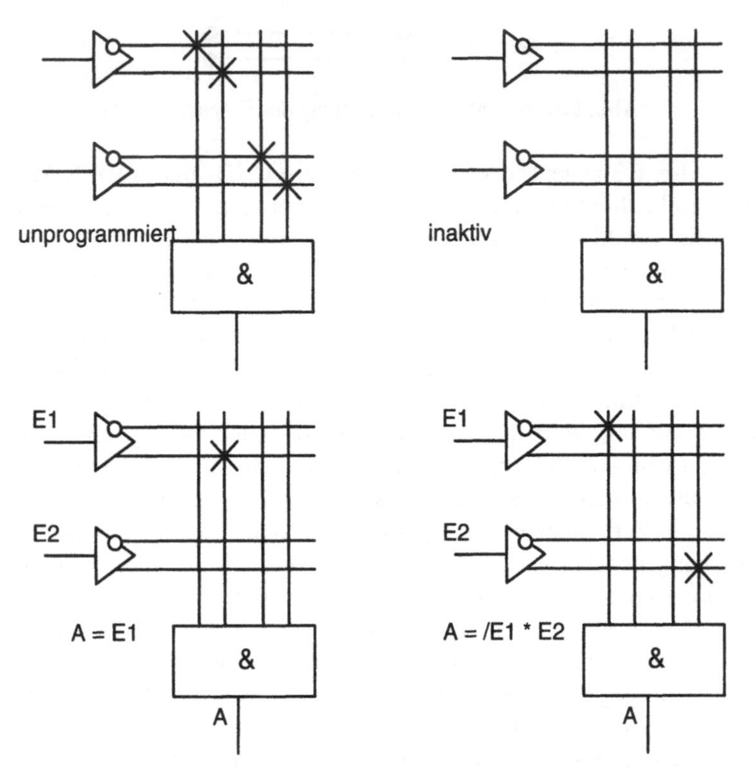

Abb. 6.6. Prinzip der programmierbaren UND-Zelle

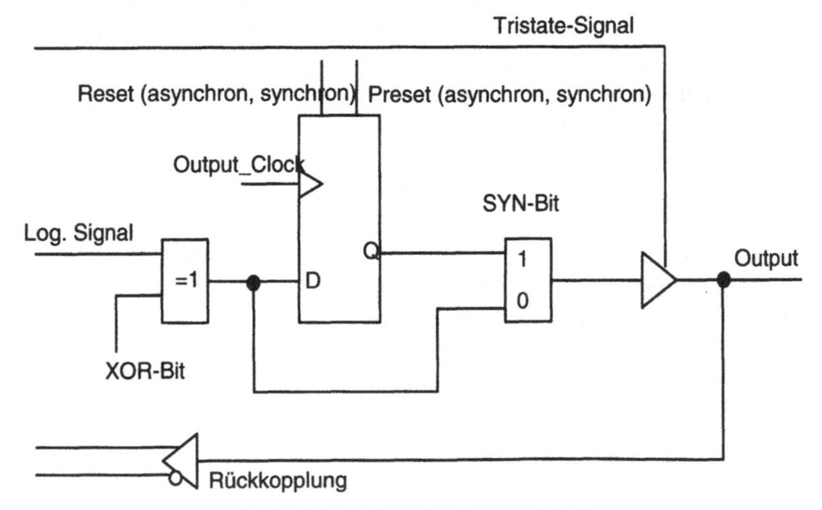

Abb. 6.7.. Aufbau des Ausgangblock

6.2. Programmierbare Logikbausteine

6.2.1 Programmierbare Logikbausteine mit programmierbarer UND-ODER-Matrix

Wie im Abschn. 6.1.3 dargestellt, können Eingangsblöcke Register enthalten, während Ausgangsblöcke Festlegungen treffen hinsichtlich Polarität, Registerfunktion, kombinatorischer Funktion, etc. Grundstruktur aller Bausteine ist dabei die programmierbare UND-ODER-Logikstruktur, die in Form einer programmierbaren Matrix von UND-Gattern besteht, deren Ausgänge auf eine Matrix programmierbarer logischer ODER-Gatter führen. Dies entspricht der aus Abschn. 3.1.3 bereits bekannten disjunktiven Normalform, die im angelsächsischen Sprachraum als Sum-of-Products-Struktur bezeichnet wird.

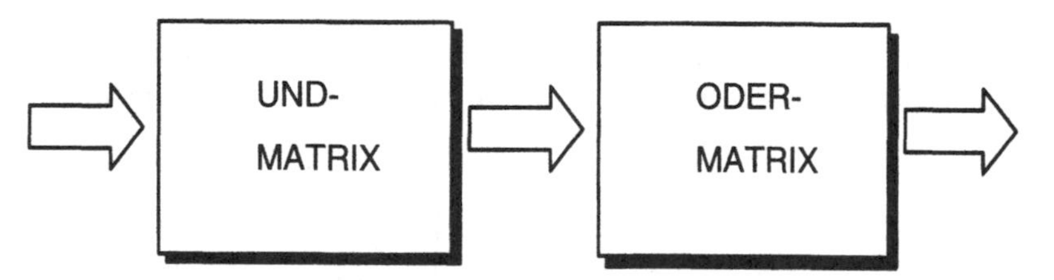

Abb. 6.8. Struktur programmierbarer UND/ODER-Arrays

Auf Grundlage dieser Strukturen lassen sich PAL, HAL, GAL, PROM (PROM = Programmable Read Only Memory) und FPLA Bausteine realisieren.

6.2.2 Programmierbare Array Logikbausteine (PAL)

PAL repräsentieren eine Gruppe anwenderprogrammierbarer Logikbausteine, deren Struktur neben einer programmierbaren UND-Matrix und festen ODER-Verknüpfungen, wie in Abb. 6.9 dargestellt, auch spezielle Ausgangsblöcke, in der Regel als sog. Ausgangslogik Makrozellen OLMC realisiert (OLMC = Output Logic Macro Cell), sowie programmierbare Rückkopplungen enthalten, wobei Eingangsblöcke nur in speziellen Bausteinen vorhanden sind.

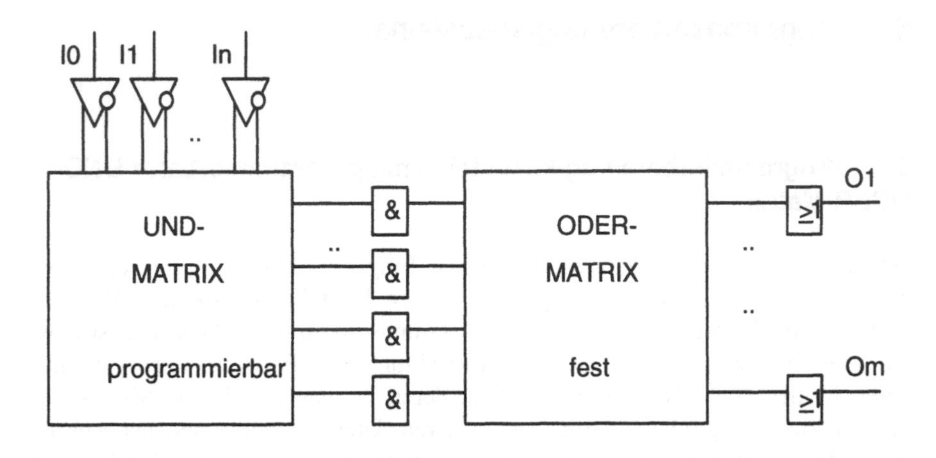

Abb. 6.9. PAL-Struktur

Bei der schematischen Darstellung des PAL Bausteins wird von der bislang üblichen Logikdarstellung abgewichen, wie aus Abbildung 6.10 ersichtlich.

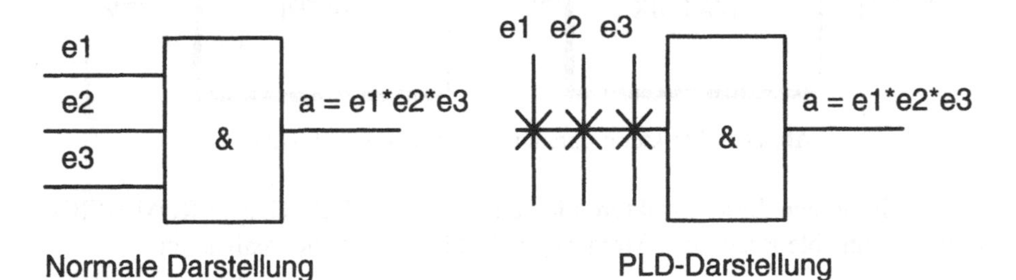

Abb. 6.10. Darstellung der UND-Verknüpfung im PAL (rechtes Bild)

Durch die große Anzahl ausgangsseitiger ODER-Verknüpfungen und die an der UND-Gatter Matrix invertiert bzw. nicht-invertiert anliegenden Eingangsvariablen, können mit PAL-Bausteinen beliebige kombinatorische sequentielle Logikschaltungen realisiert werden.

Beispiel 6.1.
Die Boolesche Funktion $y = e_1 * /e_2 + /e_1 * e_2$, die den Ausgang y als Exclusive-ODER (XOR) Verknüpfung der Eingänge e_1 und e_2 beschreibt, wird in der PAL-Architektur um gesetzt werden, wie aus Abb. 6.11 ersichtlich.

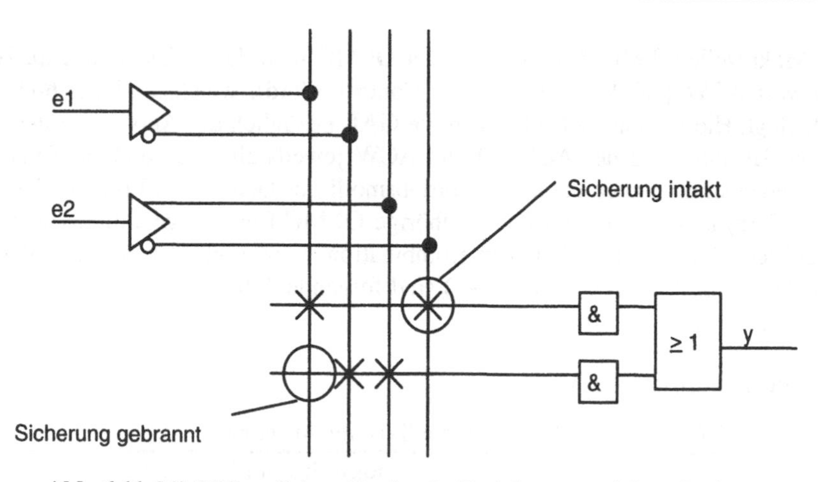

Abb. 6.11. Mit PAL realisierte Boolesche Funktion $y = e_1 * /e_2 + /e_1 * e_2$ ■

6.2.3 Hardware Array Logikbausteine (HAL)

HAL (Hardware Array Logic) stellen eine durch den Hersteller programmierte Version der PAL dar. Ihre Bedeutung ist als gering einzustufen.

6.2.4 Generische Array Logikbausteine (GAL)

GAL (Generic Array Logic) wurden als Ersatz für die PAL Bausteine der ersten und zweiten Generation entwickelt. Sie sind auf Basis sehr schneller elektrisch löschbarer (erasable) CMOS-Zellen aufgebaut. Besondere Merkmale der ersten GAL Bausteinfamilie sind eine Architekturzeile, die das Verhalten des Bausteins steuert und dessen elektrische Löschbarkeit, welche die Wiederverwendbarkeit ermöglicht. Die zweite GAL Generation wurde parallel zum Industriestandard PAL22V10 als GAL22V10 und davon abgeleitete Typen, wie dem 18V10, dem 26CV12, bzw. dem PALCE26V12, entwickelt. Die Unterschiede liegen in der intern verwendeten Technologie begründet. Als dritte GAL Generation lassen sich spezielle Entwicklungen bezeichnen, die durch Besonderheiten der ansonsten starren Sum-Of-Products-Struktur gekennzeichnet sind. Hierunter fällt z.B. der GAL 20RA10, der sich durch umfangreichere Konfigurationsmöglichkeiten der Ausgangszellen mit individuell einstellbaren Takteingängen pro Pin, sowie asynchronen Reset und Preset-Bedingungen, von den vorgenannten GAL unterscheidet. Demgegenüber besitzt der GAL Baustein GAL20XV10 eine am Ausgang konfigurierbare Makrozelle, deren Struktur nicht mehr die starre ODER-Verknüpfung beinhaltet, sondern zusätzlich konfigurierbare XOR-Gatter enthält. Damit können zur Laufzeit XOR Verknüpfungen implementiert werden. In Abb. 6.16 ist die interne Struktur der GAL 16V8/ 16V8A dargestellt, in Abb. 6.12 deren Ausgangslogik Makrozelle OLMC. Die Funktion der OLMC wird durch das Architekturkontrollwort ACW (ACW = Architecture Control Word), welches 82 Bit breit ist, festgelegt. Hierbei unterscheiden sich die GAL bezüglich der Anordnung der einzelnen Bit innerhalb des ACW. Da im ACW jeweils ein AC0 und ein SYN Bit vorhanden sind, können damit die Betriebsmodi des GAL beeinflusst werden. Über AC1(n) kann gezielt auf die zugehörige OLMC Einfluss genommen werden, wobei jedoch nicht alle möglichen Kombinationen sinnvoll sind. Mit den Steuersignalen AC0, AC1(n) und AC1(n+1) sind folgende Arbeitszustände der Tristate-Ausgänge programmierbar:

Tabelle 6.1 Tristate Ausgänge

AC0	AC1(n)	Angesteuerter Tristate-Ausgang
0	0	dauernd aktiv da logisch 1 auf Steuerleitung
0	1	hochohmiger Zustand da logisch 0 auf Steuerleitung
1	0	von Pin 11
1	1	vom Produktterm der UND-Matrix

Tabelle 6.2 Ausgabe Multiplexer

AC0	AC1(n)	Ausgabe OMUX
0	0	direkt zum Ausgang
0	1	keine Signalausgabe, da Ausgang hochohmig
1	0	Ausgabe über Register
1	1	direkte Ausgabe

Tabelle 6.3 Rückkopplung in die UND-Matrix

AC0	AC1(n)	AC1(n+1)	Signalweg Feedback
0	0	0	keine Rückkopplung
0	0	1	keine Rückkopplung
0	1	x	Ausgang n+1 wird in die UND-Matrix zurückgekoppelt
1	1	x	eigener Ausgang wird in die UND-Matrix zurückgekoppelt

Generell kann für die Steuersignale AC0, AC1(n), SYN und XOR der nachfolgende Zusammenhang angegeben werden:

- AC0 für Umschaltung zwischen Simple bzw. Complex Mode,
- AC1(n) für spezifische OLMC-Modes,
- SYN für Umschaltung synchroner bzw. asynchroner Mode,
- XOR(n) für die Output-Polarität.

Von besonderer Bedeutung sind der synchrone und der asynchrone Betriebsmodus:

- Synchron Mode (SYN): SYN schaltet zwischen dem synchronem (SYN = 0 und AC0 = 1) und dem asynchronem (SYN = 1) Mode um. Im synchronen Mode erhalten zwei Eingangsanschlüsse spezielle Aufgaben: Pin 1 wird zum CLK-Eingang, Pin 11/13 zum /OE-Eingang für alle Register-Ausgänge. Die übrigen Eingangsanschlüsse bleiben zur freien Verfügung. Die Konfigurationen der I/O-Pins im Synchronmodus sind in Abb. 6.13 und 6.14 dargestellt. Im synchronen Modus (SYN = 0) kann jeder Ausgang als synchroner Ausgang definiert werden (AC1(n) = 0), wobei acht ODER-Terme, aber keine dediedierte Tristate-Bedingung zur Verfügung stehen (Tristate wird durch /OE kontrolliert), oder als asynchroner Ausgang (AC1(n) = 1) mit sieben ODER-Termen und spezieller Tristate Bedingung (keine Kontrolle durch /OE).
- Asynchron-Mode ASYN): SYN = 1 legt den asynchronen Modus der GAL 16V8-Familie fest. Damit sind 10 bzw. 14 deziedierte Eingangsanschlüsse ohne Einschränkung verfügbar. Im asynchronen Modus wird zwischen dem Simple Mode (AC0 = 0) und dem Complex Mode (AC0 = 1) unterschieden. Sie werden benötigt um eine möglichst große Anzahl von GAL emulieren zu können.

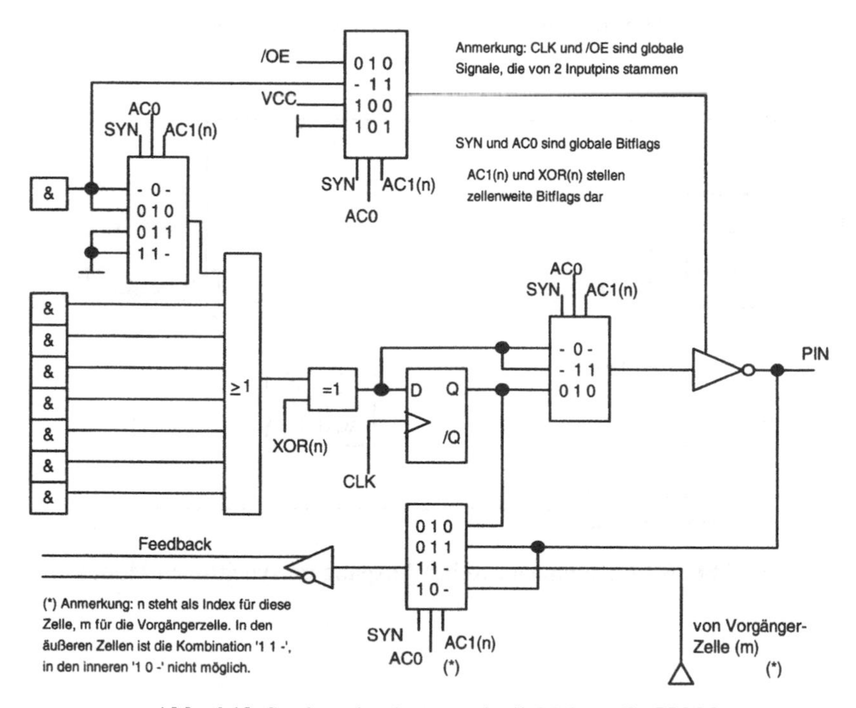

Abb. 6.12. Struktur der Ausgangslogik Makrozelle OLMC

In Abb. 6.12 ist die OLMC-Zelle des Ausgangsblocks im Complex Mode. konfiguriert. Zu beachten ist dabei, dass die äußeren Zellen (Pin 12 und 19 für den GAL 16V8/16V8A, Pin 15 und 22 für den GAL20V8 /20V8A) keine Eingangsblock-Funktion übernehmen können (einschließlich des Fehlens der Rückkopplung des Ausgangs). Entsprechendes gilt im SIMPLE MODE für den inneren Teil der OLMC. Abb. 6.13 zeigt die detaillierte Darstellung für den synchronen Ausgang, Abb. 6.14 den kombinatorischen Ausgang im synchronen Modus und Abb. 6.15 den kombinatorischen Ausgangsblock.

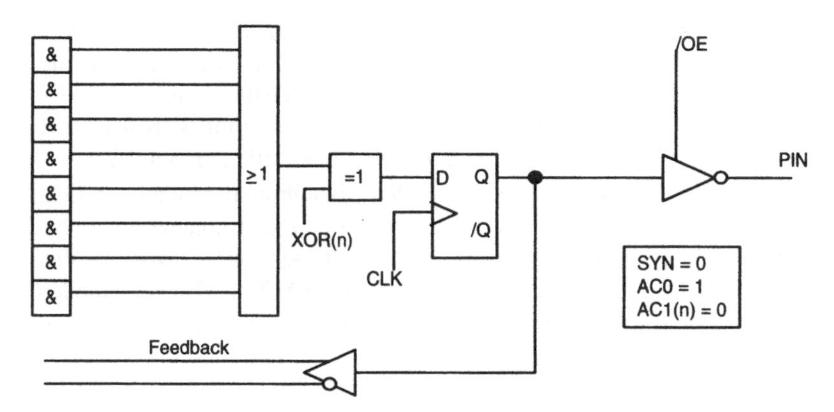

Abb. 6.13. Synchroner Ausgang, aktiv high/low

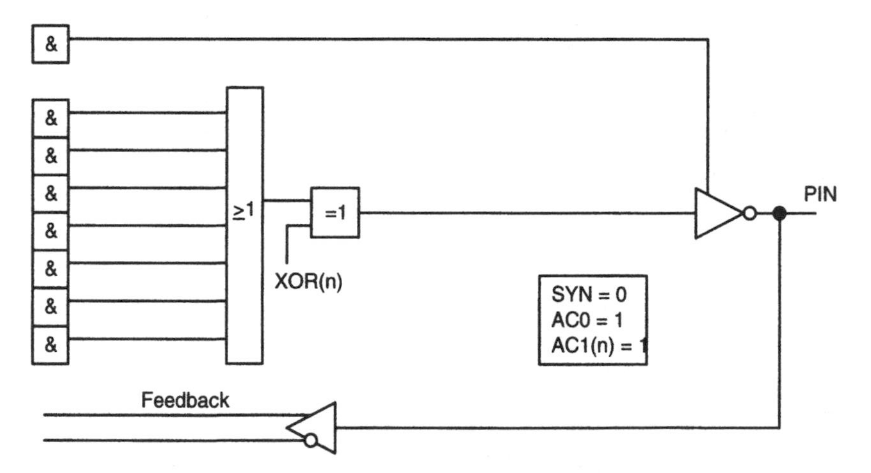

Abb. 6.14. Kombinatorischer Ausgang im synchronen Modus

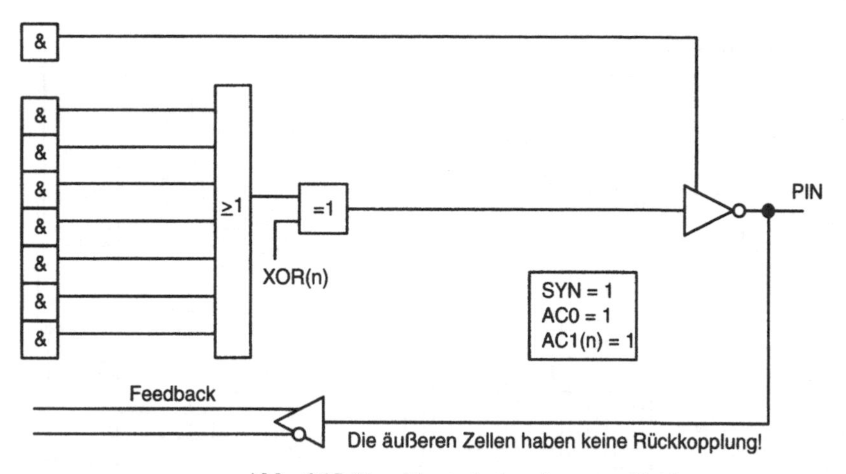

Abb. 6.15. Kombinatorischer Ausgangsblock

Wie aus dem internen Aufbau der GAL16V8/16V8A in Abb. 6.16 ersichtlich, kann überall dort, wo die von 0 bis 63 durchnummerierten Produktterme eine der 32 Reihen des GAL schneiden, durch Programmierung einer Sicherung (Fuse) eine Verbindung hergestellt werden. Alle Signale eines Produktterms werden UND verknüpft, was durch ein symbolisiertes UND-Gatter angedeutet ist. Die Sicherungen (Fuses) in einem GAL sind dabei nach der JEDEC Norm, wie in Tabelle 6.4 angegeben, durchnummeriert. Dort sind die Sicherungen der UND-Matrix und des Architekturkontrollworts, die elektronische Nutzer Signatur UES (UES = User Electronic Signature) des 64 Bit breiten frei programmierbaren Speichers, mit dem eine Benutzerkennung oder eine Versionsnummer belegt werden kann, die mit in das GAL eingebrannt wird, angegeben

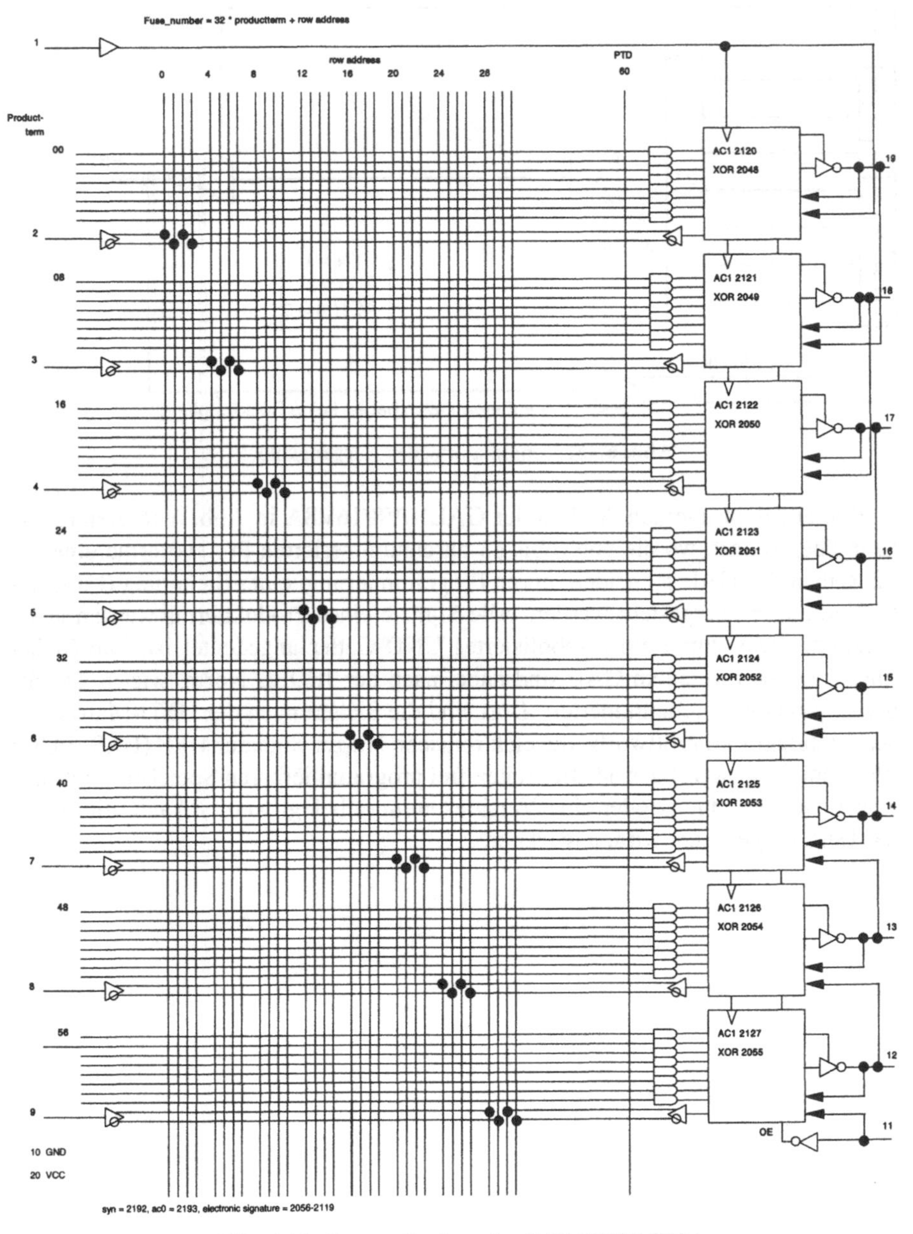

Abb. 6.16. Interne Struktur der GAL16V8/16V8A

Tabelle 6.4. JEDEC Adressen der GAL16V8/20V8-Familien

GAL-Typ	Fuse-Adresse	Funktion
GAL16V8/16V8A	0000 - 2047	UND-Matrix
	2048 - 2055	XOR Bit für Ausgänge 19 ... 12
	2056 - 2119	UES
	2120 - 2127	AC1 Bit für die Ausgänge 19 ... 12
	2128 - 2191	Produkttermfreigabe PT0 ... PT63
	2192	SYN-Bit
	2193	AC0-Bit
GAL20V8/20V8A	0000 - 2559	UND-Matrix
	2560 - 2567	XOR Bit für Ausgänge 22 ... 15
	2568 - 2631	UES
	2632 - 2639	AC1 Bit für die Ausgänge 22 ... 15
	2640 - 2703	Produkttermfreigabe PT0 ... PT63
	2704	SYN-Bit
	2705	AC0-Bit

Der JEDEC-Standard (JEDEC-Code) ermöglicht die problemlose Datenübertragung zwischen Entwicklungssoftware und Programmiergerät. Dazu beinhaltet er drei wesentliche Merkmale:

- binäres Ausgabeformat, vergleichbar mit dem eines Software Compilers, in dem die zu löschenden bzw. zu setzenden Sicherungen anhand von Nummernschemata beschrieben sind,
- logische und physikalische Angaben zum Test des programmierten Logikbausteins, wobei der Test in der Regel im Programmiergerät durchgeführt wird,
- Formatangaben zur Kommunikation zwischen Entwicklungssystem und Programmiergerät.

Am Anfang einer JEDEC Datei steht ein Steuerzeichen STX (start of text), auf das ein beliebiger Text zur Kommentierung folgen kann, der mit einem * abgeschlossen wird. Danach kann die Sicherungsliste (Fuses) eingegeben werden, beginnend mit L, wie aus Tabelle 6.5 ersichtlich, gefolgt von der Fuse-Adresse und den Fuses. Eine Fuse-Adresse innerhalb der UND-Matrix kann für den GAL16V8 vermittels nachfolgender Beziehung bestimmt werden:

Fuse = Produktterm * Anzahl der Reihen + Reihe

Damit stellt der JEDEC-Code einen Standard für die Datenausgabe eines Assembler- oder Compilersystems dar. Der binäre Teil zur Programmierung eines Bausteins ist dabei nur dann interpretierbar, wenn der Bausteintyp bekannt ist.

Darüber hinaus ist der JEDEC-Code zum Test der Funktion eines programmierten Bausteins von großer Bedeutung. Eine Verifikation während des Programmiervorgangs beinhaltet lediglich den Vergleich zwischen programmierter und gelesener Sicherung (Fuse). Der Zusammenhang zur physikalischen Funktion eines Ausgangspins unter bestimmten Bedingungen muss dabei gesondert getestet werden. Der Test wird durchgeführt indem Eingangssignalkombinationen mit Soll-Ausgängen verglichen werden. Hierzu werden vom Entwicklungssystem sogenannte Testvektoren generiert, die im Programmiergerät beim Test für den Soll-Ist-Vergleich genutzt werden. Das JEDEC-Format umfasst die Angaben dieser Testvektoren sowie zusätzliche Formate für Zugriffszeiten, um auch die Geschwindigkeiten erfassen zu können. In Tabelle 6.5 ist ein Überblick über die JEDEC-Feldbezeichner angegeben. Die allgemeine Form eines Feldes im JEDEC-Code lautet

<field> ::= |<delimiter>| <filed identifier> {<field character>} '*',

wobei <delimiter> (<del>-Zeichen) optional ist. Die <field identifier> können aus den zugelassenen Zeichen der Tabelle 6.5 entnommen werden, weitere Zeichen wie B, E, H, I, J, K, M, O, U, W, Y und Z sind für zukünftige Erweiterungen reserviert.

Tabelle 6.5. JEDEC-Feldbezeichner

Kurzbezeichnung nach JEDEC	Bedeutung
(ohne)	Design Spezifikation
N	Bemerkung (Note)
QF	Anzahl der Fuses im Design
QP	Anzahl der Pins im Design
QV	Maximale Anzahl der Testvektoren
F	Default fuse Status
L	Fuse Liste
C	Fuse Checksumme
X	Default Testbedingungen (in Testvektoren)
V	Testvektor
P	Pinsequenz
D	Device (wird nicht mehr benutzt)
G	Security Fuse
R,S,T	Signatur Analyse
A	Access Time

Die zweite GAL-Generation besteht aus der GAL22V10-Familie, den GAL Bausteinen 18V10, 22V10 und 26CV12, sowie Derivaten der PALCE-Familie, dem PALCE22V10, 24V10 und 26V12. In Abb. 6.17 und Abb. 6.18, ist das Programmierschema des GAL 22V10 im Überblick dargestellt. Für diesen GAL stehen 10 I/O-Pins sowie 12 dezidierte Eingangsblockpins zur Verfügung. Wie bei den GAL Bausteinen der 1. Generation kann die OLMC im synchronen oder asynchronen Betriebsmodus betrieben werden, oder als zusätzlicher Eingangsblockanschluss konfiguriert sein, wobei Pin 1 die Doppelfunktion des Eingangs- und CLK-Pin zur Verfügung stellt. Die GAL-Bausteine der zweiten Generation haben keinen eigenständigen /OE-Input und keine eigenständigen Tristate-Bedingungen, d.h. sie sind für jeden Ausgang gesondert zu formulieren. Die Anzahl der ODER-Terme der OLMC variiert von 8 bis 16, womit dem Anwender mehr Flexibilität zur Verfügung steht, auch kann ein Pinwechsel Vorteile bringen, sofern die Anzahl der ODER-Terme an einem Pin nicht ausreicht. In Abb. 6.19. ist die Ausgangslogik Makrozelle OLMC der GAL22V10 Familie im Detail dargestellt, wobei auf die Besonderheit hingewiesen werden soll, dass die Rückkopplung des Ausgangspin im asynchronen Modus des OLMC direkt am Ausgangspin erfolgt. Im synchronen Fall wird direkt am Register rückgekoppelt. Darüber hinaus verfügen die GAL der 22V10-Familie über zwei interne Signale, den asynchronen Reset (AR = Asynchronous Reset) und den synchronen Preset (SP = Synchronous Preset (SP). Der asynchrone Reset setzt die internen Flipflops bei logisch 1 als Ergebnis der Verknüpfung zurück, so dass an den Pins der Wert logisch 1 anliegt. Der synchrone Preset setzt mit CLK (Pin 1) den Ausgang Q auf logisch 1, den physikalischen Pin also auf logisch 0. Diese Eigenschaften können vorteilhaft bei der Realisierung von State Machines eingesetzt werden, wie bei dem in Abschn. 3.2.1 angegebenen Beispiel gezeigt, wo das STOP-Signal, das den Motorcontroller in den Zustand BRAKE versetzt, mit dem asynchronen Reset realisiert wurde.

In Tabelle 6.6 ist zusammenfassend die interne Informationen der Fuse-Adressen, welche für die Programmierung der GAL22V10-Familie wichtigen Feldbezeichnungen beinhaltet, angegeben.

Tabelle 6.6. JEDEC Adressen für die GAL22V10-Familie

GAL-Typ	Fuse-Adresse	Funktion
GAL18V10	0000 - 3455	UND-Matrix
	3456 - 3475	S0/S1-Bit für die Ausgänge 19 ... 9
	3476 - 3539	UES
GAL22V10	0000 - 5807	UND-Matrix
	5808 - 5827	S0/S1-Bit für die Ausgänge 23 ... 14
	5828 - 5891	UES
GAL26CV12	0000 - 6343	UND-Matrix
	6344 - 6367	S0/S1-Bits für die Ausgänge 27... 15
	6368 - 6431	UES

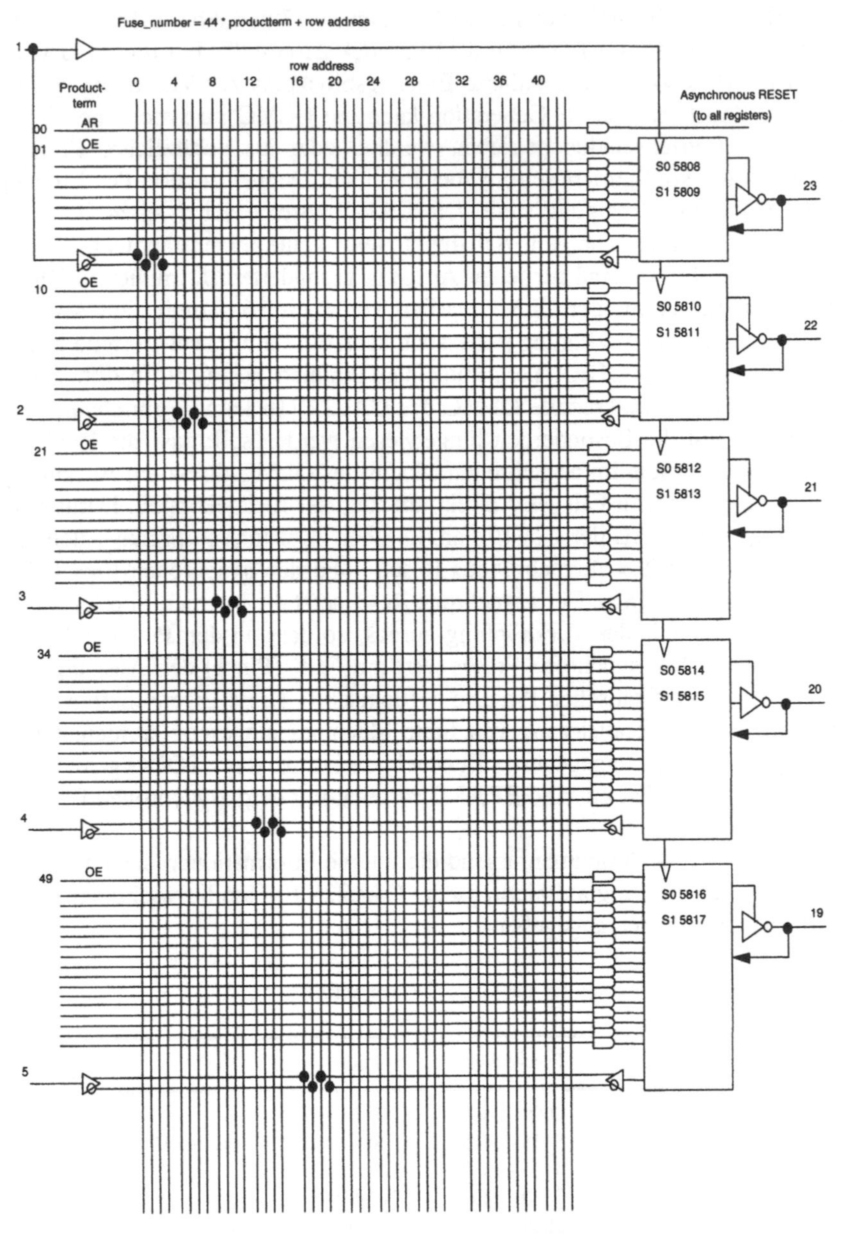

Abb. 6.17. GAL22V10 Fusemap (Teil 1)

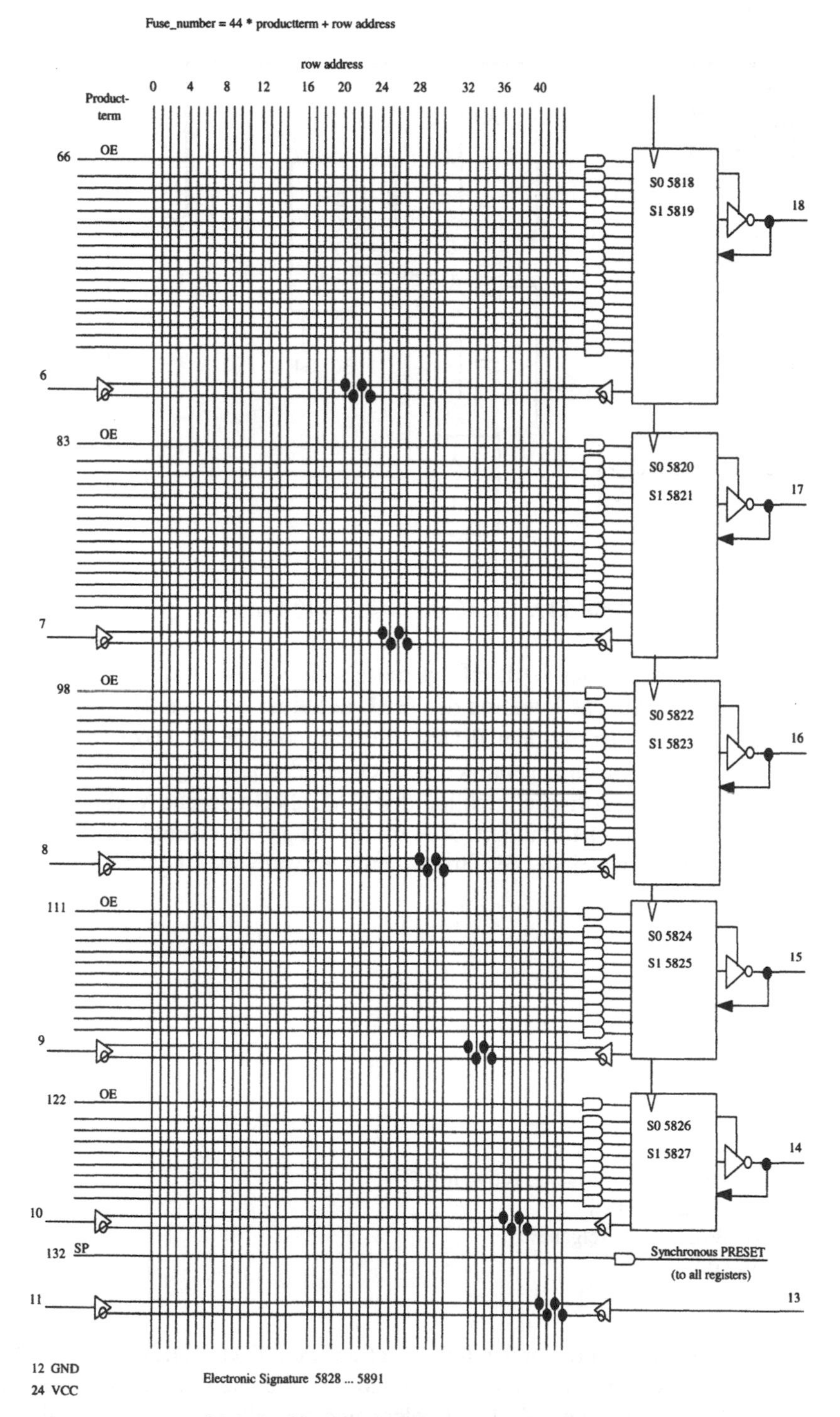

Abb. 6.18. GAL22V10 Fusemap (Teil 2)

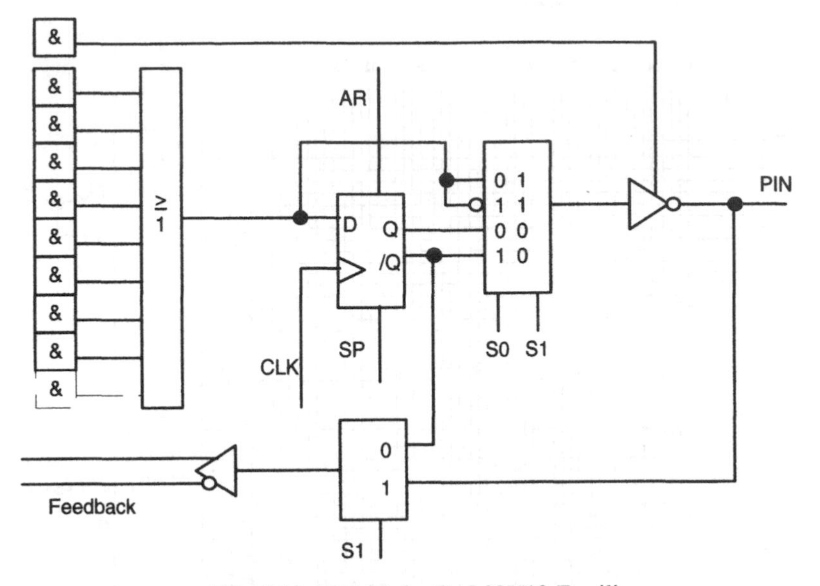

Abb. 6.19. OLMC der GAL22V10-Familie

Die Programmierung des GAL erfolgt mittels eines GAL Assembler, mit dem die anwendungsspezifische Funktion des GAL auf einer höheren Ebene beschrieben werden kann, als es mit dem JEDEC-Format möglich ist. Dazu werden den Anschlüssen (Pins) Namen zugeordnet die sich auf das jeweilige Signal beziehen und die anwendungsspezifische Funktion des GAL als Boolesche Verknüpfung in disjunktiver Normalform formuliert. Aus diesen Angaben erzeugt der GAL Assembler eine JEDEC-Datei, die der Programmiersoftware als Eingabe dient.

Beispiel 6.2.

```
*IDENTIFICATION
 Beispiel;
*TYPE
 GAL!6V8;
*PINS
 /E1=2,
  E2=3,
 /E3=4,
 /A.t=19;      %Tristate-Ausgang; active low%
*BOOLEAN-EQUATIONS
 A.e=E1&E2&/E3    %Freigabe%
 /A=/E1+/E2+E3
*END■
```

Wie aus dem Beispiel 6.2 ersichtlich, folgt auf den Text *IDENTIFICATION, dieser beginnt in der ersten Spalte, ein bis zu acht Zeichen langer Text, der als UES des GAL in der JEDEC-Datei abgelegt und mit einem „ ; “ abgeschlossen wird. Unter *TYPE wird der Typ des verwendeten GAL Bausteins eingetragen.

Auf die Bezeichnung *PINS folgen die Pindeklarationen, die jeweils durch ein „ , “ getrennt werden, während hinter der letzten Angabe ein „ ; “ steht. Das .t hinter dem Ausgangsbezeichner A kennzeichnet einen Tristate-Ausgang. In derselben Zeile wird, unter Nutzung des Prozentzeichens, dieses leitet Kommentare ein und beendet sie, als Kommentar die Belegung als Tristate-Ausgang dokumentiert. Neben der Angabe von „ .t “ für den Tristate-Ausgang ist auch die Angabe „ .r “ für den Registerausgang möglich. Der nächste Abschnitt wird durch *BOOLEAN-EQUATIONS eingeleitet und mit *END abgeschlossen. Er enthält die booleschen Funktionen in disjunktiver Normalform. Hierbei wird gemäß der Syntax für GAL Bausteine das Symbol „ / “ für die Negation, das Symbol „ & “ für die UND-Verknüpfung und das Symbol „ + “ für die ODER-Verknüpfung verwendet. Bei Tristate-Ausgängen wird der erste Produktterm der Ausgangslogik Makrozelle durch Angabe von „ .e “ an den Anschlussnamen (Pin) als logische Funktion angegeben. Eine ODER-Verknüpfung bzw. eine Negation der linken Seite ist damit nicht möglich. Die Angabe Freigabe in der A.e Zeile beschreibt damit wann der Tristate-Ausgang in Abhängigkeit der Eingangsvariablen getrieben wird, hier bei E1 und E2 aktiv und E3 inaktiv. Das GAL-Programmierbeispiel 6.2. wird mit Hilfe eines GAL-Programmiergeräts in das GAL eingebrannt. Der dafür erforderliche Datentransfer wird im seriellen Modus über die Anschlüsse SDIN (9) und SDOUT (12) des GAL durchgeführt, wobei der Anschluss SCLK (8) als Takt dient. Die in Klammern angegebenen Zahlen geben die entsprechenden Pinbelegungen für das GAL16V8 an.

Im Folgenden wird ein Beispiel für einen Geschwindigkeiten Controller eines Motors angegeben, der auf der in Beispiel 3.9 angegebenen FSM-Darstellung, in Abschn. 3.3.1, aufbaut

Beispiel 6.3.
Der Controller gibt anhand seiner Eingangsinformationen:

RPM3 .. RPM0	als digitalisierte 4-Bit-Geschwindigkeit,
START	als Startknopf, aktiv high,
STOP	als Stoppknopf, aktiv low,

und dem momentanen Registerstand Q2 .. Q0, an diesen die Informationen über den Lauf des Motors aus, wobei folgende Zuordnung gilt:

Q2 .. Q0 0, 0, 0	Idle-Zustand,	keine Bewegung,
	0, 0, 1	Langsamer Lauf,
	0, 1, 1	Schneller Lauf,
	1, 1, 1	Bremst zur Zeit auf 0.

Die Informationen zwischen langsam und schnell unterscheidet sich durch die Geschwindigkeit an RPM3 .. RPM0, wobei Werte ≥ 10 als schnell gelten sollen.

Bei Betätigen der Stopp-Taste wird der Zustand Bremsen solange angezeigt, bis der Motor zum Stillstand gekommen ist, dann liegt Idle am Ausgang. Zur Realisierung der Funktion des sofortigen Setzens von BRAKE, wird der asynchrone Reset der GAL22V10-Familie verwendet.

```
/* Beschreibung der Ausgangs-Pins in Form logischer Gleichungen
*/

ON    =     Q0 + Q1 + Q2                ; ON zeigt an, ob ein Ausgang von; Qx
auf High liegen (!= IDLE)

AR    =     STOP                        ; asynchroner Reset

Q0    :=    /Q0 * /Q1 * /Q2 * START; Startbedingung -> Slow
            + Q0 * /Q1 * /Q2            ; sonst unverändert
            + Q0 * Q1 * /Q2
            + RPM3 * Q0 * Q1 * Q2       ;
            + RPM2 * Q0 * Q1 * Q2       ;
            + RPM1 * Q0 * Q1 * Q2       ;
            + RPM0 * Q0 * Q1 * Q2       ;

Q0.TRST=    OUT_EN          ; Aktivschaltung

Q1    :=    Q0 * /Q1 * /Q2 * RPM3 * RPM2                ; RPM ≥ 10,
            + Q0 * /Q1 * /Q2 * RPM3 * RPM1;             dann slow -> fast
            + Q0 * Q1 * /Q2 * /STOP * RPM3 * RPM2       ; fast erhalten
            + Q0 * Q1 * /Q2 * /STOP * RPM3 * RPM1       ; bei RPM >= 10
            + Q0 * Q1  * /Q2 * STOP             ; BRAKE-Bedingung
            + RPM3 * Q0 * Q1 * Q2       ;
            + RPM2 * Q0 * Q1 * Q2       ;
            + RPM1 * Q0 * Q1 * Q2       ;
            + RPM0 * Q0 * Q1 * Q2       ;

Q1.TRST=    OUT_EN          ; Aktivschaltung

Q2    :=    Q0 * Q1 * /Q2 * STOP                ; STOP: fast -> brake
            + RPM3 * Q0 * Q1 * Q2       ;
            + RPM2 * Q0 * Q1 * Q2       ;
            + RPM1 * Q0 * Q1 * Q2       ;
            + RPM0 * Q0 * Q1 * Q2       ;

Q2.TRST=    OUT_EN          ; Aktivschaltung■
```

6.2.5 Anwender programmierbare Logik Array Bausteine (FPLA)

FPLA (Field Programmable Logic Array) haben für den Anwender zugängliche programmierbare UND- und ODER-Matrizen, weshalb diese Bausteine eine verbesserte Flexibilität und einen höheren Ausnutzungsgrad als die PAL bzw. GAL Bausteine aufweisen. Mit der verfügbaren größeren Komplexität steigt allerdings auch ihr Preis. In Abb. 6.20 ist die FPLA-Struktur schematisch dargestellt.

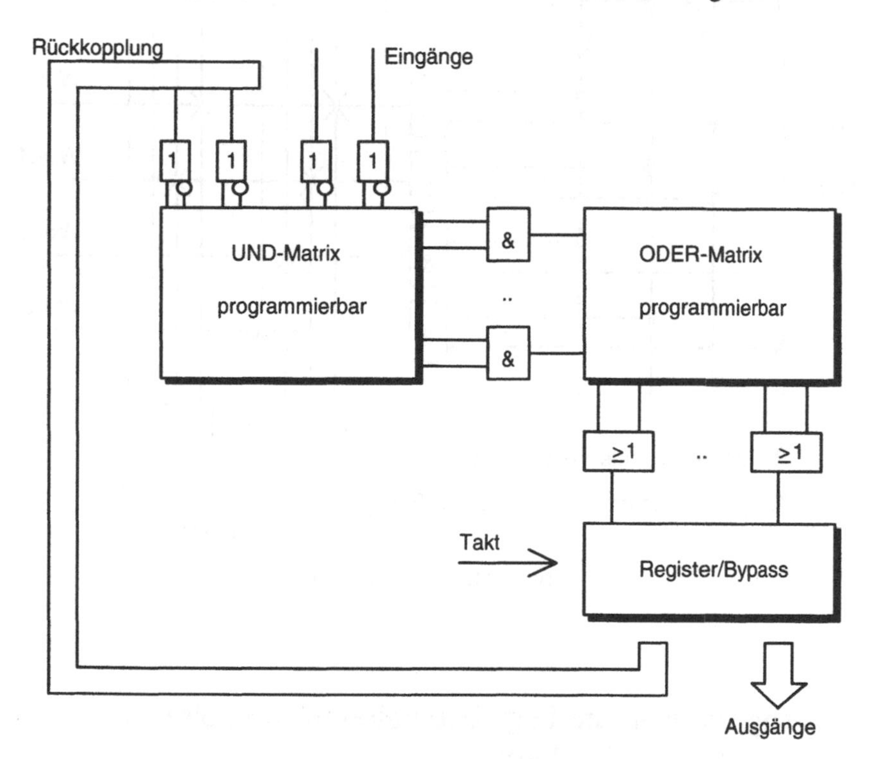

Abb. 6.20. FPLA-Struktur

6.2.6 Programmierbare Nur-Lese-Speicher (PROM)

Das PROM (PROM = Programmable Read Only Memory) besteht aus einer UND-Matrix, mit festen Verknüpfungen für die Adressen, einer durch den Anwender programmierbaren ODER-Matrix, in der die Daten abgelegt werden. Die Kreuzungspunkte in den aus UND- und ODER-Matrix gebildeten Feldern sind über Sicherungen miteinander verbunden, die während des Programmiervorgangs an den entsprechenden Stellen durchgebrannt werden können. Durch diesen Vorgang wird die Verbindung zwischen horizontaler und vertikaler Leitung unterbrochen, die Dekodierung dieser Adresse liefert am Ausgang den Wert 0. Spezielle Eingangs- und Ausgangsblöcke sind in der Regel nicht vorhanden, mit Ausnahme einer Chip-Enable bzw. Output-Enable-Schaltung, die alle Ausgänge gleichzeitig aktiv schaltet. Abb. 6.21 zeigt den internen Aufbau eines PROM mit den beiden Adressleitungen I0 und I1, die im dargestellten Beispiel 4 Zeilen ansprechen können, mit den beiden Ausgängen O0 und O1.

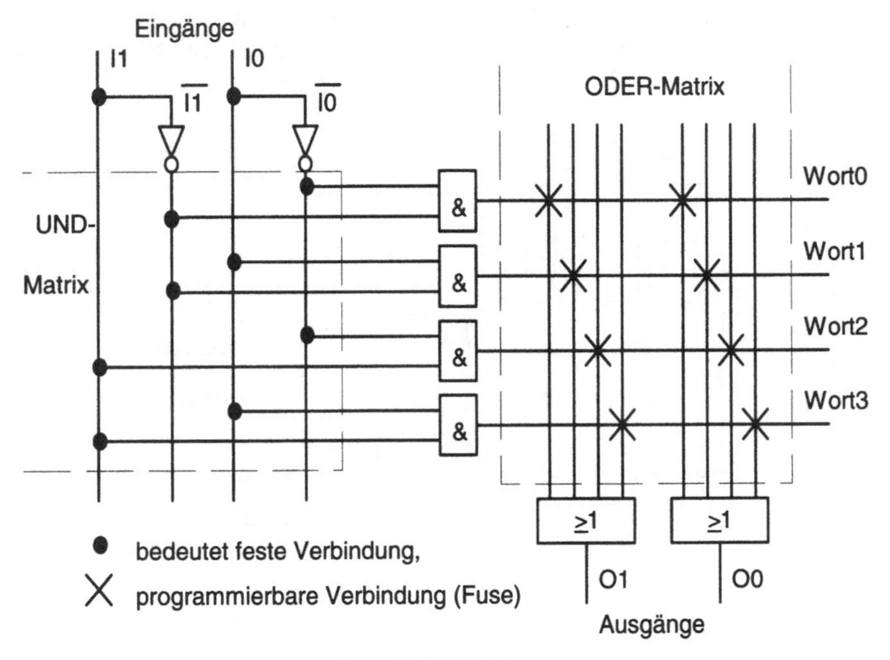

Abb. 6.21. PROM-Struktur

6.3 Programmierbare Logikbausteine mit komplexen Verbindungsstrukturen

6.3.1 Complexe Programmierbare Logikbausteine (CPLD)

CPLD (CPLD = Complex Programmable Logic Device) markieren die Weiterentwicklung der PLD Bausteine mit geringerer Dichte in Richtung größerer Gatterdichten. CPLD basieren ebenfalls auf einer Blockstruktur, wobei sie zusätzlich eine weitere geblockte Struktur verwenden, einen Logikblock 2. Ordnung. Dessen Logikblöcke 1. Ordnung stimmen einerseits mit denen der PAL Bausteine überein, andererseits ermöglichen sie aber, bei vergleichbarer Gatterzahl, eine höhere Ausnutzung der internen Ressourcen, als dies bei den PAL Bausteinen der Fall ist. Dies ist möglich geworden durch Weiterentwicklungen der Verbindungstechnologie, der Verbindungsarchitektur sowie der Architektur der programmierbaren Logikblöcke 1. Ordnung. Insbesondere bei PLD Bausteinen hoher Dichte spielt die Verbindungstechnologie eine zentrale und gleichzeitig kritische Rolle, da sie entscheidend auf die grundlegende Architektur und die globale Leistungsfähigkeit des jeweiligen Bausteins Einfluss nimmt. Damit wird bei PLD Bausteinen hoher Dichte immer ein Optimum zwischen Technologie und Granularität angestrebt. In Abb. 6.22 ist die prinzipielle Struktur eines CPLD Bausteins, die MACH445, dargestellt. Wie aus Abb. 6.22 ersichtlich, weist der Baustein von PAL bzw. GAL Bausteinen bekannten Block-Strukturen auf, die untereinander über eine Schaltmatrix (Central Switch Matrix) gekoppelt sind. Die im abgebildeten Baustein vorhandenen PAL-Blöcke basieren auf der Struktur des PAL33RA16, allerdings in achtfacher Anzahl, womit sich die Struktur des MACH445 als kompakte und mit größerer Flexibilität versehene Architektur darstellt.

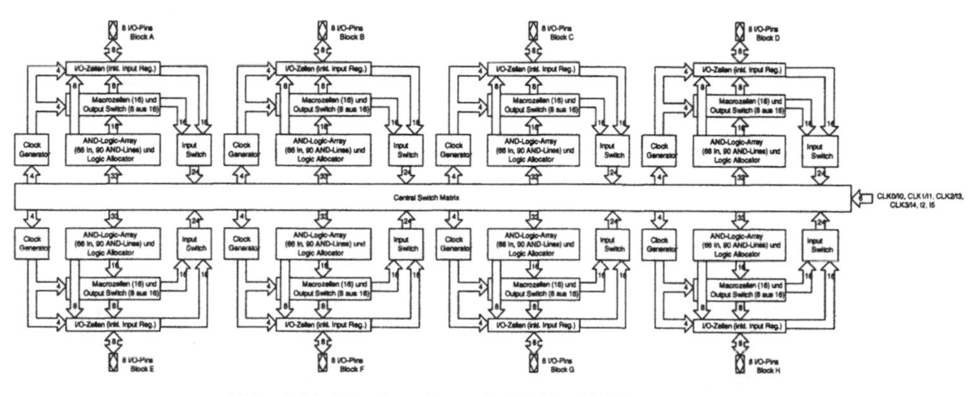

Abb. 6.22. Blockstruktur des MACH 445

In Abb. 6.23 ist die Struktur des PAL dargestellt, wie sie innerhalb des MACH-Bausteins Anwendung findet. Neben der UND-Matrix ist auch die ODER-Matrix durch einen sog. Logic Allocator programmierbar. Im Unterschied zur klassischen PAL Struktur, wo eine Konjunktion einer Disjunktion zugeordnet ist, kann bei MACH Bausteinen eine Konjunktion beliebig vielen Disjunktionen zugeordnet werden. Durch strikte Trennung von Makrozellen und I/O-Zellen können Makrozellen auch als interne Register genutzt werden, wobei als Eingang benutzte Pins keine Makrozellen blockieren, da eine evtl. erforderliche Eingangsregisterfunktion ebenfalls in die I/O-Zellen verlagert ist. Jeder PAL-Block bietet eine entsprechende Anzahl interner Register bzw. asynchroner Verknüpfungsfunktionen an, die für den Aufbau komplexer Zustandsautomaten sehr hilfreich sind. Jeder Makrozellenausgang kann dabei als kombinatorische sequentielle Logikfunktion, als Latch, als D-, T-, JK- oder RS-Flipflop etc. konfiguriert werden. Ein weiterer wesentlicher Unterschied dieses Baustein liegt in seiner Taktgenerierung für die einzelnen Register. Es werden 4 Takteingänge, CLK0 ... CLK3, genutzt um intern 8 globale Taktsignale, CLK0 ... CLK3, sowohl invertiert als auch nicht-invertiert, verfügbar zu haben. Aus den acht Signalen stehen pro PAL-Block vier Signale zur Verfügung.

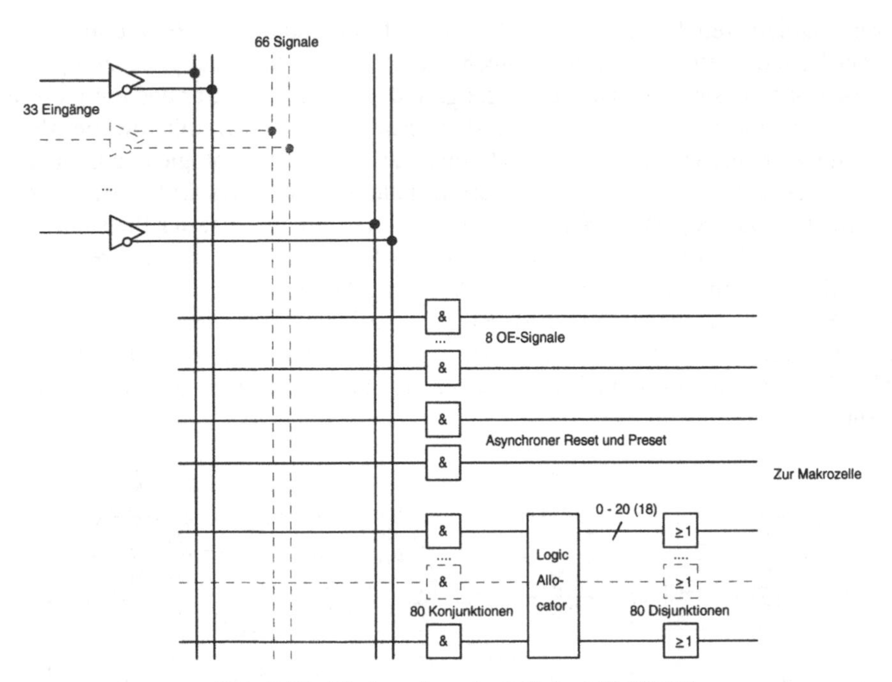

Abb. 6.23. Blockstruktur des PAL im MACH445

Im System programmierbare Logikbausteine, die sogenannten ispLSI Bausteine (ispLSI = In System-Programmable Large Scale Intergation), stellen einen weiteren CPLD Bausteintyp dar. In Abb. 6.24 ist deren prinzipielle Struktur dargestellt. Der Baustein besteht aus vier Megablöcken, die wiederum Logikblöcke 1. Ordnung darstellen. Zu einem Megablock gehört ein Ausgangsverbindungsnetz ORP (ORP = Output Routing Pool), zwei dezidierte Eingänge und 16 I/O-Zellen. Megablöcke sind über das globale Verbindungsnetz GRP (GRP = Global Routing Pool) miteinander verbunden. Ein Megablock weist 18 Eingangssignale auf, die jeweils invertiert werden, wobei jedes Eingangssignal aus einer I/O-Zelle über das globale Verbindungsnetz GRP in den Block gekoppelt wird. Aus diesen 36 Signalen können innerhalb eines Blocks 160 Konjunktionen gebildet werden. Zu diesem Zweck ist der Megablock in 8 sogenannte generische Logik Blöcke GLB (GLB = Generic Logic Block) eingeteilt, wobei jeder GLB 20 Konjunktionen bilden kann, die mit maximal 4 Disjunktionen verknüpft werden, wobei mehrere Konjunktionen pro Disjunktion möglich sind. In einer zweiten Zusammenfassung können bis zu 20 Konjunktionen pro Disjunktion zu einem logischen Konstrukt verknüpft werden, wodurch sich die Anzahl der Disjunktionen pro GLB auf 1 verringert. Innerhalb des generischen Logik Blocks eines Megablocks kann, als Konjunktion, ein gemeinsames OE-Signal für den Megablock erzeugt werden.

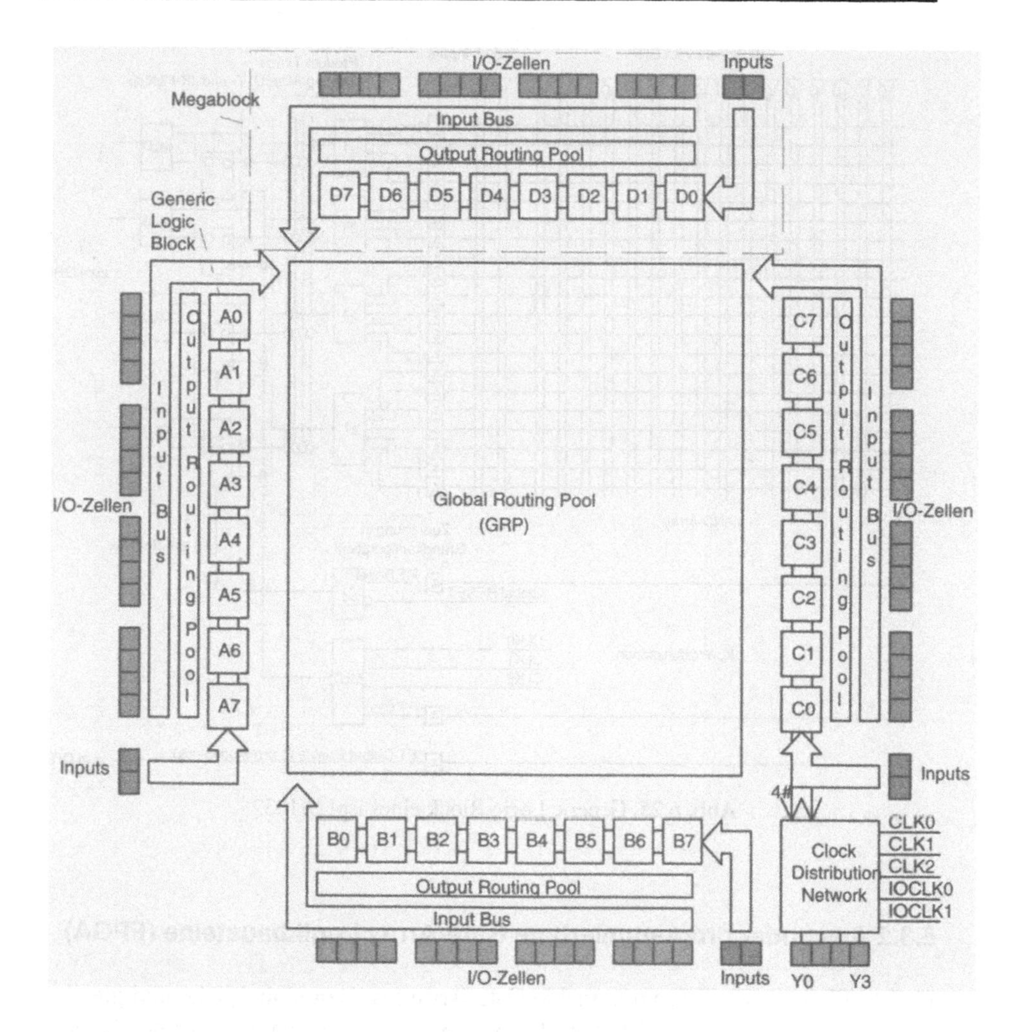

Abb.6.24. Blockdiagramm des ispLSI1032

Weiterhin kann für jeden GLB ein spezielles Reset- und Taktsignal erzeugt werden, wiederum durch eine Konjunktion. Die Register des GLB können als D-, T- und JK-Flipflop konfiguriert werden. Der Megablock entspricht von seiner Struktur her einem PAL18RA32, ein GLB demgegenüber einem PAL18RA4, wie aus der prinzipiellen Darstellung in Abb. 6.25 ersichtlich. Die I/O-Zellen des ispLSI bestehen aus bidirektionalen Treibern, die optional einen invertierten Ausgang erzeugen. Sie sind durch ein Tristate-Signal aktiv bzw. passiv schaltbar. Zusätzlich sind Eingangsregister vorhanden, die als Latch oder D-Flipflop konfiguriert werden können und durch eigene Eingangstaktsignale eine gezielte Datenübernahme sicherstellen.

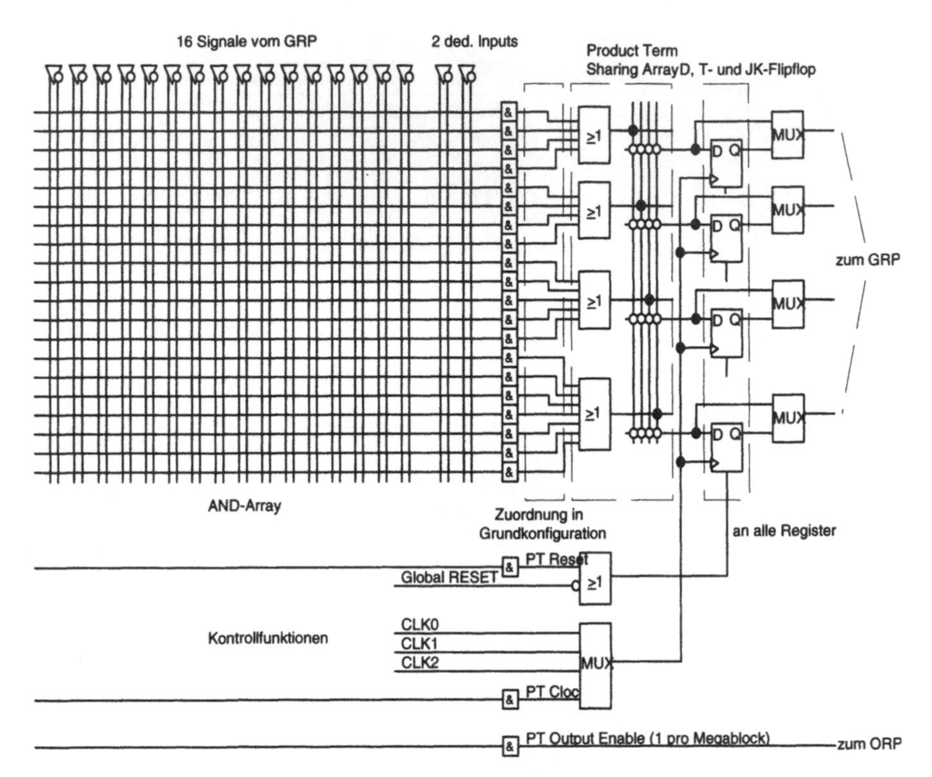

Abb. 6.25. Generic Logic Block eines ispLSI1032

6.3.2 Anwender programmierbare Gate-Array Logikbausteine (FPGA)

FPGA (FPGA = Field Programmable Gate Array) weisen einheitliche und gleichförmige Strukturen auf, wobei zwischen vier Klassen unterschieden werden kann:

- symmetrische Arrays,
- Array Reihen,
- Sea-of-Gates,
- hierarchische PLD.

Damit FPGA über mehr als 10^5 programmierbare Elemente auf einem Chip verfügen, müssen die programmierbaren Elemente folgende Eigenschaften erfüllen:

- minimale Chipfläche,
- niedriger EIN und hoher AUS Widerstand,
- geringe parasitäre Kapazitäten.

FPGA werden von mehreren Herstellern angeboten, wobei die Programmierung durch SRAM, EPROM, EEPROM oder Anti-Fuse Technologie realisiert wird. So unterscheiden sich die symmetrischen Arrays von Xilinx und Quick Logic dahingehend, das Xilinx die SRAM Technologie zur Programmierung einsetzt, während Quick Logic eine Anti-Fuse Technologie entwickelt hat (s. Abschn. 6.5.3). Die programmierbaren Elemente der SRAM Technologie werden, wie in Abb. 6.26 gezeigt, durch Transistoren (a), Datentore (b) oder Multiplexer (c) realisiert, die von SRAM Zellen synchronisiert werden.

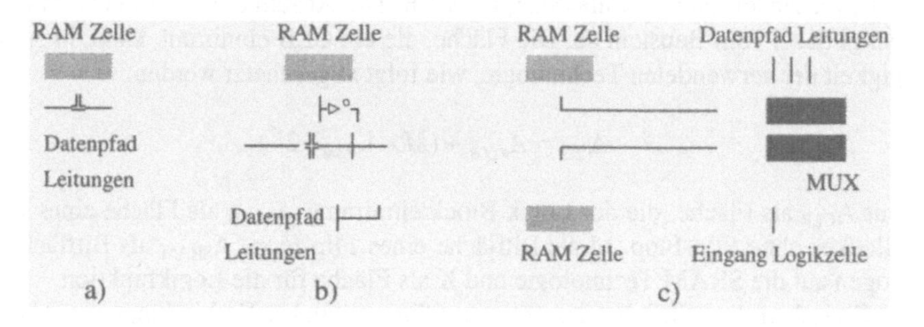

Abb. 6.26. SRAM Technologie zur Baustein Programmierung

Die in Abb. 6.26 dargestellte Architektur der Xilinx FPGA, besteht aus:

- konfigurierbaren Logikblöcken CLB (CLB = Configurable Logic Block),
- Eingang-Ausgang Blöcken (I/O Block).

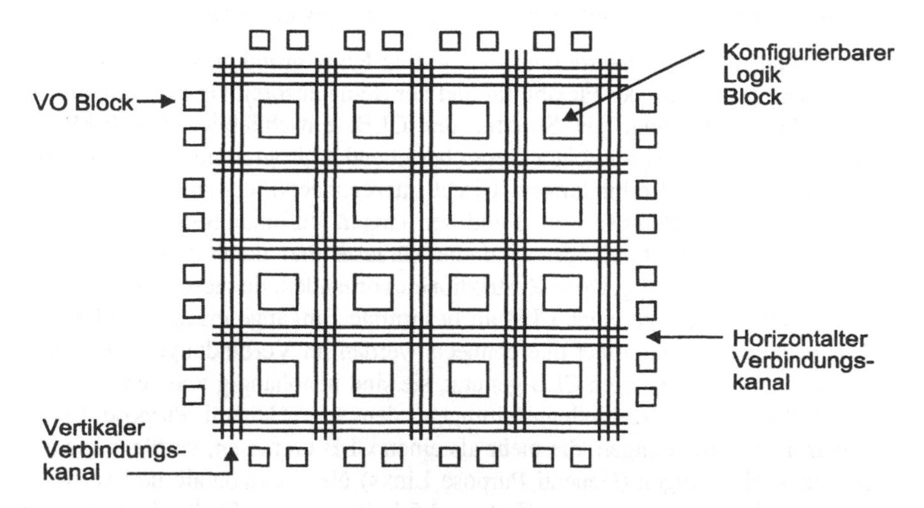

Abb. 6.27. Allgemeines Architekturkonzept der Xilinx FPGA

Die konfigurierbaren Logikblöcke sind ihrerseits aus den Grundelementen Eingabeblock, Ausgabeblock und Logikverknüpfung zusammengesetzt, die innerhalb des FPGA die kleinsten programmierbaren Einheiten darstellen. In Abb. 6.28 ist der schematische Aufbau derartiger Zellen exemplarisch für einen Xilinx der schematische Aufbau derartiger Zellen exemplarisch für einen Xilinx FPGA dargestellt. Intern bestehen die CLB aus kombinatorischen sequentiellen Logikelementen, womit die Eingänge .a ... .e sowie die Ausgänge QX und QY in beliebiger Weise zweifach miteinander kombiniert werden können. Das an den Ausgängen erscheinende Signal kann dabei aus den logischen Verknüpfungen des CLB entstanden sein und kombinatorisch bzw. getaktet anliegen, oder aber das gespeicherte Signal .di darstellen. Steuersignale für die CLB sind .ce (Clock Enable), .k (clock) sowie .rd, asynchroner Reset direkt. Diese Signale steuern, bei entsprechender interner Zulassung, die CLB. Die Anzahl der CLB in einem FPGA hängt dabei vom Baustein ab. Die Fläche, die ein CLB einnimmt, kann, in Abhängigkeit der verwendeten Technologie, wie folgt abgeschätzt werden:

$$A_{CLB} = A_{RLLB} + (M \cdot A_{SRAM} \cdot 2^{K})$$

mit A_{CLB} als Fläche, die der Logik Block einnimmt, A_{RLLB} als Fläche eines Logik Blockes ohne Flip-Flop, M als Bitfläche eines Flip-Flop, A_{SRAM} als Bitfläche bezogen auf die SRAM Technologie und K als Fläche für die Logikfunktion.

Zwischen den CLB besteht ein zweidimensionales Verbindungsnetz, das aus horizontalen und vertikalen Verbindungselementen besteht, deren Anschlüsse untereinander programmierbar sind. Die Verbindungen ihrerseits sind wiederum unterteilt in:

- Short Lines für kurze Verbindungen, d.h. direkte Verbindungen (Direct interconnect) und allgemeine Verbindungsleitungen (General Purpose interconnect),
- Long Lines für lange Verbindungswege, d.h. Chip weite Verbindungen.

Der Grund für diese Unterteilung ist vor dem Hintergrund zu sehen, eine optimale Lösung bezüglich der Flexibilität und der Signalausbreitung im Chip zu realisieren. Abb. 6.29 zeigt die Struktur der CLB, einschließlich Schalt-Matrix (Switch Matrix) und der zwischen diesen bestehenden programmierbaren Verbindungen, den direkten Verbindungen (Direct Interconnects), den allgemeinen Verbindungen (General Purpose Links) und den langen Verbindungswegen (Longlines). Die direkten Verbindungen sind die kürzeste und damit effektivste Verbindung. Allerdings sind gewisse Restriktionen vorhanden, da diese Verbindungen nur bestimmte Ausgänge eines CLB an bestimmte Eingänge eines benachbarten CLB herstellen können. Direct Interconnects werden für Verbindungen von einem CLB zu seinem benachbarten CLB genutzt, sie sind unabhängig von den Ressourcen der allgemeinen Verbindungsleitungen, den sog. General Purpose Links, schaltbar. Für Verbindungen, die mehr als einen CLB umfassen, verfügen die allgemeinen Verbindungen (General Purpose Links) über horizontale und vertikale Leitungen, mit vier Leitungen pro Zeile und 5 Leitungen pro Spalte. In ihnen sind Schaltmatrizen eingefügt (Switching Matrix), welche die Verbindung der CLB ermöglichen. Diese Schaltmatrizen sind auf unterschiedliche Weise konfigurierbar. Die mittels allgemeiner Verbindungsleitungen verbundenen Elemente weisen dabei auf den Datenpfad bezogene Verzögerungen auf, da jedes dieser Leitungssegmente den Datenpfad Schalter (Routing Switch) der Schaltmatrix passieren muss. Die allgemeinen Verbindungsleitungen reichen von einem Interconnect Switch zum nächsten und können an diesen, entsprechend programmiert geschaltet werden. Das Konzept der programmierbaren Verbindungen weist eine große Flexibilität auf, hat jedoch den Nachteil, entsprechend langer und unbestimmter Laufzeiten der Signale. Die auf dem Chip vorhandenen sogenannten Long Lines, die neben den allgemeinen Verbindungsleitungen über die gesamte Länge des Chips verlaufen, dienen der verzögerungsarmen Verbindung weit voneinander entfernter CLB, allerdings ist ihre Anzahl begrenzt. Die Verknüpfungsmöglichkeiten der CLB, die aus den internen Verbindungsstrukturen resultiert, ermöglichen eine sehr große Flexibilität beim Entwurf. Allerdings zwingt diese Flexibilität den Anwender dazu, auf einer grafischen Eingabe, mit den für diese Bausteine speziellen Eingabemedien aufzusetzen, da nur so die effiziente Nutzung der CLB gewährleistet ist.

Die sog. I/O-Blöcke stellen die Verbindung nach außen dar. Jeder I/O-Block kann für die Dateneingabe, die Datenausgabe oder aber für den bidirektionalen Datenaustausch programmiert werden, wobei die Daten im I/O Block auch zwischengepuffert werden können. Abb. 6.30 zeigt exemplarisch, den Aufbau der I/O-Blöcke für den XC3000 FPGA Baustein von Xilinx.

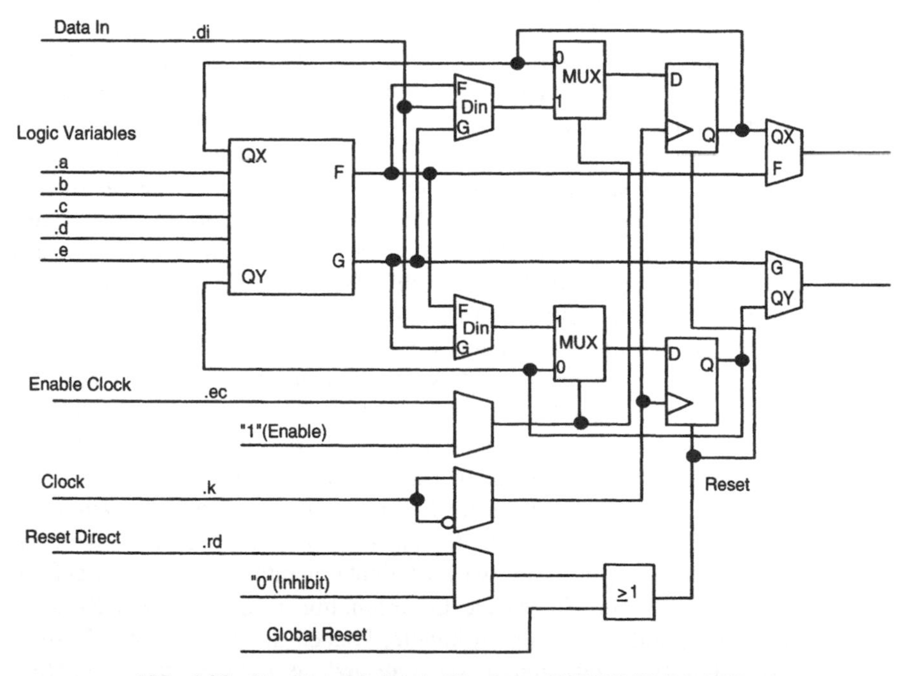

Abb. 6.28. Configurable Logic Block des XC3000 FPGA (Xilinx)

Der Xilinx FPGA wird in einer sogenannten Start-up-Phase konfiguriert. Dabei wird das die Konfiguration beschreibende Programm, aus einem externen ROM, in eine Chip interne Matrix, aus statischen RAM-Zellen, geschrieben. Diese Matrix liegt in einer Schicht unter der vom Anwender zu programmierenden CLB. Bei der Konfiguration kann zwischen zwei Möglichkeiten gewählt werden, entweder wird das Konfigurationsprogramm seriell aus einem externen seriellen PROM geladen, oder aber über einen parallelen Port aus einem externen EPROM. Auf Befehl kann der FPGA während des Betriebs umkonfiguriert werden und eine andere logische Funktion übernehmen.

Die Beschreibung der anwendungsbezogenen Logikfunktion des FPGA ist abhängig vom Baustein. Sie kann nicht ohne weiteres auf andere Bausteine übertragen werden. Zur Funktionsbeschreibung und Programmierung der Xilinx FPGA werden in der Regel integrierte Entwurfswerkzeuge eingesetzt (XACT = Xilinx Automatic CAE Tool). Diese umfassen einen Entwurfs-Manager, der für den Aufruf der für die verschiedenen Entwurfschritte erforderlichen Programme zuständig ist und einen Entwurfs Editor, mit dem auf der Ebene der CLB und der programmierbaren Verbindungswege, ein feinerer Entwurf durchgeführt werden kann. Der Entwurfsprozess für eine bestimmte Logikanwendung mit einem Xilinx FPGA gliedert sich damit in drei Segmente:

- Entwurfseingabe (Design Entry),
- Entwurfsimplementation (Design Implementation),
- Entwurfsverifikation (Design Verification).

Die Entwurfseingabe besteht in der Eingabe des Funktionsschema für die Anwendung. Dafür wird ein entsprechender Entwurfseditor verwendet, z.B. Viedraw, OrCAD, Veribest, FutureNet, etc., mit dem das Logikschema der Anwendung, auf Grundlage von Grundbausteinen (logische Funktionen), Makros (Zähler, Register, Flip-Flop) und Verbindungsleitungen entworfen wird. Damit ist in der Ausgabedatei des Entwurfseditors die schematische Beschreibung der Anwendung abgebildet. Sie wird, mit einem spezifischen Schnittstellenprotokoll, auf das bausteinspezifische Format gebracht (z.B. XNF = Xilinx Netlist File), welches alle erforderlichen Informationen über den Entwurf enthält.

Während der Entwurfsimplementation wird das eingegebene Funktionsschema schrittweise auf die Architektur des FPGA Bausteins übertragen. Dabei wird der Entwurf zunächst auf logische Fehler überprüft, beispielsweise auf fehlende Verbindungen an einem Gatter. Im Anschluss daran werden unnötige Logikanteile entfernt, was den aus Kap. 3 bekannten Minimierungsverfahren für den Logikhardwareentwurf entspricht. Als nächster Schritt wird die logische Funktion des Entwurfs auf die Elemente des FPGA, d.h. auf die konfigurierbaren Logikblöcke CLB und die IOB übertragen. Dazu wird die Funktionalität des Entwurfs auf die einzelnen Blöcke aufgeteilt. Sofern die Logikfunktion in die auf dem Baustein vorhandenen Blöcke aufgeteilt werden konnte, können die notwendigen Verbindungen ausgewählt (Routing) und in die entstandene Entwurfsdatei eingefügt werden. Aus dieser Datei wird mittels eines spezifischen Place-and-Route Algorithmus (Place-and-Route = Platzieren und Verbinden) das entsprechende Konfigurationsprogramm für den FPGA erzeugt.

Die Entwurfsverifikation beinhaltet die Simulation der Funktionalität bzw. des zeitlichen Verhaltens während der Schemaeingabe.

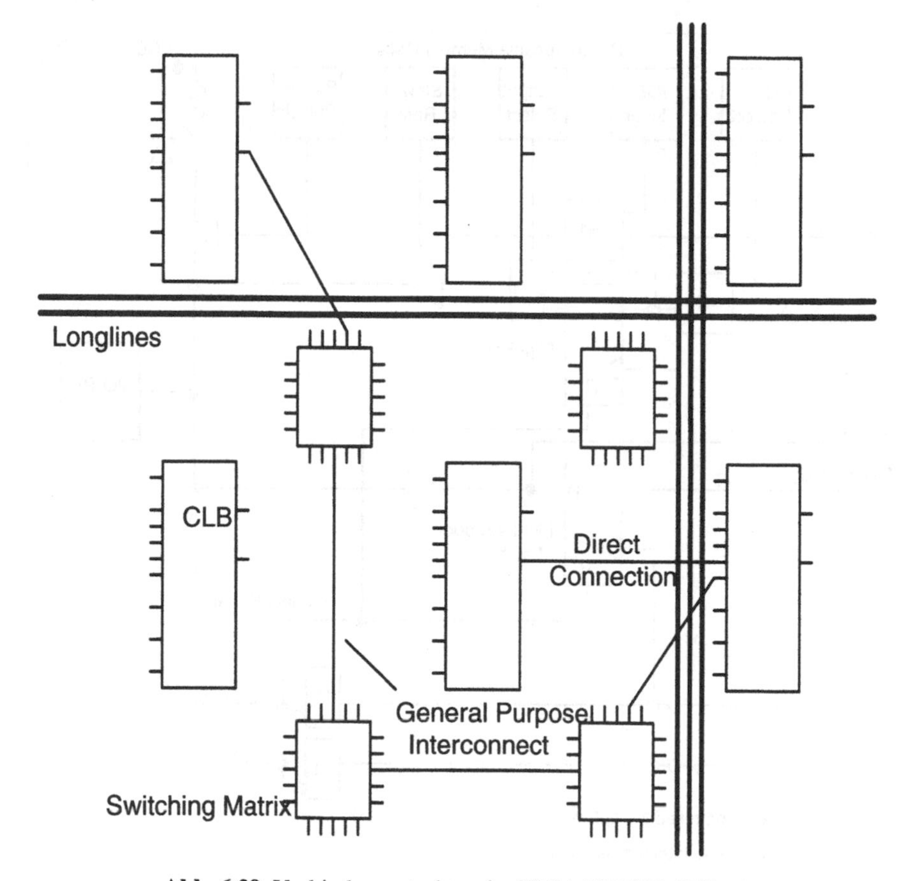

Abb. 6.29. Verbindungsstruktur des FPGA XC3000 (Xilinx)

Im Vergleich zu den großen konfigurierbaren Logigblöcken CLB der Xilinx FPGA basiert die Architektur der Actel FPGA, dargestellt in Abb. 6.31, aus Reihen mit kleinen, einfachen Logik Modulen (LM = Logic Module) und Eingangs-Ausgangs-Blöcken (I/O Block). Zwischen den Logik Modulen besteht ein zweidimensionales Verbindungsnetz, das aus horizontalen und vertikalen Verbindungen besteht, deren Anschlüsse programmierbar sind. Die Verbindungsressourcen sind unterteilt in:

- Eingangssegmente (input segments),
- Ausgangssegmente (output segments),
- Taktleitungen (clock tracks),
- Verbindungssegment (wiring segment).

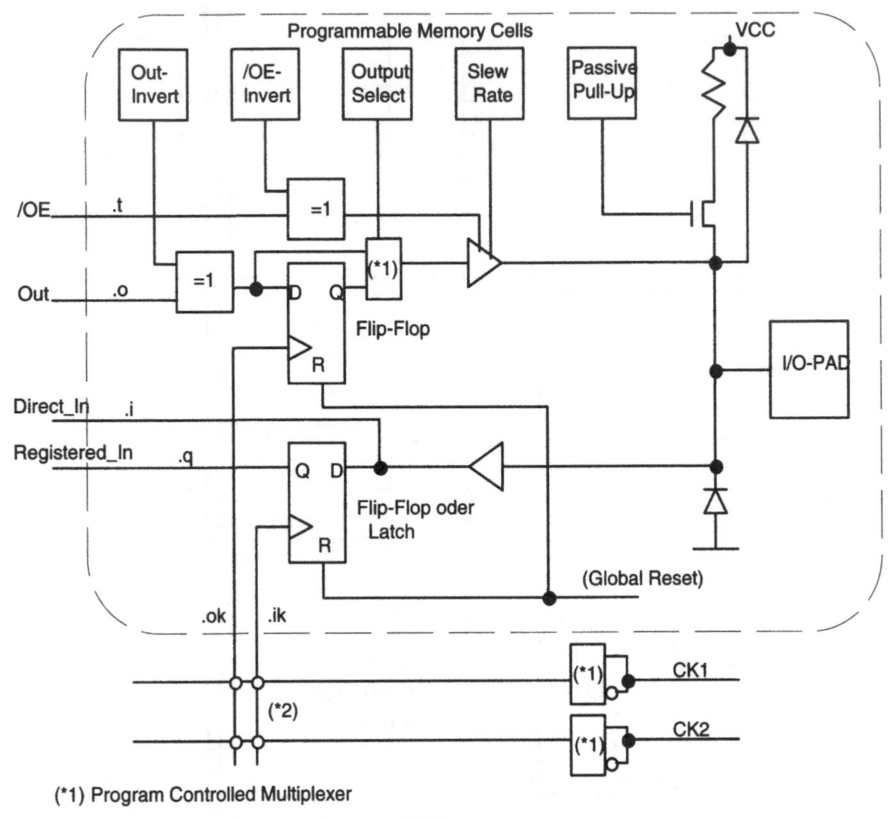

Abb. 6.30. I/O Block (Xilinx)

Ein Verbindungssegment umfasst vier durch das Eingangssegment verbundene Logik Module. Das Ausgangssegment verbindet den Ausgang eines Logik Moduls mit Verbindungskanälen oberhalb oder unterhalb des Blocks. Die Taktleitungen repräsentieren spezielle Verbindungen mit geringer Verzögerung zur Verbindung mehrerer Logik Module. Die Verbindungssegmente bestehen aus metallischen Leitern unterschiedlicher Länge, die mit Hilfe der Anti-Fuse-Technologie zu längeren Leitungen zusammengesetzt werden können.

Im Gegensatz zum vorangehend dargestellten FPGA-Konzept von Actel, welches, wie auch die FPGA von Crosspoint, zur Klasse der seriellen Blockstruktur zugehörig sind, genügt die FPGA Architektur von Altera der Klasse der hierarchischen PLD. FPGA, die der Architektur hierarchischer PLD genügen, sind auch von AMD erhältlich. Diese Architektur, basiert auf der hierarchischen Gruppierung programmierbarer Logik Bausteine den sog. LAB, in EPROM Technologie (LAB = Logic Array Block). Die Architektur besteht aus zwei Arten von Zellen:

- Programmierbaren Logik Blöcken LAB (Logic Array Block),
- Eingangs-Ausgangs-Blöcke (I/O Control Block).

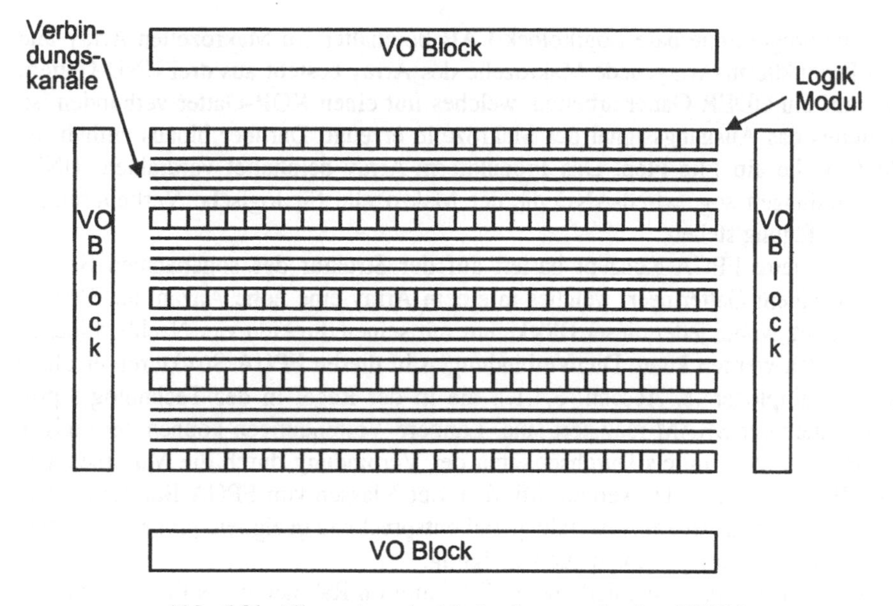

Abb. 6.31. Allgemeines Architekturkonzept der Actel FPGA

Wie aus Abb. 6.32 ersichtlich, werden die programmierbaren Logik Blöcke (LAB) durch das programmierbare Verbindungsnetz das sog. PIA (PIA = Programmable Interconnect Array), sowohl intern als auch extern verbunden. Die Verbindungen werden wiederum durch horizontale und vertikale Verbindungsleitungen realisiert.

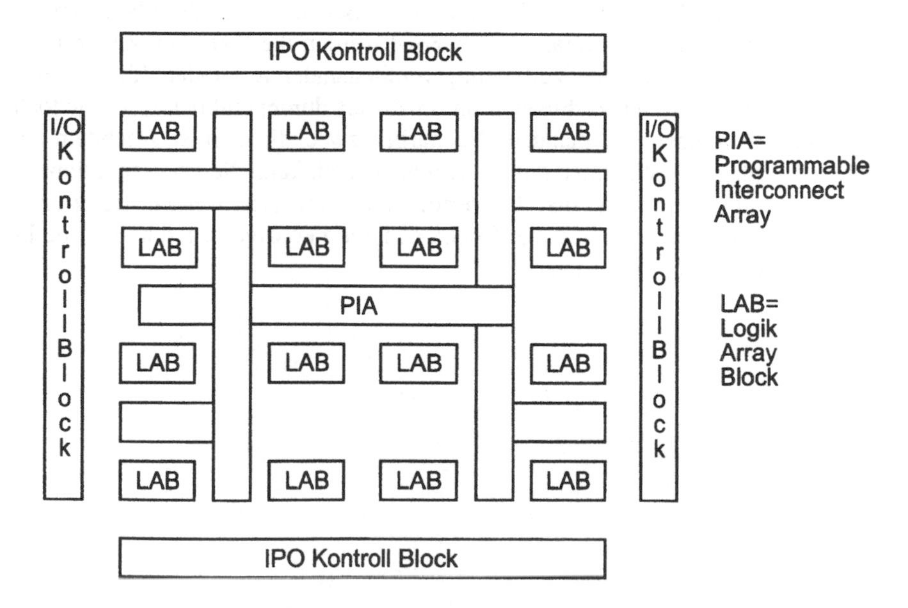

Abb. 6.32. Architektur des Altera FPGA

Der programmierbare Logikblock LAB beinhaltet ein Makrozellen-Array und ein Produktterm-Array. Jede Makrozelle des Array besteht aus drei UND-Gattern die auf ein ODER-Gatter arbeiten, welches mit einen XOR-Gatter verbunden ist, welches das Ausgangssignal der Makrozelle erzeugt. Darüber hinaus enthält die Makrozelle ein Flip-Flop. Das Produktterm-Array beinhaltet verdrahtete UND-Verbindungen sog. wired-AND die der Makrozelle für logische Verknüpfungen zur Verfügung stehen.

Das vierte FPGA-Konzept basiert auf der Struktur des sogenannten Sea-of-Gates, einem Gattermeer, welches in einem Array eine hohe Anzahl an Blöcken beinhaltet, wobei jeder dieser Blöcke nur mit seinen direkten vier Nachbarblöcken verbunden werden kann. Die Verbindungen in diesen FPGA Strukturen erfolgen über Multiplexer (s. Abschn. 3.4.1.), die in der Regel in der Technologie programmierbarer SRAM realisiert sind. Längere Verbindungen können bei einigen Baustein Typen mittels Durchschleifen der Verbindung durch die Multiplexer in den Blöcken umgesetzt werden. Mit den vier Klassen von FPGA Bausteinen stehen praktisch für jedem Anwendungsfall entsprechend geeignete programmierbare Logikhardwarekomponenten zur Verfügung.

Der Entwurf programmierbarer FPGA kann im Rahmen eines Flussdiagramms dargestellt werden, welches Abb. 6.33 zeigt. Die Beschreibung der Logikfunktionalität kann dabei entweder als schematischer Schaltungsentwurf oder durch Boolesche Variable, bzw. die Beschreibung in der Notation eines Zustandsautomaten erfolgen. Nachdem die der Anwendung entsprechende Logikfunktionalität im Entwurf umgesetzt wurde, wird die Übersetzung in eine Netzliste durchgeführt, bei gleichzeitiger Optimierung des Logikentwurfs. Die anschließende Partitionierung setzt den optimierten Logikentwurf in die logische Zellenstruktur des ausgewählten FPGA um. Das Resultat ist ein Schaltbild auf der Ebene der logischen Zellen des FPGA. Daran anschließend werden die logischen Zellen platziert und durch entsprechende Verbindungen miteinander verbunden. Idealerweise kann die Platzierung und Verbindung automatisiert durchgeführt werden, jedoch gibt es Fälle bei denen eine manuelle Nacharbeit zweckdienlich ist. Nachdem die Logikzellen physikalisch platziert und verbunden sind, kann die Logikfunktionalität hinsichtlich des Entwurfs und der Performance verifiziert werden. Bei zufriedenstellendendem Ergebnis wird der FPGA endgültig konfiguriert, d.h. die Logikstruktur wird auf dem Chip eingebrannt.

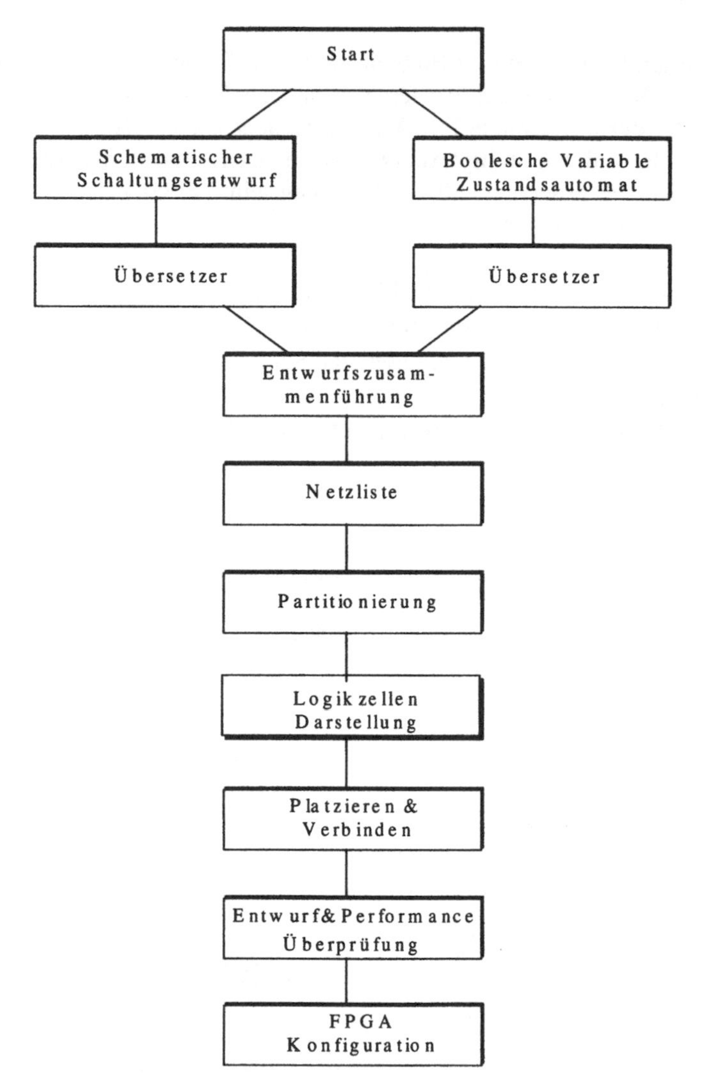

Abb. 6.33. Flussdiagramm des Logikhardwareentwurfs mit FPGA Bausteine

6.4 Logikhardwareentwurf einer FPGA basierten CPU

Das Entwurfsziel ist ein FPGA basierter Kern einer Zentraleinheit (CPU Kern) deren Datenbus eine Breite von 4 Bit hat und deren Adressbus 12 Bit breit gewählt wird. Der CPU Kern besitzt zwei für den Anwender zugängliche Register, den Akkumulator und das Indexregister, beide ebenfalls 4 Bit breit. Für die interne Organisation sind weitere Register erforderlich, der Programmzähler (PC) und das

Adressregister, beide jeweils 12 Bit breit, sowie das Befehlsregister mit 8 Bit Breite. Der CPU Kern wird durch ein fest verdrahtetes Steuerwerk in seinem Ablauf gesteuert. Da der ausgewählte FPGA Baustein über keine Tristate-Logik verfügt, müssen die Busse durch Multiplexer (s. Abschn. 3.4.1.) realisiert werden. Über die Anschlusspins des programmierbaren Logikbausteins (FPGA) Bausteins sind folgende Signale extern zugänglich:

- Spannungsversorgung (+5V) und Masse (GND),
- Adressbus als Ausgangssignal für den Speicher,
- bidirektionaler Datenbus zum Lesen und Schreiben in den Speicher,
- Reset Leitung,
- Write Memory Leitung, um zwischen Lesen und Schreiben zu unterscheiden.

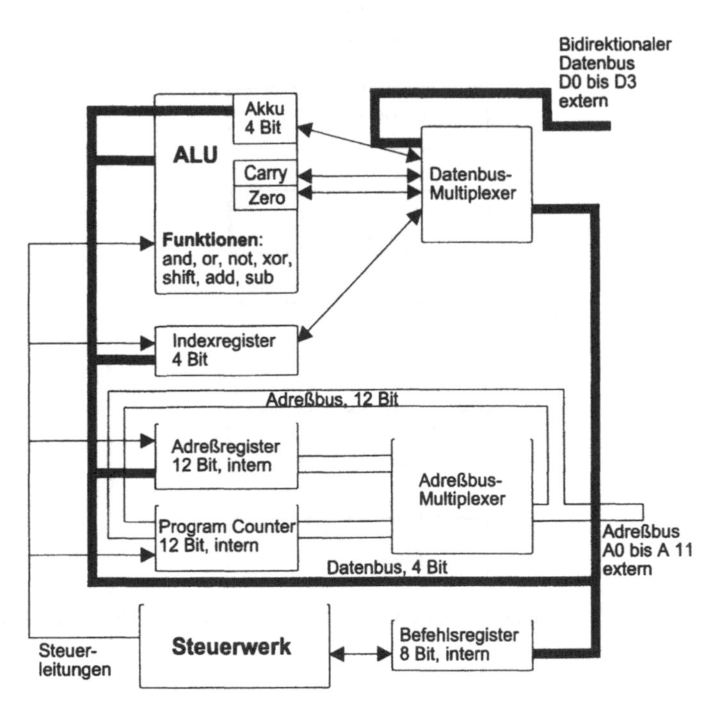

Abb. 6.34. Schematische Darstellung der CPU

Für Testzwecke werden der Akkumulatorinhalt sowie die Inhalte des Indexregisters und des internen Zählers nach außen geführt.

Durch Implementierung des CPU Kerns in einem einzigen FPGA entfällt die ansonsten aufwendige Kommunikation zwischen den Funktionseinheiten. Lediglich der Adressbus und der Datenbus sind allen Einheiten zugänglich zu machen. Das Steuerwerk kann als kompakter Block implementiert werden, von dem nur die Steuerleitungen für die Register und Multiplexer herausführen müssen. Insgesamt ergibt sich für den CPU Kern der in Abb. 6.34 dargestellte schematische Aufbau.

6.4.1 Beschreibung der Register

Akkumulator

Der Akkumulator ist das wichtigste Register des CPU Kerns. Die Ergebnisse aller Rechenoperationen verwenden den Akkumulator als ersten bzw. einzigen Operanden und schreiben das Ergebnis wiederum in den Akkumulator. Im vorliegenden Entwurfsbeispiel handelt es sich um ein 4-Bit-Register, welches durch ein Reset-Signal löschbar ist. Der Akkumulator wird entweder vom Steuerwerk über die WA-Steuerleitung oder von der ALU nach erfolgter Rechenoperationen beschrieben.

Indexregister

Das Indexregister ist das zweite Register auf welches der Anwender zugreifen kann. Es ist ebenfalls 4 Bit breit. Seine Funktionen sind gegenüber dem Akkumulator eingeschränkt. Es kann gelesen und geschrieben werden bzw. als zweiter Operand bei Rechenoperationen verwendet werden. Zusätzlich wird es zur indizierten Adressierung benutzt. Das Indexregister wird als Abwärtszähler implementiert, der dekrementiert und vom Steuerwerk auf Gleichheit mit Null geprüft werden kann. Bei einem Reset wird das Indexregister gelöscht.

Programmzähler

Der Programmzähler ist, wie der Adressbus, 12 Bit breit. Es kann vom Anwender nicht verändert werden, außer durch Sprungoperationen. Der Programmzähler kann vom Steuerwerk inkrementiert werden. Darüber hinaus ist es möglich den Inhalt des Adressregisters in den Programmzähler zu laden. Der Programmzähler wird bei einem Reset gelöscht, so dass der CPU Kern auf der Adresse 00...0 arbeitet.

Adressregister

Das Adressregister ist, wie der Programmzähler. 12 Bit breit und von außen nicht zugänglich. Es dient bei Sprüngen und bei Speicherzugriffen dazu die Adresse aufzubauen, da bedingt durch den 4 Bit breiten Datenbus die Adresse in drei Teilen aufgebaut werden muss. Für die indizierte Adressierung ist es möglich, zu den unteren 4 Bit des Registers den Inhalt des Indexregisters hinzuzuaddieren.

Befehlsregister

Das Befehlsregister enthält den Befehl der gerade bearbeitet wird. Es ist 8 Bit breit. Wegen des 4 Bit breiten Datenbusses muss es vom Steuerwerk in 2 Schritten geladen werden.

ALU

Die ALU ist neben dem Steuerwerk die zweite wichtige Funktionseinheit. Durch geschickte Ausnutzung der einzusetzenden FPGA Architektur, lassen sich hier die meisten Logikzellen einsparen. Die zu entwerfende ALU soll folgende Funktionen besitzen:

- Rotation des Akkumulators nach rechts durch das Carry-Flag,
- Rotation des Akkumulators nach links durch das Carry-Flag,
- Logisches Exklusiv-Oder des Akkuinhalts mit dem Wert, der auf dem Datenbus anliegt,
- Negation des Akkuinhalts,
- Logisches Und des Akkuinhalts mit dem Wert, der auf dem Datenbus anliegt,
- Logisches Oder des Akkuinhalts mit dem Wert, der auf dem Datenbus anliegt,
- Subtraktion des Wertes, der auf dem Datenbus anliegt, vom Akku unter Berücksichtigung des Carry-Flags,
- Addition des Wertes, der auf dem Datenbus anliegt, zum Akku unter Berücksichtigung des Carry-Flags.

Der Akkumulator ist jeweils der erste Operand. Der zweite Operand liegt auf dem Datenbus an. Um das Steuerwerk zu entlasten wird der Akkumulator in die ALU integriert. Die ALU sorgt dafür, dass nach Abschluss einer arithmetischen Operation, das Ergebnis in den Akkumulator geschrieben wird. Das Steuerwerk zeigt über die R-Steuerleitung den Beginn einer arithmetischen Operation an. Unter Berücksichtigung der Entwurfsmöglichkeiten mit einer FPGA Struktur ergibt sich das in Abb. 6.35 dargestellte Blockschaltbild. Da die eingesetzte FPGA Architektur keine Busstruktur hat, erfolgt die Auswahl der Funktion durch Multiplexer. Alle in Abb. 6.35 dargestellten Funktionsblöcke sind aktiv. Die Steuerleitungen des Steuerwerkes entscheiden lediglich, ob und welches Ergebnis geschrieben wird. Die acht Funktionen der ALU sind jeweils in Zweierblöcken zusammengefasst, da für jeweils ein Bit der Operanden zwei Funktionen gleichzeitig in einer Logikzelle gespeichert werden können, was den Platzbedarf halbiert. Aufwendiger ist lediglich der Addierer-Subtrahierer-Block. Im Gegensatz zu programmierbaren Logikblöcken (PLD), wo der Addierer in der Regel vollständig ausdecodiert wird, kommt im Entwurfsbeispiel ein Ripple Carry Adder zum Einsatz (s. Abschn. 4.4), bei dem das Carry-Bit von Bit zu Bit durchgereicht wird. Dies erhöht zwar die Zeit, die der Addierer für ein korrektes Ergebnis benötigt, spart aber viel Platz. So werden für einen Ripple Carry Adder nur zwei Makrozellen pro Bit verbraucht.

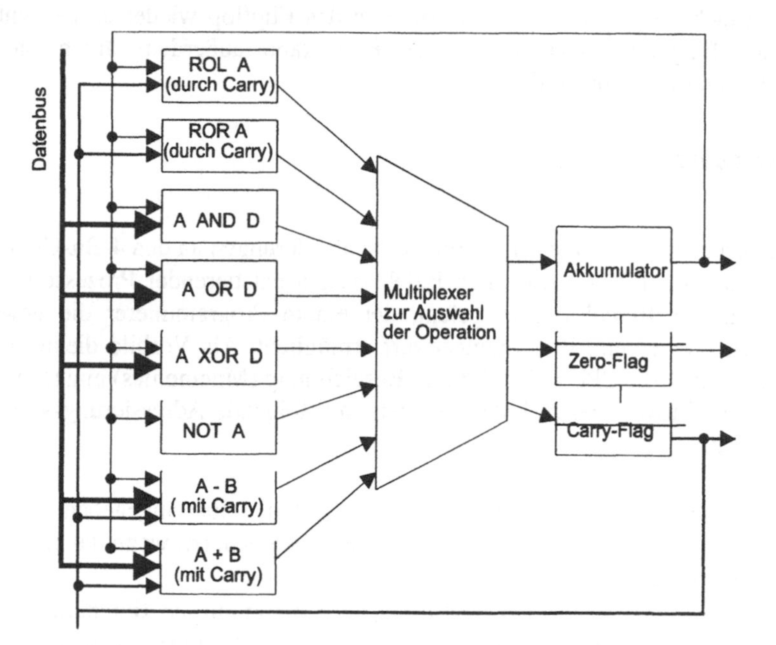

Abb. 6.35. Schematische Darstellung der ALU

Flags

Um den Ausgang der Rechenoperationen bewerten zu können werden Flagregister eingesetzt. Im Entwurfsbeispiel das Carry Flag und das Zero Flag. Weitere Flags, wie das Parity Flag, oder das Overflow Flag, wurden wegen der begrenzten Zellkapazität des ausgewählten FPGA, nicht integriert. Darüber hinaus ist die Einrichtung von vorzeichenbehafteten 4-Bit-Zahlen auch nicht sinnvoll. Die Flagregister wurden, wie der Akkumulator, in die ALU integriert, da diese Register von der ALU bei arithmetischen Operationen automatisch verändert werden. Das Zeroflag wird als einfaches Flipflop realisiert, welches in der Modulbibliothek des FPGA vorliegt. Es wird von jeder arithmetischen Operation verändert. Der Clear-Eingang des Flipflop ist mit der Reset-Steuerleitung verbunden um bei einem Reset in einen definierter Zustand überzugehen. Das Carry Flag dient dazu, einen bei einer arithmetischen Operation evtl. aufgetretenen Übertrag anzuzeigen, was bei der Addition und der Subtraktion der Fall sein kann. Darüber hinaus wird das Carry Flag bei den Rotationsoperationen benutzt. Dabei wird der Inhalt des Carry Flag in die freiwerdende Stelle des Akkumulators kopiert und durch die herausfallende Stelle des Akkumulators ersetzt. Das Carry Flag besteht aus einem Flipflop, jedoch wird zusätzlich der Multiplexer der Logikzelle des FPGA benutzt. Dies ist erforderlich, da nur vier der acht arithmetischen Operationen das Carry Flag beeinflussen. Durch den Multiplexer wird, ähnlich wie beim Akkumulator, ausgewählt welches Ergebnis verwendet werden soll. Bei den Operationen, die das Carry Flag nicht verändern, wird der Ausgang des Flipflop wieder an den entsprechenden Eingang gelegt. Das Carry Flag kann außerdem durch die CC-Steuerleitung gelöscht werden.

Befehlssatz

Ausgehend von den dargestellten Entwurfsanforderungen an den 4-Bit-CPU Kern, auf Basis eines FPGA, sowie den Befehlssätzen existierender Prozessoren, wird ein minimaler Befehlssatz festgelegt, der einem Programmierer die gewohnte Vorgehensweise beim Programmentwurf ermöglicht. Als Vorbild diente der Befehlssatz der 8-Bit-CPU 6502. Art und Bezeichnung (Mnemonics) einiger Befehle wurden im Entwurfsbeispiel übernommen und folgende Adressierungsarten implementiert:

- Inherent: Der Operand wird durch den Befehl selbst angegeben, z.B. beim Befehl TXA. Diese Adressierungsart wird auch benutzt, wenn das Indexregister verwendet wird, z.B. bei SUB X,
- Immediate: Der Operand folgt im Opcode direkt auf das Befehlswort, wobei ein Nibble überlesen wird, um Befehle auf 8-Bit-Grenzen enden zu lassen, wie z.B. der Befehl LDA 9 der dem Opcode 5109 entspricht,
- Direct: Hier handelt es sich um die direkte Adressierung. Direkt hinter dem Befehlswort steht die Adresse, an welcher der Operand steht,
- Indexed: Diese Adressierungsart entspricht weitgehend der direkten Adressierung. Zur so ermittelten Adresse wird jedoch zusätzlich der Inhalt des Indexregisters hinzuaddiert.

Der umfasst für das Entwurfsbeispiel folgende Befehlsgruppen und Befehle:

Transportbefehle:	LDA LDX STA STX TAX TXA
Rechenbefehle:	AND OR XOR ADD SUB ROL ROR NOT
Sprungbefehle:	JMP JC JNC JZ JNZ JXZ JXNZ
Sonstige Befehle :	NOP CLC DEX

Die Bedeutung der Mnemonics ist folgende:

LDA	Lade Akkumulator mit Daten
LDX	Lade Indexregister mit Daten
STA	Speichere Akkumulatorinhalt in Speicherstelle
STX	Speichere Indexregisterinhalt in Speicherstelle
TAX	Transferiere Akkumulatorinhalt zum Indexregister
TXA	Transferiere Indexregisterinhalt zum Akkumulator
AND	Logisches UND von Akkumulator und Operator
OR	Logisches ODER von Akkumulator und Operator

XOR	Logisches Exclusiv-ODER von Akkumulator und Operator
ADD	Addiere Akkumulator und Operator mit Carry
SUB	Subtrahiere Operator vom Akkumulator mit Carry
ROL	Rotiere Akkumulator links durch Carry
ROR	Rotiere Akkumulator rechts durch Carry
NOT	Negiere Akkumulator
JMP	Unbedingter Sprung
JC	Sprung wenn Carryflag gesetzt
JNC	Sprung wenn Carryflag nicht gesetzt
JZ	Sprung wenn Zeroflag gesetzt
JNZ	Sprung wenn Zeroflag nicht gesetzt
JXZ	Sprung wenn Zeroflag gesetzt
JXNZ	Sprung wenn Zeroflag nicht gesetzt
NOP	No Operation
CLC	Lösche Carryflag
DEX	Dekrementiere Indexregister

Eine Erweiterung gegenüber dem 6502 stellen die Befehle JXZ und JXNZ dar, die eine Verzweigung, abhängig vom Wert des X-Registers, ermöglichen.

Befehlswort B [7, ..., 0]

Ein Befehl wird als 8-Bit Wert codiert. Er benötigt zu seiner Aufnahme zwei 4-Bit-Register. Die beiden höchstwertigen Bit B[7, 6] bezeichnen die verwendete Adressierungsart. Das Bit B[5] wird nicht benutzt. Die übrigen Bit B[4,...,0] enthalten den Operationscode:

7 6	5	4 3 2 1 0
Adressierung		Operation

Im Speicher wird das Befehlswort in zwei Teilen abgelegt, zuerst das High- und dann das Low-Nibble. In den drei Phasen der Befehldecodierung wird hieraus die entsprechende Folge von 22 Bit breiten Steuerworten generiert.

Zugriff auf Codes, Daten und Adressen

In einem Befehlszyklus liest der FPGA CPU Kern, je nach Adressierungsart, eine Reihe von Nibbles aus dem Speicher ein, in jedem Fall:

[a]Befehlscode High
[b]Befehlscode Low

[1.] *inherent:*
- nichts weiter -

[2.] *immediate:*

[c]Daten-Nibble
[d]Zusätzliches Nibble überlesen um auf Bytegrenze zu enden.

[3.] *direct* bzw. *indexed:*
[c]Adresse High
[d]Adresse Middle
[e]Adresse Low
[f]Zusätzliches Nibble überlesen um auf Bytegrenze zu enden.

Diese Reihenfolge findet sich in Tabelle 6.7 in der Spalte Speicherform (von links nach rechts gelesen) wieder.

Tabelle der Befehle

Tabelle 6.7 enthält den hexadezimalen Code für jeden Befehl (mit allen Adressierungsarten), sowie Angaben über die Ausführung und die Dauer (in Zyklen). Voranstehend sind die benutzten Abkürzungen aufgelistet.

A	Akkumulator
Adr	Adressierungsart
c	Carry-Flag
dir	direct
i	1 Nibble
iii	3 Nibble in Folge Hi .. Lo
idx	indexed
inh	inherent
imm	immediate
Operandenadresse	
PC	Program-Counter
X	X-Register
X→*Y*	Wert *X* wird nach *Y* geschrieben
? x : y	Wenn *x* Dann *y*
z	Zero-Flag
•	AND (bitweise)
+	OR (bitweise)
⊕	XOR (bitweise)
¬	NOT (bitweise)

Tabelle 6.7. Tabelle der Befehle der 4-Bit CPU

Quellform	Adressierungs-art	Speicherform		Ausführung	Dauer
		Code	Operand		
LDA	inh	10h	-		4
	imm	50h	i	(O) → A	5
	dir	90h	iii		7
	idx	D0h	iii		7
LDX	inh	11h	-		4
	imm	51h	i	(O) → X	5
	dir	91h	iii		7
	idx	D1h	iii		7
STA	dir	92h	iii	(A) → O	9
	idx	D2h	iii		9
TAX	inh	02h	-	(A)	6
TXA	inh	03h	-	(X) → A	4
AND	inh	0CH	-		4
	imm	4Ch	i	(A) • (O) → A	5
	dir	8Ch	iii		7
	idx	CCh	iii		7
OR	inh	0Dh	-		4
	imm	4Dh	i	(A) + (O) → A	5
	dir	8Dh	iii		7
	idx	Cdh	iii		7
XOR	inh	0Ah	-		4
	imm	4Ah	i	(A) ⊕ (O) → A	5
	dir	8Ah	iii		7
	idx	Cah	iii		7
ADD	inh	0Fh	-		4
	imm	4Fh	i	(A) + (O) → A	5
	dir	8Fh	iii		7
	idx	CFh	iii		7
SUB	inh	0Eh	-		4
	imm	4Eh	i	(A) – (O) → A	5
	dir	8Eh	iii		7
	idx	CEh	iii		7
ROL	inh	09h	-		4
	imm	49h	i		5
	dir	89h	iii		7
	idx	C9h	iii		7
ROR	inh	08h	-		4
	imm	48h	i		5
	dir	88h	iii		7
	idx	C8h	iii		7

NOT	inh	04h	-	$\neg$ (A) → A	4
JMP	dir idx	98h D8h	iii iii	(O) → PC	7 7
JC	dir idx	9Ah Dah	iii iii	? c=1 : (O) → PC	7 7
JZ	dir idx	9Bh Dbh	iii iii	? z=1 : (O) → PC	7 7
JNC	dir idx	9Eh DEh	iii iii	? c=0 : (O) → PC	7 7
JNZ	dir idx	9Fh Dfh	iii iii	? z=0 : (O) → PC	7 7
JXZ	dir idx	99h Ddh	iii iii	? X=0h : (O) → PC	7 7
JXNZ	dir idx	9Dh Ddh	iii iii	? X ≠ 0h : (O) → PC	7 7
NOP	inh	00h	-	-	4
CLC	inh	01h	-	0→c	4
DEX	inh	07h	-	(X) -1 → X	4

6.4.2 Steuerwerk

Die Aufgabe des Steuerwerkes ist die korrekte Ansteuerung der Steuerleitungen der Funktionseinheiten des FPGA CPU Kerns. Weiterhin sorgt es für die korrekte Abarbeitung der Befehle. Beim vorliegenden Entwurfsbeispiel ist das Steuerwerk fest verdrahtet, da so der Ressourcenverbrauch am geringsten ist.

Das Steuerwerk benötigt ein internes Register um seinen Zustand zu speichern. Es arbeitet wie ein deterministischer endlicher Automat (s. Abschn. 5.1). Als Eingangssignale werden der alte Zustand, der Inhalt des Befehlsregisters und der Zustand der Flags benötigt. Ausgangssignale sind der neue Zustand und der Zustand der Steuerleitungen. Folgende Steuerleitungen sind vorhanden:

- WA: Ist diese Leitung auf High, so wird bei der nächsten steigenden Taktflanke der Inhalt des Datenbusses in den Akkumulator geschrieben,
- WX: Ist diese Leitung auf High, so wird bei der nächsten steigenden Taktflanke der Inhalt des Datenbusses in das Indexregister geschrieben,
- CC: Diese Steuerleitung löscht das Carry Flag,
- DX: Mit diesem Signal wird das Indexregister dekrementiert,
- R3: Diese Steuerleitung zeigt der ALU an, das gerechnet werden soll. Das Ergebnis wird automatisch in den Akkumulator geschrieben. Welche Rechenoperation ausgeführt wird, ist durch die unteren 3 Bit des Befehlsregisters festgelegt,
- WM: Mit dieser Steuerleitung wird angezeigt, dass in das RAM geschrieben werden soll,

- WH: Bei einem High auf dieser Leitung wird das obere Nibble des Befehlsregisters mit dem Inhalt des Datenbusses beschrieben,
- WL: Dito mit dem unteren Nibble,
- D1 und D0: Diese Steuerleitungen legen fest, was auf dem Datenbus anliegt. Bei 00 liegt der Inhalt der Speicheradresse an, die auf dem Adressbus anliegt. Bei 10 liegt der Inhalt des Akkumulators an, bei 11 der des Indexregisters,
- PL: Mit dieser Steuerleitung wird der Program Counter mit dem Inhalt des Adressregisters geladen,
- PC: Der Programmzähler wird inkrementiert,
- AS: Liegt dieses Signal auf High, so liegt der Inhalt des Adressregisters auf dem Adressbus an, ansonsten der Inhalt des Programmzählers,
- A3: Das obere Nibble des Adressregisters wird mit dem Datenbusinhalt geladen,
- A2: Das mittlere Nibble des Adressregisters wird mit dem Datenbusinhalt geladen,
- A1: Das untere Nibble des Adressregisters wird mit dem Datenbusinhalt geladen,
- AX: Das untere Nibble des Adressregisters wird mit dem Datenbusinhalt geladen und zusätzlich der Inhalt des Indexregisters hinzuaddiert.

Eine Methode zur Darstellung eines DEA, ist die Tabellenform, welche in Tabelle 6.7 dargestellt ist. Vor dem Doppelpunkt befinden sich die Eingangssignale, dahinter der neue Zustand und die Steuerleitungen. Bei den Eingangssignalen bedeutet ein Stern, dass der Zustand des entsprechenden Signals beliebig sein kann. So ist z.B. bei fast allen Befehlen der Zustand der Flags bedeutungslos. Wie der Tabelle entnommen werden kann, ist jeder Befehl in drei Phasen unterteilt: Die Befehlholphase, die Operandenholphase und die Ausführungsphase. Diese werden bei jedem Befehl nacheinander abgearbeitet. Der Übersicht halber wurden bei der Operandenholphase und der Ausführungsphase die Zustände, die bei der Ausführung direkt aufeinander folgen, hintereinander angeordnet. Die Befehle sind durch Kommentare (ganz rechts) voneinander getrennt. Damit kann direkt abgelesen werden wie viele Taktzyklen ein Befehl benötigt. Das Steuerwerk kann damit relativ einfach implementiert werden, da anhand Tabelle 6.7 für jede Steuerleitung und für jedes Bit des Zustandsregisters die disjunktive Normalform der Logikgleichung ablesbar ist, die anschließend minimiert wird.

```
CXZ                                    WA  R3  D1  AS  AX
                                       WX  WM  DO  A1

alter Zustand                          CC  WH  PL  A2

neuer Zustand                          DX  WL  PC  A3
---------------------------------------------------------------------------------------
Befehl holen:
******** 0000 ***  : 0001 0000 0 0 10 00 01 0 0000
******** 0001 ***  : 0010 0000 0 0 01 00 01 0 0000
Operanden holen:
                                          Adressierungsarten:
00****** 0010 ***  : 1000 0000 0 0 00 11 00 0 0000      ;INHERENT
01****** 0010 ***  : 0011 0000 0 0 00 00 01 0 0000      ;IMMEDIATE
01****** 0011 ***  : 1000 0000 0 0 00 00 01 0 0000
10****** 0001 ***  : 0010 0000 0 0 00 00 01 0 0010      ;DIREKT
10****** 0010 ***  : 0011 0000 0 0 00 00 01 0 0100
10****** 0101 ***  : 1000 0000 0 0 00 00 01 1 0000
11****** 0001 ***  : 0010 0000 0 0 00 00 01 0 0010 ;INDIZIERT
11****** 0010 ***  : 0011 0000 0 0 00 00 01 0 0100
11****** 0100 ***  : 0101 0000 0 0 00 00 01 1 0001
11****** 0101 ***  : 1000 0000 0 0 00 00 01 1 0000
Befehl ausführen:
***00000 1000 *** : 0000 0000 0 0 00 00 00 0 0000;NOP
***00001 1000 *** : 0000 0010 0 0 00 00 00 0 0000;CLC
***00010 1000 *** : 1001 0000 0 0 00 10 00 0 0000;TAX
***00010 1001 *** : 1010 0100 0 0 00 10 00 0 0000
***00010 1010 *** : 0000 0000 0 0 00 00 00 0 0000
***00011 1000 *** : 0000 1000 0 0 00 00 00 0 0000;TXA
***00111 1000 *** : 0000 0001 0 0 00 00 00 0 0000;DEX
***01*** 1000  *** : 0000 0000 1 0 00 00 00 0 0000;rechnen
***10*00 1000 *** : 0000 1000 0 0 00 00 00 0 0000;LDA
***10*01 1000 *** : 0000 0100 0 0 00 00 00 0 0000;LDX
***10*10 1000 *** : 1001 0000 0 0 00 10 00 1 0000;STA
***10*10 1001 *** : 1010 0000 0 1 00 10 00 1 0000
***10*10 1010 *** : 0000 0000 0 0 00 00 00 0 0000
***10*11 1000 *** : 1001 0000 0 0 00 11 00 1 0000;STX
***10*11 1001 *** : 1010 0000 0 1 00 11 00 1 0000
***10*11 1010 *** : 0000 0000 0 0 00 00 00 0 0000
***11000 1000 *** : 0000 0000 0 0 00 00 10 1 0000;JMP
***11001 1000 **1 : 0000 0000 0 0 00 00 10 1 0000;JXZ
***11001 1000 **0 : 0000 0000 0 0 00 00 00 0 0000
***11010 1000 1** : 0000 0000 0 0 00 00 10 1 0000;JC
```

```
***11010 1000 0** : 0000 0000 0 0 00 00 00 0 0000
***11011 1000 *1* : 0000 0000 0 0 00 00 10 1 0000;JZ
***11011 1000 *0* : 0000 0000 0 0 00 00 00 0 0000
***11101 1000 **0 : 0000 0000 0 0 00 00 10 1 0000;JXNZ
***11101 1000 **1 : 0000 0000 0 0 00 00 00 0 0000
***11110 1000 0** : 0000 0000 0 0 00 00 10 1 0000;JNC
***11110 1000 1** : 0000 0000 0 0 00 00 00 0 0000
***11111 1000 *0* : 0000 0000 0 0 00 00 10 1 0000;JNZ
***11111 1000 *1* : 0000 0000 0 0 00 00 00 0 0000
```

Mit der vorangehenden tabellarischen Programmdarstellung ist sowohl der konzeptionelle als auch der detaillierte Entwurf des FPGA CPU Kerns abgeschlossen. An diese schließt sich die prototypische Realisierung durch Programmierung des FPGA und dessen Test an. Der Test ist notwendig, da die korrekte Programmierung des Bausteins beim Programmiervorgang nicht immer vollständig verifiziert werden kann. Zu diesem Zweck wurde eine einfache Testumgebung mit dem FPGA CPU Kern aufgebaut. Die Testumgebung besteht aus dem FPGA CPU Kern, einem EPROM, einem statischen RAM-Baustein, einem GAL und einem Quarz. Mit dem GAL werden der Reset und die Ein-Ausgabefunktionen umgesetzt. Die Testumgebung kann entweder von einem Quarzoszillator oder von einer Single-Step-Schaltung mit dem Takt versorgt werden. Sie weist einen Reset-Taster, auf um den CPU Kern in einen definierten Zustand zu versetzen. Über DIP-Schalter kann eines der im EPROM abgespeicherten Testprogramme ausgewählt werden. Darüber hinaus enthält die Testumgebung Siebensegmentanzeigen um die Inhalte von Akkumulator, Indexregister, Befehlsregister, Adressbus und Datenbus anzuzeigen, womit die Abarbeitung einzelner Befehle, Taktzyklus für Taktzyklus durchgeführt werden kann.

6.5 Fuse-Technologie bei programmierbaren Logikbausteinen

Die Strukturelemente, welche die Verbindungen und damit die eigentliche Programmierung umsetzen, haben wegen ihrer physikalischen Eigenschaften erheblichen Einfluss auf die elektrischen und zeitabhängigen Parameter. Bei den programmierbaren Verbindungen kann per se zwischen einmaliger und wiederholbarer Programmierung unterscheiden werden. Einmalige Vorgänge beruhen zumeist auf dem Schmelzen von Metall- oder Polysiliziumbrücken (Zerstörung) oder auf der Erstellung eines neuen Leiters durch nicht-leitendes Silizium, sog. Anti-Fuse. Die wiederholbare Programmierung wird in der Regel in Form der bekannten Technologien der Halbleiterspeicherbausteine wie RAM-Zellen (D-Flipflops) und EPROM- bzw. EEPROM-Zellen durchgeführt. RAM-Zellen müssen dabei nach jedem Abschalten der Versorgungsspannung neu konfiguriert werden, sofern keine besonderen Vorkehrungen, wie beispielsweise die der Back-Up-Batterie, getroffen worden sind. EPROM bzw. EEPROM-Zellen behalten ihren Inhalt und sind gezielt elektrisch löschbar.

6.5.1 Fusible-Link-Technologie programmierbarer Logikbausteine

Die in Abb. 6.36 gezackt dargestellten Verbindungslinien einer UND-Zelle sind programmierbar, da sie während der Programmierung elektrisch getrennt werden können. Der elektrische Übergang zwischen zwei Verbindungslinien wird an den Verbindungsstellen mit einem Punkt (oder einem Kreuz) gekennzeichnet, womit sich kreuzende Linien ohne Punkt (bzw. ohne Kreuz) keine elektrische Verbindung darstellen. Auf den Kreuzungspunkten (-kreuzen) werden in bipolarer Technik Dioden bzw. Transistoren eingesetzt. Während des Programmiervorgangs werden Polysilizium-Brücken (gezackte Verbindungslinien) durch eine gezielte Überspannung physikalisch zerstört (durchgebrannt). Diese Trennungsbrücken bezeichnet man in der englischsprachigen Literatur als Fusible Links, dementsprechend die Programmiertechnik als Fuse Programming. Sie ist schematisch in Abb. 6.37 angegeben. Im unprogrammierten Zustand wird bei einer UND-Zelle die Spannung U auf den Wert des jeweiligen Eingangs I_i gezogen, wobei innerhalb einer Zeile ein logisch 0 genügt, um insgesamt den Wert logisch 0 zu erzeugen,

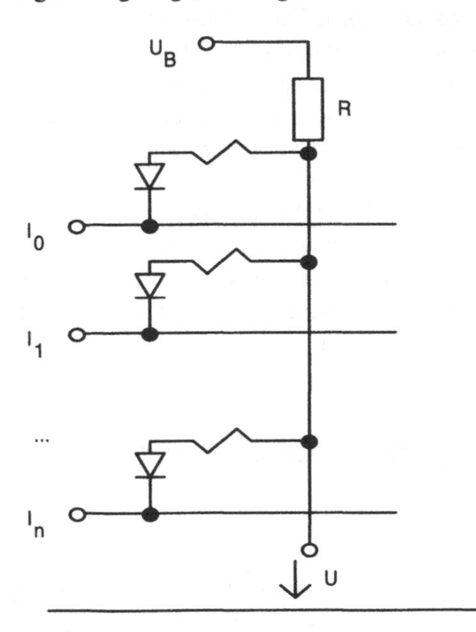

Abb. 6.36. Aufbau einer UND-Zelle mit Dioden

sogenanntes Wired-AND. Die Bedingung, dass mindestens ein Eingang den Zustand logisch 0 aufweist, ist im unprogrammierten Zustand immer gegeben, da jeder Eingang sowohl nicht-invertiert als auch invertiert auf die Zeile führt. Die genannte elektrische Verbindung, einschließlich der gezackten Verbindungslinie, ist in Abb. 6.37 dargestellt, wobei die technische Realisierung einer Verbindung gegenüber der vereinfachten Darstellungsform vorgezogen ist.

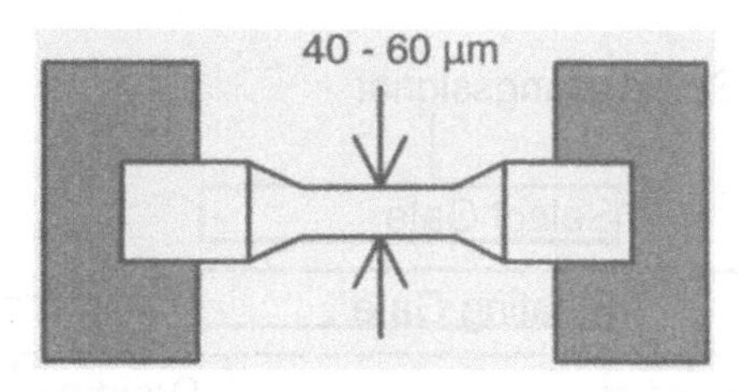

Abb. 6.37. Fuse Programming

6.5.2 EPROM-Technologie programmierbarer Logikbausteine

Anstelle des irreversiblen Fuse Programmierung werden in E-PLD die aus den EPROM Speichern bekannten Transistoren mit Floating Gate eingesetzt, deren prinzipieller Aufbau ist in Abb. 6.38 dargestellt ist, wobei die eingezeichneten Spannungen den Programmiervorgang kennzeichnen. Im unprogrammierten Zustand befindet sich keine Ladung auf dem elektrisch isolierten Floating Gate, wodurch eine intakte Verbindung des Matrixknotens, bezogen auf die Verknüpfungslogik, erzeugt wird. Abb.6.39 zeigt die Kopplung zwischen Eingangssignal und Produktlinie durch EPROM-Zellen die, in dem Augenblich in dem sie selektiert werden, miteinander gekoppelt sind, weil das Floating-Gate wegen seiner elektrischen Neutralität das Selektierungssignal nicht maskiert hat.

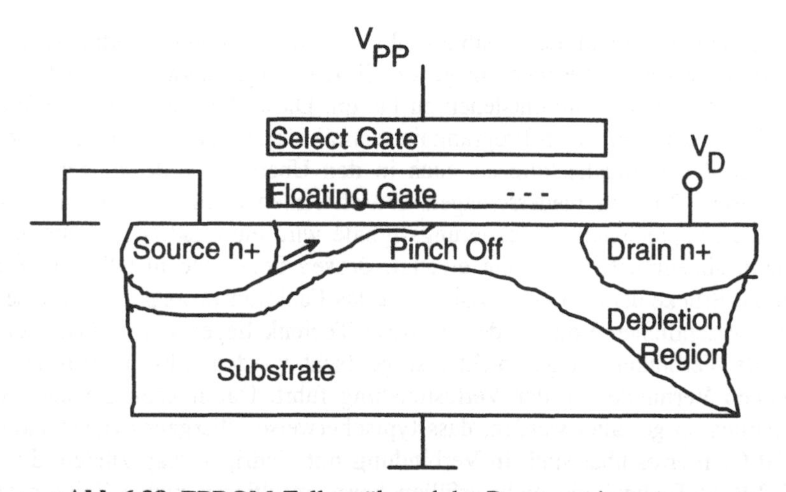

Abb.6.38. EPROM-Zelle während des Programmiervorgangs

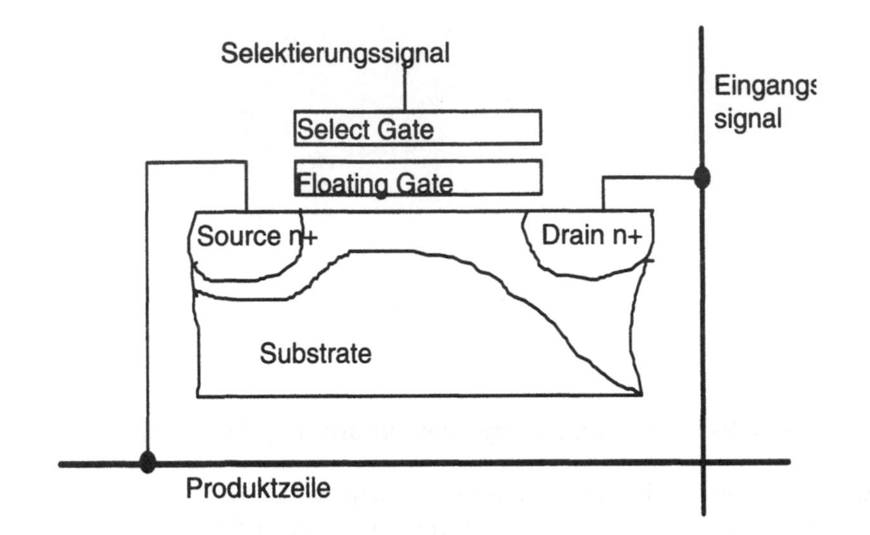

Abb. 6.39. EPROM-Zelle im unprogrammierten Zustand

Eine programmierte Zelle markiert einen offenen Knoten in der programmierbaren Matrix. Die Programmierung erfolgt durch Aufbringen von elektrischen Ladungen als Folge einer angelegten Überspannung.

6.5.3 Antifuse-Technologie programmierbarer Logikbausteine

Die Programmiertechnik der Fusible Links, d.h. die Trennung vorhandener Brücken, impliziert auch die Idee zur gegenteiligen Vorgehensweise, Brücken während der Programmierung entstehen zu lassen. Diese Antifuse genannte Weiterentwicklung der einmaligen Programmiertechnik weist viele Vorteile auf, die sich sowohl in der Verlustleistung als auch in den Übergangswiderständen der programmierten Brücken niederschlagen. Durch Anlegen einer Programmierspannung und entsprechender Selektierungssignale wird ein elektrischer Durchschlag in einem abgegrenzten Segment erzeugt, dessen Spur eine metallische Verbindung, die Brücke darstellt. Abb. 6.40 zeigt das Funktionsprinzip der Antifuse Zelle. Die wesentlichen Vorteile der Antifuse Technik liegen darin, dass nicht erwünschte Verbindungen gar nicht erst gelöscht werden müssen, was zu einer deutlichen Verminderung der Verlustleistung führt. Damit kann die metallische Verbindung so gestaltet werden, dass typischerweise Übergangswiderstände von 50-100 Ohm erreichbar sind. In Verbindung mit niedrigen Kapazitäten, die auch die EPROM-Technologie nicht erfüllen kann, resultieren kleine Zeitkonstanten und damit hohe Schaltfrequenzen.

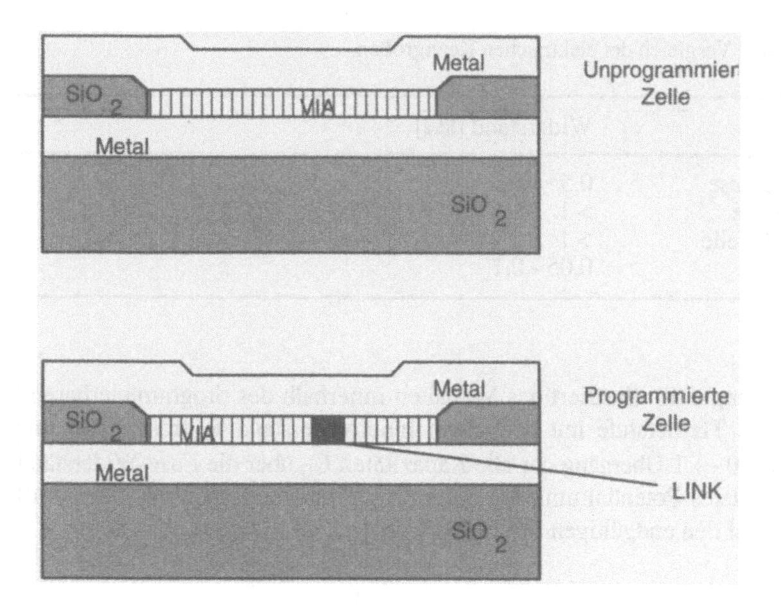

Abb. 6.40. Antifuse-Zelle

In Abb. 6.40 sind die beiden metallischen Lagen, die bei maskenprogrammierten ASIC ggf. leitend verbunden wären, zunächst durch eine isolierende VIA-Schicht (VIA ist eine Fuse-Technologie von QuickLogic) mit einem Übergangswiderstand von 1 Giga-Ohm voneinander getrennt. Ein Programmierimpuls mit ca. 10 bis 11 Volt Programmierspannung erzeugt einen metallischen Übergang, einen sog. LINK, dessen Widerstand 50 - 100 Ohm beträgt.

6.5.4 Elektrische Kenngrößen der Fuse-Technologie

Mit den unterschiedlichen Fusetechnologien und der daraus resultierenden unterschiedlichen Einsetzbarkeit, bis hin zur dynamischen Rekonfigurierbarkeit bei RAM-Zellen, und mit den daraus resultierenden unterschiedlichen elektrischen Kenngrößen sind nahezu alle Anwendungsbereiche technologisch erschlossen. In Tabelle 6.8 sind die charakteristischen Werte für den Fuse-Widerstand für bipolare Fuses, RAM-Zellen, EPROM-Zellen und Antifuses zusammengefasst. Die in Tabelle 6.8 angegebenen Werte beziehen sich dabei auf den Widerstand der intakten Brücke, im Fall von EPROM, SRAM und bipolarer Fuse auf den unprogrammierten Zustand, im Fall der Antifuse auf den programmierten Zustand. Nimmt man noch die Kapazität hinzu, diese liegt im unteren Nanofarad Bereich, kann das Signalverhalten bzw. die Signallaufzeit bestimmt werden, da die Flankensteilheit eines chipinternen Impulses durch die Zeitkonstante $\tau = RG \cdot CG$ nachhaltig beeinträchtigt wird.

Tabelle 6.8. Vergleich der elektrischen Kenngrößen

	Widerstand [kΩ]
Bipolare Fuse	0,5
RAM-Zelle	> 1
EPROM-Zelle	> 1
Antifuse	0,05 - 0,1

Abbildung 6.40 illustriert das Verhalten innerhalb des programmierbaren Bausteins. Die Treiberstufe mit endlichem Innenwiderstand R_I treibt einen Impuls, z.B. einen $0 \rightarrow 1$ Übergang der alle Kapazitäten C_G über die Fuse-Widerstände R_F auf ein anderes Potential umladen muss. Die Treiberstufe bewirkt einen Aufladevorgang auf den endgültigen Spannungswert

$$U = 1 - e^{-\frac{t}{R*C}}$$

wobei die Widerstände der einzelnen Fuses teilweise seriell hintereinandergeschaltet sind (bei mehrstufiger Logik, unterer Teil), teilweise auch parallel liegen, während die Kapazitäten sich zu einer parasitären Gesamtkapazität addieren. Die endlichen Werte des Widerstands und der Kapazität beeinflussen demnach die Laufzeiteffekte innerhalb des programmierbaren Logikbausteins. Sie sind, wie aus Abbildung 6.41 ersichtlich, abhängig von der Anzahl der parallel geschalteten Logikzweige, da der Innenwiderstand des Treibers ebenfalls endlich ist.

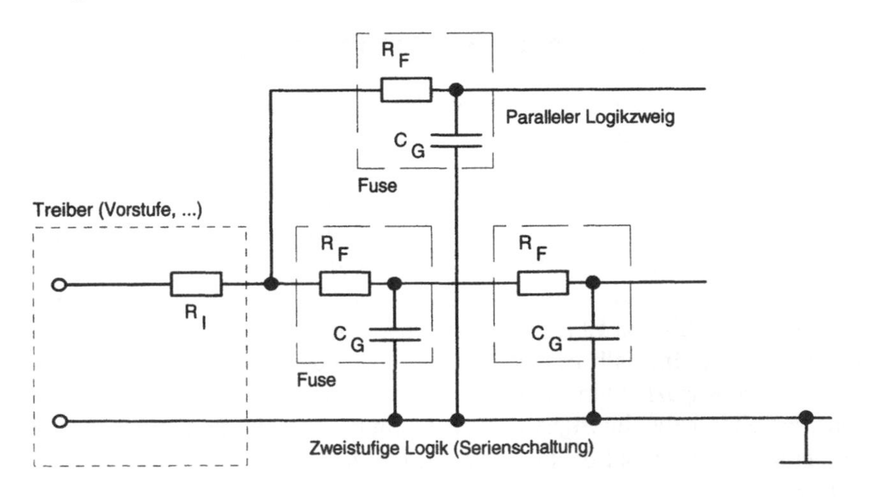

Abb. 6.41 Interne Widerstände/Kapazitäten bei Logik-Schaltungen

7 VHDL als Hardware Beschreibungssprache

In den Vereinigten Staaten von Amerika wurden bereits frühzeitig die Möglichkeiten der Top-Down-Entwurfsmethodik erkannt, was für das amerikanische Verteidigungsministerium Anfang der 80er Jahre den Ausschlag gab die Entwicklung einer Hardware-Beschreibungssprache anzuregen. Damit sollten Möglichkeiten geschaffen werden um einerseits eine unmissverständliche Entwurfsdokumentation erstellen zu können und andererseits die unproblematische Anpassung auf den immer schnelleren technologischen Wandel durchzuführen. Das Resultat dieser Bemühungen war VHDL, abkürzend für Very High Speed Integrated Circuits Hardware Description Language, als leistungsstarke Sprache mit der leicht verständlicher und leicht veränderbarer Code erzeugt werden kann. Im Februar 1986 wurde die VHDL-Version 7 dem IEEE (IEEE = Institute of Electrical and Electronics Engineers) zur Standardisierung übergeben und im Dezember 1987 zum IEEE Standard 1076-1987 erklärt. Der Standard definiert die Syntax und Semantik von VHDL. 1988 wurde VHDL als Teil der Dokumentation zur zwingenden Voraussetzung militärischer Entwürfe die ASICs enthalten (ASIC = Application Specific Integrated Circuit). Dieser Standard ist erweitert worden und liegt unter dem Namen IEEE 1076-1993 vor. Ausgehend von einer Einführung in VHDL (Abschn. 7.2, weren die VHDL Sprachelemente eingeführt (Abschn. 7.4) sowie die Modellirungssimulation mit VHDL beschrieben (Abschn. 7.5 bis 7.12).

7.1 Einleitung

Die Anforderungen des Marktes und die technologische Entwicklung haben den Entwurf digitaler Hardware und Software Systeme in den vergangenen Jahrzehnten massiv beeinflusst. Die heutige Situation ist dabei durch folgende Merkmale gekennzeichnet:

- Die Komplexität und die Integrationsdichte digitaler Bausteine nehmen ständig zu. Dies hat seine Ursache einerseits in der technologischen Entwicklung, andererseits in den gestiegenen Produktanforderungen:
  - Die geringeren Strukturgrößen innerhalb der Bausteine ermöglichen höhere Packungsdichten und damit zugleich neue Klassen von Produkten.
  - Die Anforderungen seitens neuer Produkte an die Leistungsfähigkeit digitaler Bausteine, wie beispielsweise hohe Taktraten, geringer Leistungsverbrauch, hohe Zuverlässigkeit, etc., steigen ständig.

- Die Bedingungen auf den globalen Märkten sind von den steigenden Anforderungen der Kunden und einem wachsenden Konkurrenzdruck geprägt, was für den Hersteller immer kürzere Entwicklungszeiten seiner Produkte erforderlich macht. Daraus resultiert eine an der Time-to-Market Problematik ausgerichtete Entwicklung und Produktion, da der wirtschaftliche Erfolg eines Produkts mit der Rechtzeitigkeit des Vorhandenseins im Markt eng gekoppelt ist.
- Zeitdruck in der Entwicklung und Produktion, optimaler Service bzw. Wartung der Produkte, mit dem Ziel der hohen Produktverfügbarkeit beim Kunden, sowie die Notwendigkeit zur Wiederverwendung von Entwicklungsergebnissen, zwingt zur Durchgängigkeit des Entwurfs und der Wiederverwenbarkeit von Code.

Daraus resultieren dezidierte Anforderungen an den Entwurf digitaler Hardware und Software Systeme, die auf eine Entwurfsicht führen, die sowohl die Struktur, als auch das Verhalten und die Geometrie des zu entwerfenden System berücksichtigt, wie in Abb. 7.1. dargestellt, was letztendlich in einer strukturierten Vorgehensweise beim Entwurf resultiert. Dies betrifft nicht nur die Auswahl geeigneter Entwurfswerkzeuge, sondern auch den Entwicklungsprozess selbst. Dazu wird, ausgehend von der Spezifikation auf Systemebene, das zu entwerfende System zunächst partitioniert, d.h. in wohldefinierte Hardware- und Softwaremodule aufgeteilt, und schrittweise weiter strukturiert, bis zu einer Granularität, die alle für die Implementierung notwendigen Details enthält. Nebenläufig werden auch die für die Fertigung erforderlichen Daten erstellt, wobei dies, in Abhängigkeit der Zielhardware, ein JEDEC-File, Maskenbilder für eine ASIC bzw. IC-Herstellung oder auch Layouts für Platinen umfassen kann.

Innerhalb der drei Sichtweisen, entsprechend den Ästen des Y-Diagramms, sind verschiedene Abstraktionsebenen durch beschriftete Kreise mit unterschiedlichen Radien dargestellt. Kreise mit großen Radien repräsentieren einen hohen Abstraktionsgrad, nach innen nimmt dieser ab.

Die Entwurfsebenen beschreiben die unterschiedlichen Tiefen der Konkretisierung. Innerhalb eines Top-Down-Entwurfs, der von der Anforderungsspezifikation ausgehend eine tiefergehende Beschreibung des Entwurfs durchläuft, werden die einzelnen Ebenen durchlaufen.

Auf der Systemebene werden die anwendungsspezifischen Merkmale (Systemspezifikation) des Entwurfs als Blockstruktur beschrieben. Die dabei zugrundegelegten Blöcke charakterisieren reale Funktionseinheiten wie z.B. Speicher (RAM, ROM, CACHE), Peripherie-Einheiten, Prozessoren etc. Die Blöcke werden durch ihre Funktionalität, durch Protokolle, etc. beschrieben, wobei die Beschreibungen auf der Systemebene in der Regel in natürlicher Sprache oder durch Blockschaltbilder vorliegen.

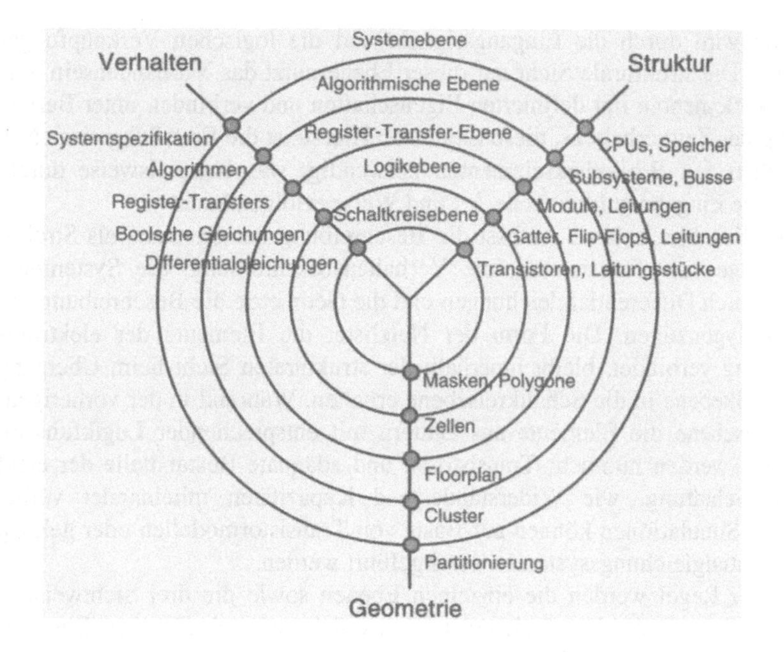

Abb. 7.1. Y-Diagramm der Entwurfssichten nach Gajski-Walker

Auf der algorithmischen Ebene wird das zu entwerfende System, bzw. dessen Subsysteme, durch nebenläufige Algorithmen beschrieben. Insbesondere die Verhaltenssicht wird dem Begriff der Algorithmen gerecht, da hier Beschreibungen durch algorithmische Darstellungen mit Variablen und darauf wirkenden Operatoren dem softwaregeprägten Begriff des Algorithmus sehr gut repräsentieren. Beschreibungselemente dieser Ebene sind u.a. Funktionen, Prozeduren, Kontrollstrukturen.

Die Registertransferebene (RTL = Register-Transfer-Level) repräsentiert dabei eine wichtige Ebene innerhalb der Entwurfsabstraktionen, da Synthesewerkzeuge, die den Entwurf unterstützen, auf dieser Ebene arbeiten können. Dies hat zur Folge, dass bei korrekter Definition der Registertransferebene RTL eine automatische Synthese des Gesamtsystems, oder der Teilblöcke, erfolgen kann. Die Eigenschaften des Systems werden auf der Registertransferebene durch Register, Operationen und den Transfer von Daten zwischen Registern beschrieben, was entsprechende Zeit-, Setz- und Rücksetzsignale voraussetzt. Für die Verhaltenssicht wird häufig die Beschreibung durch endliche Automaten gewählt, während für die strukturale Sicht die einzelnen Elemente (Addierer, ALU als Bestandteil der CPU, Register etc.) durch Signale miteinander verbunden werden. Eine Beschreibungsweise in Finite State Maschine Syntax (s. Abschn. 3.2.1) entspricht demnach der Registertransferebene. Bezogen auf die geometrische Sicht werden auf der Registertransferebene Grobpartitionierungen der Chipfläche durch den sogenannten Floorplan verfeinert.

Die Beschreibungen auf der Logikebene bilden das System durch Boolesche Variable unter Einbezug zeitlicher Eigenschaften ab. Der Verlauf der Ausgangssignale wird durch die Eingangssignale und die logischen Verknüpfungen bestimmt. Die strukturale Sicht auf dieser Ebene nutzt das Vorhandensein von Bibliothekselementen mit definierten Eigenschaften und verbindet, unter Berücksichtigung des Zeitverhaltens, diese Elemente. Hierzu ist die Erstellung einer Netzliste zwischen den Bibliothekselementen notwendig, was beispielsweise durch eine grafische Eingabe auf manuelle Art und Weise erfolgen kann.

Die Schaltkreisebene umfasst die Beschreibung des Systems, als Struktur auf Grundlage von Transistoren, die Verhaltensbeschreibung, die Systembeschreibung, durch Differentialgleichungen und die Geometrie die Beschreibung in Form von Polygonzügen. Die Form der Netzliste, die Elemente der elektronischen Schaltung verbindet, bleibt innerhalb der strukturalen Sicht beim Übergang von der Logikebene in die Schaltkreisebene erhalten. Während in der vorherigen Abstraktionsebene die Elemente aus Gattern mit entsprechender Logikfunktion bestanden, werden nunmehr Transistoren und adäquate Bestandteile der elektronischen Schaltung, wie Widerstände und Kapazitäten miteinander verbunden. System-Simulationen können auf Basis von Transistormodellen oder gekoppelten Differentialgleichungssystemen durchgeführt werden.

In der Regel werden die einzelnen Ebenen sowie die drei Sichtweisen nicht vollständig durchlaufen. Andererseits ist es nicht möglich aus einer Beschreibung auf hoher Abstraktionsebene automatisch eine elektronische Schaltung zu erzeugen, weshalb in Abb. 7.2 ein Weg aufgezeigt ist, der sowohl die Analyse als auch die Synthese mit der die Übergänge zwischen den einzelnen Ästen mit der entsprechenden Interaktion dargestellt.

Die Verhaltensbeschreibung auf der Systemebene und daraus resultierend die algorithmische Ebene, bilden einen zweckmäßigen Ausgangspunkt für die Schaltungssysnthese. Damit kann der nächste Übergang als High-Level-Synthese bezeichnet und automatisch unterstützt werden. Ziel ist eine Systembeschreibung auf Registertransferebene, wozu ggf. eine Aufteilung in kooperierende Schaltwerke vorgenommen wird. Weitere Entscheidungen betreffen den Hardware Resourceneinsatz, da Geschwindigkeits- und Platzoptimierungen sich in der Regel gegenseitig ausschließen. Im Rahmen der gewählten Randbedingungen wird die Logikebene automatisch oder interaktiv generiert.

Die Abbildung auf die reale Zielhardware kann spätestens auf der Logikebene erhebliche Eingriffe erfordern, da die Optimierung von der zugrundeliegenden Architektur abhängt.

VHDL als leistungsstarke Sprache ist eines der umfassenden Konzepte welches die Verhaltens- und die strukturelle Sichtweise von der Systemebene bis auf die Logikebene in einem System abdeckt. In diesem Zusammenhang kann programmierbaren Bausteinen, die als Halbprodukte hergestellt sind (s. Abschn. 6.1) und damit eine fertige Geometrie aufweisen, womit sich die geometrische Sichtweise in VHDL erübrigt, in der Kombination VHDL und PLD von einem vollständigen Entwurfssystem gesprochen werden, welches u.a. die Nutzung anwendungsspezifischer und anwenderprogrammierbarer Bausteine unterstützt, um Anforderungen einer marktgerechten Entwicklung Rechnung tragen zu können. Für die Durchführung eines Entwurfs bedeutet dies im einzelnen:

- die ständig kürzer werdenden zeitlichen Anforderungen an die Fertigstellung und die Qualität eines Entwurfs erfordern textuelle Beschreibungssprachen auf hohem Niveau, wie VHDL, mit denen die Anzahl der Redesignzyklen deutlich begrenzt werden kann,
- die Parallelisierung der Entwurfsarbeiten ist nur bei entsprechenden Dokumentationen der Schnittstellen möglich und bietet den großen Vorteil der Projektarbeit mit Risikominimierung bei Beschleunigung der Fertigstellung,
- die Wiederverwendbarkeit des Codes bereits erstellter Entwürfe verringert einerseits das Risiko eines neuen Entwurfs, andererseits den Neuaufwand. Dies ist nur bei übertragbaren Entwürfen auf entsprechendem Beschreibungsniveau möglich, sofern eine entsprechende Dokumentation der Schnittstelle vorliegt.

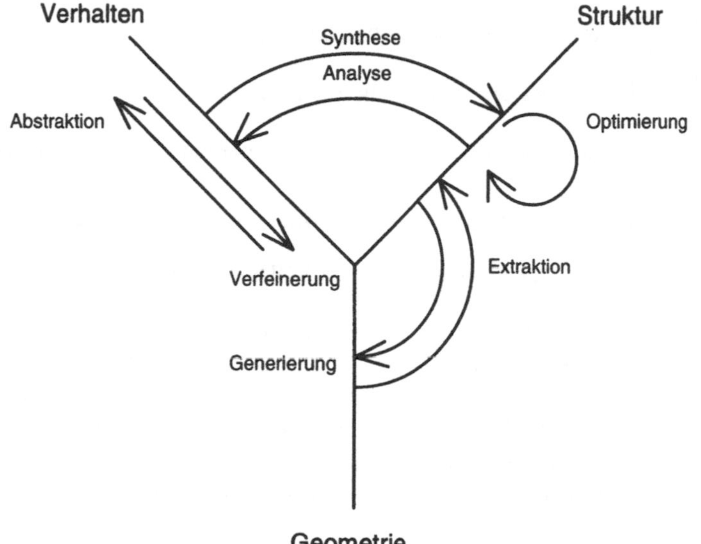

Abb. 7.2. Übergänge bei Entwurfsarbeiten

Die Anforderungen an eine textuelle Hardwarebeschreibungssprache, wie beispielsweise VHDL, können damit wie folgt zusammengefasst werden:

- Beschreibung auf mehreren Ebenen,
- Beschreibung mehrerer Entwurfssichten,
- Simulation auf allen Ebenen und Entwurfssichten,
- unmissverständliche Dokumentation.

7.2 VHDL

7.2.1 Aufbau einer VHDL Beschreibung

Um eine durchgängige Beschreibung der in Abb. 7.1 dargestellten Entwurfssichten und Entwurfsebenen zu erreichen, umfasst die textuelle Hardwarebeschreibung in VHDL mehrere Entwurfseinheiten, die einem Entwurf zugrundegelegt werden können, von denen drei in der Regel implizit und die vierte explizit genutzt wird, wie in Abb. 7.3 dargestellt.

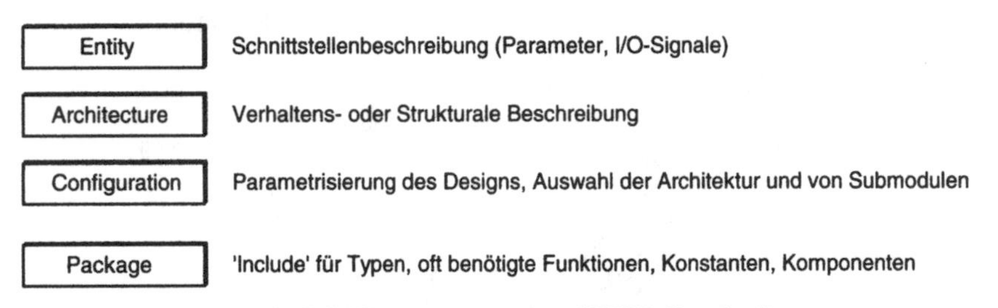

Entity
Schnittstellenbeschreibung (Parameter, I/O-Signale)
Architecture
Verhaltens- oder Strukturale Beschreibung
Configuration
Parametrisierung des Designs, Auswahl der Architektur und von Submodulen
Package
'Include' für Typen, oft benötigte Funktionen, Konstanten, Komponenten

Abb. 7.3. Komponenten einer VHDL-Beschreibung

ENTITY repräsentiert in VHDL die Schnittstellenbeschreibung der zu beschreibenden Komponenten, d.h. die Ein- und Ausgänge zur Außenwelt, die zugehörigen Unterprogramme, die Konstanten und weitere Vereinbarungen. Nachfolgend wird für die Entwurfseinheit ENTITY ein Beispiel angegeben in dem der Besonderheit in VHDL Rechnung getragen wird, wonach die Bezeichner, diese stellen die spezifischen Schlüsselwörter dar, in Großbuchstaben angegeben werden.

Beispiel 7.1.

```
ENTITY entity_name IS
        [PORT (port_list);]
END [entity_name];
```

Der entity_name gibt den Namen des Systems bzw. des Teilsystems an auf den sich die jeweilige Umgebung des Systems bzw. des Teilsystems bezieht. Die port_list gibt die Liste von entsprechenden Ein- und Ausgangsignalen des Systems bzw. des Teilsystems an. ■

Im nachfolgenden Beispiel 7.2 einer ENTITY sind a und b als Eingangsport definiert und c als Ausgangsport.

Beispiel 7.2.

```
ENTITY and_gate IS
        PORT (a, b : IN  Bit;
    c : OUT Bit);
```

```
END and_gate;
```

IN besagt für das obige Beispiel das der Datenfluss in das System hineingerichtet ist, d.h. der Port kann nur gelesen aber nicht beschrieben werden. Demgegenüber besagt OUT das der Datenfluss aus dem System herausgerichtet ist, d.h. der Port kann nur beschrieben aber nicht gelesen werden. ■

Um einen PORT sowohl lesen als auch beschreiben zu können kennt VHDL das Konstrukt INOUT für den bidirektionalen Datenfluss. Darüber hinaus gibt es in VHDL den Typus BUFFER, bei dem ebenfalls ein bidirektionaler Datenfluss vorliegt, allerdings kann dieses Konstrukt nur von einer einzigen Quelle im Entwurf beschrieben werden.

ARCHITECTURE repräsentiert in VHDL das zugehörige Architekturkonzept. Innerhalb der Architektur des Entwurfs wird die Beschreibung der anwendungsspezifischen Funktionalität hinsichtlich ihrer Struktur und ihres Verhaltens integriert. Eine strikte Trennung zwischen Struktur und Verhalten ist dabei nicht zwingend vorgeschrieben, wie aus Beispiel 7.3 ersichtlich:

Beispiel 7.3.

```
ARCHITECTURE Verhalten OF and_gate IS
--Declaration Region
BEGIN
c <= ‘0’ WHEN a = ‘0’ AND b = ‘0’ ELSE
      ‘0’  WHEN a = ‘0’ AND b = ‘1’ ELSE
      ‘0’  WHEN a = ‘1’ AND b = ‘0’ ELSE
      ‘1’  WHEN a = ‘0’ AND b = ‘0’ ELSE
      ‘0’;
END Verhalten;
```

Das Architekturkonzept wird mit dem Schlüsselwort ARCHITECTURE und einem festzulegenden Namen beschrieben, wobei auf das Schlüsselwort OF der Name der Entity folgt, der das Architekturkonzept zugehörig ist. Im Bereich vor dem Bezeichner BEGIN können architekturspezifische Objekte deklariert werden. Zwischen den Bezeichnern BEGIN und END des Architekturkonzepts wird die Funktionsbeschreibung der Entity angegeben. Der Bedingungssatz nach der Signalzuweisung c <= erzeugt einen booleschen Wert der wahr (true) oder falsch (false) sein kann. Ist die Bedingung wahr, wird dem Ausgang c der Zustand zugewiesen, der am Anfang der Zeile steht.■

Neben der vorangehend dargestellten Beschreibung kann das Architekturkonzept in VHDL auch durch eine beliebige Anzahl von WHEN - ELSE Kombinationen beschrieben werden, wobei das letzte Statement ein ELSE mit anschließendem Signalzustand ist, damit immer eine Zuweisung erfolgt. Die Abarbeitung des Codeabschnitts und damit die Zuweisung eines neuen Wertes an den Ausgang c findet mit jeder neuen Abfrage der Bedingung statt. Darüber hinaus können für eine Entity auch mehrere Architekturen angegeben werden, die je nach Anwendungszusammenhang funktional oder strukturell angelegt sein können.

Im nachfolgenden Beispiel 7.4 werden die Entwurfseinheiten Schnittstelle und Architektur zusammengefasst dargestellt.

Beispiel 7.4.

```
ENTITY and_gate IS
        PORT (a,b : IN  Bit;
    c : OUT Bit);
END and_gate;
ARCHITECTURE Verhalten OF and_gate IS
BEGIN
c <= '0' WHEN a = '0' AND b = '0' ELSE
     '0'  WHEN a = '0' AND b = '1' ELSE
     '0'  WHEN a = '1' AND b = '0' ELSE
     '1'  WHEN a = '0' AND b = '0' ELSE
     '0';
END Verhalten;■
```

Neben relationalen Operationen, wie sie in Beispiel 7.4 exemplarisch durch das Static Signal Assignment Symbol <= eingeführt wurden, bietet VHDL auch logische Operationen an, was letztendlich dazu führt, dass das vorangehend vorgestellte VHDL Konstrukt wesentlich einfacher codiert werden kann. Das nachfolgende Beispiel 7.5 zeigt einen VHDL Codestring welcher den logischen Operator UND (AND) verwendet, wobei der UND-Operator das korrekte Ergebnis einer UND-Verknüpfung der Signale a und b an die aufrufende Umgebung zurückgibt.

Beispiel 7.5.

```
ENTITY and_gate IS
        PORT (a, b : IN  Bit;
    c : OUT Bit);
END and_gate;
ARCHITECTURE Verhalten OF and_gate IS
BEGIN
c <= a  AND b ;
END Verhalten;■
```

CONFIGURATION repräsentiert in VHDL die zum Übersetzungsprozess zugehörige Konfiguration, die einer beschriebenen Architektur eine bestimmten Entity zuordnet, bzw. angibt, welche Zuordnungen für die ggf. verwendeten Submodule in der Architektur gelten, wie aus Beispiel 7.6 ersichtlich, welches auf den bislang vorgestellten VHDL Beispielen aufbaut.

Beispiel 7.6.

```
CONFIGURATION and_gate_config OF and_gate IS
    FOR Verhalten
    END FOR;
END and_gate_config;■
```

PACKAGE repräsentiert in VHDL Anweisungen. Hierzu gehören die Typbzw. Objektdeklarationen, sowie Beschreibungen von Prozeduren und Funktionen, die für mehrere VHDL Beschreibungen benötigt werden und in einem Package zusammengefasst sein können. Die Verwendung dieser Basisstruktur ist optional. VHDL unterscheidet dabei zwischen PACKAGE und PACKAGE BODY, die beide eigenständig sind und getrennt compiliert werden. Die Syntax der Entwurfseinheit Package wird in Abschn. 7.4 behandelt. Im Vergleich zu Package enthält der Package Body, neben der Definition von Unterprogrammen, auch spezielle Deklarationsanweisungen.

7.2.2 Entwurfsichten einer VHDL Beschreibung

Das im Abschn. 7.1 eingeführte Y-Diagramm der Entwurfsichten unterscheidet für den Entwurf drei Sichtweisen, von denen zwei durch VHDL unterstützt werden. Dementsprechend wird bei VHDL Entwurfsmodellen zwischen der

- Verhaltensmodellierung,
- Strukturmodellierung

unterschieden. Demzufolge muss die Umsetzung einer Netzliste, als Ergebnis einer VHDL Beschreibung, in ein Layout, d.h. in die Geometrie, auf der Grundlage von Programmen durchgeführt werden, die den herstellerspezifischen Daten des zu realisierenden Logikhardwarebausteins Rechnung tragen.

Die Verhaltensmodellierung beschreibt das Verhalten eines Moduls (Blöcke mit interner sequentieller Funktion) als Reaktion der Ausgangssignale auf Änderungen der Eingangssignale. Wegen des zeilenbezogenen Ablaufs der sequentiellen Programmsegmente der Verhaltensmodellierung werden IF-Konstrukte eingeführt, mit deren Hilfe die gleichzeitige (concurrent) Abarbeitung von Blöcken, mit intern sequentieller Funktion, realisiert werden kann. Eine weitere Möglichkeit zur Steuerung der sequentiellen Programmabschnitte ist das CASE-Konstrukt. Damit kann mit, Hilfe der CASE...IF- Anweisung, der Zustand eines Signals überprüft und eine vom Ergebnis abhängige Aktion ausgeführt werden.

In den beiden nachfolgenden Beispielen wird für das IF-Konstrukt ein algorithmisches Modell eines UND-Gatters mit zwei Eingängen dargestellt und für das CASE-Konstrukt ein Multiplexer.

Beispiel 7.7.

```
ENTITY alg_and_gate IS
        PORT (a, b:  IN bit;
                     c: OUT bit);
END alg_and_gate;
ARCHITECTURE Algorithmus OF alg_and_gate IS
BEGIN
        PROCESS(a, b)
        BEGIN
                IF( a = '1' OR b = '1' ) THEN
                    c <= '1'  AFTER 10ns;
                ELSIF( a = '0' OR b = '0' ) THEN
                    c <= '0'  AFTER 10ns;
        ELSE
            c <= 'x'  AFTER 10ns;
```

```
        END PROCESS
    END Algorithmus;■
```

Das in Beispiel 7.7 angegebene UND-Gattermodell wurde um die Einbindung des zeitabhängigen Verhaltens erweitert. VHDL kennt zu diesem Zweck zwei Anweisungstypen um ein zeitliches Verhalten zu berücksichtigen: AFTER und TRANSPORT. In Beispiel 7.7 wurde die Signalzuweisung AFTER ausgewählt, welche dem Ausgang c den Wert der UND-Verknüpfung von a und b, genau 10 ns nach einer Veränderung an a oder b, zuweist. Prinzipiell kann jeder Signalzuweisung eine Ereignisliste zugeordnet werden, in welche für die Gegenwart und die Zukunft Wertzuweisungen eingetragen werden, während Vergangenheitswerte abfragbar sind. Eine Ereignisliste kann damit durch die folgende Zuweisung charakterisiert sein:

```
signal_1 <= '1' AFTER 3 ns, '0' AFTER 6 ns, '0' AFTER 8 ns,
                           '1' AFTER 11 ns;
```

Die einzelnen Einträge, die aus einer Wertzuweisung und einem Zeitpunkt bestehen, werden Transaktion (transaction) genannt. Ändert eine Signalzuweisung ihren Wert wird diese Transaktion als Ereignis (event) bezeichnet, wie bei 3 ns, 6 ns und 11 ns, ansonsten ist ein Signal bei jeder Wertzuweisung aktiv (active), wie z.B. bei 8 ns. Diese Ereignisliste wird bei jeder Signalzuweisung erneuert, indem alle bisherigen Ereignisse gelöscht werden. Der Löschmechanismus, auch Preemption genannt, ist in VHDL zwingend vorgeschrieben, wobei die Art der Löschung von den drei dafür zur Verfügung stehenden Modellen abhängig ist:

- TRANSPORT-Verzögerungsmodell,
- INERTIAL Verzögerungsmodell,
- REJECHT-INERTIAL Verzögerungsmodell.

Das TRANSPORT-Verzögerungsmodell repräsentiert das einfachste Modell. Hier werden alle Signalzuweisungen, die gemäß der aktuellen Ereignisliste im Anschluss nach oder gleichzeitig mit dem neuerlichen Ereignis auftreten würden, gelöscht. Eine Zuweisung wie

```
signal_1 <= TRANSPORT '0' AFTER 5 ns,
```

die beispielsweise nach 2 ns eintritt, bewirkt, dass die Ereignisse bei 8 ns und 11 ns gelöscht werden, wie Abb. 7.4 zeigt.

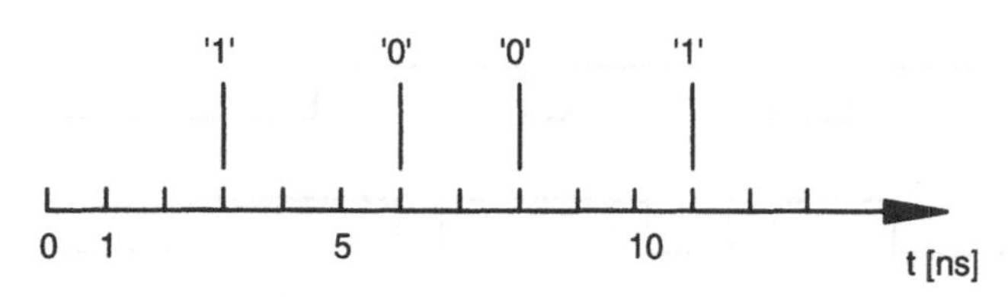

Abb. 7.4. Ereignisliste für signal_1

Zusätzlich zu den aus dem Transportmodell resultierenden Löschungen werden im INERTIAL-Verzögerungsmodell weitere Löschungen durchgeführt, die Ereignisabhängig sind. Hierzu werden die aktuelle Transaktion, sowie die neue und die unmittelbar vor dieser stattfindende, falls sie zum gleichen Wert wie die neue führt, markiert und alle anderen gelöscht. Die Zuweisung

signal_1 <= INERTIAL '1' AFTER 5 ns,

sei wiederum bei 2 ns gegeben, was zum Löschen aller Transaktionen führt, während die Signalzuweisung einer '0', diejenige bei 6 ns belassen hätte. Diese Vorgehensweise führt dazu, dass Ereignisse, die eine kürzere Impulszeit als die Zuweisungszeit haben, gelöscht werden.

Um die Länge eines minimalen Impulses anzugeben, der einem Signal zugewiesen werden kann, wird das REJECHT-INERTIAL-Verzögerungsmodell benutzt. Mit Hilfe von Zeitimpulsangaben wird damit festgelegt, welche Impulse zugewiesen werden. Die einzelnen Signalzuweisungen besitzen folgende Syntax:

```
sig_name <=     TRANSPORT value_expr_1 [AFTER time_expr_1]
                { , value_expr_n AFTER time_expr_n };
sig_name <=     [INERTIAL] value_expr_1 [AFTER time_expr_1]
                { , value_expr_n AFTER time_expr_n };
sig_name <=     REJECT rej_time_expr INERTIAL
                {value_expr_1 [AFTER time_expr_1]}
                { , value_expr_n AFTER time_expr_n };
```

Die unterschiedlichen Verzögerungsmodelle führen zu folgendem Verhalten der Beispielsignale sig_0 bis sig_3:

```
sig_0 <= TRANSPORT    '1' AFTER 1 ns, '0' AFTER 5 ns, '1' AFTER 8
ns,  '0' AFTER 12 ns, '1' AFTER 13 ns, '0' AFTER 18 ns;
sig_1 <= TRANSPORT          sig_0 AFTER 3 ns;
sig_2 <= sig_0 AFTER 3 ns; -- Default-Modell INERTIAL
sig_3 <= REJECT 2 ns INERTIAL sig_0 AFTER 3 ns;
```

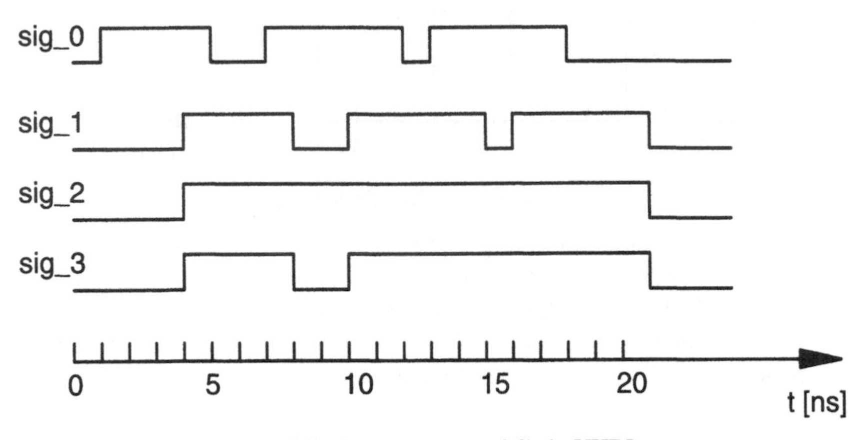

Abb. 7.5. Verzögerungsmodelle in VHDL

Wie aus Abb. 7.5 ersichtlich, weist das mit TRANSPORT zugewiesene Signal die Eigenschaft des Durchschiebens auf, während INERTIAL alle Impulse mit einer Länge die kleiner ist als die der Zuweisungszeit herausfiltert. REJECT-INERTIAL filtert demgegenüber nur diejenigen Impulse heraus, deren Dauer die Schranke von 2 ns unterschreiten, alle anderen werden, unabhängig von der Zuweisungszeit, durchgelassen.

Im nachfolgenden Beispiel 7.8 wird zur Steuerung sequentieller Programmabschnitte das CASE-Konstrukt eines algorithmischen Modells eines Multiplexers mit zwei Eingängen dargestellt.

Beispiel 7.8.

```
ENTITY mux_3 IS
      PORT (a, b : IN bit;
                  c: OUT bit);
END mux_3;
ARCHITECTURE case_architektur OF mux_3 IS
BEGIN
   PROCESS (a, b: sel)
         CASE sel IS
             WHEN '0' => c <= a;
           WHEN '1' => c <= b;
           WHEN OTHERS => c <= 'x';
     END CASE;
   END PROCESS
END case_architektur;
```

Der Zustand des Signals 'sel' wird beim Tristate-Multiplexer (mux_3) des CASE Konstruktes mit Hilfe der Anweisung CASE sel IS überprüft. Wenn 'sel' logisch 0 bzw. 1 ist, übernimmt der Ausgang c den Zustand von a bzw. b. Hat 'sel' keinen eindeutigen Zustand wird c auf unbestimmt gesetzt. Die Architekturbeschreibung kann in einem oder mehreren

VHDL Konstrukten realisiert werden, die jeweils mit dem Schlüsselwort PROCESS beginnen und mit END PROCESS abgeschlossen werden.■

Ein PROCESS-Konstrukt wird parallel mit weiteren PROCESS-Konstrukten abgearbeitet, der Bereich zwischen BEGIN und END PROCESS allerdings immer sequentiell, wobei zwischen den Bezeichnern BEGIN und END PROCESS entsprechende Algorithmen eingebettet sein können. Damit sind, wie bereits erläutert, innerhalb der Verhaltensmodellierung sowohl sequentielle als auch parallele Verhaltensweisen beschreibbar. Die Parallelität von Ausgaben wird in Beispiel 7.9 exemplarisch für einen Volladdierers dargestellt:

Beispiel 7.9.
```
ENTITY Volladdierer IS
        PORT ( a, b, ü0: IN bit;
                sum, ü1:  OUT bit );
END Volladdierer;
ARCHITECTURE Verhalten_VA OF Volladdierer IS
BEGIN
        PROCESS( a, b, ü0 )
        BEGIN
          sum <= (( a XOR b ) AND NOT ü0 ) OR ( NOT a AND NOT b AND ü0 )
                    OR  ( a AND b AND ü0 );
                    c1  <= ( a AND b )  OR  ( a AND ü0 )  OR  ( b AND ü1 );
        END PROCESS
END Verhalten_VA;■
```

In Beispiel 7.9 wird das Verhalten nicht mehr in Form der IF-ELSE Abfragen beschrieben sondern durch direkte Wertzuweisungen der Verknüpfungen der Booleschen Algebra. Damit geht diese Form der Darstellung stärker in Richtung der strukturalen Beschreibung, d.h. der VHDL Codestring für den Volladdierer hat einen direkteren Bezug zu einer darunter liegenden Hardwareebene. Neben dieser sehr hardwarenahen Beschreibungsform können VHDL Beschreibungen auch auf höheren Abstraktionsebenen entworfen werden, womit sie allerdings den direkten Bezug zur darunter liegenden Hardwareebene verlieren, was Beispiel 7.10 zeigt.

Beispiel 7.10.
```
ENTITY alg_volladdierer_VA IS
        PORT (in_put: IN bit_VECTOR(2 downto 0);
                sum, ü : OUT bit);
END alg_volladdierer_VA;
ARCHITECTURE Algorithmus OF alg_Volladdierer_VA IS
BEGIN
        PROCESS(in_put)
          VARIABLE int_sum : integer;
        BEGIN
            int_sum : = 0:
              FOR i IN 2 downto 0 LOOP
                      IF in_put(i) = '1' THEN
                              int_sum : = int_sum + 1;
```

```
                END IF;
            END LOOP;
              CASE int_sum IS
                WHEN '0' => sum '0' ;ü <= '0';
                WHEN '1' => sum '1' ;ü <= '0';
                WHEN '2' => sum '0' ;ü <= '1';
                WHEN '3' => sum '1' ;ü <= '1';
        WHEN OTHERS => NULL;
            END CASE;
      END PROCESS;
    END algorithm;■
```

Wie aus Beispiel 7.10 ersichtlich bestehen die Eingänge des Volladdierers, nicht mehr aus drei Eingängen, den beiden Summanden und dem Übertrag, sondern nur noch aus einem drei Bit breiten Feld in_put vom Dateityp bit_VECTOR, mit den Indizes 2 bis 0. Zur Bestimmung der Summe der drei Operanden kann davon ausgegangen werden, dass für den Zustand der Ausgänge die Anzahl der Zustände logisch 1 am Eingang und nicht deren Kombination entscheidend ist, womit die Schleife am Beginn von PROCESS der internen Variablen int_sum diese Summe zuweist. int_sum ist vom Dateityp Integer. Die CASE-Anweisung überprüft den Zustand der Variablen und setzt die Ausgänge sum und ü entsprechend. Die WHEN OTHERS Anweisung deckt dabei alle Werte außerhalb von 0 bis 3 ab, wobei die Aktion für diese Anweisung im Konstrukt NULL resultiert, was gleichbedeutend dafür ist, dass für diese Zustände keine Aktion vorgesehen ist.

Im Vergleich zum Verhaltensmodell geht die strukturale Modellierung von entsprechenden Strukturen und deren Zusammensetzung zu einem Modell aus. In VHDL wird dieses dergestalt realisiert dass die Systemeigenschaften durch eine Sammlung von Unterkomponenten dargestellt werden, die ihrerseits als unabhängige VHDL Modelle, z.B. in compilierter Form innerhalb von Bibliotheken (s. Abschn. 7.3), zur Verfügung stehen. Diese Form tendiert in Richtung des sog. Bottom-Up Entwurfsverfahrens, da innerhalb der VHDL Beschreibung aus bekannten Elementen neue und größere Modelle zusammengesetzt werden.

7.2.3 Entwurfebenen in einer VHDL Beschreibung

Neben der Einteilung in die beiden vorangehend dargestellten Sichtweisen unterstützt VHDL vor allem die Modellierung auf den verschiedenen Ebenen des Entwurfs, beginnend unterhalb der Systemebene, so dass der gesamte Entwurf durch eine VHDL Beschreibung dokumentiert und hinsichtlich des Entwurfs ständig verfeinert werden kann. Dabei unterstützt VHDL folgende Ebenen direkt:

- Algorithmische Ebene,
- Registertransferebene,
- Logikebene,

während die Schaltkreisebene zwar prinzipiell abbildbar ist, jedoch kaum Bedeutung erlangt hat. Die Logikebene reicht in der Regel für fast alle Anwendungen aus, da als Zielbausteine beispielsweise halbfertige ICs mit vorgegebenen Strukturen eingesetzt werden, weshalb auf die geometrische Sichtweise verzichtet werden kann.

7.2.3.1 Algorithmische Entwurfsebene in einer VHDL Beschreibung

Die algorithmische Ebene beschreibt die zeitliche Verhaltensweise des betrachteten Moduls, ohne auf die zugehörigen Signale wie Reset, Takt, Signalleitungen etc. einzugehen. Dies kann innerhalb einer VHDL Modellierung sowohl das ganze Modell wie auch Teilmodelle betreffen. Damit kann beispielsweise die Beschreibung einer arithmetisch-logischen Einheit (ALU) für die Eingangs- und Zielregister in allen aufgeführten Ebenen beschrieben werden, was Beispiel 7.11 zeigt.

Beispiel 7.11.

```
ENTITY alu IS
GENERIC ( n: positive : = 4 );
PORT ( a, akku: IN bit_vector (n-1 downto 0);
            cf_in: IN bit;
            alu_request: IN bit;
            cs0, cs1, cs2: IN bit;
            alu_out: OUT bit_vector (n+1 downto 0) );
END alu;
ARCHITECTURE Algorithmus_ALU OF alu IS
BEGIN
        PROCESS ( alu_request, a, akku )
        BEGIN
                WAIT UNTIL alu_request = '1';
                alu_compute( a, akku, cs0, cs1, cs2, alu_out );
        END PROCESS;
END Algorithmus_ALU;■
```

Die in Beispiel 7.11 angegebene algorithmische Modellierung beschreibt die zeitliche Reihenfolge des Modells unter Nutzung der Prozedur alu_compute, die das verknüpfende Element des Modells darstellt und ihrerseits wiederum ein VHDL Modell ist. Die WAIT-Anweisung stellt sicher, dass der Prozess nur bei einem Ereignis alu_request = '1' abläuft. GENERIC ist ein Parameter der in der Schnittstellenbeschreibung, der ENTITY, die Parameter deklariert die dem Modell übergeben werden. Generics können auch die Bitbreite der Ports bestimmen oder den Namen einer Datei enthalten, in der beispielsweise die Programmierdaten eines PLA-Models abgelegt worden sind.

7.2.3.2 Register-Transfer Entwurfsebene in einer VHDL Beschreibung

Im Gegensatz zur Algorithmischen Ebene wird auf der Registertransferebene ein zeitliches Schema für den Ablauf der Operationen vorgegeben und implizit eine

Hardwarestruktur beschrieben, was durch Einbindung der entsprechenden Steuersignale erfolgt, wie z.B. das Takt- oder Resetsignal. Hierfür kann beispielsweise die Anweisung PROCESS (clk) eingesetzt werden, die ausschließlich auf ein Ereignis an 'clk' reagiert, oder in der Anweisung PROCESS wird ein ...-request Signal definiert welches, wird bei einer aktiven Taktflanke ein gesetztes ...-request Signal entdeckt, eine Prozedur aktiviert. Die daraus resultierende Formulierung ergibt eine genaue Zuordnung von Übergängen und Takten, wie in Beispiel 7.12 dargestellt.

Beispiel 7.12.

```
ARCHITECTURE RT_Ebene_ALU OF alu IS
BEGIN
        PROCESS ( alu_request, a, akku )
        BEGIN
            IF rising_edge( alu_request ) THEN
                alu_compute( a, akku, cs0, cs1, cs2, alu_out );
                END_IF;
        END PROCESS;
END RT_Ebene_ALU;■
```

Die Modellierung einer Gatterlaufzeit auf der Registertransferebene kann in VHDL auf mehrere Arten erfolgen, z.B. durch Zuweisung an temporäre Variablen die einen zweiten Durchlauf erfordern oder durch die bereits eingeführte WAIT-Anweisung. Die Wartezeit dient der korrekten Modellierung für die Simulation, während die Synthese Laufzeitvorgaben nur in Ausnahmefällen berücksichtigen kann, wenn z.B. spezielle Vorkehrungen für zeitkritische Pfade auf dem Baustein zur Verfügung stehen, oder im Rahmen eines vollständigen Entwurfs, integriert werden sollen.

7.2.3.3 Logische Entwurfsebene in einer VHDL Beschreibung

Die Eigenschaften eines digitalen Systems werden auf der Logikebene durch die Verknüpfung der binären Variablen mittels Boolescher Operatoren dargestellt. VHDL bietet hierfür standardmäßig Operatoren wie AND, OR, NOT, NOR, NAND, XNOR, XOR etc. an, sowie Variablen für die binäre Logik, wobei die benutzerdefinierte Erweiterung der Operatorenliste möglich ist. Modellierungen auf der Logikebene sind hardwarenah repräsentiert und gut synthetisierbar. Innerhalb dieser Ebene verschwinden die Unterschiede zwischen Verhaltensmodellierung und strukturaler Sichtweise vollständig, da die Beschreibung durch Boolesche Variable an vorhandenen Verknüpfungsgliedern auf, Gatterbasis, ausgerichtet ist. Konstrukte zur Modellierung zeitlicher Eigenschaften sind ebenfalls auf dieser Ebene möglich, was Beispiel 7.13 für einen Halbaddierer zeigt, wo die Zuweisung eines berechneten Werts mit Hilfe einer AFTER Anweisung verzögert werden kann.

Beispiel 7.13.

```
ARCHITECTURE Logikebene_HA OF halbaddierer IS
```

```
BEGIN
    sum <= sum_a XOR sum_b AFTER 5 ns;
    carry <= sum_a AND sum_b AFTER 5 ns;
End Logikebene;■
```

7.3 VHDL Sprachelemente

Nachdem in Abschnitt 7.2 die grundlegenden Merkmale für VHDL Beschreibungen dargestellt wurden, werden nachfolgend die VHDL Sprachelemente allgemeingültig eingeführt. Sie setzen auf lexikalischen Elementen auf, die aus einem zugehörigen Zeichensatzvorrat durch gezielte Verknüpfungen und Kombination des Zeichenvorrats definiert werden. Der verwendete Zeichensatz entspricht, seit der VHDL Normierung in 1993, dem 8-Bit-Zeichensatz entsprechend ISO 8859-1. Die aus den zulässigen Zeichen zusammengesetzten lexikalischen Elemente lassen sich in fünf Gruppen einteilen: Kommentare, Bezeichner, reservierte Wörter, Größen und Trenn- und Begrenzungszeichen:

- Kommentare, die in VHDL, wie auch in jeder anderen Sourcecode-Beschreibung, der besseren Lesbarkeit und der Dokumentation dienen, werden mit Hilfe eines doppelten Bindestrichs '--' an einer beliebigen Stelle einer Zeile des Sourcecodes begonnen und gelten bis zum Ende der Zeile. Der Kommentar ist keinerlei Einschränkungen unterworfen.
- Bezeichner repräsentieren die Namen von Entwurfseinheiten, Objekten, Objekttypen, Komponenten, Prozeduren, Funktionen etc., die bestimmten Konventionen unterworfen sind, um ihre Identifizierbarkeit innerhalb des VHDL Codes zu gewährleisten. In VHDL werden einfache und erweiterte Bezeichner unterschieden, wobei folgende Regeln zu beachten sind:
  - Bezeichner bestehen aus Buchstaben, Ziffern sowie einzelnen Unterstrichen und dürfen keine Sonder- oder Leerzeichen enthalten,
  - das erste Zeichen eines Bezeichners muss ein Buchstabe sein,
  - der Unterstrich '_' darf weder als erstes noch als letztes Zeichen eines Bezeichners verwendet werden und darüber hinaus nicht zweimal unmittelbar aufeinander folgen,
  - Bezeichner dürfen keine reservierten Wörter sein.
- Reservierte Wörter haben innerhalb von VHDL eine fest zugeordnete Bedeutung. In der VHDL Norm von 1993 werden die reservierten Wörter genannt. Sie sind in Tabelle 7.1 angegeben:

Tabelle 7.1. Reservierte Wörter in VHDL

ABS
ACCESS
AFTER
ALIAS
ALL
AND
ARCHITECTURE
ARRAY
ASSERT
ATTRIBUTE
BEGIN
BLOCK
BODY
BUFFER
BUS
CASE
COMPONENT
CONFIGURATION
CONSTANT
DISCONNECT
DOWNTO
ELSE
ELSIF
END
ENTITY
EXIT
FILE
FOR
FUNCTION
GENERATE
GENERIC
GROUP
GUARDED
IF
IMPURE
IN
INERTIAL
INOUT
IS
LABEL
LIBRARY
LINKAGE
LITERAL
LOOP
MAP
MOD
NAND
NEW
NEXT
NOR
NOT

NULL
OF
ON
OPEN
OR
OTHERS
OUT
PACKAGE
PORT
POSTPONED
PROCEDURE
PROCESS
PURE
RANGE
RECORD
REGISTER
REJECT
REM
REPORT
RETURN
ROL
ROR
SELECT
SEVERITY
SHARED
SIGNAL
SLA
SLL
SRA
SRL
SUBTYPE
THEN
TO
TRANSPORT
TYPE
UNAFFECTED
UNITS
UNTIL
USE
VARIABLE
WAIT
WHEN
WHILE
WITH
XNOR
XOR

- Größen dienen in VHDL zur Darstellung von Inhalten bestimmter Objekte bzw. fester Werte. Hierbei wird zwischen numerischen Größen, Zeichengrößen, Zeichenketten, Bit-String-Größen sowie Trenn- und Begrenzungszeichen unterschieden.

- Sprachkonstrukte repräsentieren in VHDL Kombinationen lexikalischer Elemente mit einer syntaktischen Bedeutung, die in drei Kategorien eingeteilt werden können, die Primitive, die Befehle sowie die syntaktischen Rahmen für alle Einheiten wie Funktionen, Prozesse etc. Primitive bestehen entweder aus einzelnen Operanden oder Ausdrücken, die aus Operanden und Operatoren zusammengesetzt sind. In Tabelle 7.2 sind Operatoren und ihre Priorität in VHDL dargestellt (s. Abschn. 7.5).

Tabelle 7.2. Operatoren und Prioritäten (von oben nach unter fallend) in VHDL

Operatorklasse	Elemente
Diverse Operatoren:	** , ABS , NOT
Multiplizierende Operatoren:	* , / , MOD , REM
Signum- Operatoren:	+ + , - -
Addierende Operatoren:	+ , - , &
Vergleichsoperatoren:	= , /= , < , <= , > , >=
Logische Operatoren:	AND , NAND , OR , NOR , XOR , XNOR

- Befehle kennzeichnen in VHDL Sequenzen von Schlüsselwörtern, die eine bestimmte Funktion repräsentieren. Befehle können unterschiedlicher Art sein.
- Der Syntaktische Rahmen dient in VHDL der Rahmung von Funktionen, Prozessen etc. Er wird im allgemeinen durch das entsprechende Schlüsselwort und einem Referenznamen am Anfang sowie das Schlüsselwort END am Ende der Einheit gebildet.

7.4 Strukturaler Aufbau der Syntax des VHDL-Modells

Ein vollständiges VHDL Modell besteht – wie bereits dargestellt – aus mehreren Entwurfseinheiten, wobei die minimale Konfiguration aus einer Schnittstelleneinheit, der ENTITY und in der Verhaltens- bzw. Strukturbeschreibung aus mindestens einer ARCHITECTURE besteht. Die Entwurfseinheit CONFIGURATION wird immer dann benötigt, wenn grundsätzliche Konfigurationsdaten festgelegt werden sollen, oder eine Architektur ausgewählt wird. PACKAGE wird als Einheit für die Aufnahme von Funktionen, Prozeduren oder Objekttypen von allgemeinem Interesse benutzt. Die Aufteilung der drei zur Compilierung benötigten Entwurfseinheiten auf eine oder mehrere Dateien ist dabei willkürlich, lediglich der VHDL-Compiler benötigt sie in der Reihenfolge ENTITY-ARCHITECTURE-CONFIGURATION, die innerhalb des Sourcecodes einzuhalten sind, bzw. bei mehreren Dateien dem Compiler bekannt gegeben werden müssen. Wie jede andere höhere Programmiersprache verfügt auch VHDL über Bibliotheken. Bibliotheken repräsentieren Aufbewahrungsorte für übersetzte (compilierte) und wieder zu verwendende Entwurfseinheiten. Bibliotheken werden in der Regel als eigene

Verzeichnisse in einem Dateisystem realisiert. Das Bibliothekskonzept von VHDL umfasst:

- Ressourcenbibliotheken (Resource-Libraries), die bereits compilierte und damit wiederverwendbare VHDL Modelle (bzw. Teile davon) beinhalten,
- Arbeitsbibliotheken (Working-Libraries), in die der VHDL Compiler standardmäßig die aktuell bearbeiteten Entwurfseinheiten ablegt.

Innerhalb der VHDL Bibliothek müssen die Bezeichner der Einheiten ENTITY, CONFIGURATION und PACKAGE eindeutig unterscheidbar sein, während die Bezeichner der Einheit ARCHITECTURE jeweils die zu einer Entity gehörenden Architekturen kennzeichnen. Bevor ein Bibliotheksobjekt angesprochen werden kann wird der Entwurfseinheit die verwendete Bibliothek durch eine Anweisung bekannt gegeben

```
LIBRARY lib_name_1 {, lib_name_n}.
```

Wie aus Abschn. 7.2 bekannt erfolgt die Festlegung der Schnittstellenbeschreibung im Entwurfselement ENTITY. Hier werden mit Hilfe der PORT-Anweisung die Namen, Datentypen und Signalflussrichtungen festgelegt. Die VHDL Syntax der ENTITY legt darüber hinaus bestimmte modellspezifische Parameter fest, sogenannte GENERICS, mit deren Hilfe ein VHDL Modell parametrisiert und damit universell angelegt werden kann, sowie globale Deklarationen, die modellweit Gültigkeit besitzen. Die ENTITY ist damit syntaktisch wie folgt aufgebaut:

```
ENTITY entity_name IS
[GENERIC( param_1 {, param_n} : type_name [:= def_wert]
         {; <Weitere_GENERIC_Deklarationen} ) ; ]
[PORT( {port_i1 {, port_in } : IN type_name [:= def_wert]}
         {; port_o1 {, port_on } : OUT type_name [:= def_wert]}
         {; port_io1 {, port_ion } : INOUT type_name [:= def_wert]}
         {; port_b1 {, port_bn } : BUFFER type_name [:= def_wert]} );]
[ USE-Anweisungen, Deklarationen, Shared Variablen ]
[BEGIN
                    -- passive Befehle ohne Signalzuweisungen
END [ENTITY] [entity_name] ;
```

Wie aus der Syntax ersichtlich, können im optionalen Anweisungsteil der ENTITY Deklaration auch passive Prozeduren eingebettet werden, die sich dadurch auszeichnen, dass innerhalb des Prozesses, bzw. der Prozedur, keine Signalzuweisungen auftreten.

Wie weiterhin aus Abschn. 7.2 bekannt erfolgt die Festlegung der strukturalen, bzw. verhaltensbezogenen, Modelleigenschaften im Entwurfselement ARCHITECTURE. Während einer ARCHITECTURE immer eine Schnittstellenbeschreibung zugeordnet sein muss, kann eine ENTITY mehrere Architekturen besitzen, in denen die verschiedenen Modellierungsparadigmen integriert sind. Eine Architektur besteht aus einem Deklarations- und einem Anweisungsteil, wobei der Anweisungsteil innerhalb des Architekturelements, wie bereits dargestellt, neben sequentiellen Anweisungen auch parallele Konstrukte enthält. Dieser Unterschied führt zur Erweiterung der Möglichkeiten im Anweisungsteil einer Architektur. Innerhalb des Anweisungsteils werden grundsätzlich alle Sprachkonstrukte nebenläufig betrachtet. Nebenläufige Anweisungen sind z.B. die Instanzzierung von Komponenten, die BLOCK- und die GENERATE-Anweisung sowie sämtliche Prozesse.

```
ARCHITECTURE archit_name OF entity_name IS
<Deklarationsteil>          -- Deklarationen von Typen, Untertypen,
                            -- Signalen, Unterprogrammen, Attributen
                            -- USE-Anweisung etc.
BEGIN
        <Anweisungsteil>
END [ARCHITECTURE] [archit_name];
```

Sequentielle Anweisungen dürfen nur in Prozessen, Funktionen und Prozeduren stehen. Sie entsprechen den bekannten Programmiersprachenkonstrukten und führen zu einer streng sequentiellen Abarbeitung:

Die Entwurfseinheit CONFIGURATION beschreibt die Konfigurationsdaten eines VHDL Modells. Hierzu zählen Angaben zur verwendenden Architektur, das Festlegen generischer Konstanten sowie die Bestimmung von Bibliotheken für strukturale Beschreibungen Die Konfigurationsanweisungen beschreiben die Parameter und Instanzen in folgender Form:

```
CONFIGURATION conf_name OF entity_name IS
-- USE-Anweisungen
-- Attributzuweisungen
-- Konfigurationsanweisungen
END [CONFIGURATION] [conf_name];
```

Ein PACKAGE enthält, wie bereits dargestellt, Anweisungen wie Typ- oder Objektdeklarationen sowie die Beschreibung von Prozeduren und Funktionen. Sie dienen dazu häufig benötigte Datentypen, Komponenten, Objekte etc. einmalig zu deklarieren um, eine entsprechende Wiederverwendung zu ermöglichen. VHDL unterteilt nochmals in PACKAGE und PACKAGE BODY, die getrennte Einheiten darstellen, die auch getrennt übersetzt werden können. Deklarationen sind dabei der Entwurfseinheit PACKAGE, Definitionen bzw. die Funktionalität der Entwurfseinheit PACKAGE BODY zugeordnet, was für die aktuelle Anpassung von

von VHDL Konstrukten, insbesondere bei großen Projekten, wichtig ist. Die Syntax der beiden Entwurfseinheiten lautet:

```
PACKAGE pack_name IS
        -- USE-Anweisungen, Unterbrechungen
        -- Deklarationen von Typen, Untertypen, Aliases, Konstanten
        -- Signalen, Files, Komponenten, Unterprogrammen, Attributen
        -- Definition von Attributen
END [PACKAGE] [pack_name];

PACKAGE BODY pack_name IS
        -- USE-Anweisungen
        -- Deklarationen von Typen, Untertypen, Aliases, Konstanten
        -- Files, Unterprogrammen
        -- Definition von Unterprogrammen
END [PACKAGE BODY] [pack_name];
```

7.5 VHDL-Anweisungen zur Modellierung

In VHDL kann die zu realisierende Hardware, wie bereits in Abschn. 7.2 dargestellt wurde, sowohl durch strukturale als auch durch verhaltensbezogene Modelle beschrieben werden, wobei die strukturale Modellierung die Instanzierung und die Verbindung der jeweiligen Komponenten, ähnlich einer Netzliste, umsetzt, wohingegen die Verhaltensmodellierung auf Operatoren und Programmkonstrukte zurückgreift. Die Instanzierung und Verbindung von Komponenten umfasst damit drei Schritte:

- Komponentendeklaration,
- Komponenteninstanzierung,
- Komponentenkonfiguration.

Die Komponentendeklaration erfolgt durch Angabe der Ports und der Parameter, womit sie in wesentlichen Zügen der ENTITY des Modells entspricht.

```
COMPONENT comp_name [IS]
[GENERIC (param_1 {, param_n} : type_name [:= def_wert]
         { <Weitere Generic-Deklarationen> } ) ; ]
[PORT   (port_1 {, port_n} : <port_mode> type_name [:= def_wert]
         { <Weitere Port-Deklarationen> } ) ; ]
END COMPONENT [comp_name];
```

Die Komponenteninstanzierung erfolgt durch Vergabe eines eigenen Referenznamens, der Zuordnung von Signalnamen an die Ports und der Zuweisung von Parameterwerten, wie es aus der nachfolgenden Syntax ersichtlich ist:

```
inst_name : comp_name
[GENERIC MAP ( ... ) ;          -- Generic-Map-Liste
[PORT MAP ( ... ) ;             -- Port-Map-Liste
```

wobei die Syntax der Komponenten GENERIC MAP und PORT aus:

- einer durch Kommata getrennten Liste, unmittelbar aufeinanderfolgender Signalnamen (sog. actuals), bzw. Parameterwerte besteht, deren Zuweisung in der gleichen Reihenfolge erfolgt wie in der Komponentendeklaration (sog. locals): actual_1 {, actual_n},
- einer durch Kommata getrennten Liste expliziter Zuweisungen in beliebiger Reihenfolge ('named association') besteht, local_1 => actual_1 {, local_n => actual_n}
- einer Kombination beider Varianten besteth.

besteht.

Neben der bislang dargestellten Aufbereitung eines VHDL Modells durch Abbildung auf bestehende VHDL Modelle kann eine Strukturierung auch durch die Anweisungen BLOCK bzw. GENERATE erreicht werden. Die BLOCK-Anweisung wird für lokale Deklarationen verwendet. Sie führt eine eigene Verwaltung lokaler Deklarationen, generischer Konstanten und Ports durch und ermöglicht damit die Schachtelung als strukturierte Darstellung des Modells:

```
block_name : BLOCK [IS]
<Deklarationen>           -- USE-Anweisungen, Unterbrechungen
                          -- Generic, Generic -Map
                          -- Port, Port-Map
                          -- Deklarationen von Typen, Untertypen, Ali-
                             ases,
                          -- Konstanten, Signalen, Files, Komponenten,
                          -- Unterprogrammen, Attributen
                          -- Definitionen von Unterprogrammen,
                          -- Attributen, Konfigurationen
BEGIN
        <Anweisungsliste>
END BLOCK [block_name];
```

Im Gegensatz dazu vereinfacht die GENERATE-Anweisung die Darstellung regelmäßiger Strukturen in VHDL Modellen. Beispielsweise repräsentieren CPU-Register eine gleichmäßige Struktur auf einer n-Bit-Register Basis, die k-fach nebeneinander abgebildet ist. Diese regelmäßigen Strukturen können mit Hilfe der GENERATE-Anweisung entsprechend dargestellt bzw. verarbeitet werden, indem abhängig von einer Bedingung, oder einem diskreten Wertebereich, eine Reihe von nebenläufigen Anweisungen ein- oder mehrfach ausgeführt wird, wie es nachfolgender Programmstring zeigt:

```
gen_name : IF condition GENERATE
<Anweisungsliste>                        -- nebenläufige Bedingungen
END GENERATE [gen_name];
gen_name : FOR var_name IN discrete_range GENERATE
<Anweisungsliste>                        -- nebenläufige Bedingungen
END GENERATE [gen_name];
```

Die Laufvariable in der zweiten GENERATE-Variante wird dabei automatisch deklariert.

7.6 Operatoren zur Verhaltenbeschreibung in VHDL

Wie bereits beschrieben definiert die Verhaltensbeschreibung eines VHDL Modells das Verhalten von Ausgängen in Abhängigkeit von Eingängen. Zu diesem Zweck stellt VHDL diverse Operatoren als Sprachkonstrukte zur Verfügung die unterschiedliche Prioritäten aufweisen, die in Tabelle 7.2 zusammenfassend angegeben sind. Die logischen Operatoren nehmen dabei auf Einzelobjekte oder Vektoren vom Typ 'bit' oder 'boolean' Einfluss. Das Ergebnis logischer Operationen ist für Einzelobjekte entweder logisch 1 bzw. true oder logisch 0 bzw. false. Vektoroperationen sind nur dann erlaubt, wenn die Vektoren gleiche Länge besitzen. In diesem Fall wird Elementweise verknüpft, wobei der Ausgabevektor den Typ und die Indizierung des linken Verknüpfungsvektors erhält. Die Liste der vordefinierten logischen Operatoren besteht, wie aus Tabelle 7.2 ersichtlich, aus AND, NAND, OR, NOR, XOR und XNOR. NOT ist für einen Operanden definiert und gehört zur Gruppe der diversen Operatoren mit höchster Priorität, alle anderen Operatoren besitzen die niedrigste Priorität und sind zwischen zwei Operanden definiert. Eine Verkettung ohne Klammerung ist nur für AND, OR und XOR erlaubt, da für diese Operatoren die Reihenfolge der Ausführung irrelevant ist (s. Abschn. 3.1.1).

Vergleiche werden in VHDL auf Gleichheit '=', Ungleichheit '/=', kleiner als '<', kleiner oder gleich '<=', größer als '>' und größer oder gleich '>=' durchgeführt. Der Ergebnistyp ist immer vom Typ 'boolean', während als Operanden für Gleichheit und Ungleichheit alle Typen außer File erlaubt sind. Das Ergebnis 'true' entspricht einem wahren Ausgang des jeweiligen Vergleichs.

Die Gruppe der arithmetischen Operatoren ist unterteilt in addierende Operatoren mit '+' für die Addition, '-' für die Subtraktion und '&' für das Zusammenbinden von Operanden, in die Signum-Operatoren mit '+ +' für die Identität, '--'

für die numerische Negation, in die multiplizierenden Operatoren mit '*' für die Multiplikation, '/' für die Division, 'MOD' als Modulo-Operator für die Restbildung bei einer Integerdivision wobei MOD das Vorzeichen des rechten Operanden liefert und 'REM' als Remainder-Operator für die Restbildung bei einer Integerdivision wobei REM das Vorzeichen des linken Operanden liefert und in diverse Operatoren mit '**' für die Exponenten, 'ABS' für die Absolutwertbildung sowie die Schiebe- und Rotieroperatoren mit 'SLL' für schiebe logisch links, 'SRL' schiebe logisch rechts, 'SLA' schiebe arithmetisch links, 'SRA' schiebe arithmetisch rechts, 'ROL' rotiere links und 'ROR' rotiere rechts.

7.7 Attribute in VHDL Modellen

Objekte werden in VHDL mit vordefinierten Attributen versehen mit dem Ziel, die Modellierung bestmöglich zu unterstützen. Diese Attribute werden in vier Gruppen untergliedert werden, wie in Tabelle 7.3 dargestellt.

Tabelle 7.3. Attribute in VHDL

Attributgruppe	Name	Funktion
Allgemeine Attribute	e'SIMPLE_NAME	liefert den Namen der Einheit e als String
	e'PATH_NAME	liefert den Pfad der Einheit e innerhalb des Modells als String
	e'INSTANCE_NAME	wie PATH_NAME jedoch mit zusätzlichen Informationen bei Komponenten
Typbezogene Attribute	t'BASE	liefert den Basistyp des Präfixtyps t
	t'LEFT	liefert die linke Grenze des Präfixtyps t
	t'RIGHT	liefert die rechte Grenze des Präfixtyps t
	t'HIGH	liefert die obere Grenze des Präfixtyps t
	t'LOW	liefert die untere Grenze des Präfixtyps t
	t'POS(x)	liefert die Position (Integer-Index) des Elements x
	t'VAL(y)	liefert den Wert des Elements an Position y
	t'SUCC(x)	liefert den Nachfolger von x
	t'PRED(x)	liefert den Vorgänger von x
	t'LEFTOF(x)	liefert das Element links von x
	t'RIGHTOF(x)	liefert das Element rechts von x
	t'ASCENDING	liefert true bei steigender Indizierung, sonst false

	t'IMAGE(x)	konvertiert den Wert x in eine Zeichenkette t
	t'VALUE(x)	konvertiert die Zeichenkette x in einen Wert des Typs t
Feldbezogene Attribute	a'LEFT[(n)]	liefert die linke Grenze der n-ten Dimension des Arrays a
	a'RIGHT[(n)]	liefert die rechte Grenze der n-ten Dimension des Arrays a
	a'LOW[(n)]	liefert die untere Grenze der n-ten Dimension des Arrays a
	a'HIGH[(n)]	liefert die obere Grenze der n-ten Dimension des Arrays a
	a'LENGTH[(n)]	liefert die Bereichslänge der n-ten Dimension des Arrays a
	a'RANGE[(n)]	liefert den Bereich des Arrays a
	a'REVERSE_RANGE[(n)]	liefert den Bereich in umgekehrter Reihenfolge
Signalbezogene Attribute	s'DELAYED[(n)]	liefert ein auf s basierendes Signal, verzögert um eine Zeit t (Defaultwert: 1 Delta)
	s'STABLE[(t)]	liefert true, falls s eine Zeit t (Default: 1 Delta) ohne Ereignis war, sonst false
	s'QUIET[(t)]	liefert true, falls s eine Zeit t nicht aktiv war, sonst false
	s'TRANSACTION	liefert ein Signal vom Typ bit, welches bei jedem Simulationszyklus wechselt, in dem s aktiv war
	s'EVENT	liefert true, fallls bei s während des aktuellen Simulationszyklus ein Ereignis auftritt, sonst false
	s'ACTIVE	liefert true für s während des Simulationszyklus aktiv
	s'LAST_EVENT	liefert die Zeitdifferenz vom aktuellen Simulationszeitpunkt zum letzten Ereignis von s
	s'LAST_ACTIVE	liefert die Zeitdifferenz zum letzten aktiven Zeitpunkt von s
	s'LAST_VALUE	liefert den Wert von s vor dem letzten Ereignis
	s'DRIVING	liefert false, falls Treiber des Signals s gerade abgeschaltet ist, sonst true
	s'DRIVING_VALUE	liefert den akuellen Wert des Treibers für s

Die typbezogenen Attribute liefern dabei Informationen zu diskreten Datentypen, die feldbezogenen Attribute entsprechend zu Arrays.

7.8 Nebenläufige Anweisungen in VHDL Modellen

Wie bereits in den Abschn. 7.2 und 7.3 dargestellt sind alle Anweisungen innerhalb eines ARCHITECTURE BODY nebenläufig (concurrent), d.h. die Reihenfolge der Anweisungen hat keinen Einfluss auf die Simulation eines VHDL Modells. Bei den Anweisungen muss allerdings zwischen gleichzeitiger und sequentieller Abarbeitung unterschieden werden. Der Grund für diese Unterscheidung ist durch das universelle Konzept von VHDL gegeben welches sowohl hardwarenahe Beschreibungsformen, wegen der parallelen Abarbeitung, als auch abstrakte Beschreibungsformen beinhaltet, die sequentiell abgearbeitet werden, wie die klassischen Programmiersprachen. Alle Anweisungen können mit einem optionalen Label versehen werden. VHDL kennt folgende nebenläufige Anweisungen (Concurrent Statements):

- BLOCK,
- PROCESS,
- ASSERTION,
- Signalzuweisungen,
- Aufrufe von Funktionen und Prozeduren,
- Komponenteninstanzzierung.

PROCESS und BLOCK wurden bereits in Abschn. 7.2 und Abschn. 7.4 eingeführt.

Prozesse können durch zwei Methoden aktiviert oder gestoppt werden, die sich gegenseitig ausschließen, durch die WAIT-Anweisung oder eine Liste sensitiver Signale im Prozesskopf. Die WAIT-Anweisung bewirkt, dass der Prozess zum Zeitpunkt der Modellinitialisierung bis dorthin durchlaufen wird und dann auf die Erfüllung der WAIT-Bedingung wartet. Prozesse ohne WAIT-Anweisung und ohne Liste sensitiver Signale repräsentieren somit Endlosschleifen und sind nicht sinnvoll. Die Liste sensitiver Signale im Prozesskopf gibt alle Signale an, deren Änderungen zu einem neuen Durchlauf des Prozesses führt. Ansonsten wird der Prozess bei der Modellinitialisierung einmalig durchlaufen; eine weitere Bearbeitung wartet bis zu einer Änderung mindestens eines sensitiven Signals.

Die Schlüsselwörter PROCESS und END PROCESS schließen eine Sequenz von Anweisungen ein, die sequentiell, unter Beachtung der Reihenfolge simuliert werden:

```
[process_label:] PROCESS ( sig_1 {, sig_n } )
BEGIN                        -- sequentiell abzuarbeitende Anweisungsliste
END PROCESS [process_label];  -- Prozeß mit Sensitivitätsliste

[process_label:] PROCESS

BEGIN                        -- sequentiell abzuarbeitende Anweisungsliste
WAIT ... ;                   -- WAIT-Bedingung
```

```
END PROCESS [process_label];    -- Prozeß mit WAIT-Bedingung
```

Die Anweisung ASSERTION dient zur Überprüfung von Bedingungen und zur Ausgabe von Warnungen bzw. Fehlermeldungen. Ihre Syntax lautet:

```
[assert_label  :] ASSERT conditon
[   REPORT message_string]
[   SEVERITY severity_level];
```

Die Syntax besagt, dass durch die Anweisung assert_label überprüft wird ob die Bedingung condition erfüllt ist. Für den Fall, dass die Bedingung nicht erfüllt werden kann wird die Meldung message_string erzeugt und abhängig vom Status der Fehlerklasse severity_level die Simulation des VHDL Modells abgebrochen.

Die Signalzuweisungen und die darauf basierenden Zeitverzögerungsmodelle wurden bereits im Abschn. 7.2.2 eingeführt. Die dort behandelten normalen Signalzuweisungen können durch zusätzliche Bedingungen erweitert werden:

```
sig_name <= { [TRANSPORT]     value_expr_1 [AFTER time_expr_1]
                  WHEN condition_1 ELSE }
value_expr_2 [AFTER time_expr_2];
```

Eine weitere Alternative für Signalzuweisungen besteht in einer zu SWITCH-CASE ähnlichen Struktur:

```
WITH expression SELECT
sig_name <= { [TRANSPORT]     value_expr_1 [AFTER time_expr_1]
                 WHEN choice_1, }
value_expr_2 [AFTER time_expr_2]
               [WHEN OTHERS];
```

Das Schlüsselwort OTHERS erfasst dabei alle nicht explizit aufgelisteten Werte. Soll unter bestimmten Bedingungen keine Zuweisung erfolgen, kann dies durch das Schlüsselwort UNAFFECTED als Wertzuweisung erfolgen.

7.9 Sequentielle Anweisungen in VHDL Modellen

Wie bereits in den vorangehenden Abschnitten dargestellt, werden die Anweisungen innerhalb von Prozessen oder Unterprogrammen sequentiell bearbeitet, d.h., sie besitzen, ohne eine besondere Kennzeichnung, eine Abhängigkeit in ihrer Reihenfolge. Dabei existieren Anweisungen die ausschließlich in einer sequentiellen

Umgebung verwendet werden dürfen, während andere Anweisungen in nebenläufig auszuführenden Umgebungen erlaubt sind. Zu den nebenläufigen Anweisungen zählen, neben den Signalzuweisungen und den Variablenzuweisungen, auch die bereits eingeführten

- ASSERTION,
- WAIT-Anweisung,
- IF-ELSIF-ELSE-Anweisung,
- CASE-Anweisung,
- NULL-Anweisung,
- LOOP-Anweisung,
- EXIT- und NEXT-Anweisung.

Die Syntax für die sequentiellen Signalzuweisungen unterscheidet sich von der nebenläufigen Version nur in der ausschließlichen Verwendung normaler, unkonditionierter Zuweisungen. Bedingte Wertzuweisungen müssen durch IF-ELSIF-ELSE oder CASE-Konstrukte nachgebildet werden.

Die Variablen stellen ebenfalls zeitabhängige Konstrukte dar, deren zeitlicher Verlauf jedoch nicht verwaltet wird. Die Syntax für die Wertzuweisung lautet

```
var_name := value_expr;
```

und benutzt damit einen anderen Zuweisungsoperator als die Signalzuweisung. Der wesentliche Unterschied zur Signalzuweisung liegt in der zeitlichen Verwaltung der Werte: Eine Zuweisung in der Zukunft ist nicht möglich, der Wert wird sofort angenommen, auch die virtuelle Verzögerung unterbleibt bei der Signalzuweisung.

WAIT-Anweisungen steuern die Abarbeitung sequentieller Prozesse, indem eine Wartebedingung für eine bestimmte Zeit oder für bestimmte Ereignisse formuliert wird. WAIT-Anweisungen dürfen nur in Prozessen ohne Sensitivitätsliste vorkommen bzw. nur in Prozeduren auftreten, die von Prozessen ohne Sensitivitätsliste aufgerufen werden:

```
WAIT  [ ON signal_1 {, signal_n }]
      [ UNTIL <condition>]
      [ FOR <time_expression>];
```

WAIT ohne Argument bedeutet in VHDL „warte für immer“ und beendet die Ausführung eines Prozesses oder einer Prozedur „für immer“, was sinnlos ist. Die Argumente innerhalb der WAIT-Anweisung haben im einzelnen folgende Bedeutung:

- Liste von Signalen, dies bewirkt, dsas die Ausführung eines Prozesses oder einer Prozedur solange ausgesetzt wird, bis sich mindestens eines der Signale geändert hat. Eine WAIT-Anweisung mit einer ON-Bedingung am Ende eines Prozesses entspricht damit einem Prozess mit Sensitivitätsliste, da die Ausführung des Prozesses zur Initialisierungszeit genau einmal durchgeführt wird,
- Bedingung (condition) bewirkt die Unterbrechung der Prozessabarbeitung bis zur Erfüllung derselben,
- Angabe eines Ausdrucks der als Ergebnis Zeitangabe erzeugt, bewirkt das die Prozessbearbeitung maximal für die Dauer dieses Wertes unterbrochen wird.

Die bedingten Verzweigungen innerhalb der sequentiellen Teile können mit Hilfe der IF-Anweisung modelliert werden:

```
IF <condition_1> THEN instruction_1;
{ELSIF <condition_n> THEN instruction_n;}
[ELSE instruction_e;]
END IF;
```

Die Bedeutung des IF-Statement entspricht den üblicherweise bekannten Angaben, die Instruktionen werden im Erfüllungsfall der Bedingung in sequentieller Reihenfolge ausgeführt.

Die CASE-Anweisung dient der Modellierung von Mehrfachverzweigungen ausgehend von einem Ausdruck:

```
CASE expression IS
                { WHEN value_1 =>
                        instruction_1; }   -- sequentielle Anweisungen
                [ WHEN OTHERS =>
                        instruction_n; ]   -- alle übrigen Werte
```

Wichtig beim CASE-Statement ist die Zusatzbedingung, daß alle Möglichkeiten der Variablen- bzw. Signalwerte betrachtet und explizit angegeben werden müssen. Hierzu dient insbesondere die Anweisung 'WHEN OTHERS'.

Die NULL-Anweisung führt keinerlei Aktionen aus. Sie dient der Kennzeichnung aktionsloser Pfade in Mehrfachverzweigungen.

Iterationsanweisungen umfassen mehrfach zu durchlaufende Anweisungsteile, d.h. Schleifen. Sie können in VHDL Modellen auf unterschiedliche Art umgesetzt werden:

- FOR-Schleife,
- WHILE-Schleife,
- LOOP .. EXIT-Konstruktionen:

Beispiel 7.14.

```
[for_loop_label:] FOR range LOOP
        [<instruction>;]            -- Sequentielle Anweisungen
END LOOP [for_loop_label];
[while_loop_label:] WHILE condition LOOP
        [<instruction>;]            -- Sequentielle Anweisungen
END LOOP [while_loop_label];
[loop_label:] LOOP
        [<instruction>;]            -- Sequentielle Anweisungen
END LOOP [loop_label];■
```

Während für die FOR- und die WHILE-Form der LOOP-Anweisung ein Abbruchkriterium integriert ist, wird dieses in der LOOP-Schleife zusätzlich formuliert. Diese Schleifenform wird dann mindestens einmal, bis zum Erreichen des Abbruchkriteriums, durchlaufen.

Die EXIT- und die NEXT-Anweisung stehen in engem Zusammenhang mit Schleifen und dienen dem vorzeitigem Abbruch der kompletten Schleife bzw. des aktuellen Durchlaufs mit Start der nächsten Schleife.

```
NEXT [loop_label] [WHEN condition];
EXIT [loop_label] [WHEN condition];
```

Eine EXIT- bzw. NEXT-Anweisung ohne Label bezieht sich dabei immer auf die innerste Schleife, sofern mehrere Schleifen geschachtelt wurden. Der Aussprung aus anderen Schleifen muss mit einem Label versehen werden. Die EXIT-Anweisung darf nur in LOOP-Schleifen benutzt werden, um Endlosschleifen zu verhindern.

7.10 Funktionen und Prozeduren in VHDL Modellen

Das aus den höheren Programmiersprachen bekannte Konzept Unterprogramme in verschiedenen Varianten aufrufen zu können, ist auch in VHDL vorhanden. Hierzu bietet VHDL die beiden Typen 'FUNCTION' und 'PROCEDURE' als Unterprogrammstruktur an:

- Funktionen werden mit beliebig vielen Argumenten aufgerufen, die innerhalb des Funktionskörpers allerdings nicht änderbar sind. Sie liefern exakt einen Rückgabewert zurück. Das Schlüsselwort RETURN ist obligatorisch da es der Rückgabe des Funktionswerts dient. Eine Funktion darf an allen Stellen stehen wo der Typ des Ergebniswerts ebenfalls stehen darf.
- Prozeduren werden ebenfalls mit einer Liste beliebiger Argumente aufgerufen, wobei das Schlüsselwort RETURN und die Rückgabe von Werten optional sind. Prozeduren können dementsprechend als eigenständige Anweisungen in nebenläufigen oder sequentiellen Anweisungslisten stehen.

Beide Unterprogrammformen werden mittels ihrer Deklaration, welche auch die Schnittstellenbeschreibung umfasst, sowie der Definition, welche die eigentliche Funktionalität darstellt, vollständig beschrieben. Deklaration und Definition können voneinander getrennt werden, z.B. in PACKAGE (Deklaration) und PACKAGE BODY (Definition).

Die Funktionsdeklaration in VHDL enthält eine Beschreibung sowohl der Funktionsargumente als auch des Funktionsergebnisses in der Form:

```
FUNCTION function_name
[ ( { [arg_class_1] arg_name_1 {, arg_name_n} :
                    [IN] arg_type_1 [:= def_value_1] ; } ) ]
RETURN result_type;
```

Der Funktionsname kann – zur Überladung eines vordefinierten Operators – einem Schlüsselwort entsprechen. Die Argumentliste beinhaltet als Argumentklassen SIGNAL oder CONSTANT (Defaultwert), in jedem Fall ist lediglich der Mode IN erlaubt. Die Argumentliste kann auch leer sein. Innerhalb der Funktionsdefinition wird die Deklaration entsprechend wiederholt, die eigentliche Definition beginnt dann, wie aus der einführenden Darstellung in Abschn. 7.2.1 bekannt, mit dem Schlüsselwort IS:

```
FUNCTION function_name
[ ( { [arg_class_1] arg_name_1 {, arg_name_n} :
                    [IN] arg_type_1 [:= def_value_1] ; } ) ]
RETURN result_type IS
         <Deklarationen>              -- Deklarationsanweisungen
BEGIN
         <Instruktionen>              -- Sequentielle Anweisungen,
dabei
         RETURN result_value;         -- RETURN obligatorisch,
WAIT nicht
         [<Instruktionen>]            -- gestattet
END [FUNCTION] [function_name];
```

Der Funktionsaufruf erfolgt unter Angabe des Funktionsnamens mit der entsprechenden Argumentliste. Ein zusätzliches Schlüsselwort 'IMPURE' vor FUNCTION gestattet für Funktionen den lesenden Zugriff auf globale Variablen.

Die Prozedurdeklaration enthält die Beschreibung der an die Prozedur übergebenen Argumente (Modus IN und INOUT) und der von dieser zurückgelieferten Ergebnisse (Modus INOUT und OUT):

```
PROCEDURE procedure_name
[ ( { [arg_class_1] arg_name_1 {, arg_name_n} :
                    [arg_modus_1] arg_type_1 [:= def_value_1] ; } ) ];
```

Dabei ist darauf zu achten, dass der Prozedurname keinem Schlüsselwort entspricht. Die Argumentliste beinhaltet als Argumentklassen VARIABLE (defaultwert für INOUT und OUT), SIGNAL oder CONSTANT (Defaultwert für IN), die Modi IN, INOUT und OUT sind erlaubt. Entsprechend der Funktionsdefinition wird die Prozedurdeklaration wiederholt, wobei die eigentliche Definition mit dem Schlüsselwort IS beginnt:

```
PROCEDURE procedure_name
[ ( { [arg_class_1] arg_name_1 {, arg_name_n} :
                    [arg_modus_1] arg_type_1 [:= def_value_1] ; } ) ]
IS
        <Deklarationen>                  -- Deklarationsanweisungen
BEGIN
        <Instruktionen>                  -- Sequentielle Anweisungen,
dabei

-- RETURN optional, WAIT erlaubt
END [PROCEDURE] [procedure_name];
```

Innerhalb einer Prozedur sind alle sequentiellen Anweisungen erlaubt, einschließlich der WAIT-Anweisung und des RETURN (ohne Argument). Parameter vom Typ IN können nur gelesen, vom Typ OUT nur beschrieben werden; für INOUT sind beide Operationen erlaubt (s. Abschn. 7.2.1). Der Prozeduraufruf erfolgt unter Angabe des Prozedurnamens mit der entsprechenden Argumentliste in der Reihenfolge der Deklaration.

7.11 Objektkonzept in VHDL Modellen

Die Daten eines VHDL-Modells werden über Objekte verwaltet, wobei jedes Objekt einer bestimmten Objektklasse angehört und einen definierten Datentyp besitzt. Für die Objektverwaltung wird das Objekt vor seiner Verwendung in der Modellbeschreibung durch Angabe der Objektklasse, des Bezeichners, des Datentyps und ggf. eines Defaultwerts deklariert. Das Ansprechen eines Objekts erfolgt über einen Referenznamen, den Bezeichner. VHDL unterscheidet vier Objektklassen: Konstanten, Variablen, Signale und Dateien. Die Objektklasse der Konstanten beinhaltet die Objekte, deren Wert nur einmal zugewiesen wird:

- Variablen repräsentieren Objekte, deren Wert gelesen und neu zugewiesen werden kann, wobei beim Lesen immer nur der aktuelle Wert verfügbar ist,

- Signale sind wie Variable jederzeit lesbar, ihr Wert kann ebenfalls neu zugewiesen werden, wobei die Zuweisung in ihrer zeitlichen Veränderung auftritt, womit Vergangenheitswerte abgefragt werden können. Dadurch sind beispielsweise Gatterlaufzeiten und andere zeitliche Effekte innerhalb des Entwurfs nachbildbar,
- Dateien repräsentieren Folgen von Werten, die über File-I/O-Funktionen zu verteilten Zeitpunkten, oder zusammenhängend gelesen oder geschrieben, werden können. Dieser Objekttyp ist für die Synthese digitaler Systeme auf ASIC oder FPGA Basis ungeeignet, da er sich auf die Systemebene bezieht,
- Objekte, die in VHDL benutzt werden, müssen zuvor deklariert werden.

Die Objektdeklaration in VHDL enthält Elemente zur

- Zuordnung zu einer Objektklasse,
- Bezeichnung des Objekts,
- Festlegung des Datentyps, der zuvor festgelegt sein muss,
- Angabe eines Defaultwerts.

Das Konzept zum Ansprechen von Objekten entspricht in VHDL in wesentlichen Zügen denen klassischer Programmiersprachen. Objekte mit einfachem Typ werden durch ihren Namen referenziert, die Einzelelemente von Feldtypen durch eine entsprechende Indizierung. Für Records, die aus verschiedenen Datentypen zusammengesetzt sind, gilt der Zugriff über Selektierungsnamen, die den Namen des Records und den der Komponenten, getrennt durch einen Punkt, beinhalten. Eine Erweiterung des Referenzkonzepts besteht in der Möglichkeit, ganze Bereiche eines Felds gemeinschaftlich zuzuweisen, was über 'sliced names' erfolgt, wobei die Bereichsangabe so erfolgt, dass der Bereich für beide Vektoren gültig ist.

7.12 Simulationskonzept in VHDL

Bedingt durch die Nebenläufigkeit von VHDL und die Nachbildung von Hardwareprozessen durch Modelle, ist für die Simulation in einer VHDL-Umgebung eine besondere Vorgehensweise zu definieren, die nachfolgend kurz erläutert wird.

Sequentielle Anweisungen stehen in Prozessen, Prozeduren und Funktionen. Prozesse selbst sind (zueinander) nebenläufig, ihre Steuerung erfolgt durch eine Sensitivitätsliste im Prozesskopf oder in einer WAIT-Anweisung.

Die Simulation ist ereignisgesteuert, d.h., sie berechnet die Auswirkungen zu Zeitpunkten, an denen Transaktionen eingetragen sind. Ein Simulationszeitpunkt besteht dabei im allgemeinen aus mehreren Zyklen, die um ein virtuelles Δ (Delta t, dt) verschoben sind. In jedem dieser Delta-Zyklen werden zwei aufeinanderfolgende Phasen durchlaufen:

1. Prozessausführungsphase, welche die Bearbeitung aller aktiven Prozesse bis zur END-Anweisung bzw. bis zur nächsten WAIT-Anweisung bewirkt. Hierzu zählen auch die Zuweisungen von Werten an Variable, nicht jedoch an Signale.
2. Signalzuweisungsphase, in der alle Signaländerungen aus der ersten Phase auch zugewiesen werden. Dies Konzept bedeutet, dass von der Prozeßausführung die Signale konstant bleiben, nunmehr aber eine Änderung erfahren und dadurch einen neuen Zyklus starten können.

Der zweiphasige Ablauf zu einem Simulationszeitpunkt wird solange durchgeführt, bis sich ein stabiler Zustand einstellt. Jede nebenläufige Anweisung wirkt dann wie ein Prozess.

8 Eingebettete Systeme

Eingebettete Systeme repräsentierten informationsverarbeitende Strukturen, basierend auf Hardware- und Softwarekomponenten, die in der Regel in größere, häufig heterogene Umgebungen eingefügt sind, was eine einheitliche Entwurfsbeschreibung in einem n-dimensionalen Raum erforderlich macht, wie in Abschn. 8.1 dargestellt. Auf Grundlage der Entwurfsbeschreibung wird das Architekturkonzept eingebetteter Systeme vorgestellt (Abschn. 8.2). Im Anschluss daran werden die für eingebettete Systeme wichtigen Embedded PCs behandelt, ausgehend von Embedded Controller Kernen, unter Einbezug der modernen Industrie PC Architekturen. Auf dieser Grundlage wird der Entwurf einer Embedded Fuzzy Prozessor Einheit vorgestellt (Abschn. 8.3). Zur Verbesserung der Entwurfsmethodik wird abschließend auf der Systemebene in das Konzept des Hardware-Software-Co-Design eingeführt (Abschn. 8.4).

8.1 Einleitung

Eingebettete Systeme (engl. Embedded Systems) sind informationsverarbeitende Rechnerstrukturen, basierend auf den in den vorhergehenden Kapiteln eingeführten Hardware- und Softwarekomponenten, die in der Regel in größere, häufig heterogene Umgebungen eingefügt sind. Die Heterogenität hat ihre Ursache u.a. in der simultanen Präsenz des analogen und des digitalen Paradigmas, was die Komplexität eingebetteter Systeme deutlich ansteigen lässt, da die Komplexität nicht nur durch die Anzahl der Einzelkomponenten, sondern auch durch die Heterogenität des Systems, als Hardwarepartition und als Softwarepartition, begründet ist. Damit ist sowohl die Hardware als auch die Software für die spezifischen Anforderungen zu entwerfen, um die geforderten dezidierten Funktionen innerhalb des Gesamtssystems erfüllen zu können. Eingebettete Systeme können dabei sowohl auf den in Kapitel 4 dargestellten Standardprozessoren und Controllern aufgebaut sein, als auch auf den in Kapitel 6 eingeführten programmierbaren Logikbausteinen aufsetzen. Sie repräsentieren damit wohldefinierte Strukturen bezüglich der Entscheidung, welche Systemteile besser in Hardware bzw. in Software realisierbar sind. Gleichzeitig erfordern sie spezifische Entwurfsmethoden, um der Heterogenität Rechnung tragen zu können, die sowohl im Kontext der Durchgängigkeit des Entwurfs und hier in Bezug auf die verschiedenen Entwurfschritte, wie z.B. Spezifikation, Synthese, Validation, Integration, Wartung, etc., zu gewährleisten ist, als auch bezüglich der Methodik des Co-Design, d.h. der Co-Spezifikation, der

Co-Synthese, der Co-Simulation, dem Co-Test, etc. Hierbei handelt es sich um nebenläufige Prozesse in den Entwurfsansätzen:

- Co-Synthese markiert die Bereiche der Anwendung, die für sich genommen in Hardware bzw. Software realisiert werden können, jedoch vor dem Hintergrund der möglichen Minimierung der Kommunikation die zwischen den Applikationsbereichen umzusetzen ist,
- Co-Simulation gestattet die frühzeitige Überprüfung der logischen Funktionalität und des zeitlichen Verhaltens des Systems, insbesondere vor dem Hintergrund der Überprüfung der Partitionierung,
- Co-Test wird vom Anwender festgelegt, da weder die Hardwaretestmethoden, noch die Softwaremetriken, die anwendungsspezifischen Testmethoden beinhalten.

Die daraus resultierenden Potenziale sind:

- abstraktere Systemebene beim Entwurf,
- höhere Systemkomplexität und Leistungsanforderung,
- kürzere Vorlaufzeit in Entwicklung und Produktion,
- Systeme mit Standardkomponenten, z.B. Prozessoren, Controllern, PC, etc.,
- Systeme mit anwendungsspezifischer Hardware, z. B. PLD, FPGA, etc.,
- Systeme mit spezifischer Software,
- vielfältigere und umfassendere Anwendungen.

Die daraus resultierenden Vorteile sind:

- Entwurf anwendungsspezifischer Rechnerstrukturen auf Grundlage von VHDL Modellen auf unterschiedlichen Entwurfsebenen,
- Effektiver Entwurf durch Einsatz von computerunterstützten Entwurfswerkzeugen,
- Leiterplattenentflechtung durch frei wählbares PIN Layout,
- Redesign als Folge veränderter Systemanforderungen,
- verringerter Flächenbedarf für Logikfunktionen bei gleichzeitig höherer Betriebssicherheit und Testbarkeit

Die Heterogenität eingebetteter Systeme spiegelt sich auch in der Form der Interaktion selbst wieder, womit den Schnittstellen zwischen den einzelnen Komponenten bzw. Teilsystemen, diese können sowohl einfach als auch umfangreich sein, eine besondere Bedeutung zukommt, wie in Abb. 8.1. für das Grundkonzept eines eingebetteten Systems dargestellt.

Vor dem Hintergrund der in Abb. 8.1. angegebenen Struktur ist es möglich die Rechnerstruktur eingebetteter Systeme prinzipiell durch eine der drei nachfolgenden Realisierungsstrategien umzusetzen:

- Prozessor bzw. Controller,
- FPLD (Field Programmable Logic Device),

- Hardware-Software Partitionierung.

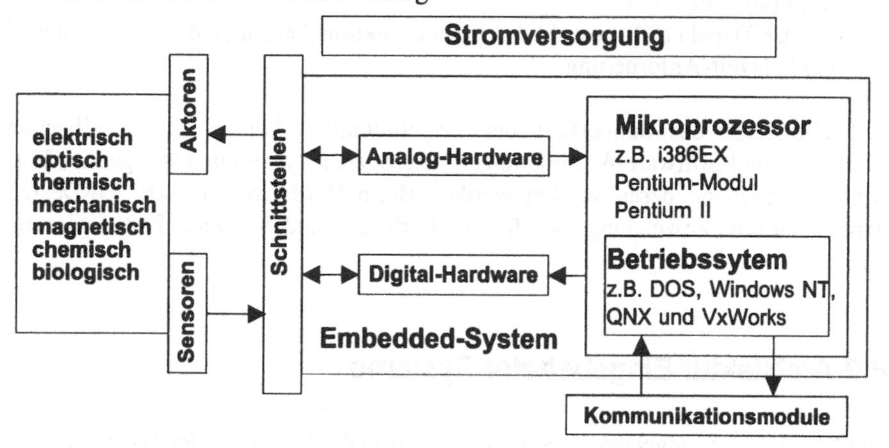

Abb. 8.1. Blockstruktur eines eingebetteten Systems

Für eine einheitliche Beschreibung des Entwurfs eingebetteter Systeme kann eine n-Tupel Notation eingeführt werden, die den Erfüllungsgrad einer Zugehörigkeitsfunktion auf einen n-dimensionalen Raum abbildet, der als Sonderfall auf den 3-dimensionalen Raum reduziert werden kann, mit einer Tripel Notation der Form:

$$\min E(\Psi) = E(\Psi^C, \Psi^P, \Psi^R) \quad (8.1)$$

mit Ψ^C = Kostenfunktional, ,Ψ^P = Performance, ,Ψ^R = Realtime Fähigkeit, für die gilt

$$\Psi(C,P,R) = \begin{cases} 0\, \textit{für}\, C = P = R \\ 1\, \textit{für}\, C \neq P \neq R \end{cases}; \quad (8.1)$$

$$(C,P,R \in M)$$

ψ sei Metrik von M.

Angewandt auf die drei möglichen Realisierungskonzepte folgt:

- Prozessor bzw. Controller:
  $\min E(\psi) = E(1, 0, 0)$,
  d.h. das Tripel erfüllt das Kostenfunktional, jedoch nicht die Performance und die Echtzeit-Anforderung,
- FPLD:
  $\min E(\psi) = E(0, 1, 1)$,
  d.h. das Tripel erfüllt nicht das Kostenfunktional, jedoch die Performance und die Echtzeit-Anforderung,
- Hardware-Software Partitionierung:

min $E(\psi) = E(1, 1, 1)$,
d.h. das Tripel erfüllt sowohl das Kostenfunktional als auch die Performance und Echtzeit-Anforderung.

Auf Grundlage des Sonderfalls der Tripel-Notation können die spezifischen Hardware- und Software-Anforderungen heterogener Systemumgebungen im Entwurf entsprechend berücksichtigt werden. Beim Hardware-Software Co-Design wird dabei eine anwendungsspezifische Hardware- und Software Partitionierung erzeugt.

8.2 Architektur Eingebetteter Systeme

Die Entwicklung eingebetteter Systeme basiert in der Regel auf der Lösung zweier fundamentaler Aufgaben, der:

- Angemessenheit der Anforderungsspezifikation,
- Korrektheit der Realisierung des Endsystems.

Beide Forderungen sind mit den heute gebräuchlichen Techniken des Hardware- und Software Entwurfs nicht befriedigend lösbar. Vor diesem Hintergrund gewinnen zunehmend mathematisch-formale Techniken für den Systementwurf an Bedeutung. Der Entwurf eingebetteter Systeme ist durch technische Anforderungen gekennzeichnet, die Einfluss auf die Auswahl der verwendeten Modellierungsverfahren und deren Anwendung ausüben. Die Modellbildung und Simulation des Systemverhaltens erfolgt dabei vor der aufwendigen technischen Installation, um Fehler im Vorfeld zu erkennen und zu eliminieren. Damit Brüche im Entwurfsprozess vermieden werden können, beschränkt sich die Modellierung weitgehend auf operationale Ausdrucksmittel. Dazu müssen Modellierung und Co-Simulation in der Lage sein, die häufig mit eingebetteten Systemen einhergehenden Betriebs- bzw. Sicherheitsanforderungen zu gewährleisten.

In der Softwaretechnik ist es üblich, komplexe Systeme durch Kombination komplementärer, aber weniger komplexer Sichten, zu modellieren. Durch systematischen Abgleich der verschiedenen Sichten können Fehlkonzeptionen und Inkonsistenzen der Modellierung zu einem frühen Zeitpunkt erkannt werden. Daher ist es, vor dem Hintergrund der Komplexität eingebetteter Systeme, vorteilhaft, analog zur Softwaretechnik, ein Sichtenkonzept zu verfolgen, welches nachfolgend, als allgemeingültiger Ansatz, eingeführt wird:

Sichtenmodell der Systemmodellierung
⇓
Architekturmodell
⇓
Reaktives Modell
⇓
Funktionales Modell

Das Architekturmodell beschreibt die Beziehungen zwischen den Klassen der eingesetzten Komponenten und die konkrete Systemstruktur, auf Grundlage objektorientierter Modellierungstechniken. Das System selbst repräsentiert dabei die Menge der strukturierten Objekte die miteinander interagieren und dabei ihren Zustand verändern. Beziehungen zwischen Objekten werden durch Verbindung (association), Ansammlung (aggregation) und Verallgemeinerung (generalization) definiert, wohingegen Beziehungen zwischen Objektklassen durch Klassendiagramme beschrieben werden.

Das reaktive Modell beschreibt mit Hilfe der Methode der erweiterten Zustandsdiagramme komplexe und zeitliche Interaktionen nebenläufiger Systemkomponenten, wobei Kontrollflüsse mehrfach verschachtelter Unterbrechungsstrukturen strukturiert und anschaulich abgebildet werden. Das reaktive Modell verfügt über eine intuitive graphische Notation.

Das funktionale Modell beschreibt mit Hilfe mathematischer Konstrukte die Zustandsräume sowie komplexe Transformationen auf Zustände. Darüber hinaus beschreibt es komplexe Datenbeziehungen (lokale Datenstrukturen und Datentransformationen) des Systems. Das funktionale Modell im Zustandsraum beinhaltet die Signatur- und die Prädikatdarstellung. Im Signaturteil können Variablen unterschiedlichen Typs entweder explizit, oder über die Inklusion anderer Schemata, deklariert werden, während im Prädikatteil die logischen Beziehungen zwischen dem im Signaturteil deklarierten Variablen beschrieben werden.

8.3 Embedded Control

8.3.1 Einleitung

Anwendungen im Embedded Control Bereich sind hardwareseitig im wesentlichen durch Controller Bausteine besetzt. Die heute eingesetzten Controller Bausteine zeichnen sich dadurch aus, dass sie anwendungsspezifisch in zahlreichen Varianten gefertigt werden. Die verschiedenen Derivate unterscheiden sich durch die Wahl des integrierten Speichers und der angebotenen Peripherie Module. Als On-Chip-Speicher stehen RAM, maskenprogrammierbare ROM, EPROM und EEPROM zur Verfügung, wobei EEPROM Strukturen als kostengünstige Flash-

Speicher eingesetzt werden, der allerdings nur in größeren Blöcken löschbar sind. Controller Bausteine werden typischerweise im Plastikgehäuse ohne Fenster angeboten, da die EPROM Variante zum OTP-Baustein migriert ist (OTP = One-Time-Programmable). Damit sich die Auflage eines Derivates lohnt sind Fertigungsvolumen jenseits 1 Million Stück pro Jahr erforderlich. Der Preis liegt dann zwischen 1 und 10 Euro. Typische Anwendungen, die derartige Auflagen umsetzen können, sind Steuerungen im Automobilbereich, in Telekommunikationsendgeräten, in Haushaltsgeräten, in der Unterhaltungselektronik, etc..

Der Controller Baustein resultiert aus der Integration einer CPU mit Speicher und Peripherie auf einem Chip. Ein Großteil der Controller basiert auf einem Prozessorkern, der für Standard Anwendungen entwickelt und später mit Veränderungen im Embedded Control Bereich eingesetzt wurde. Beispiele hierfür sind die HC11 und 68K-Familie, deren Vorgänger die Prozessoren 6800 und 68000 sind. Es gibt auch Architekturen, die direkt für Embedded Control Anwendungen entwickelt wurden, zu ihnen zählen M-Core™, TriCore™, die SH7000, die 8051- und die C166-Familie. Diese Controller wurden auf hohe I/O-Leistung, niedrigen Leistungsbedarf, hohe Codedichte sowie niedrige Produktionskosten optimiert. Der Controller-Kern übernimmt die bekannten Aufgaben der Datenmanipulation und der Datenflusskontrolle. Die Register speichern Operanden, Ergebnisse und Adressen. Das Programmiermodell des Controller Bausteins entspricht der Summe aller Register. Die Konfigurierbarkeit des Controller-Kerns ist in den Instruktionen kodiert. Selten veränderte Konfigurationen werden in speziellen Registern eingestellt, die damit quasi-statische Erweiterungen der Instruktionen bilden. Beispielsweise legt das Interrupt Control Register fest, welche Interrupts zugelassen und welche gesperrt werden. Andere Register legen die Funktionalität der ALU bzw. die peripheren Modulen fest. Abb, 8.2. zeigt die Controller Struktur. Wenngleich der Controller Kernbestandteil der Anwendung ist, auf den die Steuerfunktionen entfallen, stellt er keinesfalls die eigentliche Anwendung dar, die im Gesamtsystem besteht, weshalb der Controller universell und umfassend sein sollte.

Ein Controller-Kern wird umfassend genannt, wenn die für die Anwendung erforderliche Peripherie integriert ist. Dies bedeutet neben der physikalischen Integration, dass die Peripherie entsprechend bedient werden muss, was auf die Rechenzeit Einfluss nimmt, da bei eingebetteten Controllern der Datentransfer, auch der einfache zu den peripheren Elementen, durch den Prozessorkern auszuführen ist, was für die Anwendung ggf. zu einem Missverhältnis zwischen Task basierter und Peripherie basierter Rechenleistung führen kann. In diesem Fall sollte der Controller mit einem oder mehreren Co-Prozessoren ausgestattet sein, die speziell für I/O-basierte Aufgaben verfügbar sind, oder es sollte ein Controllertyp vorhanden sein, der anhand der Peripherieanforderungen ausgewählt wurde. Eine andere Möglichkeit das Problem zu lösen besteht im Entwurf eines anwendungsspezifisch eingebetteten Controllers. Dies kann eine Controllerstruktur sein, die Aufgaben im I/O-Bereich mit kleiner, oder deutlich verringerter Rechenleistung des Prozessor-Kerns durchführen kann. Derartige Konzepte zeichnen sich durch Einführung strukturierbarer Hardwareelemente aus, welche nach Initialisierung sowohl Datentransfers, als auch Berechnungen, durchführen können. Ihre typische Realisierung

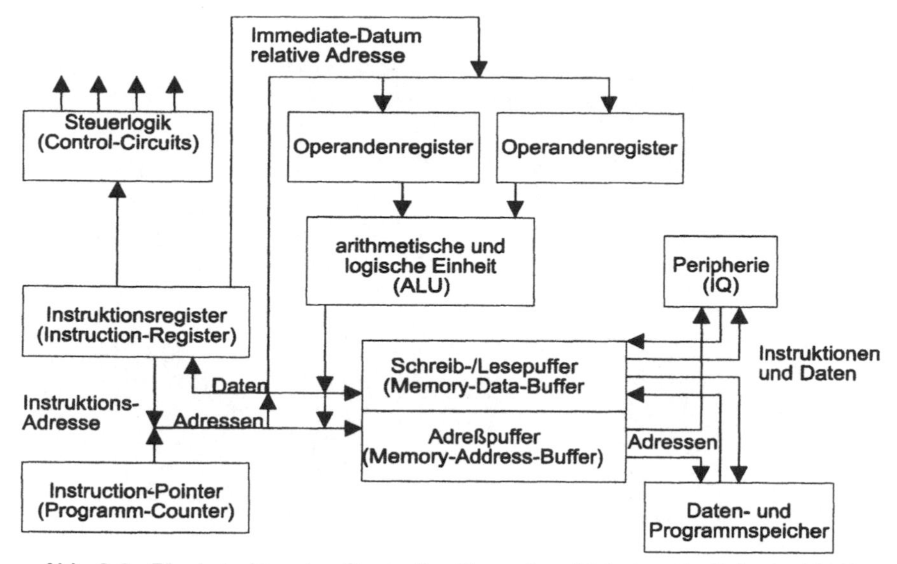

Abb. 8.2. Blockstruktur des Controller Kerns (modifiziert nach Schmitt 1999)

erfolgt auf Basis programmierbarer Logikbausteine mit externem ROM- und RAM-Speicher. Im Vergleich zum klassischen Controller Baustein wird bei einem anwendungsspezifisch eingebetteten Controller eine Schicht zwischen Peripherie-Elementen und Controller-Kern gelegt, die aus programmierbaren und damit strukturierbaren Logikelementen besteht. Diese Schicht kann beispielsweise eine direkte Schnittstelle zum Datenspeicher aufweisen und muss, um konkurrierende Zugriffe lösen zu können, über eine erweiterte Busschnittstelle verfügen. Der Vorteil dieser Lösung liegt in einer schnelleren Bedienung der Speichertransfers, was allerdings mit einem größerem Hardwareaufwand verbunden ist. Demgegenüber vermeidet eine Lösung ohne direkte Schnittstelle zum Datenspeicher einen konkurrierenden Zugriff. Vermittels der Schicht der strukturierbaren Logikelemente kann der Speicherzugriff auch indirekt, durch injizierte Prozessorbefehle, durchgeführt werden.

8.3.2 Embedded PC

Ein eingebetteter PC ist System oder eine Baugruppe, die als sogenannter Industrie-PC, wie in Abb. 8.3. dargestellt, einen Prozessor enthält und spezifische Aufgaben für das Gesamtsystem erfüllt. Eingebettete PC sind in der Regel auf einer oder mehreren steckbaren Elektronikkarten realisiert.

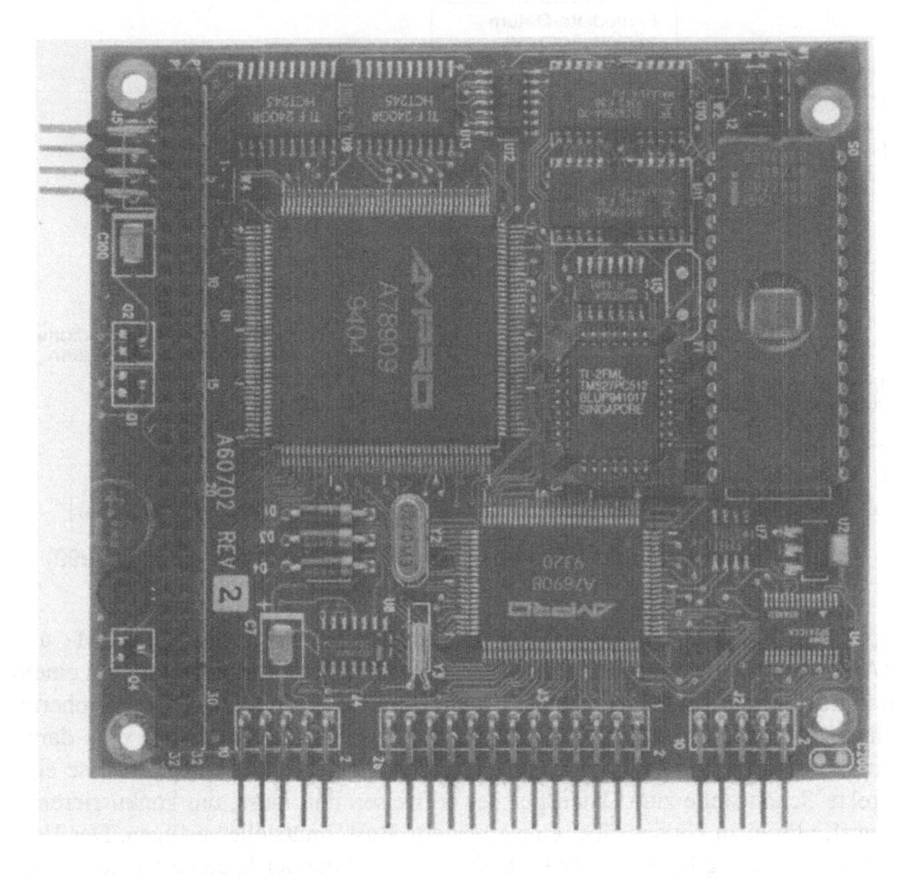

Abb. 8.3. Eingebetteter Industrie PC als Standard PC/104 Board

Bezüglich Auswahl industrietauglicher Componentware für Embedded-PCs steht heute eine große Komponentenvielfalt zur Verfügung, für die nachfolgend Kriterien angegeben werden können:

- Architektur,
- Bauform,
- Produktlinie,
- Kompatibilität,
- Verfügbarkeit,
- Integrationsfreundlichkeit,
- BIOS-Entwurf,
- Softwareunterstützung,
- Systemerweiterungen,
- PC-Card Einbindung,
- Stromverbrauch,
- Temperaturbereich,

- Robustheit,
- Störsicherheit,
- Service,
- Time to Market,
- Zukunftssicherheit.

Die Situation am Markt stellt sich dabei so dar, dass Embedded PCs, in industrietauglicher Ausführung, von unterschiedlichen Herstellern, mit CE-Zertifizierung und langfristiger Liefergarantie, angeboten werden. Die erforderlichen Funktionen für die anwendungsspezifische Einbettung werden auf die Embedded PC Komponenten (Slaves) und die Embedded PC Trägerkarte (Master) verteilt. Dabei ist die Masterkarte sowohl mechanisch als auch hinsichtlich der Stromversorgung so zu planen, dass sich steckbare Slaves bis zur vorgesehenen maximalen Anzahl einführen lassen. Zur Definition der Funktionalität der anwendungsspezifischen Masterkarte sind folgende Kriterien zweckdienlich:

- Art und Anzahl der Prozessorschnittstellen,
- Funktionalität der Anwendung,
- Erweiterungsmöglichkeiten.

Erweiterungen der Ein- und Ausgänge können modular realisiert werden, beispielsweise über einen Sensor-Aktor Bus wie z.B. CANopen, ASI, SDS, etc.

Die Hardware des Standard PC besteht in der Regel aus eingebetteten Funktionen und Bussystemen. PCI- und ISA-Bus werden dabei über standardisierte mechanische Steckerleisten nach außen geführt und dienen der Systemerweiterung. Ein Host-Bus, als interner Hochgeschwindigkeitsbus, verbindet den Prozessor mit dem Speicher und den Peripheriefunktionen. Die Komponenten zum Aufbau eines Embedded PC sind:

- Prozessor mit integrierter Floating-Point-Recheneinheit und Cache,
- Host PCI-Brücke (Northbridge) mit integriertem DRAM Controller und Cache Controller,
- PCI-ISA-Brücke (Southbridge) mit integriertem IDE-Controller und USB-Host Controller,
- I/O-Chip mit integrierten Floppy-Disk Controller, Real Time Clock, Infrarot Schnittstelle (IRDA), parallele und serielle Schnittstellen, Tastatur und Mausschnittstelle,
- Graphik-Controller,
- Hauptspeicher (DRAM),
- Cache (SRAM),
- BIOS (Flash).

Optional sind:

- Audio-Funktionen,

- Ethernet-Schnittstelle,
- SCSI-Controller,
- Systemüberwachung und Sicherheitsfunktionen.

Das Grundkonzept des eingebetteten PC als PC Standard Architektur ist in Abb. 8.4. angegeben. Die Eigenschaften eingebetteter PC können damit wie folgt zusammengefasst werden:

- hohe Rechenleistung, um auch multimediale Anwendungen realisieren zu können, wie z.B. DVD, MPEG, Live-Video, Internet-Browser/Server,
- geringe Stromaufnahme für den batteriebetriebenen Einsatz, durch Power Management bzw. Cool Runner Technologie,
- kompakte Gehäuse und kleine Kühlkörper infolge geringer Verlustleistung,
- All-In-One, d.h. sämtliche Systemfunktionen auf einem Board,
- kompakter Aufbau, d.h. die Integration des eingebetteten PC in bestehende Funktionseinheiten, z.B. Display-Panels, Gateways, Controller, etc.,
- Betriebssystem unabhängig, d.h. keine Verwendung DOS spezifischer Silicon Disk-Lösungen, da Flash-Filesysteme in der Regel DOS spezifisch sind,
- erweiterter Temperaturbereich möglich um auch Anwendungen im Bereich extremer Umgebungstemperatur realisieren zu können.

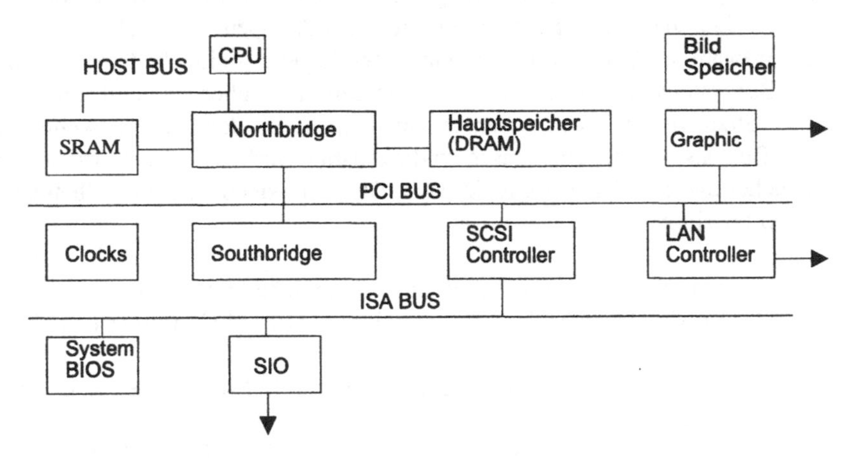

Abb. 8.4. Eingebetteter PC auf Basis der PC Standard Architektur

8.3.3 Entwurf einer Embedded Fuzzy Prozessor Einheit

Nachfolgend wird der Entwurf einer anwendungsspezifisch eingebetteten Rechnerstruktur dargestellt, der geeignet ist, unscharfe Informationen verarbeiten zu können. Dazu wird auf der von Zadeh begründeten Theorie der Fuzzy Sets aufgesetzt, einer Methode zur Verarbeitung unscharfer Daten. Die Realisierung dieser eingebetteten Fuzzy Prozessor Einheit zur Verarbeitung unscharfer Information, kann aufbauend auf den aus Kap. 3 bekannten Architekturkonzepten, durchgeführt werden. Der eingebettete Fuzzy Prozessor verfügt einerseits über die bekannten klassischen Komponenten:

- Kommunikationsschnittstelle, für den getrennten Befehls- und Datensatz,
- Befehlssatz mit wenigen, einfachen Befehlen, die alle in einem Taktzyklus ausgeführt werden können,
- festverdrahtete interne Ablaufsteuerung,

unterscheidet sich aber beim Rechenwerk insofern, als dass dieses beim Eingebetteten Fuzzy Prozessor Element EFPE folgende Komponenten aufweist:

- Fuzzyfizierung: Bestimmung der Kompatibilitätsmaße zu jedem Term.
- Prämissen-Aggregation: Bestimmung der Kompatibilitätsmasse der Prämissen mittels UND-Verknüpfung (Minimum Operator).
- Folgerungen-Aggregation: Verknüpfung der Kompatibilitätsmaße für jedes Ergebnis-Fuzzy-Set durch Verknüpfung der Kompatibilitätsmaße von Regeln mit derselben Folgerung mittels ODER-Verknüpfung (Maximum Operator).
- Inferenz: Begrenzen der Ergebnis-Fuzzy-Set durch die zugehörigen Kompatibilitätsmaße.
- Akkumulation: Überlagerung der begrenzten Ergebnis-Fuzzy-Sets zu einem einzigen Fuzzy-Set.
- Defuzzyfizierung: Ermittlung des Ergebniswerts durch Bestimmung des Flächenschwerpunkts (Center-of-Gravity-Methode)

Die angegebenen Schritte lassen sich zu einer Rechnerstruktur zusammenfassen, wie sie in Abb. 8.6. dargestellt ist:

1. Fuzzyfizierung und Aggregation,
2. Inferenz und Akkumulation,
3. Defuzzyfizierung,

Das Steuerwerk koordiniert die verschiedenen Funktionsblöcke und besteht, neben den Steuerbus und der entsprechenden Logik, im wesentlichen aus einem Zustands- und einem Aufwärtszähler. Der Zustandszähler bestimmt in welcher der drei Phasen sich die EFPE aktuell befindet. Dem Aufwärtszähler kommen, je nach Zustand, unterschiedliche Aufgaben zu.

Das Register befindet sich in den Akkumulatoren MIN, Ord, Sum und Mom. Sum speichert die Fläche der Ergebnis Fuzzy-Sets und Mom das zugehörige Flächenmoment. Der Kompatibilitätsmaßspeicher beinhaltet vier Register, Max0, Max1, Max2 und Max3, welche die Kompatibilitätsmaße für die vier möglichen Ergebnis-Fuzzy-Sets speichern. Der Register Fuzzy Set Index puffert das über den Aufwärtszähler adressierte Datum aus dem Regelbasis Speicher (s. Abb. 8.5). Neben den bislang aufgeführten Registern gibt es in der EFPE noch Schieberegister.

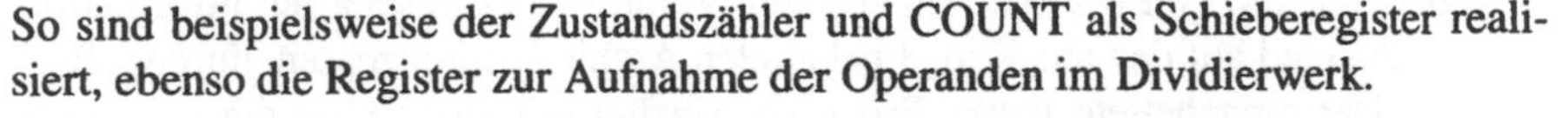

So sind beispielsweise der Zustandszähler und COUNT als Schieberegister realisiert, ebenso die Register zur Aufnahme der Operanden im Dividierwerk.

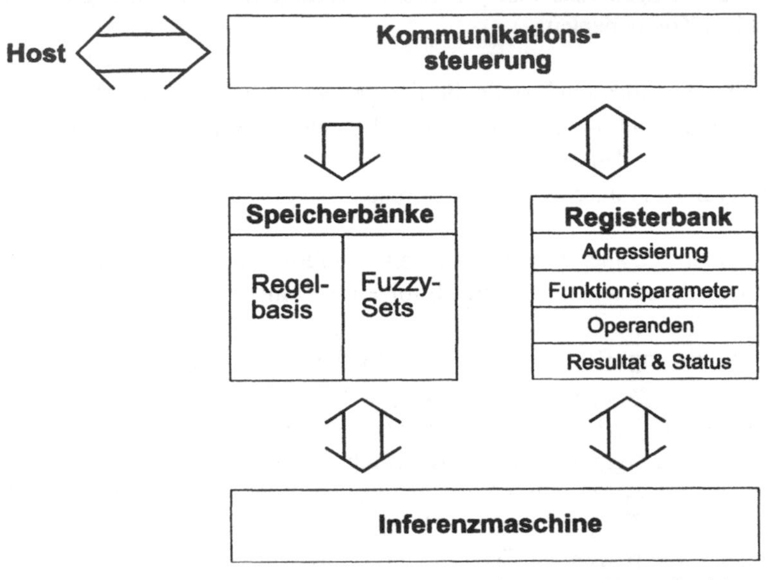

Abb. 8.5. Funktionsblöcke der EFPE

In der eingebetteten Fuzzy Prozesssor Einheit EFPE werden die Operatoren add (Addierer) und mul (Multiplizierer) aus Standard Makrobibliotheken übernommen, während alle anderen Operatoren speziell für die EFPE implementiert wurden. Es sind dies dec (Dekrementierer), div (Dividierer), min (Minimum Operator) und max (Maximum Operator). Die Operatoren and (UND Operator), or (ODER Operator) und inf (Inferenz Operator) wurden auf den Minimum bzw. Maximum Operator zurückgeführt.

Die Regelbasis Adresse RBADDR hat nur in der ersten Phase eine Bedeutung, sie ergibt sich direkt aus dem Wert des Aufwärtszählers. Die Fuzzy-Set Adresse FSADDR hat nur in den ersten beiden Phase eine Bedeutung und wird wie folgt gebildet: Während der ersten Phase wird das dem ersten Eingangswert zugeordnete Fuzzy-Set aus dem Regelwerk-Speicher ausgelesen und in das Register Fuzzy Set Index geschrieben. Der Wert des Registers ergibt die Fuzzy Set Adresse. In der zweiten Phase wird FSADDR ähnlich wie RBADDR aus dem Wert des Aufwärtszählers gebildet. Die äußere Schleife läuft über die Abszisse der Fuzzy-Ergebnis Sets.

Die interne Ablaufsteuerung ist durch Parallelität innerhalb der einzelnen Phasen gekennzeichnet, wobei insbesondere die Speicherzugriffe in ihrer Reihenfolge optimiert sind. Die Optimierung hinsichtlich der Ausführungszeit weist jedoch einige Einschränkungen auf. So ist beispielsweise das Auflösungsvermögen beschränkt und es kann nur eines der ersten vier Fuzzy Sets als Ausgangs-Fuzzy-Set einer Regel verwendet werden. Darüber hinaus sind die Regelwerke auf eine einfache Struktur beschränkt. Die verwendete Repräsentation stellt eine disjunkte Normalform dar, so dass sich Regelwerke komplexerer Struktur auf diese Form zurückführen lassen.

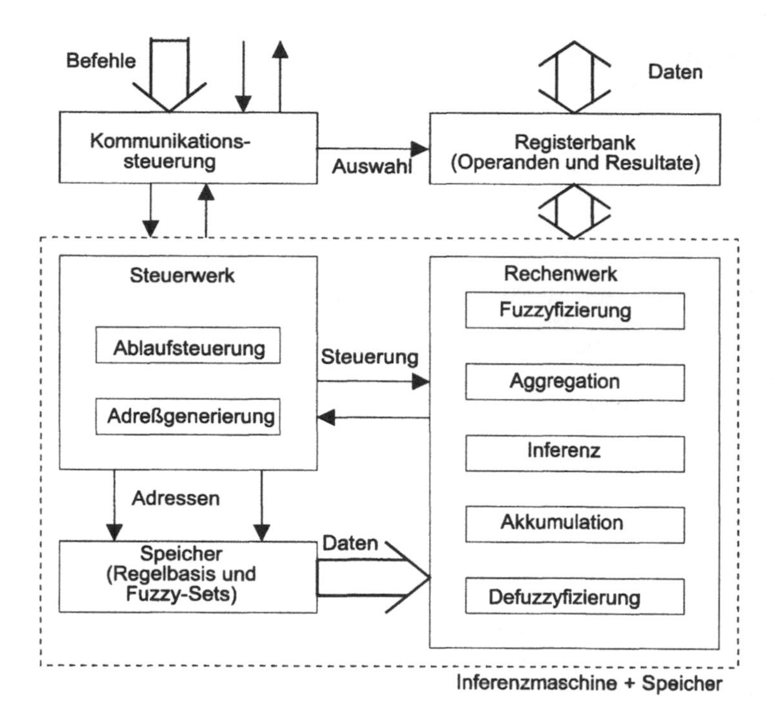

Abb. 8.6. Blockschaltbild der EFPE

Während der Fuzzyfizierung und der Aggregation werden die Kompatibilitätsmaße der beiden Prämissen-Terme einer Regel aus dem Fuzzy-Set-Speicher ausgelesen (Fuzzyfizierung) und logisch verknüpft (Prämissen-Aggregation). Die auf diese Art und Weise ermittelten Kompatibilitätsmaße werden für Regeln mit derselben Folgerung logisch ODER verknüpft (Folgerungen Aggregation). Die UND-Verknüpfung ist dabei durch den Minimum-Operator, die ODER-Verknüpfung durch den Maximum-Operator realisiert. Dieses Schema wird für alle Regeln des Regelwerks durchgeführt. Die Abarbeitung einer Regel erfolgt dabei nach einem festen Schema. Zur Verdeutlichung der dahinterliegenden Algorithmik wird im nachfolgenden Auszug aus dem Pascal Programm die Fuzzyfizierung und Aggregation so dargestellt dass die Analogie zur schaltungstechnischen Umsetzung gegeben ist.

```
program fuzzyfizierung_und_aggregation
type
  Word4=0...15;
  Word6=0...63;
  Word8=0...255;
var
  RBase:array[0...16*4-1] of Word4;
```

```
  FSet:array[0...16*255] of Word4;
  CIN1, CIN2:Word4;
var
  RBADDR:Word6;
  FSADDR:Word8;
  RBDATA, FSDATA:Word4;
  FSIndex, Min:Word4;
  Max:array[0...3] of Word4;
begin
  RBADDR:=$3f;FSIndex:=0;
  Max[0]:=0;Max[1]:=0;Max[2]:=0;Max[3]:=0;
  while true do
  begin
    { Schritt 1 }
    if (RBADDR and 3=0) and (Min>Max[FSIndex and 3]) then
      Max[FSIndex and 3]:=Min;
    if (RBADDR=0) or (FSIndex  and 8<>0) then Break;
    inc(RBADDR);
    RBADDR:=RBase[RBADDR];
    { Schritt 2 }
    FSIndex:=RBDATA;
    FSADDR:=FSIndex*16+CIN1;
    FSDATA:=FSet [FSADDR];
    Inc (RBADDR);
    RBDATA:=RBase [RBADDR];
    { Schritt 3 }
    FSIndex:=RBDATA;
    if FSDATA<Min then Min:=FSDATA;
    FSADDR:=FSIndex*16+CIN2;
    FSDATA:=FSet [FSADDR];
    Inc (RBADDR);
    RBDATA:=RBase [RBADDR];
    { Schritt 4 }
    FSIndex:=RBDATA;
    if FSDATA<Min then Min:=FSDATA;
    Inc (RBADDR);
    RBDATA:=RBase [RBADDR];
  end;
end.
```

Während der Inferenz und der Akkumulation werden die vier Ergebnis-Fuzzy-Set durch die zugehörigen Kompatibilitätsmaße begrenzt und zu einem Fuzzy Set überlagert. Gleichzeitig werden Flächeninhalt und Flächenmoment berechnet, um die Zwischenspeicherung des gesamten Ergebnis-Fuzzy-Sets zu vermeiden. Die Bildung des Ergebnis-Fuzzy-Set erfolgt in zwei ineinandergeschachtelten Schleifen, wobei die äußere Schleife über die Abszisse und die innere über die Fuzzy Set läuft. Zum besseren Verständnis der Algorithmik wird nachfolgend wieder ein entsprechender Auszug aus dem Pascal Konstrukt angegeben.

```
program inference_und_akkumulation
type
  Word2=0...3;
  Word4=0...15;
  Word8=0...255;
  Word12=0...4095;
```

```
var
  FSet:array[0...16*16-1] of Word4;
  Max:array[0...3] of Word4;
  CIN1, CIN2:Word4;
var
  FSADDR:Word8;
  FSDATA:Word4;
  Inf, Ord, Abs:Word4;
  Num:Word2;
  Sum:Word8;
  Mom:Word12;
begin
  Sum:=0;Mom:=0;
  for Abs :=0 to 3 do
  begin
     FSADDR:=Num*16+Abs;
     FSDATA:=FSet [FSADDR];
     if FSDATA<Max[Num] then Inf;
       else Inf:=Max[Num];
     if Inf>Ord then Ord:=Inf;
   end;
   Sum:=Sum+Ord;
   Mom:=Mom+Ord*Abs;
  End;
end.
```

Da der Flächeninhalt und das Flächenmoment erst um einen Takt verschoben aktualisiert werden, muss die aktuelle Abszisse vor der Multiplikation mit der Ordinate um eins vermindert werden. Darüber hinaus ist nach der Inferenz und Akkumulation eine Zwischenphase von zwei Taktzyklen erforderlich, um die Gültigkeit des berechneten Flächeninhalts und des berechneten Flächenmoments zu Beginn der Defuzzyfizierung zu gewährleisten. Bei der Defuzzyfizierung wird das zuvor berechnete Flächenmoment durch den Flächeninhalt geteilt, um den Flächenschwerpunkt (center of gravity) zu erhalten.

Damit setzt sich die eingebettete Fuzzy-Prozessor Einheit EFPE aus einer Reihe von Makros zusammen, die zum großen Teil in der Standardbibliothek des Entwicklungssystems vorhanden sind. Neben der Nutzung vorhandener Hardware-Strukturen sind zusätzliche Makros zu definieren, die den anwendungsspezifischen Randbedingungen Rechnung tragen. Auf Grundlage der Standard-Makros und der selbst definierten Makros kann wiederum ein weiteres Makro erzeugt werden, welches die Fuzzy Einheit FE (FE = Fuzzy Einheit) mit ihren Zählern, Registern und Operatoren beschreibt, wie es aus Abb. 8.7. ersichtlich ist.

Erweitert man das Makro der Fuzzy Einheit FE um Treiber für die einzelnen Ein- und Ausgänge und ordnet diese den Anschlusspins des FPGA zu, erhält man letztlich die Gesamtmakrostruktur der eingebetteten Fuzzy Prozessor Einheit EFPE.

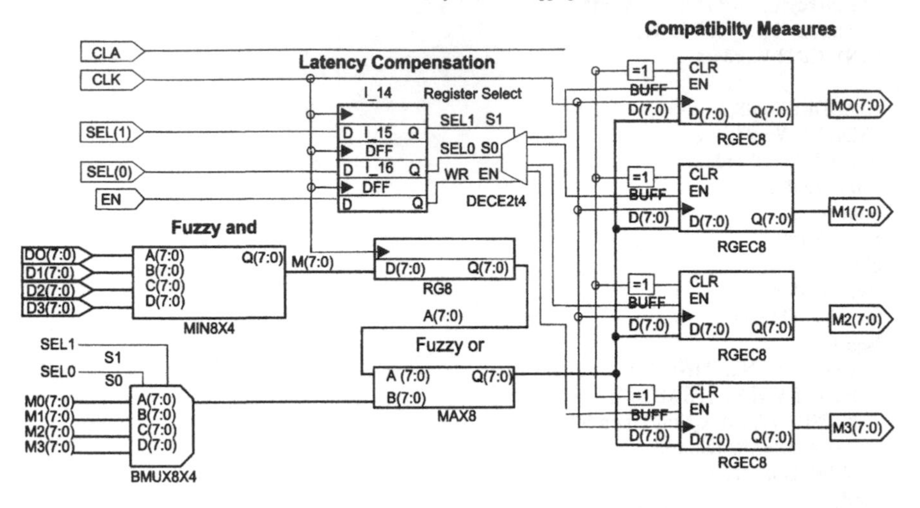

Abb. 8.7. Makrostruktur der Fuzzy Einheit FE

8.4 Hardware-Software Co-Design

Das Hardware-Software Co-Design ist eine integrierte Entwurfsmethodik auf der Systemebene, die im Kontext Hardware und Software Komponenten einen gemeinsamen, d.h. nebenläufigen, Entwurf zum Ziel hat, wobei Entwurfsalternativen abzuwägen sind. Die Spezifikation auf der Systemebene muss dabei der sogenannten Hardware-Software Partitionierung Rechnung tragen, die den Softwareanteil derart partitioniert, dass er auf einem oder mehreren der allozierten Prozessoren ausgeführt werden kann. Die Partitionierung kann dabei so umgesetzt werden, das beispielsweise unkritische Systemteile auf einem langsameren Prozessor laufen während für schnelle Datentransformationen ein Spezialprozessor verfügbar ist. Der daraus resultierende Systementwurf entspricht im Prinzip einer Transformation in Form einer strukturellen Beschreibung durch:

- Allokation, wo die Anzahl und die Art der Komponenten, die in der Implementierung verwendet werden sollen, festgelegt werden, d.h. die Anzahl der Register und Speicherbänke, der Busse, der funktionalen Einheiten, etc. Die Allokation befasst sich im wesentlichen mit der Bilanzierung der Kosten gegenüber der Leistungsfähigkeit des Systems,
- Ablaufplanung, die der Verhaltensbeschreibung Zeitintervalle zuweist, so dass zu jedem Zeitschritt bekannt ist, welche Daten von einem Register zu einem anderen transportiert und dabei von den funktionalen Einheiten transformiert werden. Die Ablaufplanung genügt der Zuweisung von Operationen der Verhaltensbeschreibung zu den entsprechenden Kontrollschritten,

- Bindung, die jeder Variablen eine entsprechende Speicherzelle zuordnet bzw. jeder Operation eine funktionale Einheit und jeder Datenkommunikation einen Bus oder einen Datenpfad. Die Bindung spezifiziert auf welcher Instanz eine Operation implementiert werden soll.

Der Systementwurf beim Hardware-Software Co-Design basiert damit auf einer formalen objektbezogenen, modellhaften Beschreibung des Gesamtsystems, bzw. der Teilsysteme. Das zu modellierendes Objekt wird in der Regel unter einem bestimmten Aspekt betrachtet, d.h. es werden nur bestimmte Eigenschaften ohne zugehörige Details dargestellt, womit das zu entwerfende Gesamtsystem auf der Grundlage von Netzwerken komplexer, miteinander kommunizierender Teilsysteme beschrieben werden kann. Hierfür geeignet sind, vor dem Hintergrund der in Kapitel 4 beschriebenen Aufteilung eines Prozessor Kerns in einen Datenflussprozessor und einen Kontrollflussprozessor:

- Datenflussgraphen, die gerichtete Graphen einer Menge von Knoten und Kanten repräsentieren, wobei die Knotenmenge der Menge der Aktivitäten bzw. der Menge der Ein- und Ausgabeknoten entspricht. Kanten geben den gerichteten Datenfluss an, d.h. sie zeigen bestehende Datenabhängigkeiten.
- Kontrollflussgraphen, legen die Aufteilung einer Systemspezifikation in Steuerungsorientierte und Datenflussorientierte Komponenten fest.

Aus den Ergebnissen der Allokation und Bindung, unter Einhaltung der Entwurfsbeschränkungen wie z.B. Kosten und Performanz, resultiert die Systempartitionierung, die in eine strukturale und eine funktionale Systempartitionierung aufgeteilt werden kann. Wesentliche Aspekte der Systempartitionierung sind dabei:

- Abstraktionsgrad, d.h. die Spezifikation der Anzahl struktureller Objekte geringer Komplexität,
- Granularität, d.h. die Partitionierung funktionaler Objekte,
- Allokation der Systemkomponenten,
- Metriken und Abschätzungen hinsichtlich Kosten, Ausführungszeit, Datenrate, Leistungsverbrauch, Testbarkeit, Fehlertoleranz, Programmgröße, Daten- und Programmspeichergröße. Bei funktionaler Partitionierung entsteht ein Problem, denn Metriken können nur beim Entwurf der konkreten Implementierung exakt bestimmt werden. Daraus resultieren gleichzeitig Möglichkeiten zur Problembeseitigung in Form von Implementierungen für verschiedene Partitionen und die Abschätzung der Metriken. Eine Abschätzung wird dabei treu genannt, wenn die relative Güte zweier Partitionen exakt beschrieben wird.

Zur Abschätzung der Güte der Partitionierung beim Hardware-Software Co-Design sind eine Reihe mathematischer Verfahren bekannt geworden, wie z.B. Zielfunktion und Closenessfunktion, Partitionierungsalgorithmen, hierarchische Clusterung, simulated Annealing, etc.

Zielfunktion und Closenessfunktion werden angewandt um verschiedene Metriken in einem Gütemaß zu vereinigen. Der Wert Gütefunktion seien Kosten.

Beispiel 8.1.
Zielfunktion sei: $C = k_1 \cdot F(A, A_{constr}) + k_2 \cdot F(d, d_{constr}) + k_3 \cdot F(P, P_{constr})$
F beschreibt dabei eine Funktion die festlegt in welchem Maß ein Kriterium seine Nebenbedingungen verletzt, während die k_i die unterschiedlichen Gewichtungen der Kriterien erfüllen. Die Zielfunktion fasst damit die Metriken zur Evaluierung einer Partition zusammen, während die Closenessfunktion verschiedene Metriken zum Ausdruck der gewünschten Zusammenlegung einzelner Objekte kombiniert.■

Partitionierungsalgorithmen sind Suchverfahren die nach der besten Partition bei n funktionalen Objekten und m möglichen Systemkomponenten suchen, mit $O(m^n)$ als möglichen Alternativen. Man unterscheidet hierbei:

- konstruktive Algorithmen,
- iterative Algorithmen,
- gemischte Formen.

Beispiel 8.2.
Gegeben sei eine Menge $O = \{O_1, O_2, ..., O_n\}$ von Objekten. Gesucht ist eine Partition $P = \{p_1, p_2, ..., p_m\}$, so dass
$p_1 \cup p_2 \cup ... \cup p_m = 0$,
$p_i \cap p_j = \{\} \forall_i, j: i \neq j$,
die Kosten c(P) minimal sind.■

Bei der hierarchischen Clusterung werden Clusterbäume generiert, in denen horizontale Linien Schnitte beschreiben, die allesamt Partitionen sind. Dazu berechnet die hierarchische Clusterung die Closenessfunktion zwischen den Objekten.

Der Simulated Annealing Algorithmus beschränkt demgegenüber die Komplexität der möglichen Partitionen durch Verkleinern der Zulassung kostengünstiger Gruppierungen mit zunehmender Zeit.

Die genetischen Algorithmen werden ebenfalls zur Bestimmung der optimalen Partitionierung herangezogen. Sie basieren auf der kombinatorischen Optimierung und verwenden dazu die Auswahlverfahren Selektion, Kreuzung und Mutation.

Ein relativ umfassendes Konzept für das Hardware-Software Co-Design ist durch das Cosyma-Konzept (Cosyma = Cosynthesis für Embedded Micro Architectures) gegeben. Es basiert auf einem Standard RISC Processor (SPARC), und einem Floating Point Co-Prozessor, einem schnellen SRAM für Code und Daten, mit einem Daten- und Codezugriff von einem Zyklus, sowie applikationsspezifischer Hardware auf FPGA-Basis. Die Kommunikation zwischen Prozessor und applikationsspezifischer Hardware erfolgt über ein Shared Memory. Der Entwurfsablauf im Cosyma Konzept basiert auf einer Eingabebeschreibung mehrerer, miteinander kommunizierender Kommunikationsprozesse, wobei die Prozesskommunikation auf Bibliotheksfunktionen zurückgeführt wird, die abstrakte

Kommunikationskanäle beschreiben. Kanäle werden im Compilierungsprozess auf die physikalische Kommunikation zurückgeführt. Einzelne Prozesse können durch eine C_x-Erweiterung beschrieben werden. Parallel zu C_x Prozessen werden die Randbedingungen und Implementierungsdirektiven in Constraint and User Directives Files (CDR-Files) beschrieben, zeitliche Restriktionen werden auf Labels im C_x-Code bezogen. Weitere Anweisungen betreffen Abbildungen der Kommunikationskanäle, Partitionierungsanweisungen und die Komponentenauswahl. Der Entwurfablauf ist folgender:

- Übersetzung des C_x-Sourcedode durch Extended Syntax Graphen. Ziel ist die Datenanalyse, die für die parallele Bearbeitungen wichtig ist.
- Simulation und Profiling der C_x-Prozesse auf Software-Basis bzw. auf der Registertransferebene.
- Analyse des Schedulingverhaltens bei Multiprozessorsystemen mit dem Ziel der minimalisierten Serialisierung.
- Hardware-Software-Partitionierung unter Einbeziehung von Realzeitbedingungen, Hardware-Kosten, Berechnungszeiten des CAD-Systems.

Die Güteabschätzung der Partitionierung erfolgt durch Kostenfunktionen. Die Partitionierung bezieht sich auf Basisblöcke BB, die zwischen der Hardware und der Software transferiert werden sollen, d.h. sie zielt auf einen Kompromiss zwischen Maschinenbefehlen (fine grain) und Prozessblöcken (coarse grain).

Die Kostenfunktion entspricht der Differenzfunktion für Transfers eines Basisblocks zwischen Hardware und Software der Form

$$D(BB) = w \bullet [\, (t_{HW}(BB) - t_{SW}(BB) - t_{COM}(Z) + t_{COM}(Z \cup BB)) \bullet I_t(BB) \,]$$

mit t_{HW} und t_{SW} als geschätzten Ausführungszeiten des Blocks in Hardware und in Software. Die Differenz dieser Zeit wird um die Kommunikationszeit t_{COM} ergänzt, mit der Differenz der bisherigen Zeit $t_{COM}(Z)$ und der neuen Zeit $t_{COM}(Z \cup BB)$. Z bezeichnet den in Hardware, d.h. als Co-Prozessor implementierten Satz von Basisblöcken. Die berechnete Zeit wird mit der gemessenen bzw. geschätzten Anzahl von Iterationen des Basisblocks BB und dem Gewichtsfaktor w multipliziert. Die Schätzungen sind die folgenden:

- $t_{HW}(BB)$: Hardwarelaufzeiten durch Pfadbetrachtungen bzw. Anzahl der Funktionseinheiten im Baustein begründet,
- $t_{SW}(BB)$: Ausführungszeiten auf Basis des Sourcecode und von Simulationen sowie Compileroptimierungen zur Registernutzung,
- $t_{COM}(Z \cup BB)$: Shared Memory mit begrenztem Datenbus, bedingt Zeiten die proportional zur Anzahl der kommunizierenden Variablen sind.

Liegen Simulationsergebnisse vor, ist die vollständige partitive Beschreibungsform, in einen Prozessor- und einen Co-Prozessor Anteil vorhanden. Markierte

Teile des Sourcecode umfassen in der Regel mehrere, voneinander unabhängige Segmente,

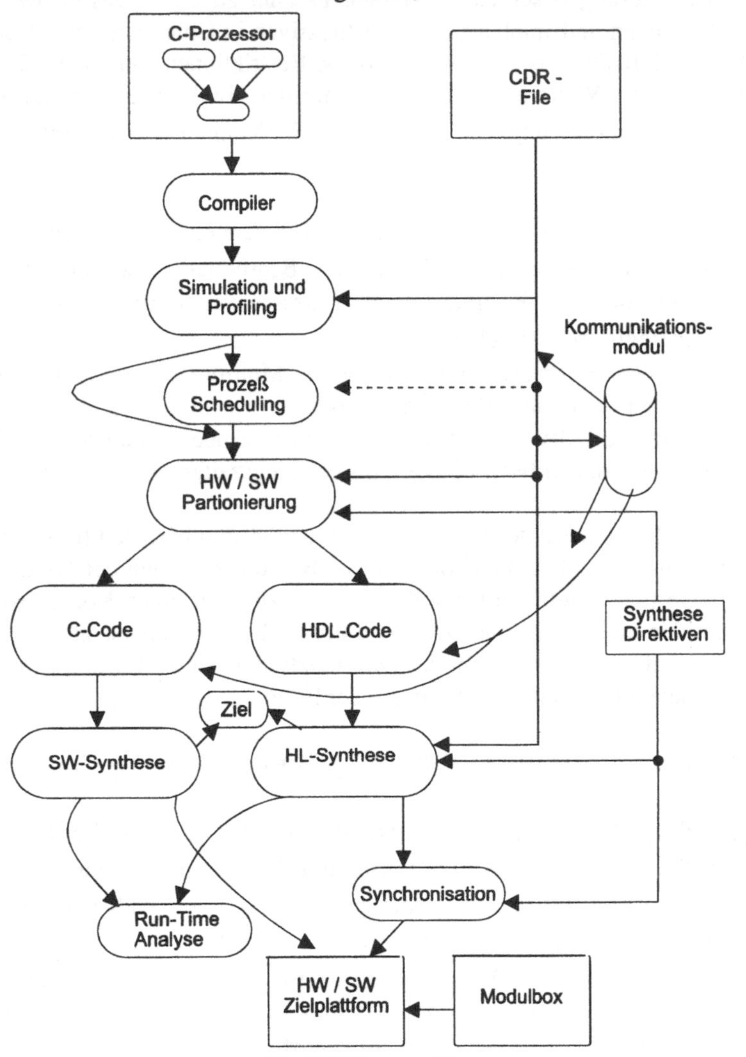

Abb. 8.8. Cosyma Konzept

die aus einem oder mehreren Basisblöcken bestehen. Sie bilden die Grundlage der Partitionierung. Innerhalb von Cosyma wird jedes Segment als einzige, komplexe Instruktion behandelt. Die Synthese für FPGA als Mikrocodierung erfolgt daher in vertikaler Form. Die Kommunikation erfolgt durch Übermittlung von Segment ID an den Co-Prozessor, der entsprechende Aktionen ausführt und Datenpfade entsprechend steuert. Die Variablen stehen im Speicher, so dass im Co-Prozessor Datenzugriffe, Adressbildung und Indizierung vorhanden sein müssen. Der restliche Code wird durch den Cuompiler für den RISC-Prozessor compiliert. In Abb. 8.8. ist das Cosyma Konzept schematisch dargestellt.

Literatur

Monographien

Ameling W, (1992) Digitalrechner: Datentechnik und Entwurf Logischer Systeme. Vieweg Verlag, Braunschweig Wiesbaden

Ameling W, (1990) Digitalrechner: Grundlagen und Anwendungen. Vieweg Verlag, Braunschweig Wiesbaden

Armstrong JR, (1993) Structured Logic Design with VHDL. Prentice Hall Publ. Englewoods Cliffs New Yersey London Sydney Toronto Mexico City New Delhi Tkoyo Singapore Rio de Janeiro

Armstrong JR, (1989) Chip Level Modeling with VHDL. Prentice Hall Publ. Englewoods Cliffs New Yersey London Sydncy Toronto Mexico City New Delhi Tkoyo Singapore Rio de Janeiro

Auer A, (1993) PLD-Schaltungsdesign auf dem PC. Franzis Verlag München

Auer A, (1991) Programmierbare Logik-IC. Hüthig Verlag Heidelberg

Bitterle D, (1993) GALs. Franzis Verlag München

Blank HJ, (1998) Embedded PCs. Markt&Technik Verlag München

Blieberger J, Schildt GH, Schmid U, Stöckler S, (1990) Informatik. Springer Verlag Berlin Heidelberg New York London Paris Tokyo Hong Kong Barcelona Budapest

Bleck A , Goedecke M, Huss S, Waldschmidt K,(1996) Praktikum des modernen VLSI-Entwurfs. B. G. Teubner Stuttgart

Bode A, Bähring H, (1991) Mikrorechner-Systeme. Springer Verlag Berlin Heidelberg New York London Paris Tokyo Hong Kong Barcelona Budapest

Bode A, (1990) RISC-Architekturen. BI Wissenschaftsverlag Mannheim Wien Zürich

Bode A, Händler W, (1983) Rechnerarchitektur II. Springer Verlag Berlin Heidelberg New York Tokyo

Bode A, Händler W, (1980) Rechnerarchitektur. Springer Verlag Berlin Heidelberg New York Tokyo

Boole G, (1854) An Investigation of The Laws of Thought on which are founded the Mathematical Theories of Logic and Probabilities. Waltonand Maberly Publ. London

Borucki L, (1998) Digitaltechnik. B. G. Teubner Stuttgart
Brown SD, Francis RJ, Rose J, Vranesic ZG, (1994) Field Programmable Gate Arrays. Kluwer Academic Publ. Boston Dordrecht London
Broy M, (1995) Informatik Teil IV. Springer Verlag Berlin Heidelberg New York London Paris Tokyo Hong Kong Barcelona Budapest
Broy M, (1994) Informatik Teil III. Springer Verlag Berlin Heidelberg New York London Paris Tokyo Hong Kong Barcelona Budapest
BroyM, (1991) Informatik Teil II. Springer Verlag Berlin Heidelberg New York London Paris Tokyo Hong Kong Barcelona Budapest
Chattermol KW, (1988) Statistische Analyse und Struktur von Information. Verlag Chemie Weinheim
Chroust G, (1998) Mikroprogrammierung und Rechnerentwurf. Oldenburg Verlag München Wien
Coelho D, (1989) The VHDL Handbook. Kluwer Academic Publ. Boston Dordrecht London
Coy W, (1988) Aufbau und Arbeitsweise von Rechenanlagen. Vieweg Verlag, Braunschweig Wiesbaden
Dal Chin M, (1996) Rechnerarchitektur. B. G. Teubner Stuttgart
De Micheli G, (1994) Synthesis and Optimization of Digital Circuits. McGraw Hill Publ. Inc. New York St. Louis San Francisco Auckland Bogota Caracas Lisbon London Madrid Mexico City Milan Montreal New Delhi San Juan Singapore Sydney Tokyo Toronto
Ebner D, (1998) Technische Grundlagen der Informatik. Springer Verlag Berlin Heidelberg New York London Paris Tokyo
Erhard W, (1995) Rechnerarchitektur: Einführung und Grundlagen. B. G. Teubner Verlag, Stuttgart
Everling W, (1991) Rechnerarchitekturen. BI Wissenschaftsverlag Mannheim Wien Zürich
Flik T, Liebig H, (1994) Mikroprozessortechnik. Springer Verlag Berlin Heidelberg New York London Paris Tokyo Hong Kong Barcelona Budapest
Giloi WK, (1993) Rechnerarchitektur. Springer Verlag Berlin Heidelberg New York London Paris Tokyo Hong Kong Barcelona Budapest
Golze U, (1995) VLSI-Entwurf eines RISC-Prozessors. Vieweg Verlag Braunschweig Wiesbaden
Harr RE, Stanculesco A, (1991) Applications of VHDL to Circuit Design. Kluwer Academic Publ. Boston Dordrecht London
Hennessy JL, Patterson DA, (1995) Computer Architecture: A Quantitative Approach. Morgan Kaufman Publ. Inc. San Francisco
Heusinger P, Ronge K, Stock G,(1994) Handbuch der PLDs und FPGAs. Franzis Verlag München
Johannis R, (1993) Handbuch des 80C166. Verlag Siemens AG München
Kane G, Heinrich J, (1992) MIPS RISC Architecture. Prentice Hall Publ. Englewoods Cliffs New Yersey London Sydney Toronto Mexico City New Delhi Tkoyo Singapore Rio de Janeiro
Kärger R, (1996) Diagnosi von Computern. B. G. Teuberner Stuttgart
Keller J, Paul W, (1997) Hardware Design. B. G. Teubner Stuttgart

Kellermann W, (1999) Signale und Systeme. In: Infomationstechnik kompakt Hrsg. Mildenberger O. Vieweg Verlag Braunschweig Wiesbaden
Lange O, Stegmann G, (1987) Datenstrukturen und Speichertechniken. Vieweg Verlag Braunschweig Wiesbaden
Lehmann G, Wunder B, Selz M, (1994) Schaltungsdesign mit VHDL. Franzis Verlag München
Liebig H, Flik T, (1993) Rechnerorganisation. Springer Verlag Berlin Heidelberg New York London Paris Tokyo Hong Kong Barcelona Budapest
Märtin C, (1994) Rechnerarchitektur. Hanser Verlag München Wien
Mayer-Lindenberg F, (1998) Konstruktion digitaler Systeme. Vieweg Verlag Braunschweig Wiesbanden
Morgenstern B, (1992) Elektronik III: Digitale Schaltungen und Systeme. Vieweg Verlag, Braunschweig Wiesbaden
Morgenstern B, (1984) Elektronik II: Schaltungen. Vieweg Verlag, Braunschweig Wiesbaden
Morgenstern B, (1983) Elektronik I: Bauelemente. Vieweg Verlag, Braunschweig Wiesbaden
Natke HG, (1983) Einführung in Theorie und Praxis der Zeitreihen- und Modalanalyse. Vieweg Verlag Braunschweig Wiesbaden
Oberschelp W, Vossen G,(1990) Rechneraufbau und Rechnerstrukturen. Oldenburg Verlag München Wien
Paul R, (1995) Elektrotechnik und Elektronik für Informatiker, Bd 2: Grundgebiete der Elektronik, B. G. Teubner Stuttgart
Paul R, (1991) Elektrotechnik und Elektronik für Informatiker, Bd 1: Grundgebiete der Elektrotechnik, B. G. Teubner Stuttgart
Perry DL, (1991) VHDL. McGrawHill Publ. Inc. New York St. Louis San Francisco Auckland Bogota Caracas Lisbon London Madrid Mexico City Milan Montreal New delhi San Juan Singapore Sydney Tokyo Toronto
Post HU, (1989) Entwurf und Technologie hochintegrierter Schaltungen. B. G. Teubner Stuttgart
Preuß L, Musa H, (1991) Computerschnittstellen. Carl Hanser Verlag München Wien
Rembold U, (1998) Einführung in die Informatik. Hanser Verlag München Wien
Sander P, Stucky W, Herschel R, (1992) Automaten Sprachen Berechenbarkeit. B. G. Teubner Stuttgart
Schmitt F J, von Wendorff WC, Westerholz K, (1999) Embedded-Control-Architekturen. Hanser Verlag München Wien
Schmitt G, (1979) Maschinenorientierte Programmierung für Mikroprozessoren. Oldenburg Verlag München Wien
Schiffmann, W, Schmitz R, (1998) Technische Informatik 1: Grundlagen der digi talen Elektronik. Springer Verlag Berlin Heidelberg New York London Paris Tokyo Hong Kong Barcelona Budapest
Schiffman W, Schmitz R, (1997) Technische Informatik 2: Grundlagen der Com putertechnik. Springer Verlag Berlin Heidelberg New York London Paris To kyo Hong Kong Barcelona Budapest

Schöne A, (1984) Digitaltechnik und Mikrorechner. Vieweg Verlag, Braunschweig Wiesbaden
Siemers C, (2001) Hardwaremodellierung. Carl Hanser Verlag München Wien
Siemers C, (1999) Prozessorbau. Carl Hanser Verlag München Wien
Silberschatz A, Galvin PB, Gagne G, (2002) Operating Systems Concepts. John Wiley & Sons Inc. New York Chicester Weinheim Brisbane Singapore Toronto
Teich J, (1997) Digitale Hardware/Software-Systeme. Springer Verlag Berlin Heidelberg New York London Paris Tokyo Hong Kong Barcelona Budapest
Ungerer T, (1989) Innovative Rechnerarchitekturen. McGraw-Hill Hamburg New York St. Louis San Francisco Auckland Bogota Guatemala Lissabon London Madrid Mailand Mexiko Montreal New Dehli Paris San Juan Sao Paulo Singapur Sydney Tokio Toronto
Vahid F, Givargis T (2002) Embedded System Design. John Wiley & Sons Inc. New York Chicester Weinheim Brisbane Singapore Toronto
Wegener I, (1987) The Complexity of Boolean Functions. Wiley & Sons Inc. New York Chicester Weinheim Brisbane Singapore Toronto
Wendt S, (1991) Nichtphysikalische Grundlagen der Informationstechnik. Springer Verlag Berlin Heidelberg New York London Paris Tokyo Hong Kong Barcelona Budapest
Witt KU, (1995) Elemente des Rechneraufbaus. Hanser Verlag München Wien
Zengerink T, (1987) PAL-Praxis. Franzis-Verlag München

Beitragswerke

Burks AW, (1970) Essays on Cellular Automata. University of Illinois Press
Burks AW, Goldstine HH, von Neumann J, (1946) Preliminary Discussion of the Logical Design of an Electronic Computing Instrument. U.S. Army Ordonance Department Report
Händler W, (1975) On Classification Schemes for Computer Systens in the Post-von-Neumann-Era. In: Porceed. 4. GI Jahrestagung, LNCS Vol 26, pp.439-452, Springer Singapore Berlin Heidelberg New York Barcelona Budapest Hong Kong London Milan Paris Sata Clara Tokyo
Hartenstein RW, Becker J, Merz M, Nageldinger U, (1997) Data Scheduling to Increase Performance of Parallel Accellerators. In: Field-Programmable Logic and Applications, pp. 294-313, Springer Singapore Berlin Heidelberg New York Barcelona Budapest Hong Kong London Milan Paris Sata Clara Tokyo
Lechner E, Guccione SA, (1997) The Java Environment for Reconfigurable Computing. In: Field-Programmable Logic and Applications, pp. 284-293, Springer Singapore Berlin Heidelberg New York Barcelona Budapest Hong Kong London Milan Paris Sata Clara Tokyo

Möller DPF, (1999) Responsive Systems; Embedded Systems and Embedded PCs. In: High Reliable Hard- and Software Systems, pp 15-22, Eds. Siemers C, Wiesböck J, Markt&Technik Verlag München.

Möller DPF, Siemers C, (1999) Simulation of an Embedded Processor Kernel Design on SRAM-Based FPGA. In: Proceed. SCSC 99, pp. 633-638 SCS Publ. San Diego

Möller DPF, Siemers C, Roth S, (1998) A Concept for a New Computer Architec ture Paradigm for Hardware-Software-Co-Design. In: Computer Architecture, pp.179-180 Springer, Singapore Berlin Heidelberg New York Barcelona Budapest Hong Kong London Milan Paris Sata Clara Tokyo

Möller DPF, (1995) Wirtschaftliche Bewertung zur Planung und Steuerung von Entwicklungsprojekten eines Technologiekonzerns. In: Management-Informationssysteme, S. 440-451, Hrsg.: R. Hichert, M. Moritz. Springer Verlag Berlin Heidelberg New York London Paris Tokyo Hong Kong Barcelona Budapest

Petri CA, (1962) Kommunikation mit Automaten. Schriften des Rheinisch-Westfälischen Instituts für Instrumentelle Mathematik an der Universität Bonn, Heft 2

Siemers C, (1999) Mikroprozessorarchitekturen. In: Taschenbuch Mikroprozessortechnik, S. 69-108, Hrsg. Beierlein T, Hagenbruch O. Fachbuchverlag Leipzig

Siemers C, Möller DPF, Roth S, (1998) The >S<puter: A Novel Microarchitecture for Execution inside Superscalar and VLIW Processors Using Reconfigurable Hardware. In: Computer Architecture, pp.169-178, Springer Singapore Berlin Heidelberg New York Barcelona Budapest Hong Kong London Milan Paris Sata Clara Tokyo

Siemers C, Möller DPF, (1997) The >S<puter: Introducing a Novel Concept for Dispatching Instructions Using Reconfigurable Hardware. In: Field-Program mable Logic and Applications, pp. 510-514, Springer Singapore Berlin Heidelberg New York Barcelona Budapest Hong Kong London Milan Paris Sata Clara Tokyo

von Wendorf WC, (1999) Auswahl eines Mikroprozessors. In: Taschenbuch Mikroprozessortechnik, S. 339-356, Hrsg. Beierlein T, Hagenbruch O. Fach buchverlag Leipzig

Wilkes MV, (1951) The Best Way to Design an Automatic Calculating Machine. Report of the Manchester University Computer Inaugural Conference, pp 16-18

Zeitschriftenbeiträge

Backus J, (1978) Can Programming be Liberated from the von Neuman Style? CACM, Vol 21, pp. 613-641

Cumow H, Wichmann J. B. A, (1976) A Synthetic Benchmark. Computer Journal Bd 19, Heft 1

Dongorra J, Martin J. L, Worlton J, (1987) Computer Benchmarking: Paths and Pitfalls. IEEE Spectrum, Heft 7
Flynn MJ, (1972) Some Computer Organizations and Their Effectiveness. IEEE Transactions on Computers, Vol C-21, pp.948-960
Hauch S, (1998) The Roles of FPGA´s in Reprogrammable Systems. Proceed. IEEE 86, 615-638
Hwu WW, Hank RE, Gallagher DM, Mahlke SA, Lavery DM, Haab GE, Gyllen haal JC, August DI (1985) Compiler Technology for Future Microprocessors. Proceed. IEEE 83, 1625-1640
Lengauer T, (1982) Cube-Connected Cycle – Shuffle Exchange Graph. Infor matik-Spektrum 5, 192-194
Mazor S (1995) The History of the Microcomputer – Invention and Evolution. Proceed. IEEE 83, 1601-1624
Schall S, (1987) Ende der Benchmark-Vielfalt. Hard and Soft, Heft 7/8
Smith JE, (1995) The Microarchitecture of Superscalar Processors. Proceed. IEEE 83, 1609-1624
Weicker RP, (1988) Dhrystone-Benchmark: Rational for Version 2 and Measure ment Rule. SIGPLAN Notices, Bd. 23, Heft 8

Sachverzeichnis

CPSIA information can be obtained at www.ICGtesting.com
Printed in the USA
LVOW01s1052210713

343870LV00002B/32/P